普通高等教育新工科人才培养规划教材（虚拟现实技术方向）

Unity3D 虚拟现实应用开发实践

主　编　刘　龙

副主编　安宴辉　程明智

中国水利水电出版社
www.waterpub.com.cn
·北京·

内 容 提 要

本书顺应现代教育的特点，以理论知识结合实际案例操作的方式编写。全书围绕虚拟现实应用开发的人才需求与岗位能力要求进行内容设计，详细介绍如何使用 Unity3D 进行虚拟现实项目开发，共分为 10 章，首先介绍什么是虚拟现实以及虚拟现实系统开发基础，其次分别对虚拟现实中的美术资源、界面系统、地形系统、动画系统、粒子系统、物理系统和光照系统进行详细介绍，最后通过一个综合实践项目——《射柳》原型开发对本书所讲的知识点进行综合训练。本书循序渐进地介绍虚拟现实项目开发方面的相关知识，难度逐渐递增，旨在帮助学生掌握独立开发虚拟现实项目所需的相关技术。

本书可作为高等院校、高等职业院校虚拟现实技术、数字媒体技术等相关专业及培训机构的教材，也可作为期望从事虚拟现实应用开发工作的人员和想要学习 Unity3D 的虚拟现实爱好者的自学用书。

图书在版编目（CIP）数据

Unity3D虚拟现实应用开发实践 / 刘龙主编. -- 北京 : 中国水利水电出版社, 2023.8
普通高等教育新工科人才培养规划教材. 虚拟现实技术方向
ISBN 978-7-5226-1591-2

Ⅰ. ①U… Ⅱ. ①刘… Ⅲ. ①虚拟现实－程序设计－高等学校－教材 Ⅳ. ①TP391.98

中国国家版本馆CIP数据核字(2023)第115203号

策划编辑：石永峰　责任编辑：张玉玲　加工编辑：刘　瑜　封面设计：梁　燕

书　名	普通高等教育新工科人才培养规划教材（虚拟现实技术方向） Unity3D 虚拟现实应用开发实践 Unity3D XUNI XIANSHI YINGYONG KAIFA SHIJIAN
作　者	主　编　刘　龙 副主编　安宴辉　程明智
出版发行	中国水利水电出版社 （北京市海淀区玉渊潭南路 1 号 D 座　100038） 网址：www.waterpub.com.cn E-mail：mchannel@263.net（答疑） sales@mwr.gov.cn 电话：（010）68545888（营销中心）、82562819（组稿）
经　售	北京科水图书销售有限公司 电话：（010）68545874、63202643 全国各地新华书店和相关出版物销售网点
排　版	北京万水电子信息有限公司
印　刷	三河市鑫金马印装有限公司
规　格	184mm×260mm　16 开本　19 印张　474 千字
版　次	2023 年 8 月第 1 版　2023 年 8 月第 1 次印刷
印　数	0001—2000 册
定　价	52.00 元

前　言

2021年，“元宇宙”概念迅速崛起，这也使虚拟现实这一概念再次被大家广泛认识。2022年，工业和信息化部联合五部门共同发布《虚拟现实与行业应用融合发展行动计划（2022—2026年)》，进一步推动虚拟现实的布局。虚拟现实（含增强现实、混合现实）是新一代信息技术的重要发展方向，是数字经济的重大前瞻领域，将深刻改变人类的生产生活方式。目前，全国已有多所院校开设了虚拟现实技术应用专业，人才是产业发展的先行力量，也是行业发展的关键。

Unity3D是当前业界领先的虚拟现实内容制作工具，已经逐渐成为虚拟现实、增强现实、游戏开发等相关专业的学生以及从事混合现实开发研究的技术人员必须掌握的软件之一，也是虚拟现实技术应用专业优选的教学内容。本书围绕虚拟现实应用开发的人才需求与岗位能力要求，基于 Unity3D 游戏引擎，以知识点与实践案例相结合的方式进行编写，旨在为广大学生、从业者提供更加精练、更有针对性的辅助材料，希望能够培养一批合格的虚拟现实技术应用开发人才，较好地服务国家经济的发展。

1. 本书主要内容

本书以理论知识结合实际案例操作的方式编写，全书共10章。在介绍理论知识的同时，会以具体案例的形式，加深学生对知识点的理解，培养学生的实际操作能力。

第1章主要介绍什么是虚拟现实，首先介绍虚拟现实的概念和发展历程，其次介绍虚拟现实的应用系统组成和主流开发工具。

第2章主要介绍虚拟现实系统开发基础，从虚拟现实系统的软硬件环境部署入手，逐步讲解Unity3D的界面和操作。

第3章主要介绍虚拟现实中的美术资源，给出虚拟现实系统的美术资源规范，并对在Unity3D中处理美术资源的方法进行讲解。

第4～9章主要介绍基于Unity3D开发虚拟现实应用的不同系统，包括界面系统、地形系统、动画系统、粒子系统、物理系统和光照系统。

第10章主要介绍《射柳》原型开发，通过整合前面各章的知识点，以实际案例进行综合训练。

2. 本书编写特点

本书在编写过程中，以初学者的思考方式，强调理论知识和实践技能的结合，以职业能力为立足点，注重基本技能训练，有利于学生了解完整的虚拟现实项目开发流程，掌握不同知识点之间的关系。本书可以激发学生的学习兴趣，使学生每学习一章都能获得成功的快乐，从而帮助其提高学习效率。

本书从应用实战出发，首先将学生应该掌握的内容以学习目标的形式在每章开头展现出来，其次对知识点进行详细讲解，然后通过任务实施的形式对知识点进行实例操作，最后在每章末尾配有相应的课后习题，帮助学生在短时间内掌握更多有用的技术和方法，从而使其快速提高技能应用的水平。

3．本书定位

本书适用于虚拟现实技术、数字媒体技术、计算机科学与技术等相关专业的师生，也适用于虚拟现实应用开发的从业者和爱好者。

4．致谢

本书由刘龙任主编（负责统稿），安晏辉、程明智任副主编（参与编写）。在本书编写过程中，程琪、赵丹萍、王海阳、张添硕、彭琴、李世龙、田林果、吴瑞琪、岳学行、桂天一等给予了协助和支持，此外编者参阅并引用了部分专家学者的书籍、文献等资源，在此一致表示感谢。

由于时间仓促及编者水平有限，书中难免存在疏漏甚至错误之处，恳请读者批评指正。

编　者
2023年3月

目　录

第 1 章　虚拟现实概述

本章主要对虚拟现实进行简要介绍，包括虚拟现实的基本概念和发展历程、虚拟现实应用系统组成和主流开发工具等。通过对本章的学习，学生能够全面认识虚拟现实，并对其系统组成和开发工具有初步了解。

- 能够准确描述虚拟现实的概念及特征。
- 能够区分虚拟现实、增强现实和混合现实。
- 了解虚拟现实系统中的主流开发工具。

1.1　认识虚拟现实

1.1.1　虚拟现实的基本概念

1. 虚拟现实的概念

虚拟现实（Virtual Reality，VR）也被叫作灵境，是指利用计算机或其他智能计算设备模拟产生一个三维空间的虚拟世界，为用户提供关于视觉、听觉、触觉等感官模拟，让用户如同身临其境。该技术的出现是计算机图形学、人机接口技术、传感器技术、人工智能（Artifical Intelligence，AI）技术等综合应用的结果。从传统意义上来说，人认识世界的基本方式是通过自身的各种感官和认知能力来获取信息，而虚拟现实的出现将会使人机界面从以视觉感知为主发展到通过视觉、听觉、触觉、力觉、嗅觉和动觉等多种感觉通道感知，从以手动输入为主发展到通过语音、手势、姿势和视线等多种效应通道输入。

2. 虚拟现实的特征

1993 年，美国科学家格里戈尔·伯德（Grigore Burdea）提出了虚拟现实的特征三角形，即虚拟现实的 3I 特征，分别是 Immersion（沉浸性）、Interaction（交互性）、Imagination（构想性），如图 1-1 所示。

沉浸性是虚拟现实最主要的特征，是指用户成为主角并感受到自己可以沉浸到由计算机生成的虚拟场景中的能力，用户在虚拟场景中有“身临其境”之感。交互性是指用户与虚拟场景中各种对象相互作用的能力，它是人机和谐的关键性因素。构想性是指通过用户沉浸在“真实的”虚拟环境中，与虚拟环境进行了各种交互作用，从定性和定量综合集成的环境中得到感性和理性的认识，从而可以深化概念，萌发新意，产生认识上的飞跃。

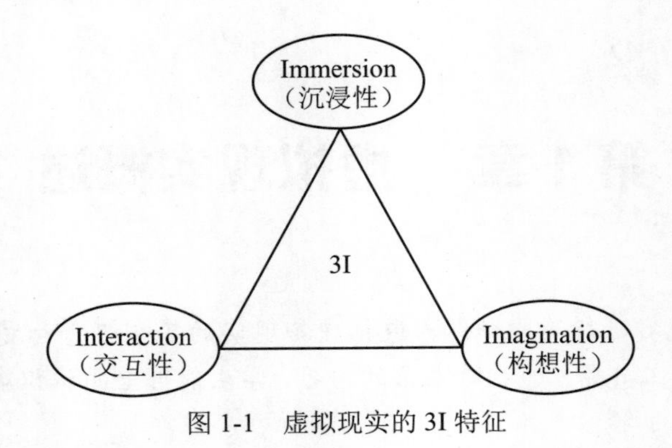

图 1-1　虚拟现实的 3I 特征

1.1.2　虚拟现实的发展历程

1. *起源和发展*

虚拟现实的起源可以追溯到计算机还没有问世的 20 世纪 30 年代，当时美国科幻作家斯坦利 • G • 温鲍姆（Stanley G. Weinbaum）发表了科幻小说《皮格马利翁的眼镜》，这被认为是探讨虚拟现实的第一部作品。书中描述了在未来世界，人们可以完全沉浸于虚幻世界中，体验到身临其境的真实感受。

20 世纪 50 年代，电影摄影师莫顿 •海灵（Morton Heiling）发明了 Sensorama 仿真模拟器，并在 1962 年为这项技术申请了专利，这就是虚拟现实原型机。Sensorama 仿真模拟器是一个可以实现多种感官感受的沉浸式多模态系统，不仅可以显示三维图像，还可以模拟立体声，甚至可以模拟气味。这在当时是一个相当超前的发明，观影者可以通过 Sensorama 仿真模拟器沉浸式地体验在街头骑车的感觉，不仅能感受道路的颠簸，体验微风吹拂脸颊，而且能看到三维画面，听到立体声等。但是，由于当时硬件技术不够发达，Sensorama 仿真模拟器体型过于庞大，很难投入市场应用，所以这一发明并没有得到实际推广，但这一尝试却为后来的虚拟现实埋下了种子。Sensorama 仿真模拟器如图 1-2 所示。

图 1-2　Sensorama 仿真模拟器

1965 年，计算机图形学之父伊凡 • 苏泽兰（Ivan Sutherland）发表了题为《终极显示》的学术论文，提出了“以计算机屏幕作为观看虚拟世界的窗口”这一论点。1968 年，伊凡·苏泽兰的科研团队设计出一款头戴式显示设备。这是世界上第一款虚拟现实和增强现实（Augment Reality，AR）的头戴式显示器，它有一个十分霸气的名字“达摩克利斯之剑”，如图 1-3 所示。

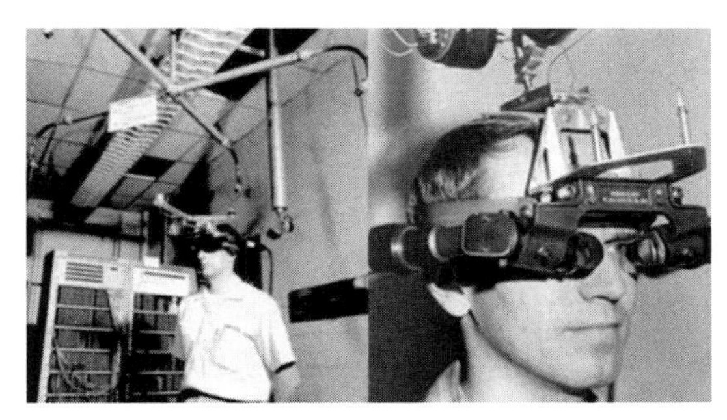

图 1-3 “达摩克利斯之剑”头戴式显示器

由于这台设备已经能够通过两个一英寸的 CTR 显示器显示出具有深度的立体画面，并且具有头部追踪、人机互动等技术特点，所以被认为是世界上第一台虚拟现实设备原型。但是，由于当时的硬件技术条件落后，这款设备过于沉重，无法独立穿戴，需要在天花板上搭建支撑杆才能够使用，而且其概念过于超前，因此“达摩克利斯之剑”最终只能沉寂在实验室中，但它的出现仍为虚拟现实技术奠定了坚实的基础。

1984 年，虚拟现实技术先驱杰伦·拉尼尔（Jaron Lanier）参与创办了第一家虚拟现实创业公司——VPL 研究公司，该公司创造出世界上首款消费级的虚拟现实设备、虚拟化身，以及多人虚拟世界的体验环境。同时，拉尼尔公开了一种“假相”技术：利用计算机图形系统和各种显示控制等接口设备，在计算机上生成可交互的三维场景的技术。拉尼尔首次将这种技术命名为虚拟现实技术，他因此被称为“虚拟现实之父”。

1990 年，我国学术界开始研究虚拟现实技术，著名科学家钱学森对虚拟现实技术给予了较多关注，他认为虚拟现实技术处理的环境可以被称为“灵境”，虚拟现实技术也可以被称为“灵境技术”，这样更贴近中国文化，如图 1-4 所示。钱学森提出，灵境技术是继计算机技术革命之后的又一项技术革命，它将引发一系列震撼世界的变革，是人类历史中的大事。

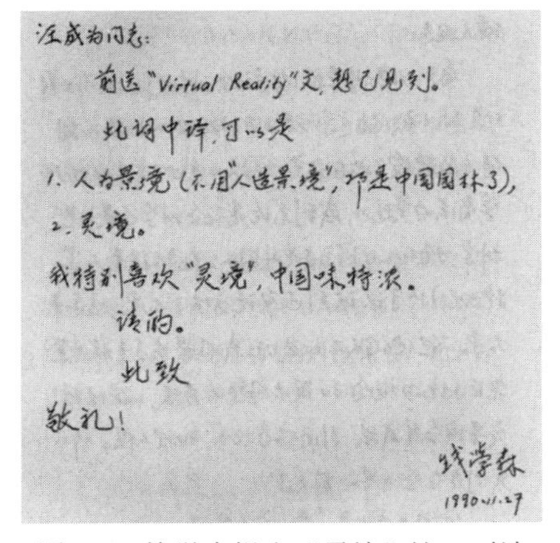

汪成为同志：

前送“Virtual Reality”文，想已见到。

此词中译，可以是

1. 人为景境（不用人造景境，那是中国园林了），
2. 灵境。

我特别喜欢“灵境”，中国味特浓。

请酌。

此致

敬礼！

钱学森

1990.11.27

图 1-4 钱学森提出“灵境”这一叫法

虚拟现实技术现在为大众所熟知在一定程度上要归功于科幻电影，例如1992年的《割草者》、1999年的《黑客帝国》、2017年的《刀剑神域》、2018年的《头号玩家》和2021年的《失控玩家》等。《割草者》主要展示了虚拟现实技术能使人进入一个由计算机创造出来的、如同想象出来的无限丰富的虚幻世界。《黑客帝国》和《刀剑神域》从脑机接口的角度描述了人与虚拟世界的连接和分离。《头号玩家》通过佩戴头盔来使人完全沉浸于虚拟世界中。《失控玩家》基于混合现实（Mixed Reality，MR）的形式来实现虚拟世界与现实世界的叠加。类似的电影为虚拟现实的应用带来了巨大的关注度，电影中的人都沉浸在由计算机创造的虚拟世界中，这一设定成功地勾起了观影者的好奇心，虚拟现实技术也因此深入人心。

2016年被称为“虚拟现实元年”，大量虚拟现实和增强现实的相关作品和新闻涌入人们的视野。虚拟现实成为热潮，这对科技行业的影响显而易见，靠着愈发强大的图形计算能力，人们可以在虚拟世界中看到更加真实的景物，各种实时渲染引擎和建模软件让虚拟世界变得更加丰富和真实。

2. *未来展望*

2021年，基于虚拟现实技术的元宇宙概念在产业界突然爆发。3月10日，腾讯公司投资的在线游戏创作平台Roblox于纽交所成功挂牌上市，市值超过400亿美元。4月20日，字节跳动公司投资国内元宇宙概念公司代码乾坤，融资金额近1亿元人民币。7月26日，扎克伯格宣布Facebook公司在未来五年内变成元宇宙公司。8月29日，字节跳动公司以90亿元人民币并购国内虚拟现实领域领头羊Pico公司，完成对头显设备市场的布局。10月29日，扎克伯格在Facebook Connect开发者大会中宣布，公司正式更名为Meta（元宇宙Metaverse的前缀），意味着扎克伯格决定引导Facebook公司完成转型，这其实是社交方式的改变。扎克伯格认为未来的社交平台将成为置身其中的沉浸式平台，而Meta的愿景就是希望建立一个数字虚拟的新世界。

随着近年来人工智能理论及应用的发展，虚拟现实应用中引入人工智能技术的情况越来越多，人工智能是研究、开发用于模拟、延伸和扩展人的智能的理论、方法、技术及应用系统的一门新的技术科学，其研究目标是机器视、听、触、感觉及思维方式对人的模拟，包括指纹识别、人脸识别、视网膜识别、虹膜识别、掌纹识别、专家系统、智能搜索、定理证明、逻辑推理、博弈、信息感应与辩证处理等。如果说虚拟现实是创造被感知的环境，那么人工智能则是创造接受感知的事物，所以虚拟现实与人工智能的融合有着天然的可行性和必要性。在虚拟现实的环境下，配合逐渐完备的交互工具和手段，人和机器人的行为方式将逐渐趋同。可以预言，在不久的将来，虚拟现实与人工智能这两种技术将会为科学界开启一扇“超现实之门”，并引领下一波科技变革。

1.2 虚拟现实应用系统组成

一个典型的虚拟现实应用系统主要由计算机、输入/输出设备、应用软件和数据库等部分组成。本节重点介绍市场中主流的虚拟现实应用系统的输入/输出设备。

1.2.1 虚拟现实输入设备

1. VR 手柄

VR 手柄又称控制器，是目前为止最常见的虚拟现实输入设备。当前比较契合 VR 操控的主流控制器大致有 HTC Vive 控制器、Oculus Touch、PS Move 这 3 种。

（1）HTC Vive 控制器。HTC Vive 控制器看起来有些像头重脚轻的哑铃，其顶端采取了横向的空心圆环设计，上面布满了用于定位的凹孔，如图 1-5 所示。用手持握时，拇指的位置有一个可供触控的圆形面板，而食指方向则有两阶扳机。

出色的定位能力是这款产品的优点之一，灯塔（Lighthouse）技术的引入能够将定位误差缩小到亚毫米级别，而激光定位也无疑是排除遮挡问题的最好解决方案。房间对角的两个发射器通过垂直和横向的扫描就能构建出一个“感应空间”，而设备顶端诸多的光敏传感器则能帮助计算单元重建一个手柄的三维模型。

尽管 HTC Vive 控制器几乎不存在延迟，也能支持 15 英尺范围内的站立姿态，但它的持握体验其实不尽如人意，长时间持握手柄是个沉重的负担。除此之外，设备在 VR 内容的应用上也没有太多扩展空间，扣下扳机的动作仅契合某些 FPS 游戏。

（2）Oculus Touch。Oculus Touch 采用了紧贴双手的工业设计，这相比其他手柄更符合人类的自然姿态。Oculus Touch 的控制面板中嵌入了一个小型摇杆和数个圆形按键，握柄方向同样设置了单阶扳机，功能与 HTC Vive 手柄相差不大，如图 1-6 所示。其内部植入的摄像头感应器成了亮眼之处，它能够通过感知距离模拟出手指的大致动作，这大大增强了控制器的可扩展性。这款手柄的缺陷在于定位方案的不完善，其配套头显只配备了一个摄像头，仅能感应正前方的小块区域，限制了使用范围。

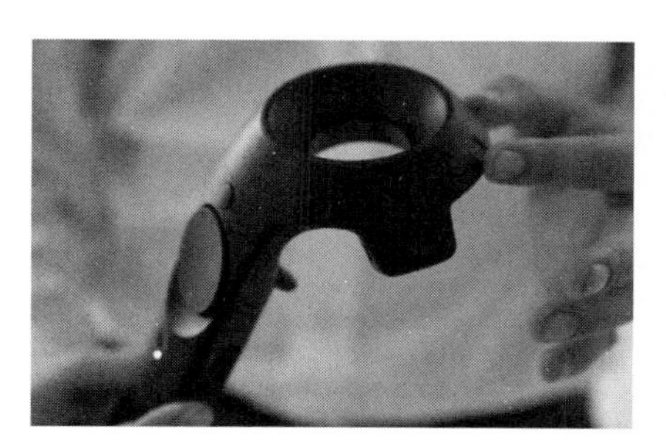

图 1-5 HTC Vive 控制器

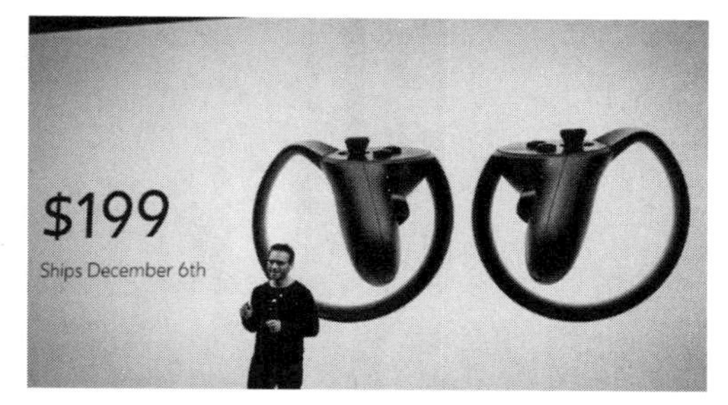

图 1-6 Oculus Touch

（3）PS Move。PS Move 的造型更像是顶了个彩色圆球的手电筒，持握手感也非常相似，副操纵棒上甚至加上了传统手柄的十字按键，整体的控件按钮达十多个，如图 1-7 所示，这使它操控起来有些繁杂。相比其他手柄，PS Move 的定位技术是比较落后的，其可见光定位只能感应控制器的大致位置，完全谈不上精度，又由于抗遮挡性较差，多目标定位也有一定的数量限制。不过，PS Move 的复用大大降低了研发成本，而优秀的内容支持也弥补了设备的缺陷。

2. 数据手套

数据手套是虚拟仿真中常用的交互式工具（如图 1-8 所示），它可以将人手的手势准确实时地传送到虚拟环境中，并将与虚拟物体的交互信息反馈给操作者。它使操作者能够更直接、更自然、更有效地与虚拟世界互动，极大地增强了互动性和沉浸感。它还为操作人员提供了一种通用、直接的人机交互模式，特别适用于需要多自由度手模型对虚拟对象进行操作的虚拟现实系统。但数据手套本身不提供与空间位置相关的信息，必须与位置跟踪设备一起使用。

图 1-7 PS Move

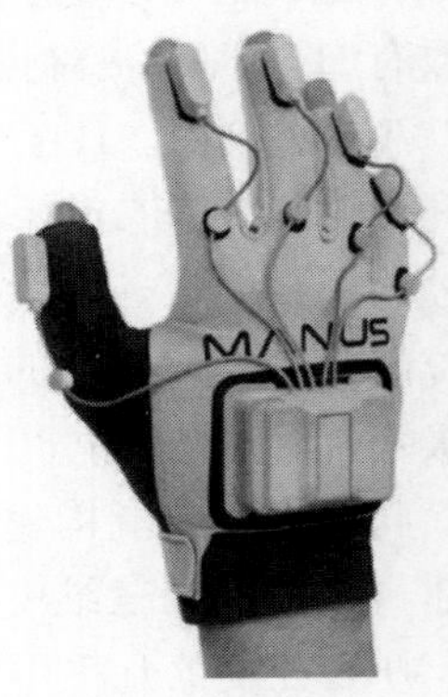

图 1-8 数据手套

3. 触觉反馈装置

在虚拟现实系统中，如果没有触觉反馈，当用户在虚拟世界中触摸物体时，很容易使手穿过物体，从而失去真实感。解决这一问题的有效方法是将触觉反馈添加到用户交互设备中，如图 1-9 所示。气动触觉反馈和振动触觉反馈是相对比较安全的触觉反馈方式。

图 1-9 触觉反馈装置

气动触觉反馈是一种以小气囊为传感装置的传感器。它由双层手套组成，其中一个输入手套测量力，20～30 个力传感元件分布在手套的不同位置。当用户在虚拟现实系统中产生虚拟接触时，它能够检测手部各部分的状态。另一个输出手套用于重现检测到的压力。手套相应位置还配备 20～30 个气囊。这些小气囊的气压由空气压缩泵控制，气压值由计算机调节，从而实现虚拟手物体触摸时的触觉。虽然通过这种方法获得的触觉不是很逼真，但是已经取得了相对其他方式来讲更好的效果。

振动触觉反馈是利用声圈作为振动能量交换装置产生振动的一种方法。简单的换能器就像一个没有喇叭的音圈，复杂的传感器由状态记忆合金支撑。当电流通过这些能量转换装置时，它们就会变形和弯曲。传感器可以根据需要制成各种形状，并安装在皮肤表面的不同位置，通过这个过程，可以实现对虚拟对象的平滑和粗糙度的感知。

4. 运动捕捉系统

在虚拟现实系统中，为了实现人与虚拟现实系统的交互，需要确定参与者的头、手、身体等位置的方向，准确跟踪和测量参与者的动作，并实时监控这些动作，从而将这些数据反馈给显示控制系统。这些工作是虚拟现实系统的基础，也是动作捕捉技术的研究内容。运动捕捉系统如图 1-10 所示。常用的运动捕捉技术通过机械、声学、电磁和光学来实现。与此同时，不依赖传感器直接识别人体特征的动作捕捉技术将很快成为现实。

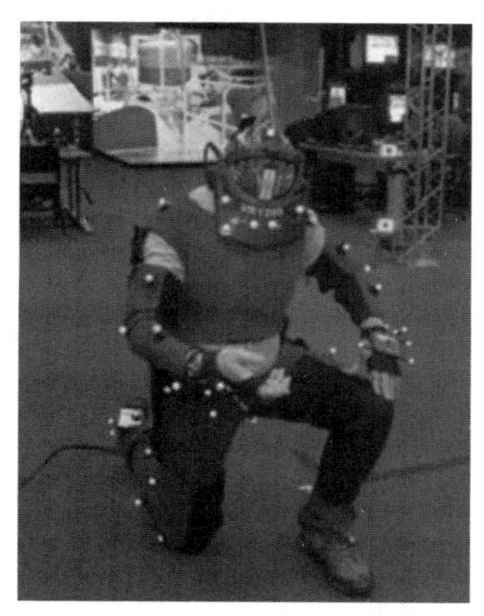

图 1-10　运动捕捉系统

1.2.2　虚拟现实输出设备

1. 虚拟现实头显

（1）Oculus 系列。

1）Oculus Rift。Oculus Rift 是一款为电子游戏设计的头戴式显示器（如图 1-11 所示），它有两个目镜，每个目镜的分辨率为 640*800，双眼的视觉合并之后拥有 1280*800 的分辨率，它可以通过陀螺仪控制用户的视角，使游戏的沉浸感大幅提升。Oculus Rift 可以通过 DVI、HDMI、micro USB 接口连接计算机或游戏机。

2）Oculus Quest。Oculus Quest 是 Oculus 旗下首款能够完全独立运作的 6 自由度（6DoF）装置（如图 1-12 所示），它的屏幕是双眼分别有 1600*1440 分辨率的，作为一款独立使用的虚拟现实装置，Quest 利用 Inside-Out 技术来追踪用户的移动，这让它不需要外置的定位装置就能使用，它也因此支持 6DoF 追踪。

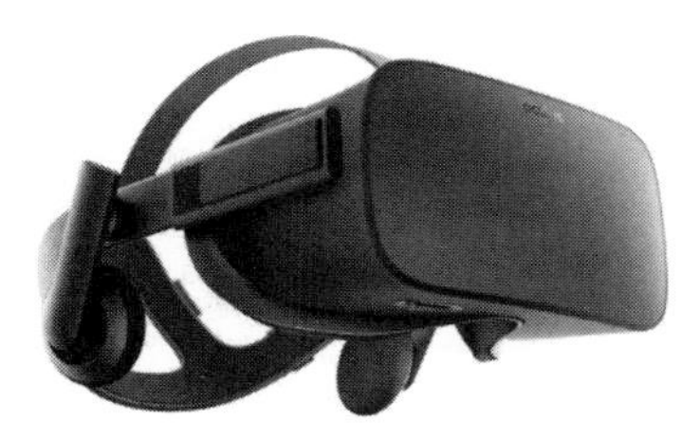

图 1-11　Oculus Rift

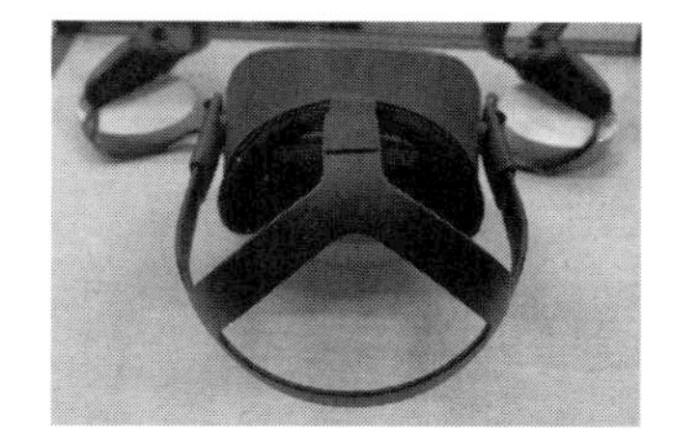

图 1-12　Oculus Quest

3）Oculus Quest 2。Oculus Quest 2 是一款一体式头显（如图 1-13 所示），它是 2019 年推出的 Oculus Quest 的更新版本，保留了和上一代 Quest 相同的一体式功能设计，并同时改进了屏幕，减轻了重量。Quest 2 的控制手柄是白色的，功能性与前几代 Oculus Touch 几乎相同。

图 1-13　Oculus Quest 2

（2）HTC Vive 系列。

1）HTC Vive。HTC Vive 是由 HTC 与 Valve 公司联合开发的一款头戴显示产品，于 2015 年 3 月发布，如图 1-14 所示。由于有 SteamVR 提供技术支持，因此在 Steam 平台上已经可以使用 HTC Vive 体验多种虚拟现实游戏。

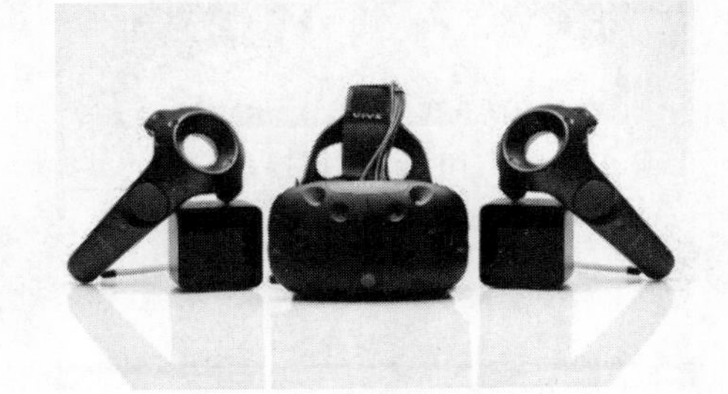

图 1-14　HTC Vive

2）HTC Vive Pro。HTC Vive Pro（如图 1-15 所示）采用 3K OLED 显示屏，分辨率为 2880*1600，支持使用 SteamVR 2.0 定位系统，能同时使用最高 4 个 Base Station，活动空间翻倍扩展至 10 平方米。它内置 3D 音频耳机，通过 WiGig 的 60GHz 无线传输，能提供超低时延的无线虚拟现实体验。

3）HTC Vive Focus Plus。HTC Vive Focus Plus 一体机（如图 1-16 所示）采用一块 3K AMOLED 显示屏，分辨率为 2880*1600，刷新率为 75Hz，使用高通骁龙 835 移动处理器，具有 WORLD-SCALE 的 6 自由度大空间追踪技术，高精度 9 轴传感器和距离传感器。

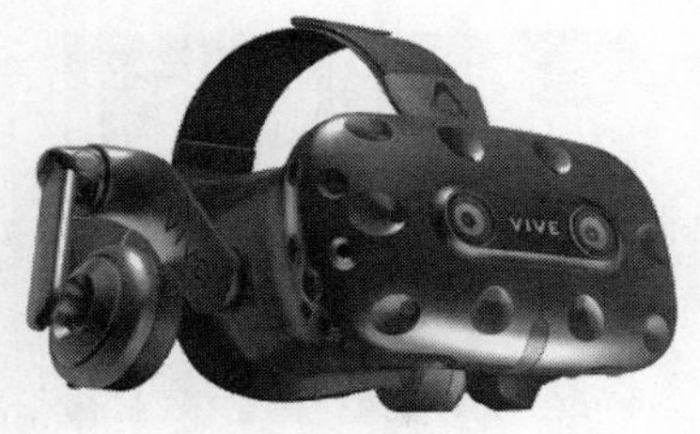

图 1-15　HTC Vive Pro

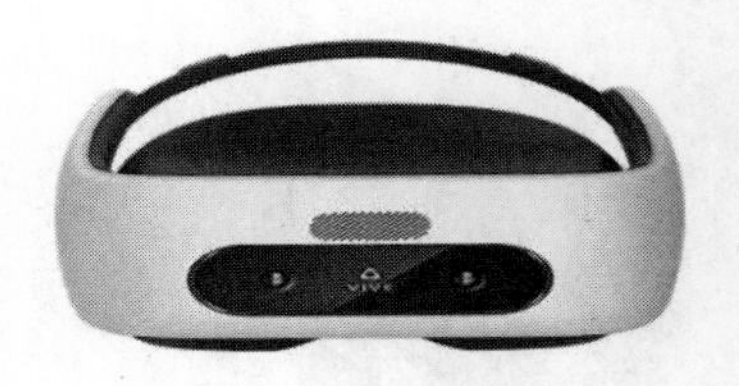

图 1-16　HTC Vive Focus Plus

2. CAVE 洞穴式虚拟现实显示系统

该系统是一种基于多通道视觉同步技术和立体显示技术的房间投影视觉协同环境，由 3 个以上（含 3 个）硬背投影墙组成高度沉浸式虚拟演示环境。参与者在相应的虚拟现实交互设备（如数据手套、位置跟踪器等）的帮助下，完全沉浸在三维投影图像环绕的高级虚拟仿真环境中，获得身临其境的交互感受。由于投影面可以覆盖用户的所有视野，该系统可以为用户提供其他设备无法比拟的震撼体验，因此其普遍应用于高标准的虚拟现实系统中。CAVE 洞穴式虚拟现实显示系统如图 1-17 所示。

图 1-17 CAVE 洞穴式虚拟现实显示系统

3. 混合现实眼镜

（1）HoloLens。HoloLens 是微软公司发布的首款头戴式增强现实（混合现实）设备，如图 1-18 所示。该产品于 2015 年 1 月 22 日发布，其功能主要包括新闻信息流的投影、全息透镜模拟游戏、全息透镜观看视频和观看天气、全息透镜辅助 3D 建模、全息透镜辅助模拟登陆火星。

（2）HoloLens2。在 2019 年 2 月 25 日的 WMC2019 大会上，微软公司发布了新款 HoloLens2（如图 1-19 所示），并对其操作性能和使用体验进行了再次升级。Hololens2 的视觉灵敏度可以达到每度 47 像素，视野面积是上一代的两倍多。HoloLens2 支持语音识别，可以实现更多的语音命令，还增加了眼动和手动，操作起来更方便。HoloLens2 还允许更多的定制，以满足不同用户的需求。

图 1-18 HoloLens

图 1-19 HoloLens2

1.3 虚拟现实系统主流开发工具

1.3.1 三维建模和图像处理工具

1. Maya

Maya 是 Autodesk 公司旗下的著名三维建模和动画软件，其图标如图 1-20 所示。使用 Maya 可以大大提高电影、电视、游戏等领域开发、设计、创作的工作效率。新版的软件改善了多边形建模，通过新的运算法则提高了性能，多线程支持可以充分利用多核心处理器的优势。另外，在角色建立和动画方面也更具弹性。

2. 3D Studio Max

3D Studio Max 简称为 3d Max 或 3ds Max，是 Discreet 公司（后被 Autodesk 公司合并）开发的三维动画渲染和制作软件，其图标如图 1-21 所示。它广泛运用在游戏动画的制作中，目前它开始参与影视片的特效制作。

图 1-20 Maya

图 1-21 3D Studio Max

3. Photoshop

Adobe Photoshop 简称 PS，是 Adobe 公司开发的图像处理软件，其图标如图 1-22 所示。Photoshop 主要处理像素构成的数字图像，使用其众多的编修与绘图工具可以有效地进行图片编辑工作。

图 1-22 Photoshop

1.3.2 虚拟现实开发引擎

1. Unity3D

Unity3D 是由 Unity Technologies 公司开发的专业跨平台游戏开发及虚拟现实引擎。它支持目前所有主流 3D 动画创作软件和图像处理软件导出的资源，用户通过内容导入、内容编辑、内容发布 3 个阶段可以将自己的创意变成现实。全世界所有虚拟现实或增强现实内容中超过 60%都是用 Unity3D 开发的。Unity3D 的主要特点是支持跨平台，一次开发，多平台发布，支持平台包括手机、平板电脑、个人计算机、游戏主机、增强现实和虚拟现实设备，其图标如图 1-23 所示。

2. Unreal Engine

Unreal Engine 也叫 Unreal 或 UDK，中文名称是虚幻引擎，是由 Epic Games 公司推出的一款游戏开发引擎。相比其他引擎，Unreal Engine 不仅高效、全能，还能直接预览开发效果，赋予了开发商更强的能力。Unreal Engine 4 是第 4 代虚幻引擎，也是目前用得较多的版本。

Unreal Engine 的本土化工作开展得很好，Epic Games 中国分公司与 GA 国际游戏教育公司在上海联合成立了中国首家虚幻技术研究中心，旨在进行本土化推广，帮助具备美术、策划、程序等基本游戏开发知识的爱好者使用 Unreal Engine 开发出完整的游戏雏形，推动国内游戏研发力量的成长。其图标如图 1-24 所示。

图 1-23 Unity3D

图 1-24 Unreal Engine

本章小结

本章主要介绍了虚拟现实的相关内容，包括虚拟现实的概念、特征和发展历程，虚拟现实应用系统组成和主流开发工具。通过对本章的学习，学生能够了解并掌握虚拟现实的概念、分类、应用组成以及主流的开发工具，能够对虚拟现实有初步的了解。

课后习题

课后习题解答

1. 阐述虚拟现实的概念及特征。
2. 简述虚拟现实应用系统的组成，列举主流输入/输出设备及开发工具。
3. 举出 5 个其他虚拟现实典型应用案例。

第 2 章　虚拟现实系统开发基础

本章主要介绍虚拟现实系统开发的基础内容，包括虚拟现实系统环境部署（如 Unity3D、Visual Studio、Steam VR 的下载和安装），虚拟现实开发引擎 Unity3D 的基本工程与操作介绍、基本概念和脚本基础等内容。通过对本章的学习，学生能够对虚拟现实系统的环境部署和当下主流的开发引擎 Unity3D 有一定的了解。

- 掌握虚拟现实系统软件环境的部署方法。
- 掌握虚拟现实系统硬件环境的部署方法。
- 熟悉虚拟现实开发引擎 Unity3D 的操作。

2.1　虚拟现实系统环境部署

虚拟现实系统
软件环境部署

2.1.1　虚拟现实系统软件环境部署

1. Unity3D 下载和安装

【步骤 1】打开 Unity3D 中文官网 https://unity.cn/，在首页中单击右上角的“下载 Unity”按钮，如图 2-1 所示。

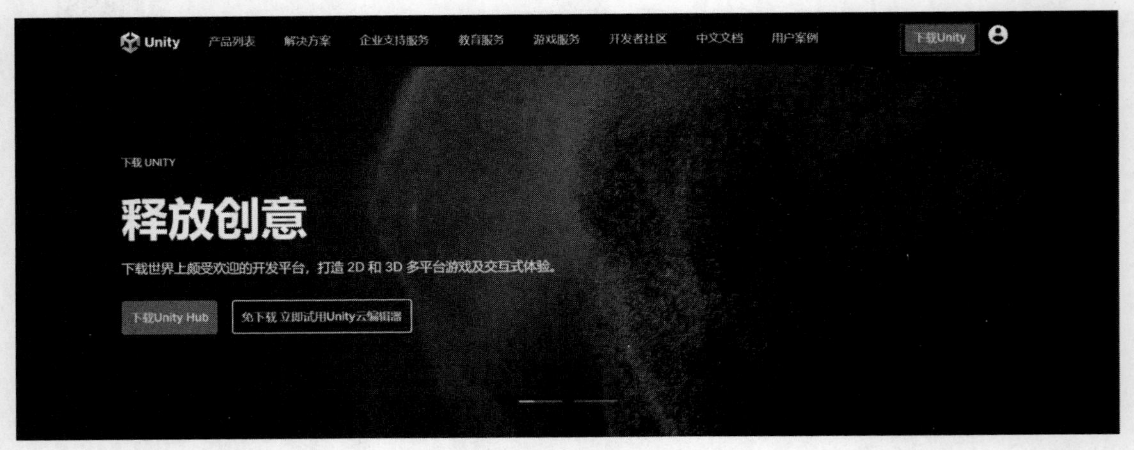

图 2-1　Unity3D 中文官网首页

【步骤 2】在新打开的页面中选择“所有版本”选项，在下方选择 Unity 2018.x 选项，如图 2-2 所示，找到对应的 Unity3D 版本号 2018.4.15，单击“从 Hub 下载”按钮，如图 2-3 所示。

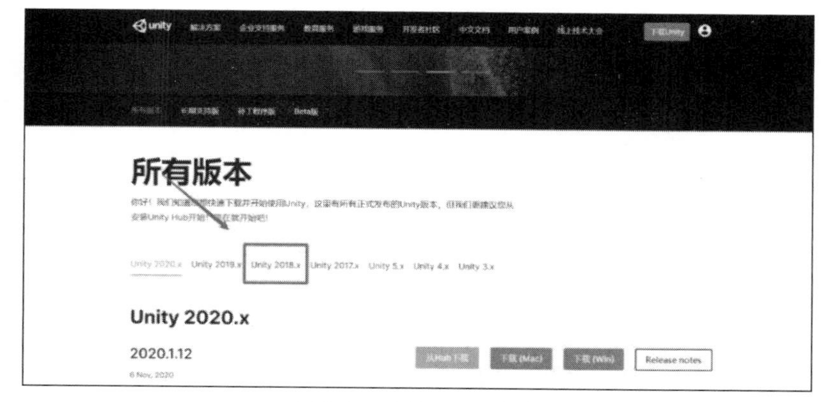

图 2-2　选择 Unity 版本

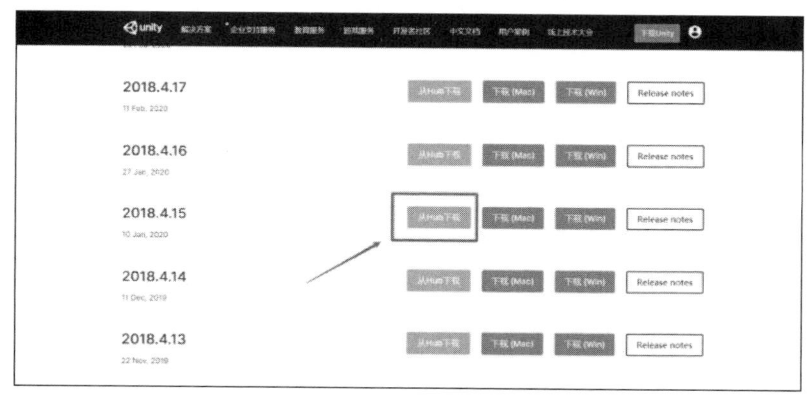

图 2-3　下载 Unity

【步骤 3】在弹出的“要打开 URL:unityhub 吗？”对话框中单击“取消”按钮。这里以在 Windows 系统下为例说明，在弹出的“提示”对话框，单击“Windows 下载”按钮，如图 2-4 所示。

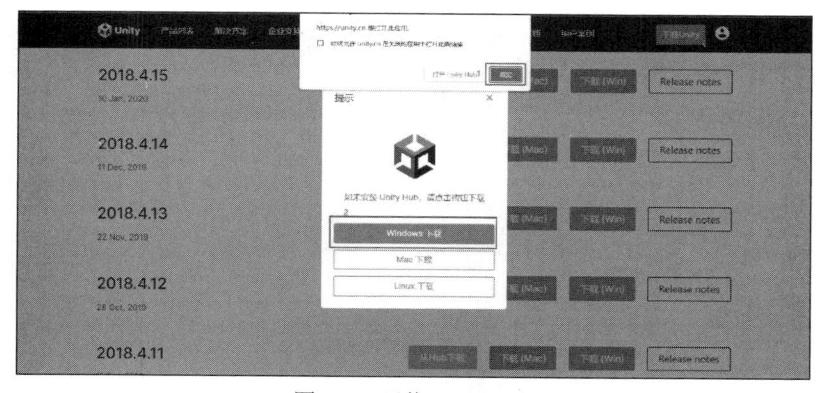

图 2-4　下载 Unity Hub

【步骤 4】在弹出的新对话框中单击“创建 Unity ID”按钮，注册个人账号，如图 2-5 所示。完成注册后登录账号，再次下载 Unity Hub 的安装文件。

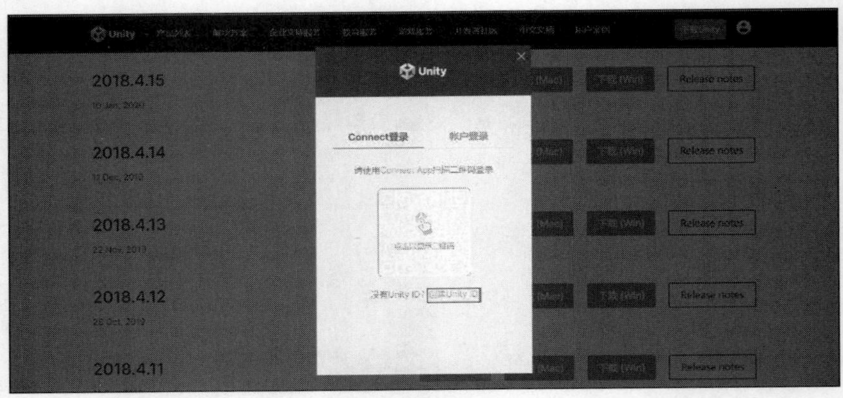

图 2-5　注册个人账号

【步骤 5】下载完成后双击打开安装文件，单击“我同意”按钮，在新弹出的对话框中选择需要的目录进行安装，如图 2-6 所示。

图 2-6　安装 Unity Hub

【步骤 6】安装完成后打开 Unity Hub（登录个人账号，根据需要激活许可证，如图 2-7 所示），回到刚才下载 Unity Hub 的网页，再次单击 2018.4.15 版本的“从 Hub 下载”按钮，在“要打开 Unity Hub 吗？”对话框中单击“打开 Unity Hub”按钮，如图 2-8 所示。

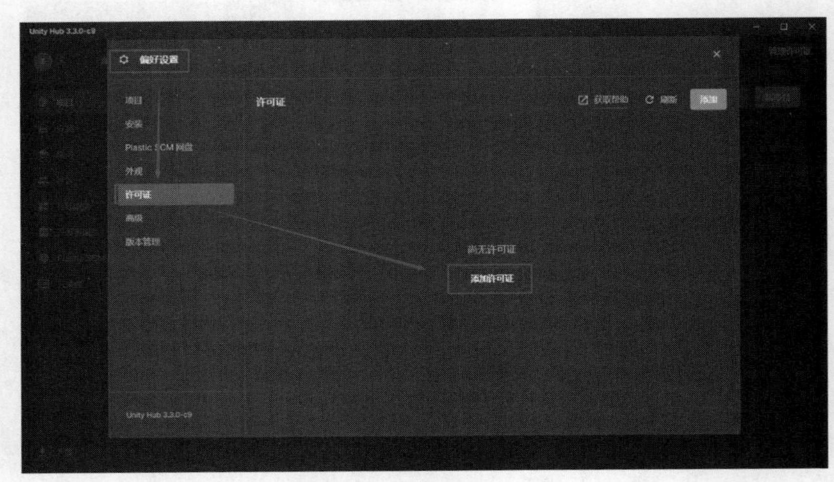

图 2-7（一）　激活许可证

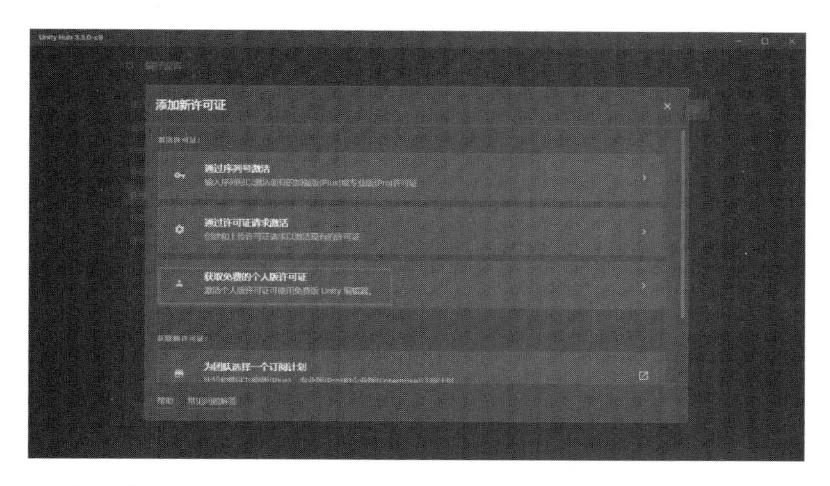

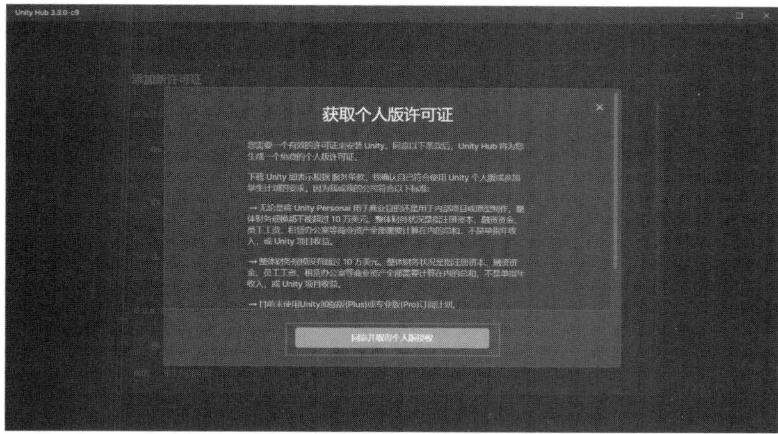

图 2-7（二） 激活许可证

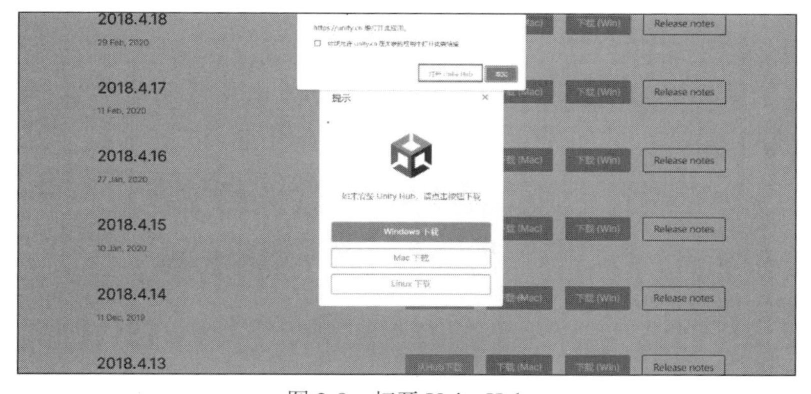

图 2-8 打开 Unity Hub

【步骤 7】在打开的 Unity Hub 中选择需要的模块，单击 INSTALL 按钮，如图 2-9 所示。在这里需要选择 Microsoft Visual Studio Community 2017（如果安装过其他版本的 Unity3D，则这里不再需要安装）和 Windows Build Support{IL2CPP}两个模块（“简体中文”模块可根据需要自行选择）。

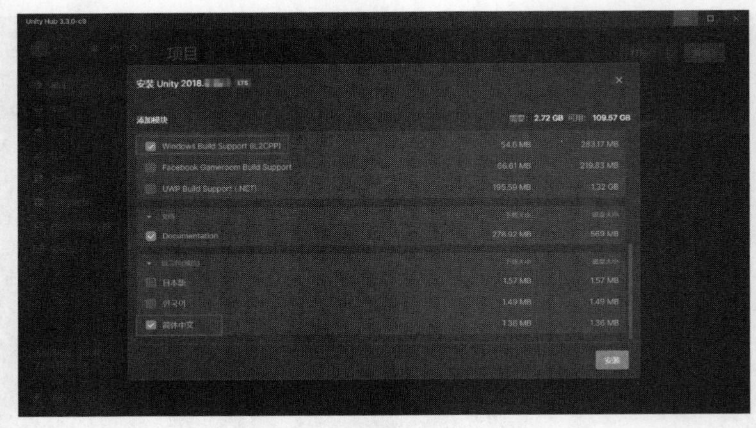

图 2-9　安装需要的模块

【步骤 8】等待 Unity3D 安装完成，如图 2-10 所示。

图 2-10　等待 Unity3D 安装完成

2. Visual Studio 下载和安装

【步骤 1】打开 Visual Studio 中文官网 https://visualstudio.microsoft.com/，选择“下载 Visual Studio”选项和 Community 2019 选项，如图 2-11 所示。

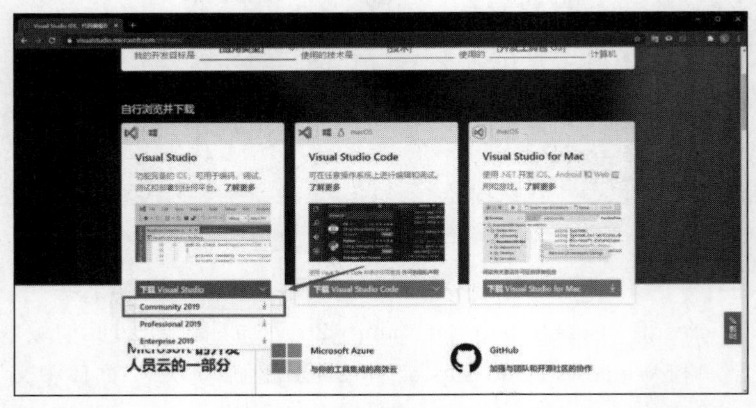

图 2-11　下载 Visual Studio

【步骤 2】选择保存安装文件的路径，如图 2-12 所示。

图 2-12　选择保存安装文件的路径

【步骤 3】下载完成后打开程序，选择“使用 Unity 的游戏开发”选项，单击“安装”按钮开始安装工作负载平台，如图 2-13 所示，安装完成后的界面如图 2-14 所示。

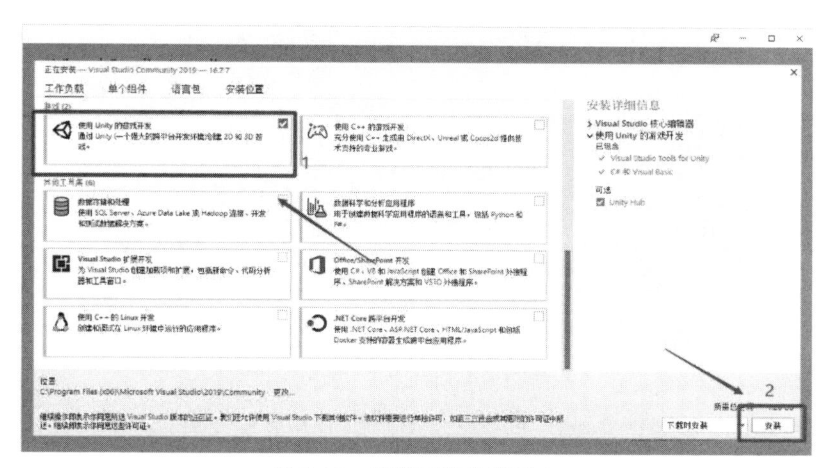

图 2-13　安装工作负载平台

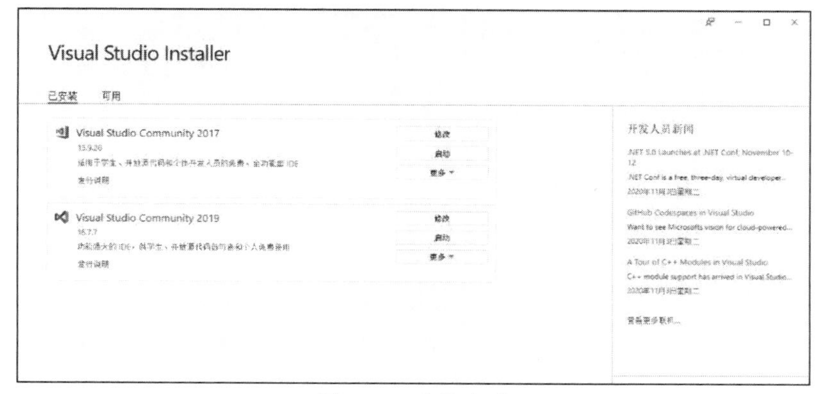

图 2-14　安装完成

3. SteamVR 下载和安装

【步骤 1】打开 Steam 官网 https://store.steampowered.com/，单击右上角的“安装 Steam”按钮，如图 2-15 所示。

图 2-15　单击“安装 Steam”按钮

【步骤 2】在打开的页面中单击“安装 STEAM”按钮，如图 2-16 所示。

图 2-16　单击“安装 STEAM”按钮

【步骤 3】选择保存路径，单击“保存”按钮，下载安装文件，如图 2-17 所示。

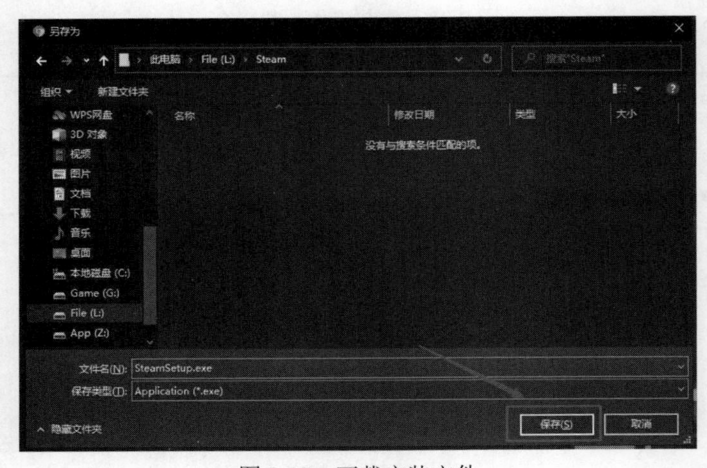

图 2-17　下载安装文件

【步骤 4】双击安装文件，单击“下一步”按钮开始安装，如图 2-18 所示。

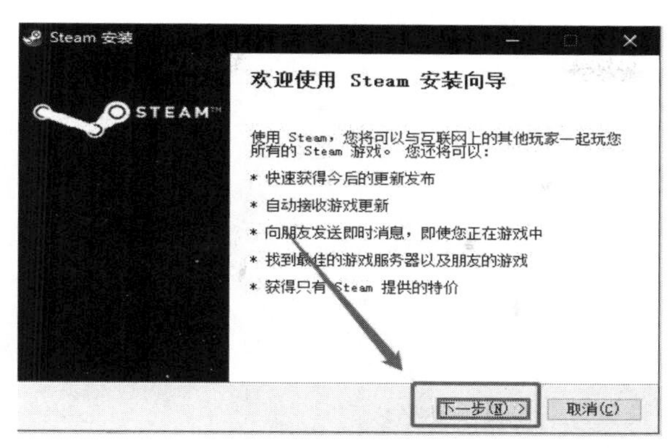

图 2-18　安装 SteamVR（1）

【步骤 5】选择使用的语言，单击“下一步”按钮，如图 2-19 所示。

【步骤 6】选择安装目录，单击“安装”按钮，如图 2-20 所示。

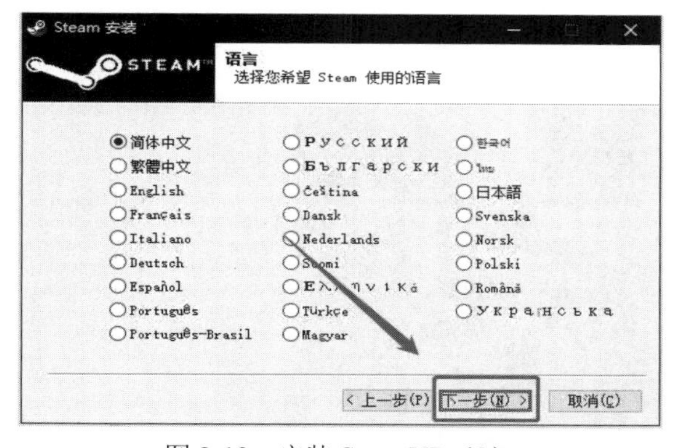

图 2-19　安装 SteamVR（2）

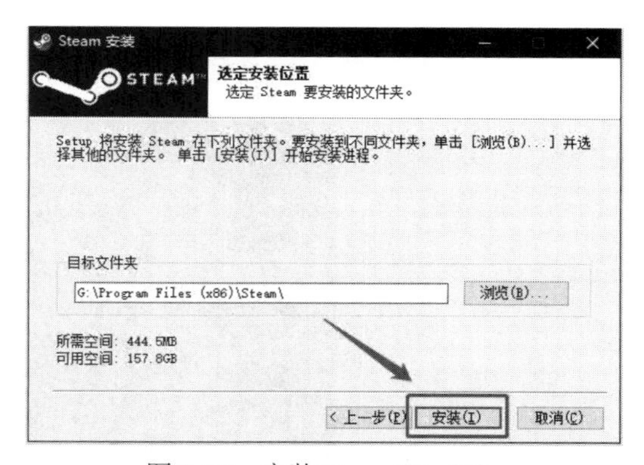

图 2-20　安装 SteamVR（3）

【步骤 7】安装结束后，双击 SteamVR 程序图标，登录自己的账户，若还没有账户，可单击“创建一个新的账户”按钮创建一个新账户，如图 2-21 所示。

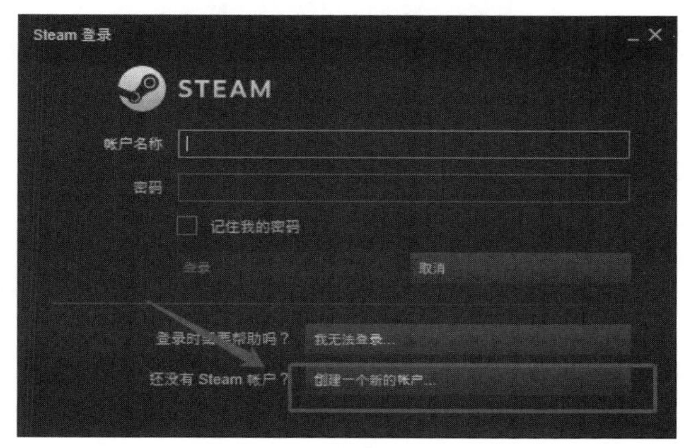

图 2-21　安装 SteamVR（4）

【步骤 8】登录成功后，在库标签页的搜索框中输入 SteamVR，选中搜索结果中的 SteamVR，单击“安装”按钮，如图 2-22 所示。

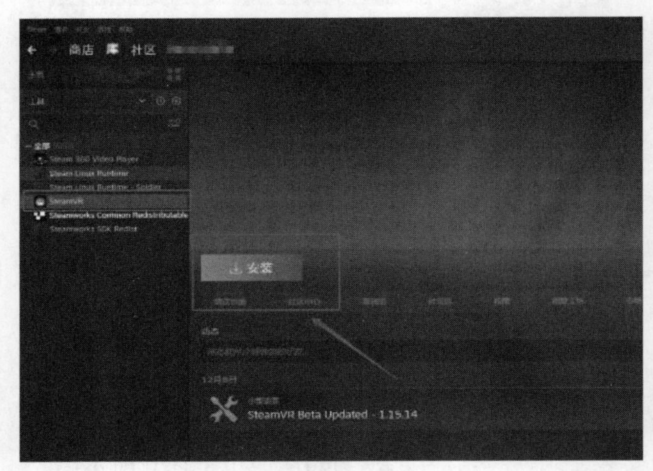

图 2-22　安装 SteamVR（5）

【步骤 9】单击“下一步”按钮，等待安装结束，如图 2-23 所示。

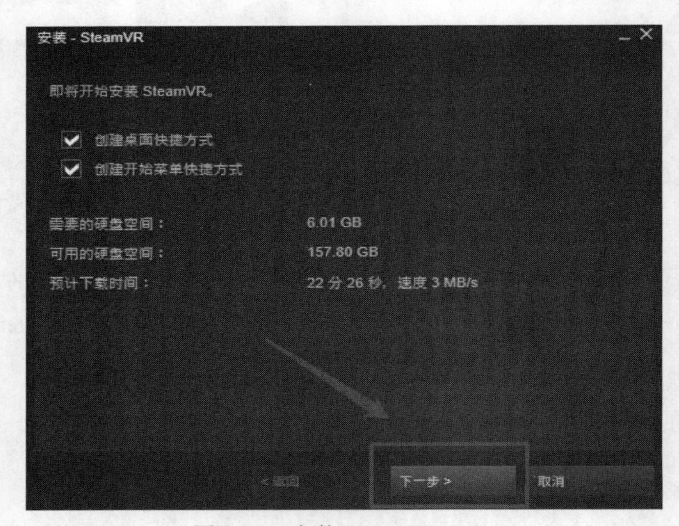

图 2-23　安装 SteamVR（6）

虚拟现实系统硬件环境部署

2.1.2　虚拟现实系统硬件环境部署

第 1 章介绍了一些主流的虚拟现实系统输入/输出设备，任何一种设备都可以作为虚拟现实应用开发的硬件工具。本书以 HTC Vive 为例进行讲解，后面所有开发都以此为基础。

1. HTC Vive 设备安装

【步骤 1】规划游玩区。若想在自由移动的环境下开发，游玩区的最小空间为 2 米×1.5 米，定位器之间最大距离为 5 米，如图 2-24 所示。部分自由移动式游玩区设置示例如图 2-25 所示。如果是坐姿或站姿，则游玩区没有空间大小要求，设置示例如图 2-26 所示。

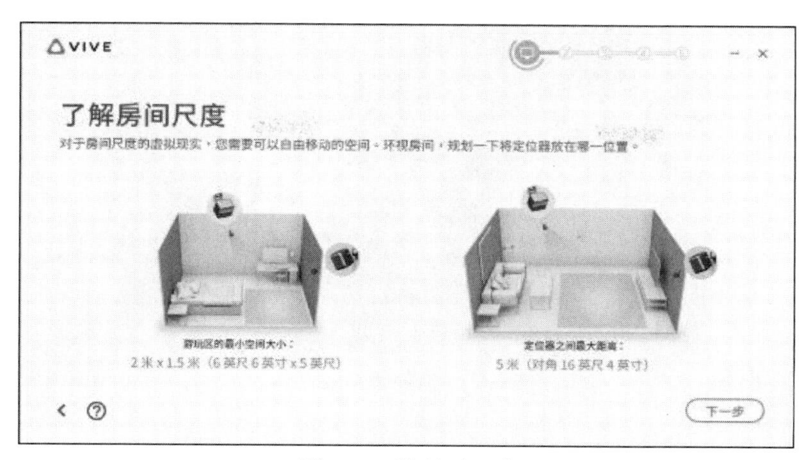

图 2-24　游玩区尺寸

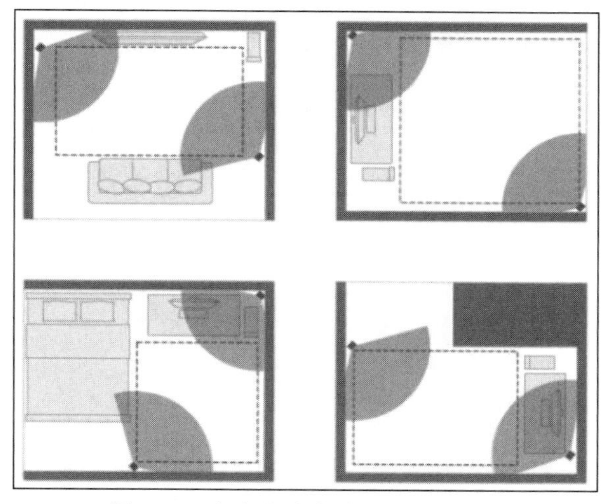

图 2-25　自由移动式游玩区设置示例

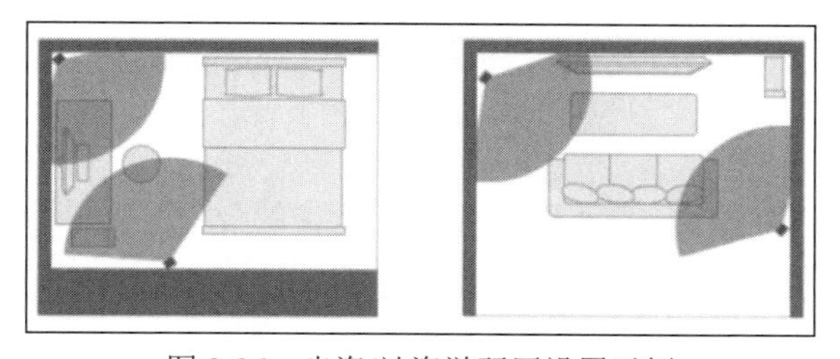

图 2-26　坐姿/站姿游玩区设置示例

【步骤 2】定位器安装。定位器通常分为墙面安装、三脚架/灯架安装和固定夹底座安装 3 种方式，如图 2-27 所示。为了开发的灵活性，一般选择三脚架/灯架安装方式。定位器应放在相对的角落，使两者彼此相对。定位器之间的距离应小于 5 米，每个定位器的视场为 120°，如图 2-28 所示。定位器最好安装在头部以上的位置，距地面 2 米以上。将定位器角度向下调整 30°～45°，以完全覆盖游玩区，如图 2-29 所示。

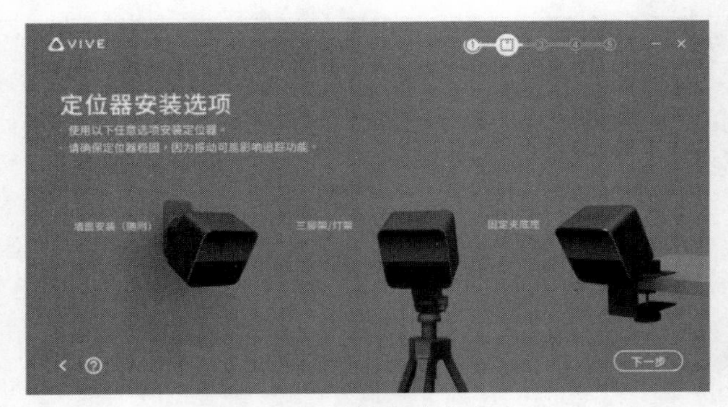

图 2-27　定位器安装方式

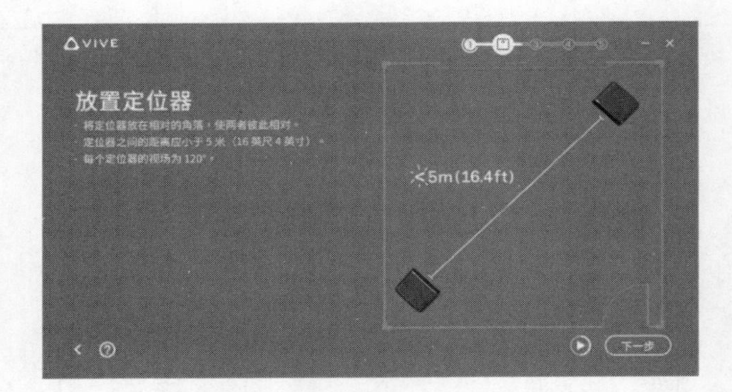

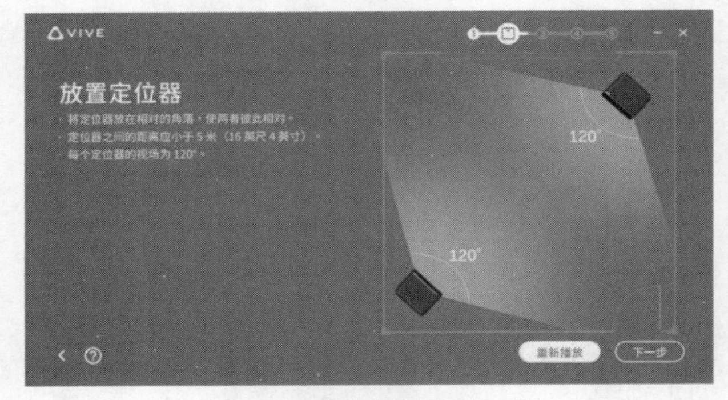

图 2-28　定位器距离及视场

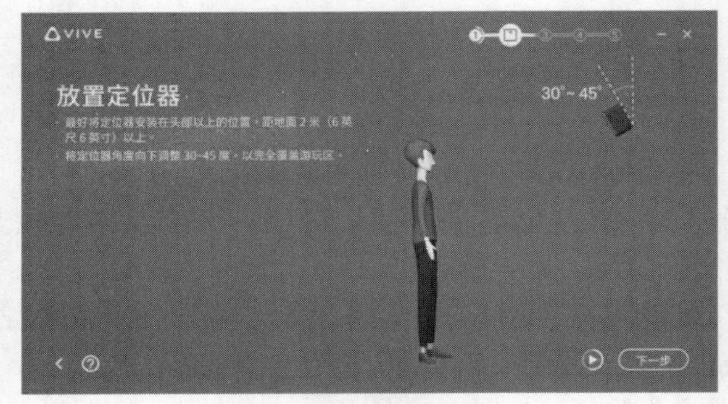

图 2-29　定位器角度

【步骤 3】定位器设置。将电源线 B1 连接至定位器，然后将适配器插入电源插座，检查两个状态指示灯是否显示绿色。确保其中一个频道指示灯设为 b，另一个频道指示灯设为 c，如图 2-30 所示。如果需要更换频道，可以按定位器背面的频道按钮进行更换。

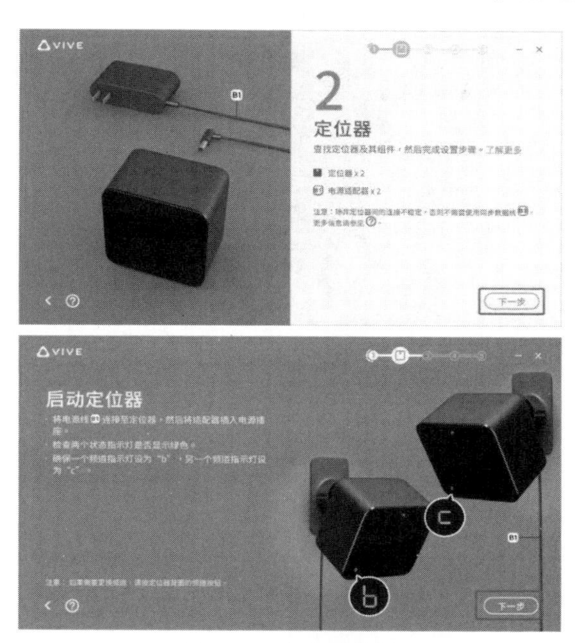

图 2-30　定位器设置

【步骤 4】串流盒接线。找到串流盒及其组件，将 USB 数据线 L1、HDMI 连接线 L2、电源线 L3 分别连接至串流盒，如图 2-31 所示，再将电源适配器插入电源插座。

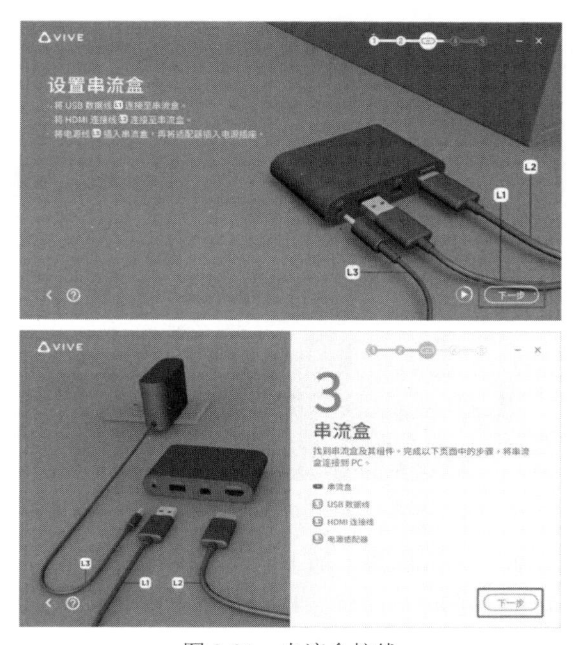

图 2-31　串流盒接线

【步骤 5】连接串流盒与计算机。将 USB 数据线 L1 连接至计算机的 USB 端口，HDMI 连接线 L2 连接至计算机的专用显卡，HDMI 连接线 L2 与显示器连接到同一显卡上，如图 2-32 所示。

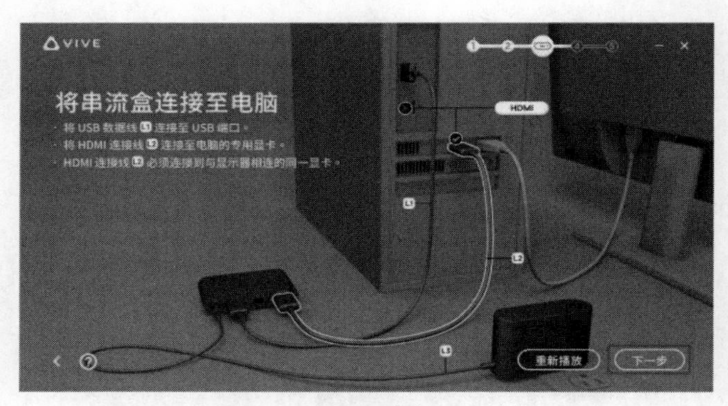

图 2-32　连接串流盒与计算机

【步骤 6】连接串流盒与头戴式设备。将头戴式设备的三合一连接线（HDMI、USB 和电源）对准串流盒上的橙色面后插入，如图 2-33 所示。

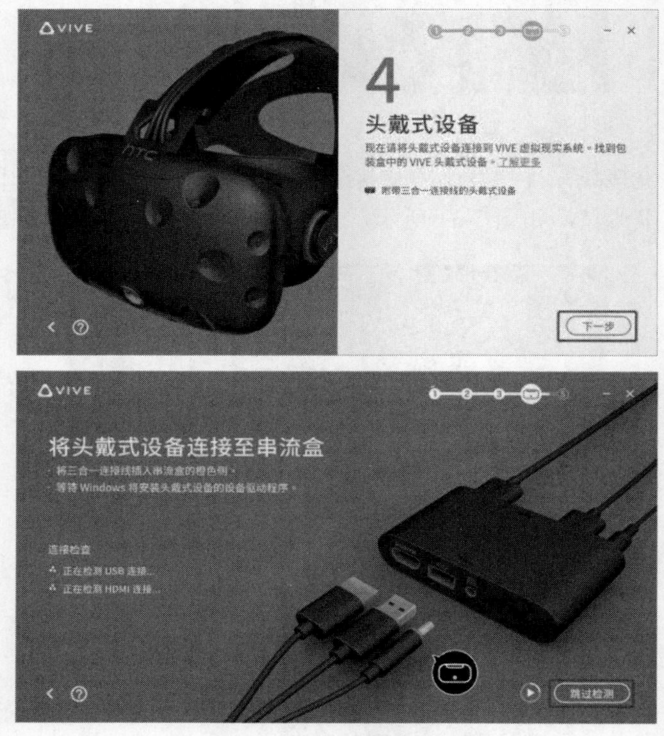

图 2-33　连接串流盒与头戴式设备

【步骤 7】操控手柄设置。按下操控手柄上的系统键以启动手柄。首次开启后，它们将自动与头戴式设备配对。当配对正在进行时状态指示灯显示蓝色闪烁，操控手柄与头戴式设备配对完毕后状态指示灯变为恒定绿色，如图 2-34 所示。至此，HTC Vive 硬件环境部署完毕。

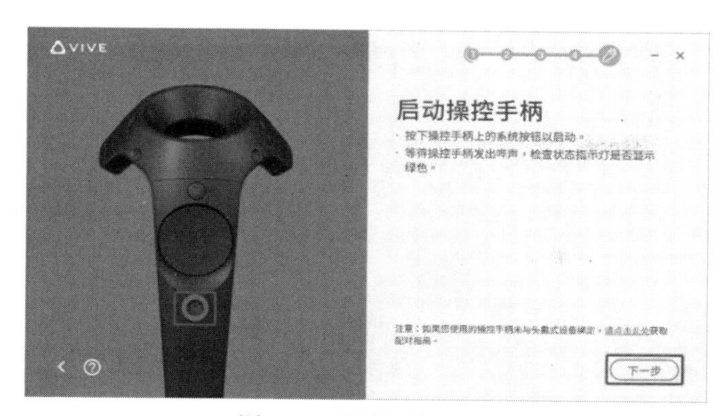

图 2-34 操控手柄设置

2. HTC Vive 软件配置

（1）安装 Vive 软件。

【步骤 1】访问 Vive 设备指南网站 https://www.vive.com/cn/setup/，单击“下载 VIVE 安装程序”按钮，如图 2-35 所示。

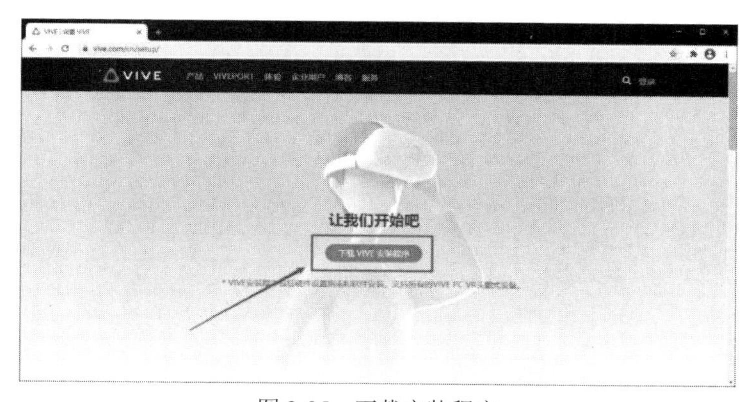

图 2-35 下载安装程序

【步骤 2】运行安装程序，勾选“我同意 HTC EULA 和使用条款并接受 HTC 隐私政策”复选项，单击“轻松上手”按钮，如图 2-36 所示。

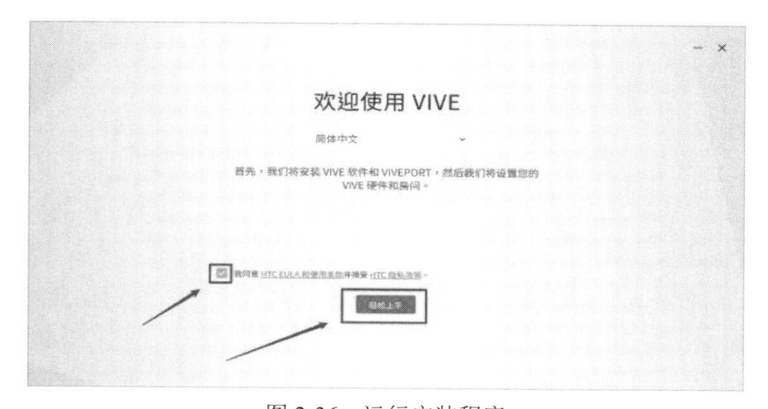

图 2-36 运行安装程序

【步骤 3】单击“更改文件夹”按钮，用户可以根据需要选择安装目录，然后单击“安装”按钮，如图 2-37 所示。

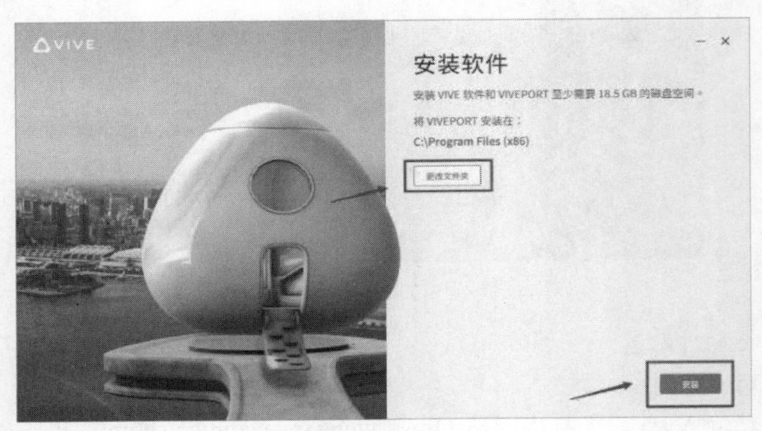

图 2-37　选择安装目录

【步骤 4】等待安装完成，如图 2-38 所示。

图 2-38　等待安装完成

【步骤 5】安装完成后，双击 VIVEPORT 应用程序图标运行程序，如图 2-39 所示。

图 2-39　运行 VIVEPORT

【步骤 6】单击“登录”按钮，登录用户的个人账号，若没有，可单击“注册”按钮进行注册，如图 2-40 所示。

【步骤 7】填写个人注册信息，单击“下一步”按钮，如图 2-41 所示。

【步骤 8】单击“创建账户”按钮完成账户创建，如图 2-42 所示。

图 2-40　注册并登录 Vive 账号

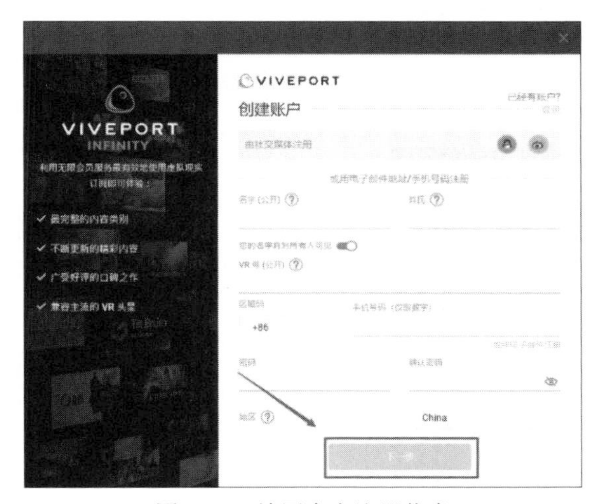

图 2-41　填写个人注册信息

图 2-42　完成账户创建

【步骤 9】设置商店位置。将商店位置设置为“中国”，单击“下一步”按钮，如图 2-43 所示。

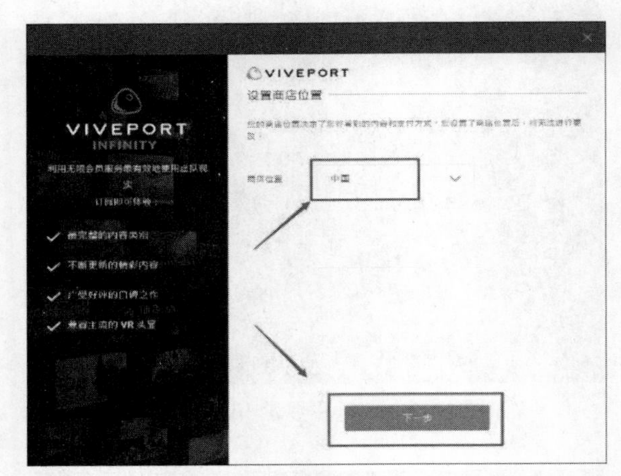

图 2-43　设置商店位置

【步骤 10】根据用户的个人设备选择需要安装的应用程序，如图 2-44 所示。

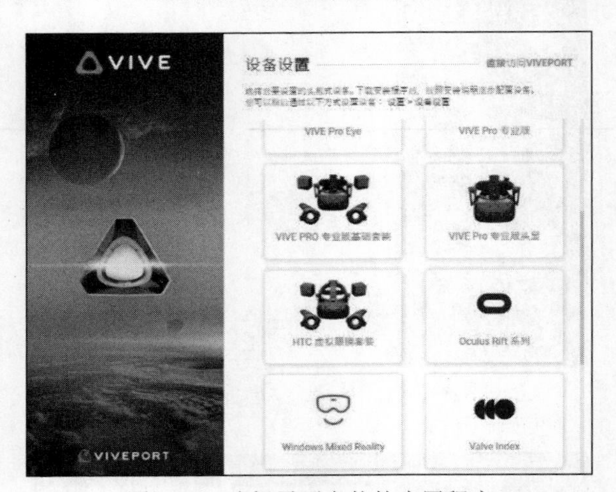

图 2-44　选择需要安装的应用程序

【步骤 11】等待匹配硬件的 Vive 程序下载，如图 2-45 所示。

图 2-45　等待程序下载

【步骤 12】安装匹配硬件的 Vive 程序，单击“我明白了”按钮，再单击“安装”按钮，如图 2-46 所示。

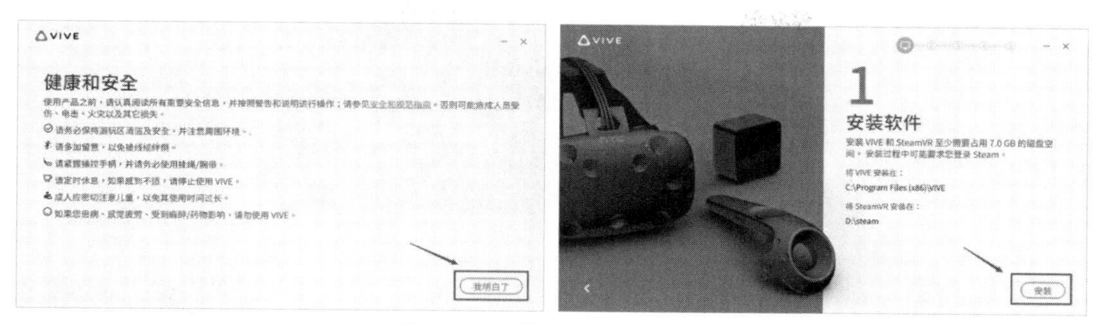

图 2-46　安装匹配硬件的程序

【步骤 13】等待匹配硬件的 Vive 程序开始安装，如图 2-47 所示。

图 2-47　等待安装

【步骤 14】程序将指导用户安装 HTC Vive 硬件设备，并且会检测 HTC Vive 硬件设备是否安装完善，此处均单击“下一步”按钮即可。等待程序配置完成，如图 2-48 所示。

图 2-48　等待程序配置完成

（2）设置 Vive 环境。

【步骤 1】配置结束后，会自动弹出房间设置界面，用户可根据个人使用状况选择配置方式，这里以站立模式为例，单击“仅站立”按钮，如图 2-49 所示。

图 2-49 单击“仅站立”按钮

【步骤 2】将头戴式显示器置于可以见到定位器的位置，等待定位器与头戴式显示器建立定位，然后单击“下一步”按钮，如图 2-50 所示。

图 2-50 建立定位

【步骤 3】站立在使用空间的正中央，并用手举着头戴式显示器面朝想要面向的方向，然后单击“校准中心点”按钮，等待定位器校准，完成后单击“下一步”按钮，如图 2-51 所示。

图 2-51 校准中心点

【步骤 4】将头戴式显示器放置在桌面上，桌面与地面的距离为 130cm，输入参数后单击“校准地面”按钮，等待校准完成后单击“下一步”按钮，如图 2-52 所示。

图 2-52　校准地面

【步骤 5】设置完成后单击“下一步”按钮，如图 2-53 所示。至此房间设置完成，可以开始 SteamVR 体验了。

图 2-53　设置完成

2.2　虚拟现实开发引擎

2.2.1　Unity3D 基本工程与操作介绍

1. Unity3D 主界面布局

（1）认识 Unity3D 主界面布局。打开新创建的 Unity3D 项目，其主界面默认布局如图 2-54 所示。Unity3D 主界面默认布局包括工具栏、菜单栏和 5 个主要的视图操作窗口，其中 Hierarchy

视图放在左上角，Scene 视图和 Game 视图合并在一起放在中间，而 Inspector 视图放在右侧，在下方放置的是 Project 视图。

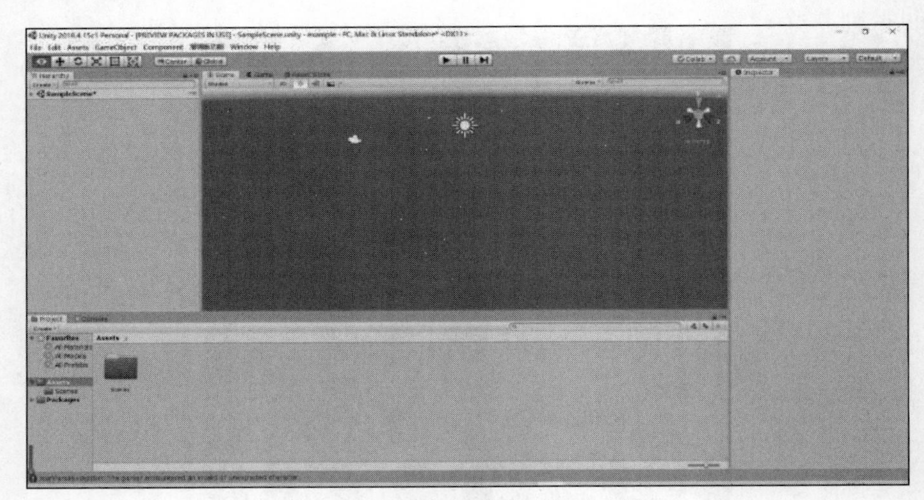

图 2-54　Unity3D 主界面默认布局

在 Unity3D 中有几种类型的视图，每种视图都有指定的用途。有两种方式可以改变视图模式：一种是单击菜单栏中的 Window 菜单，在下拉列表中选择 Layouts 选项；另一种是单击工具栏右侧的 Layout 按钮，在下拉列表中选择不同视图模式。以上两种方法选择之后都可以看到除了默认 Default 以外，还有 2 by 3、4 Split、Tall 和 Wide 等视图模式，如图 2-55 所示。用户也可以自定义视图布局模式，当完成了窗口布局自定义时，执行 Window→Layouts→Save Layout 菜单命令，在弹出的小窗口中输入自定义窗口的名称，单击 Save 按钮，可以看到窗口布局的名称是“自定义”，如图 2-56 所示。

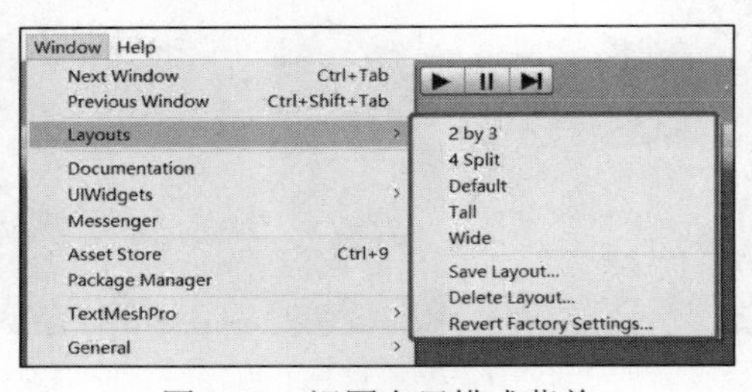

图 2-55　视图布局模式菜单

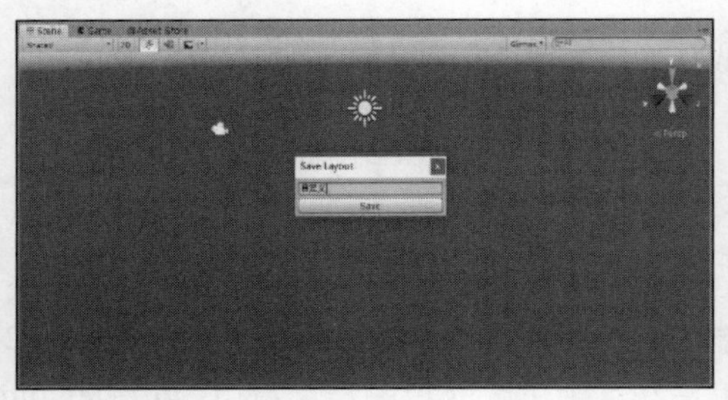

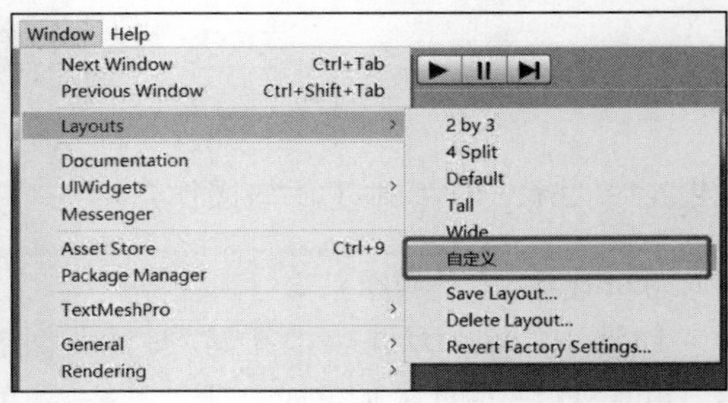

图 2-56　自定义视图布局

其中，2 by 3 布局将 Hierarchy、Project、Inspector 视图都放到了右侧，将 Scene、Game 视图放在左侧，更方便开发人员进行调试，如图 2-57 所示。4 Split 布局呈现 4 个 Scene 场景视图，通过控制 4 个场景可以更清楚地进行场景的搭建，如图 2-58 所示。Tall 布局把 Scene 视图单独放在左侧，增加场景视图竖直方向的显示范围，更为适用于移动端的开发，如图 2-59 所示。Wide 布局与 Tall 布局相对，把 Scene 视图置于上方，增加水平方向的显示范围，适用于宽屏应用的开发，如图 2-60 所示。

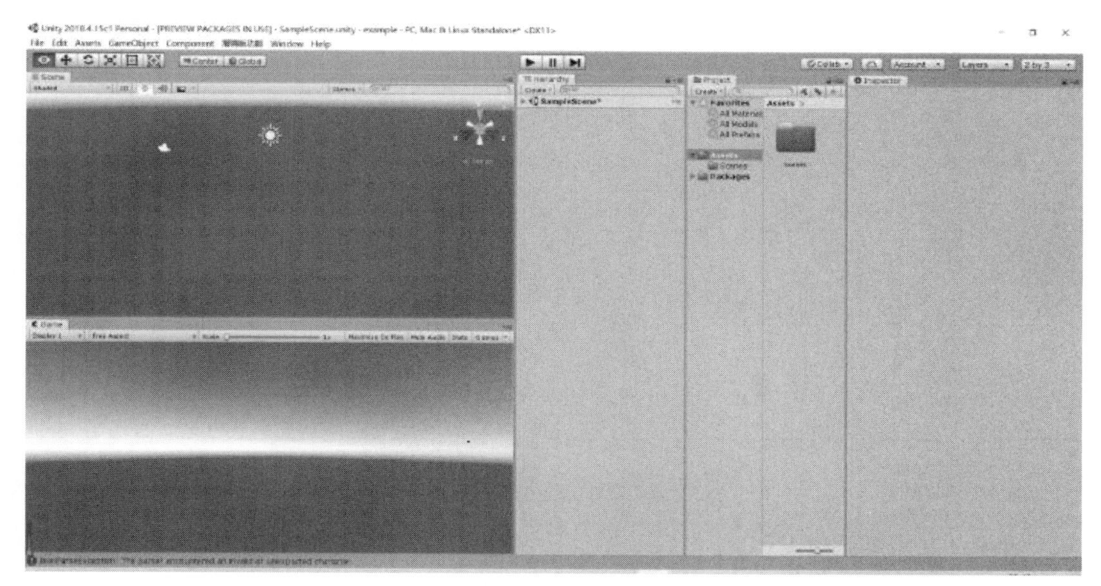

图 2-57　2 by 3 布局

图 2-58　4 Split 布局

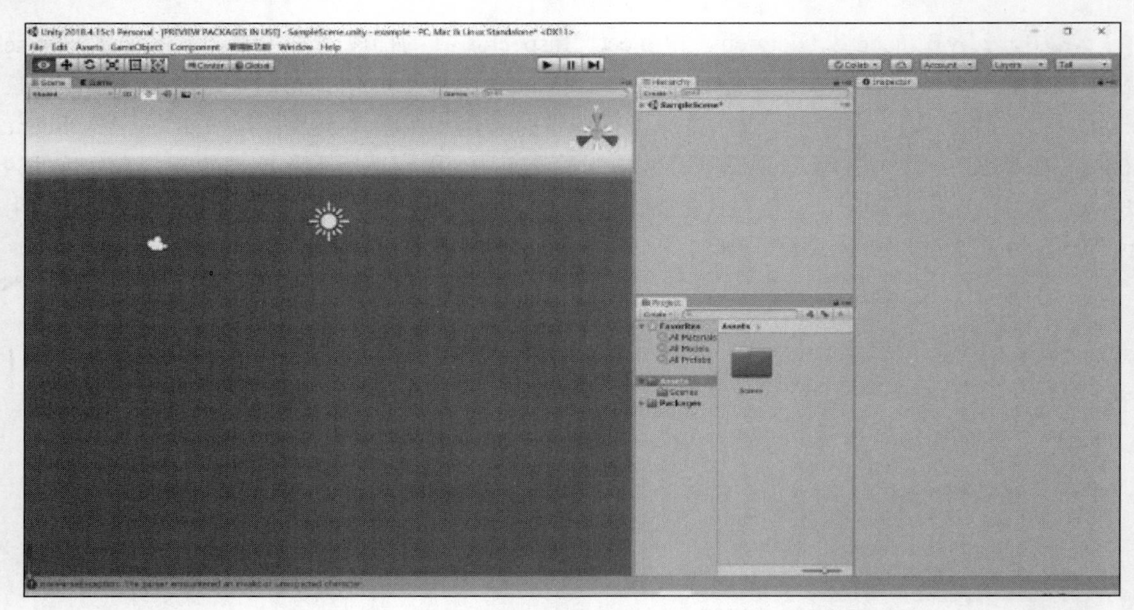

图 2-59　Tall 布局

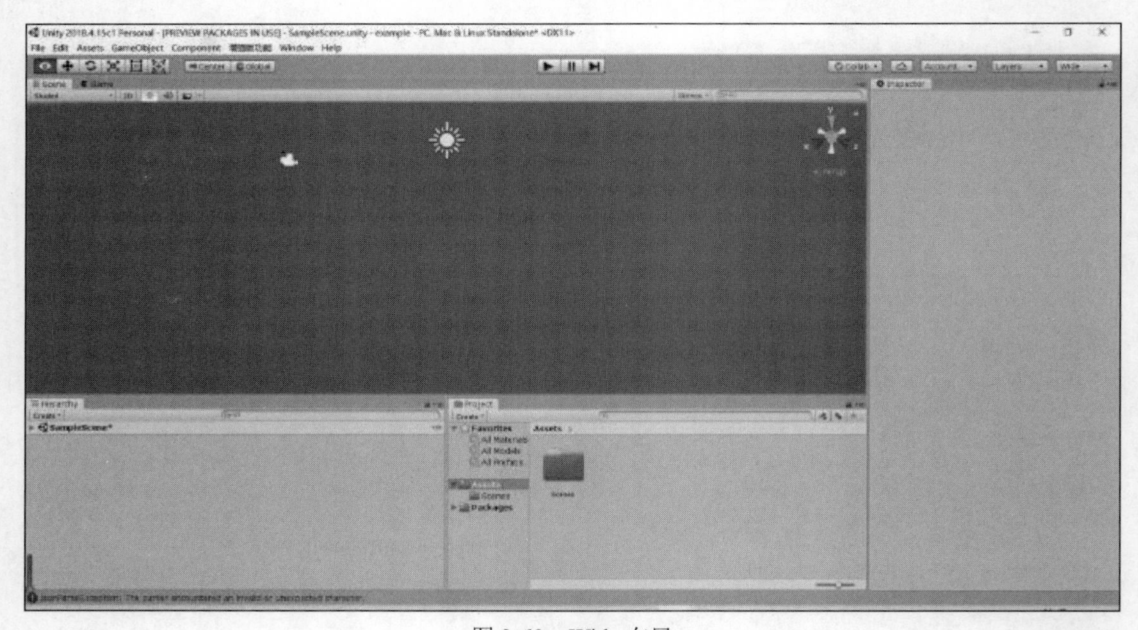

图 2-60　Wide 布局

（2）认识 Unity3D 常用工作视图。在使用 Unity3D 编辑器进行应用程序开发前，需要对各个工作视图有一定的了解。通常情况下，Unity3D 默认显示 5 个常用工作视图，分别是 Project（项目）、Scene（场景）、Game（游戏）、Inspector（检视）、Hierarchy（层级），如图 2-61 所示。此外，Assets Store（资源商店）视图也经常被开发者使用。

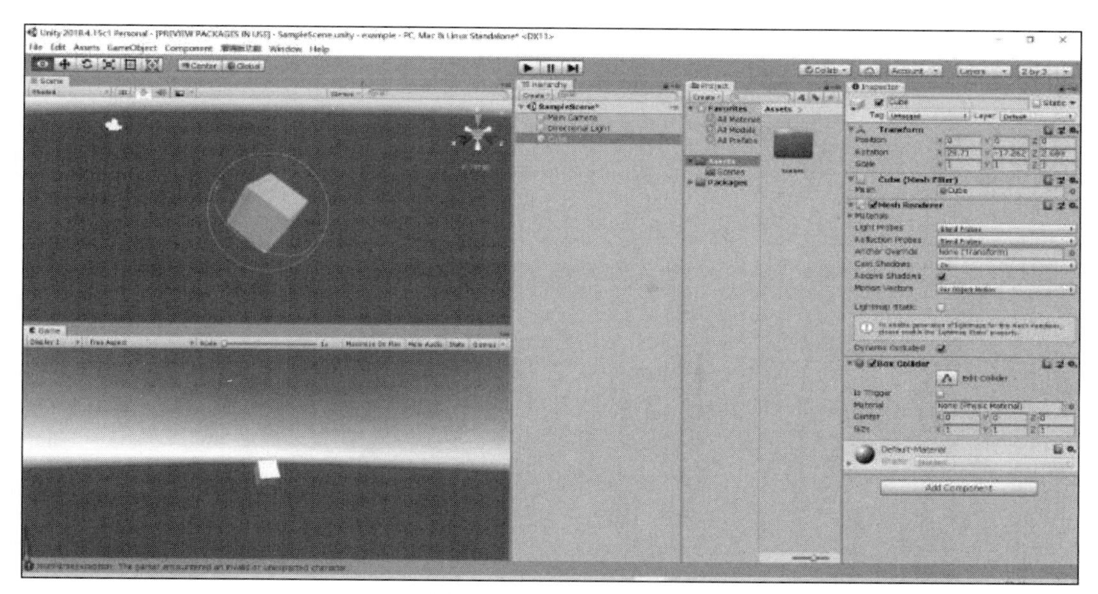

图 2-61　常用工作视图

1）Project 视图。在 Project 视图中，可以对 Unity3D 整个工程项目的资源进行管理，包括游戏场景中用到的预制体、脚本、材质、外部导入的模型、贴图、音频等资源文件，如图 2-62 所示。通过单击从列表中选择一个文件夹，其内容会显示在面板右侧。各个资源以标示它们类型的图标显示，图标可以使用面板底部的滑动条来调节大小，滑动条左侧的面板显示当前选择的选项。如果正在执行搜索，将显示选项的完整路径。

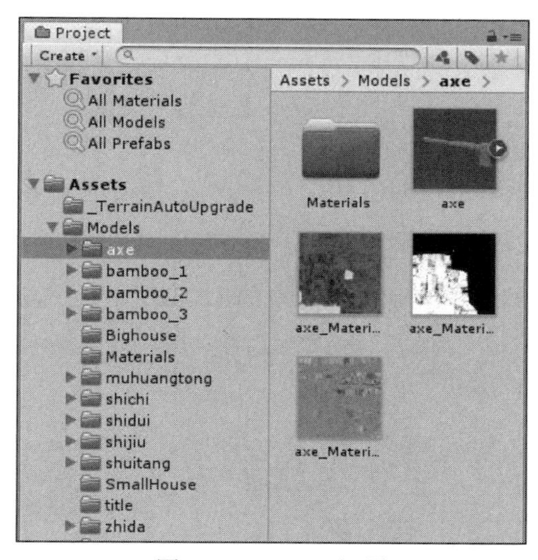

图 2-62　Project 视图

2）Scene 视图。在 Scene 视图中可以对应用程序的场景进行可视化编辑，对游戏对象进行选择、移动、旋转、缩放等操作，如图 2-63 所示。Scene 视图上部是控制栏，用于改变相机查看场景的方式，从左到右依次是 Shaded、2D、“灯光”“声音”“特效”和 Gizmos 按钮。除此之外，用户还可以用 Scene 视图右上角的小工具来调节观察摄像机的视角。其中，Shaded

按钮主要用于选择绘制、渲染、光照等模式；2D 按钮用于切换 2D 或 3D 显示模式，方便用户进行 UI（User Interface，用户界面）和场景的调整；“灯光”按钮用于调整场景中灯光效果的开启或关闭；“声音”按钮用于调整场景中声音效果的开启或关闭；“特效”按钮用于控制场景中天空盒和 GUI 元素的显示；Gizmos 按钮用来调整场景中是否显示游戏对象的图标、组件、脚本等信息。

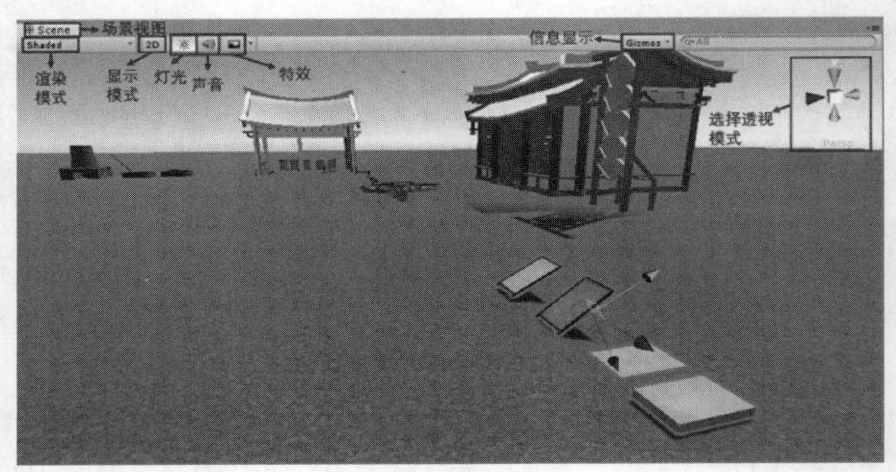

图 2-63　Scene 视图

3）Game 视图。Game 视图中显示程序运行时的图像，开发者可以通过此视图进行游戏测试。系统默认 Game 视图左上方有一排按钮，从左到右分别是 Display 1、Free Aspect、Scale、Left Eye、Maximize On Play、Mute Audio、Stats、Gizmos 按钮，当开启虚拟现实支持后，Left Eye 按钮才出现，如图 2-64 所示。其中，Display 1 按钮用于选择渲染相机；Free Aspect 按钮用于选择屏幕分辨率；Scale 按钮用于缩放 Game 视图中画面显示的大小；Left Eye 按钮用于左右眼视角切换；Maximize On Play 按钮用于控制游戏运行时是否最大化显示；Mute Audio 按钮用于控制场景中音效的播放；Stats 按钮用于控制 Statistics（统计）面板的显示；Gizmos 按钮的作用与 Scene 视图中 Gizmos 按钮的作用相同。

图 2-64　Game 视图

4）Inspector 视图。Inspector 视图通常在主界面最右侧，当单击场景中某一个游戏对象时，在 Inspector 视图中就可以看到它的全部组件，包括对象的名称、标签、层级、位置坐标、旋转角度、缩放、组件等信息，如图 2-65 所示。

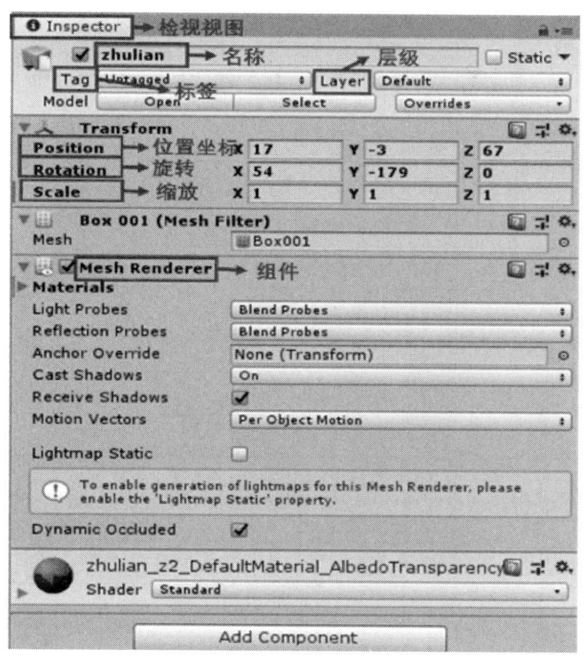

图 2-65　Inspector 视图

5）Hierarchy 视图。Hierarchy 视图中包含了当前场景中的所有游戏对象，其中一些是资源文件的实例，如 3D 模型和其他预制物体的实例，可以在 Hierarchy 视图中选择对象或者生成对象。当在场景中增加或删除对象时，Hierarchy 视图中相应的对象会出现或消失，如图 2-66 所示。

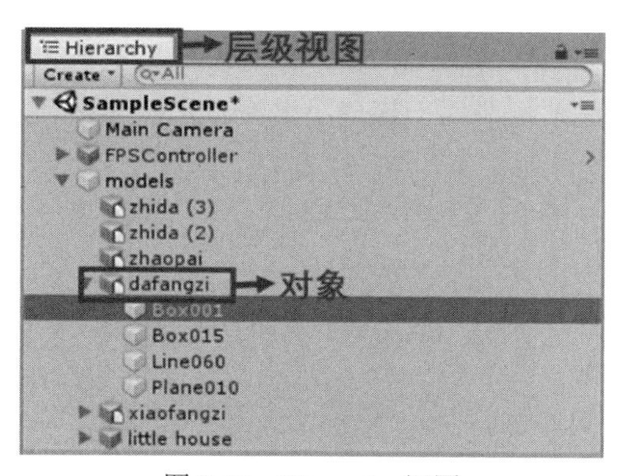

图 2-66　Hierarchy 视图

2. Unity3D 工具栏

在 Unity3D 的工具栏中一共有 15 种常用工具，如表 2-1 所示。

表 2-1 Unity3D 常用工具

图标	工具名称	功能	快捷键
	平移窗口	平移场景视图画面	鼠标中键/Q
	位移工具	针对单个或两个轴向做位移	W
	旋转工具	针对单个或两个轴向做旋转	E
	缩放工具	针对单个轴向或整个物体做缩放	R
	矩形工具	设定矩形选框	T
	变形工具	把以上变形功能都整合到此工具上	Y
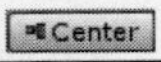 Center	变换轴向	以对象中心轴线为参考轴做变换	Z
 Pivot	变换轴向	以网络轴线为参考轴做变换	Z
 Local	变换轴向	控制对象本身的轴向	X
 Global	变换轴向	控制世界坐标的轴向	X
	播放	播放游戏以进行测试	Ctrl+P
	暂停	暂停游戏并暂停测试	Ctrl+Shift+P
	逐帧执行	逐帧进行测试	Ctrl+Alt+P
 Layers	图层下拉列表	设定图层	无
 Layout	布局下拉列表	选择或自定义 Unity3D 布局方式	无

3. Unity3D 菜单栏

Unity3D 的菜单栏根据功能进行了合理的分类，了解菜单栏的主要功能有助于更快地找到需要的操作。Unity3D 的菜单栏中有 7 个主要菜单，分别是 File（文件）、Edit（编辑）、Assets（资源）、GameObject（游戏对象）、Component（组件）、Window（窗口）、Help（帮助），如图 2-67 所示。

Unity 2018.4.15c1 Personal - [PREVIEW PACKAGES IN USE] - SampleScene.u
File Edit Assets GameObject Component 增强版功能 Window Help

图 2-67 Unity3D 菜单栏

（1）File 菜单。File 菜单主要用于管理场景新建和保存、项目新建、保存和打开，以及生成可执行文件，如图 2-68 所示。

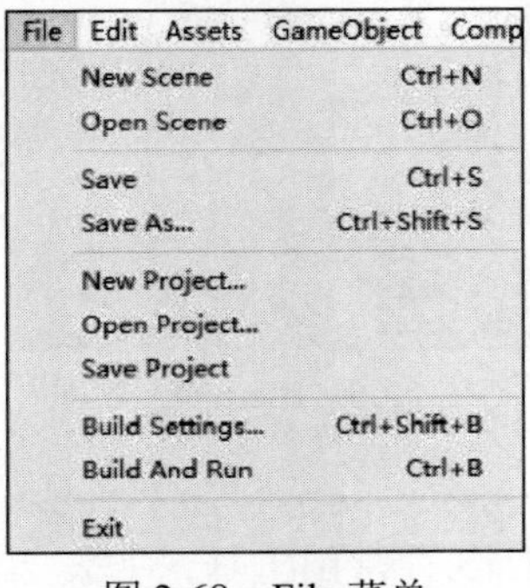

File Edit Assets GameObject Comp
New Scene Ctrl+N
Open Scene Ctrl+O
Save Ctrl+S
Save As... Ctrl+Shift+S
New Project...
Open Project...
Save Project
Build Settings... Ctrl+Shift+B
Build And Run Ctrl+B
Exit

图 2-68 File 菜单

（2）Edit 菜单。Edit 菜单主要用于 Unity3D 开发时的编辑操作，如复制、粘贴、撤消、重做等，同时 Unity3D 的一些属性设置也在 Edit 菜单中进行编辑，如图 2-69 所示。

（3）Assets 菜单。Assets 菜单用于管理资源，如创建材质、导入资源包、导出资源包等，如图 2-70 所示。

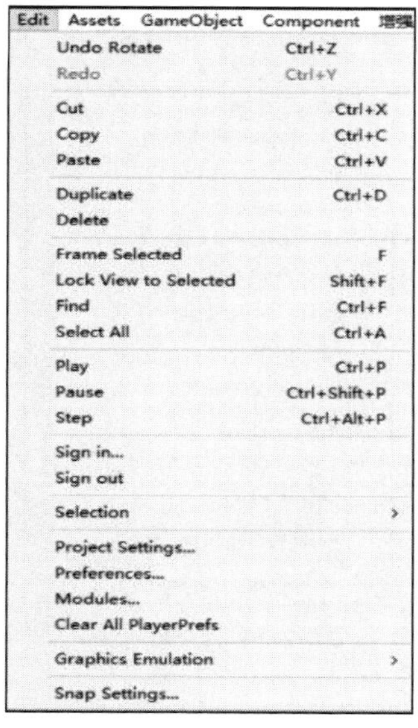

图 2-69　Edit 菜单

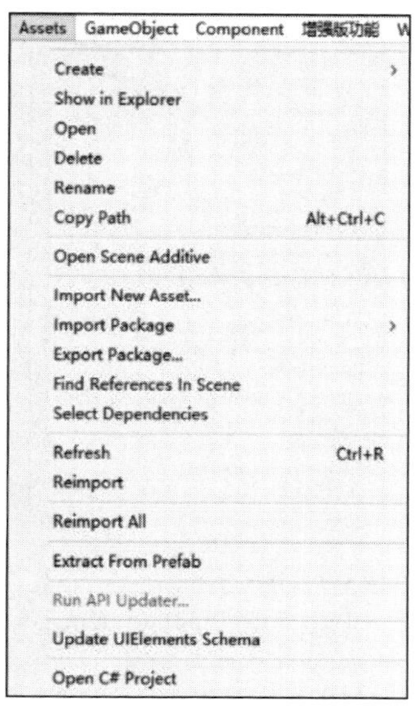

图 2-70　Assets 菜单

（4）GameObject 菜单。GameObject 菜单用于管理游戏资源，如创建 3D 对象、创建 UI、创建粒子系统等，如图 2-71 所示。

（5）Component 菜单。Component 菜单主要用于组件的管理，如物理系统、声音、脚本等，如图 2-72 所示。

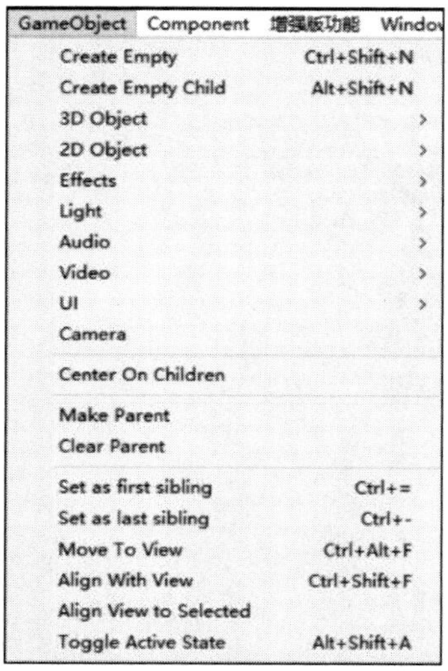

图 2-71　GameObject 菜单

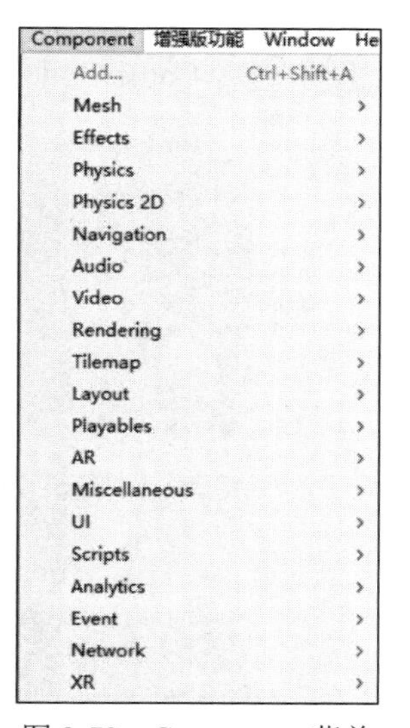

图 2-72　Component 菜单

（6）Window 菜单。Window 菜单主要用于视图窗口的管理，如调出或隐藏视图窗口，如图 2-73 所示。

（7）Help 菜单。Help 菜单主要用于疑难解答，系统会提供 Unity3D 版本、参考手册、论坛等信息，如图 2-74 所示。

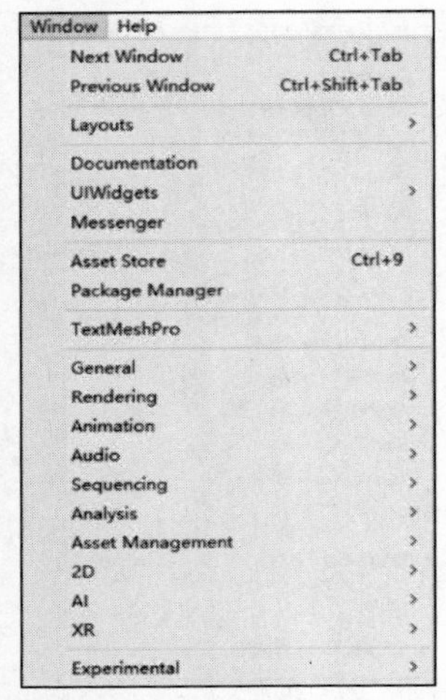

图 2-73　Window 菜单

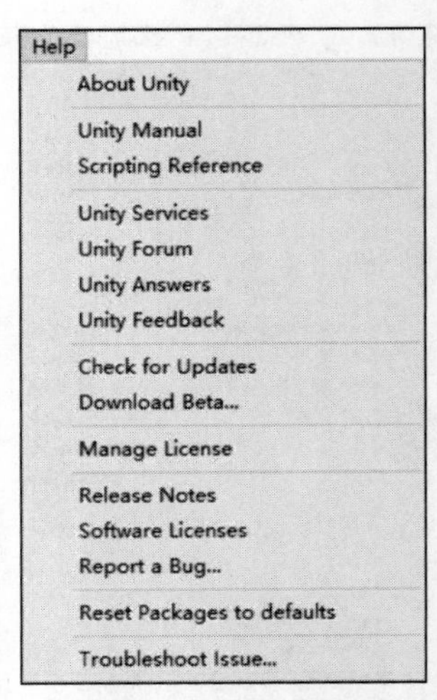

图 2-74　Help 菜单

2.2.2　Unity3D 基本概念

1. Camera（摄像机）

Camera（摄像机）主要用于为玩家捕捉并展示游戏世界，场景中最少要有一个摄像机，也可以一个场景使用多个摄像机。用户可以对摄像机进行自定义、脚本化或父子化，从而实现可以想到的任何效果。在新建项目或者新建场景的时候，会在场景中自动添加一个 Main Camera（主摄像机）组件，如图 2-75 所示。在 Hierarchy 视图中选择 Main Camera 组件，即可在 Inspector 视图中查看 Camera 组件的设置，如图 2-76 所示。

图 2-75　新建项目的 Main Camera 组件

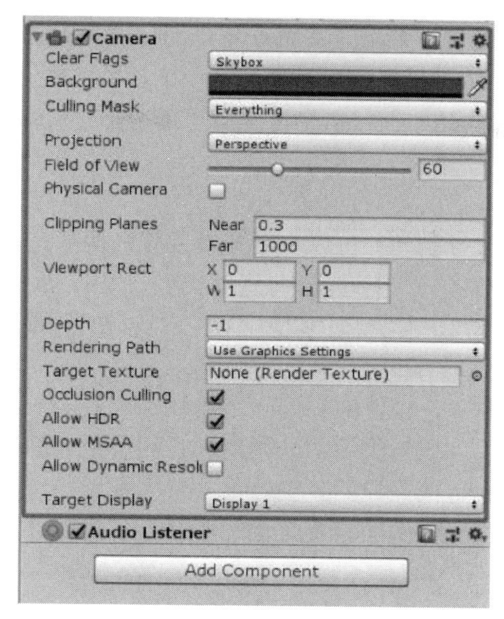

图 2-76 Camera 组件设置

Camera 组件常用参数如下：

（1）Clear Flags：用于清除标记。

- Skybox（默认选项）：在屏幕空白处显示当前摄像机的天空盒，如果没有指定天空盒，则会显示默认背景。
- Solid Color：空白处将显示默认此处设置的背景色。
- Depth Only：仅深度，该模式用于对象不被裁剪。
- Don't Clear：该模式不清除任何颜色或深度缓存，但这样做每帧渲染的结果都会叠加在下一帧上。

（2）Culling Mask：用于设置遮罩剔除，单击后可以选择此摄像机照射到的层。

（3）Projection：用于修改投射方式，包含 Perspective（透视）和 Orthographic（正交）两个选项。

（4）Clipping Planes：用于设置摄像机照射到的最近/最远距离。

（5）Viewport Rect：标准视图矩形，用 4 个数值来控制摄像机的视图绘制在屏幕上的位置和大小。

（6）Depth：用于设置深度值，较大深度值的摄像机将被优先渲染。

（7）Rendering Path：渲染路径，用于指定摄像机的渲染方式。

（8）Target Texture：目标纹理，用于将摄像机视图输出并渲染到贴图。

（9）Occlusion Culling：遮挡剔除。

（10）Target Display：将画面渲染到哪个屏幕，用于实现分屏或多屏显示的效果。

2. Component（组件）

Component（组件）是在游戏对象中实现某些功能的集合。无论是模型、灯光还是摄像机，所有游戏对象本质上都是一个空对象挂载了不同类别的组件，从而让该游戏对象拥有不同的功能。对于一个空游戏对象来说，如果为其添加一个 Camera 组件，那么该对象就是一架摄像机；如果为其添加了 Mesh Filter 组件，那么该对象就是一个模型；如果为其添加了 Light 组件，该对象就是一盏灯。值得注意的是，任何一个游戏对象都有一个 Transform（变换）组件，此组件包含其位移、旋转和缩放信息。

3. Prefab（预制体）

Unity3D 提供的 Prefab（预制体）可以帮助开发者更好地把在 Unity3D 中处理完的游戏对象整合起来，方便后期的开发。预制体是一种资源类型，是存储在 Project 视图中的一种可反复使用的游戏对象，因而当游戏中需要反复使用对象、资源时，预制体就有了用武之地，它具有如下特点：

（1）能够放到多个场景中，也能够在同一个场景中放置多次。

（2）当加入一个预制体到场景中后，就创建了它的一个实例。

（3）全部的预制体实例链接到原始预制体，本质上是原始预制体的克隆。

（4）不论项目中存在多少实例，只要对预制体进行了改动，全部预制体实例都将随之发生变化。

2.2.3 Unity3D 脚本基础

1. Unity3D 脚本简介

Unity3D 脚本用来界定用户在游戏中的行为，是游戏制作中不可缺少的一部分，游戏项目的控制与交互等功能都是通过脚本编程来实现的。同时，脚本也是 Unity3D 的一种组件，可以理解为是附加在游戏对象上，用于定义游戏对象行为的指令代码。通过脚本命令，开发者可以控制每一个游戏对象的创建、销毁，以及在不同情况下发生一定的逻辑关系，在不同游戏对象上创建不同的脚本，能够让每个游戏对象都产生不同的行为，进而按照项目需求实现一个预期的交互效果。

Unity3D 脚本开发是项目的核心部分，是贯穿整个项目开发最大、最重要的内容。在 Unity3D 引擎项目开发中，脚本好比人的大脑和神经网络，贯穿和控制着人的四肢、五脏六腑、意识形态。我们经常用到的已经存在的功能组件实际上也是由脚本语言封装而成的。在 Unity3D 的历史版本中，曾经支持过 UnityScript、C#、Boo 三种编程语言，但 2018 版之后的版本弃用了 UnityScript 和 Boo。

2. Unity3D 脚本结构

在 Unity3D 中，所有创建的用于添加到游戏对象上的脚本都继承于 MonoBehavior，它是每个脚本的基类，这些脚本从唤醒到销毁都有着完整的生命周期，如图 2-77 所示。在 Unity3D 脚本生命周期中，每个函数会按照一定的顺序执行，下面介绍其中部分函数的功能。

（1）Awake()函数：用于在游戏开始之前初始化变量或游戏状态，在脚本整个生命周期内它仅被调用一次，Awake()函数在所有对象被初始化之后调用。

（2）Start()函数：只执行一次，在 Awake()函数执行结束后、Update()函数执行前执行，主要用于初始化操作，如获取游戏对象或组件。

（3）FixedUpdate()函数：每隔固定时间间隔调用一次（默认时间为 0.02s），在 0s 时也会执行一次，一般用于物理运动。

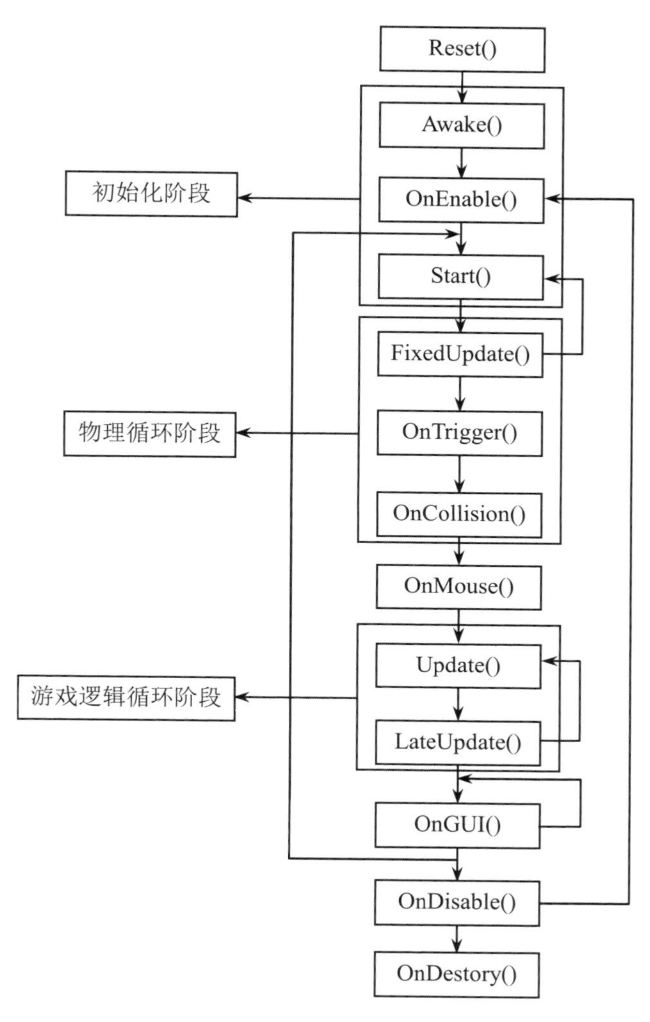

图 2-77 Unity3D 脚本生命周期流程图

（4）Update()函数：更新函数，处于激活状态下的脚本每一帧都会执行，该函数通常用来处理游戏对象在游戏世界的行为逻辑，例如游戏角色的控制和游戏状态的控制等，是最常用的脚本。Update()函数中的每一帧的处理时间都是不确定的，这取决于计算机的性能，当性能较差的时候可能会出现跳帧现象。

（5）LateUpdate()函数：在所有 Update()函数调用后被调用，和 Update()函数一样都是每帧执行一次。

3. 常用脚本的应用程序接口

Unity3D 中常用脚本的应用程序接口（Application Program Interface，API）主要包括 Transform 类、Time 类、Input 类。

（1）Transform 类。Transform 类中常用的属性如下：

1）position：物体在世界坐标系中 Transform 的位置。

2）up：物体自身的绿色轴向（y 轴）在世界坐标系中所指向的位置，是一个向量。

3）right：物体自身的红色轴向（x 轴）在世界坐标系中所指向的位置，是一个向量。

4）forward：物体自身的蓝色轴向（z 轴）在世界坐标系中所指向的位置，是一个向量。

5）rotation：以四元数来表达的物体自身的旋转，此处 rotation 指的并不是 Transform 组件中的 rotation 的值，而是指世界坐标系中的旋转。

（2）Time 类。Time 类中常用的属性如下：

1）time：表示从游戏开发到现在的时间，会随着游戏的暂停而停止计算。

2）deltaTime：表示从上一帧到当前帧的时间，以秒为单位，这一数值和计算机运行速度有关，且每帧数值不相等。

3）fixedDeltaTime：表示以秒计间隔，对物理和其他固定帧率进行更新，该值和计算机运行速度无关，是固定值。

（3）Input 类。Input 类中常用的函数如下：

1）GetKey(KeyCode key)。

参数：key，键盘上的某个键。

返回值：bool 类型，当键盘上某个键被一直按住的时候，其返回值为 true，否则为 false。

含义：检测键盘上的某个键是否被一直按住，如果该键一直按住，其返回值为 true，否则为 false。

2）GetKeyDown(KeyCode key)。

参数：key，键盘上的某个键。

返回值：bool 类型，当键盘上某个键被按下的时候，其返回值为 true，否则为 false。

含义：检测键盘上的某个键是否被按下，如果该键被按下，其返回值为 true，否则为 false。

3）GetKeyUp(KeyCode key)。

参数：key，键盘上的某个键。

返回值：bool 类型，当键盘上某个键按下又抬起的时候，其返回值为 true，否则为 false。

含义：检测键盘上的某个键是否被按下又抬起，如果该键被按下之后抬起，其返回值为 true，否则为 false。

4）GetMouseButtonDown(int button)。

参数：button，表示鼠标上的键，0 表示鼠标左键，1 表示鼠标右键，2 表示鼠标中键。

返回值：bool 类型，当鼠标上某个键被按下之后，其返回值为 true，否则为 false。

含义：检测鼠标上的某个键是否被按下，如果该键被按下，其返回值为 true，否则为 false。

本章小结

本章主要介绍了虚拟现实系统开发的基础内容。2.1 节介绍虚拟现实系统环境部署，包括软件环境配置和硬件环境配置两个部分。2.2 节介绍虚拟现实开发引擎 Unity3D 的使用方法，包括 Unity3D 基本工程与操作介绍、基本概念和脚本基础等内容。通过对本章的学习，学生能够了解并掌握虚拟现实系统环境部署以及 Unity3D 的使用方法。

课 后 习 题

课后习题解答

1．虚拟现实开发需要的工具有（　　）。

A．Unity3D　　B．Visual Studio

C．HTC Vive　　D．以上三者

2．想要运行虚拟现实程序，必须安装的应用是（　　）。

A．Unity3D　　B．Visual Studio

C．SteamVR　　D．Steam

3．下列不是 HTC Vive 必需硬件的是（　　）。

A．手柄　　B．头戴式显示器

C．定位器支架　　D．串流盒

4．SteamVR 的主要作用是（　　）。

A．运行虚拟现实程序　　B．游戏驱动

C．渲染模型　　D．编译代码

第3章　虚拟现实中的美术资源

任何一个完整、成熟的虚拟现实系统都是通过美术资源与游戏引擎的协作共同构建的。不同的游戏引擎及虚拟现实软件对UI、贴图材质、模型等的要求都必须遵循一定的规范标准。本章主要介绍虚拟现实中的美术资源，首先介绍虚拟现实系统美术资源规范，分为平面美术资源和三维美术资源；其次讲述Unity3D中美术资源的处理方法，分为Unity3D导入外部美术资源和Unity3D中美术资源的处理。通过对本章的学习，学生能够对虚拟现实系统中美术资源的创建、导出/导入、预处理等有进一步了解，为后续开发打下基础。

- 熟悉虚拟现实系统美术资源规范。
- 掌握虚拟现实辅助软件中美术资源的导出流程。
- 掌握Unity3D导入外部美术资源的方法。
- 掌握Unity3D中美术资源的处理方法。

3.1　虚拟现实系统美术资源规范

3.1.1　平面美术资源规范

1. UI图片创建规范

（1）UI图片制作规范。为了优化运行效率，在几乎所有的游戏引擎中，UI图片的像素尺寸都是需要注意的。建议UI图片纹理的尺寸是2的*N*次幂，例如32、64、128、256、1024等，图片的长宽不需要一致。例如512*1024、256*128等都是合理的。而在Unity3D中，同时也支持非2的*N*次幂尺寸图片，但是Unity3D会将其转化为一个非压缩的RGBA32位格式，这样会降低加载速度，并增大打包输出文件的大小。所以建议在制作UI图片资源时按照2的*N*次幂尺寸规格来制作，除非此UI图片是计划用于GUI纹理的。

Unity3D是一款可以跨平台发布游戏的引擎，单纯就UI图片资源来说，在不同的平台硬件环境中使用时还是有一定的区别的。如果为不同平台手动制作或修改相应尺寸的UI图片资源将是非常不方便的。Unity3D为用户提供了专门的解决方案，可以在项目中将同一张UI图片纹理根据不同的平台直接进行相关的设置，效率非常高。

综上所述，UI图片制作应该遵循以下要点：

1）UI输出的图片，可在Unity3D里设置为新的等比缩放分辨率。

2）低频变化的图片的分辨率可以很小。

3）输出图片的分辨率可以酌情低于视网膜屏幕（Retina Display）的分辨率。

4）去除 UI 图片中不必要的通道和区域。

5）UI 图片一般情况下都不需要使用 Mipmap 技术来处理。

6）多张 UI 图片可以打包在一起。

7）不打包的单张 UI 图片分辨率必须是偶数，很有可能需要是 2 的 N 次幂。

8）打包的 UI 图片的分辨率可以是任意的。

9）UI 最好能用“九宫格+布局装饰”来实现。

10）UI 元素中的字体选择要考虑种类、编码类型等。

（2）UI 图片命名规范。Unity3D 支持的图像文件格式有 TIFF、PSD、TGA、JPG、PNG、GIF、BMP、IFF、PICT 和 DDS 等。Unity3D 支持含多个图层的 PSD 格式图片。PSD 格式图片中的图层在导入 Unity3D 之后将会自动合并并显示，但该操作并不会破坏 PSD 源文件的结构。虽然 Unity3D 支持多种图像文件格式，但资源本身的命名也同样重要，命名统一、方便、直观将会给虚拟现实项目的实现带来很大的便利。

UI 图片的命名应该遵循以下规范：

1）尽量使用英文字符、数字和下划线命名，禁止出现空格、括号等其他符号。通常命名规范为：功能名+描述，例如 icon_close（关闭按钮图标）、bg_menu（菜单背景）等。

2）大小写统一。比较常用的有小驼峰命名法和大驼峰命名法。小驼峰是指除第一个单词首字母小写以外，其他单词首字母都大写，例如 startButton。而大驼峰是指每个单词的首字母都大写，例如 ExitButton。

3）语义清晰，命名不重复。开发人员可以直观知道 UI 图片资源的功能，名称上可以用英文语义，也可以用汉字或拼音，只要便于理解就好，例如 Select_01、设置界面_01 等。

（3）UI 设计原则。在虚拟现实项目开发中，一个合适的界面系统不仅能够吸引用户持续体验，而且能够有效引导用户进行交互。因此，UI 的设计至关重要，在不同的游戏引擎中，UI 所遵循的规范大体相同，总结来说有如下几个原则：

1）用户界面简易性。界面设计简洁明了，易于用户控制，并减少用户因不了解而错选的可能性。

2）用户语言界面设计中，以用户使用情景的思维方式做设计，即“用户至上”原则。

3）减少用户记忆负担，相对于计算机，要考虑人类大脑处理信息的限度。所以 UI 设计需要考虑到设计的精练性。

4）保持界面的一致性，界面的结构必须清晰，风格必须保持一致。

2. 材质贴图创建规范

（1）材质贴图制作规范。在虚拟现实项目制作中，材质贴图往往比模型更加重要。由于游戏引擎显示及硬件负载的限制，虚拟场景模型对于模型面数的要求十分严格，模型在不能增加面数的前提下还要尽可能地展现物体的结构和细节，这就必须依靠材质贴图来表现。而对于不同游戏引擎来说，能够支持的材质贴图类型也存在差异，本书只介绍 Unity3D 引擎和 3ds Max 中材质贴图的规范。

Unity3D 引擎对模型的材质有一些特殊要求，3ds Max 中不是所有的材质都被 Unity3D 支持，只有标准（Standard）材质和多维/子物体材质（Multi/Sub-Object）被 Unity3D 支持，且多维/子物体材质中的自材质也必须为标准材质。Unity3D 目前只支持位图（Bitmap）贴图类型，其他所有贴图均不支持，只支持漫反射（DiffuseColor）和自发光（Self-Illuminate）贴图通道。自发光贴图通道在烘焙光照纹理（Lightmap）后，需要将此贴图通道的通道设置为烘焙后的新通道，同时将生成的光照纹理指向自发光贴图通道。

在 3ds Max 中，材质贴图制作规范具体如下：

1）MAX 模型的贴图尺寸必须为 2 的 *N* 次方*2 的 *N* 次方，如 256*128、512*512、1024*256 等，不能出现不规则贴图尺寸。重点模型的贴图可以用 1024*1024、2048*2048，其他控制在 512*512 以内。存储时，要将贴图品质设为最佳分辨率 72 像素/英寸。烘焙时，要将纹理贴图存储为 TAG 格式。

2）常规贴图用 JPG 格式的图片，贴图品质为 12（最佳）。透明贴图用 PNG 或带通道的 32 位 TGA 格式的图片。

3）贴图利用率大，合理拆分 UV，UV 要占整张贴图的 80%以上。

4）使用标准材质，材质类型使用 Blinn。

5）不能在 MAX 文件材质编辑器中对贴图进行裁切，在材质编辑器中不能使用 Tiling 选项。不能在材质编辑器中对材质的透明度进行调节。

6）注意贴图材质与纹理的精度，尽量保持同一个模型清晰度与细节度统一。

7）贴图用色上避免使用饱和度高的色彩，不可使用百分之百的白色或黑色。

（2）材质贴图命名规范。在实际的虚拟现实项目制作中，材质球和贴图的命名要与对应的模型的名称统一，以便于查找和管理。贴图的命名通常包括前缀、名称和后缀三部分，例如 CJ_Wuqi_D。不同的后缀名指代不同的贴图类型，通常来说，_D 表示 Diffuse 贴图，_B 表示凹凸贴图，_N 表示法线贴图，_S 表示高光贴图，_AL 表示带有 Alpha 通道的贴图。在日常的练习或个人开发中，贴图格式存储为 TGA 或 JPG 格式即可。

材质贴图的命名应遵循以下规范：

1）必须用英文或拼音，不能出现中文字符，不同贴图不能出现重名现象。

2）漫反射贴图命名规则为：任务编号+“_”+模型分类+序号（主级别模型编号）+“_”+序号（次级别模型编号）。例如，编号为 A01 的任务是做一把武器，此武器共用了 2 张贴图，那么贴图的名称分别为 A01_wuqi01_01 和 A01_wuqi01_02。

3）如果一个材质球对应一张漫反射贴图，那么它们的名称要一致。

4）其余类型的贴图命名规则为：任务编号+“_”+模型分类+序号（主级别模型编号）+“_”+序号（次级别模型编号）+类型名称。例如，编号为 A01 的任务是做一把椅子，其中需要贴一张法线贴图，那么此贴图的名称为 A01_yizi01_01N。

5）带 Alpha 通道的贴图存储为 TGA 或 PNG 格式，在命名时必须加上“_AL”以示区分。

3.1.2 三维美术资源规范

1. 模型资源创建规范

（1）虚拟现实模型制作规范。虚拟现实模型的建模、效果图、动画的建模方法有很大区别，主要体现在模型的精简程度上。虚拟现实模型的建模方式和游戏的建模是相通的，做虚拟现实模型最好做简模（即低精度模型），否则可能会导致场景的运行速度很慢、很卡或无法运行。虚拟现实模型的建模是使用低精度的模型去塑造复杂的结构，这需要对模型布线进行精确控制，以及后期贴图效果的配合。模型上有些结构是需要拿面去表现的，而有些结构是使用贴图去表现。

具体的虚拟现实模型制作规范如下：

1）统一模型和游戏引擎的单位。不同游戏引擎和建模软件的单位不同，在项目之初首先要设置模型单位。

2）所有模型初始位置创建在原点。没有特定要求时，必须以模型对象中心为轴心。

3）面数控制。对于手机等移动端设备，每个模型应控制在300～1500个多边形；对于计算机来说，理论范围为1500～4000个多边形。单个物体通常控制在1000个面以下，整个屏幕应控制在7500个面以下，所有模型不超过20000个三角面。

4）可以复制的模型尽量复制，合理分布模型的密度。

5）建模时最好采用多边形建模，删除看不见的面，用面片表现复杂造型。

6）合理进行模型布线，保持模型面与面之间的距离。

7）模型在任意角度上不能有拉伸、UV错乱的情况。

8）清理模型中未使用的材质和贴图，对模型进行塌陷处理，为模型烘焙做准备。

（2）虚拟现实模型命名规范。在实际虚拟现实项目制作中，模型的名称要与对应的材质贴图命名统一，且不要超过32个字节。模型命名通常包括前缀、名称和后缀三部分，例如建筑模型可以命名为JZ_Wall_01，不同模型不能出现重名。

虚拟现实模型的命名应遵循以下规范：

1）所提交的MAX文件的命名为任务编号名称。例如，任务编号为A01，那么MAX文件名称为A01。

2）角色模型命名规则为：任务编号+“_”+角色名字。例如，编号为A01的任务是做一个怪物，那么此怪物的名称为A01_Master。MAX文件中模型对象如果需要分开各部位时，应在此命名基础上再增加一个后缀，例如A01_Master_head，以此类推。

3）场景中道具模型命名规则为：任务编号+“_”+场景名+“_”+道具名称。例如，编号为A01的任务是做一个扇子道具，那么此扇子的名称为A01_MainScene_shanzi。如果同类型模型较多的情况下，命名为A01_MainScene_shanzi_01、02、03等，以数字类推方式命名。

2. 三维美术资源导出规范

Unity3D目前支持的3D模型文件格式为.fbx、.dae、.3ds、.dxf、.obj、.skp，能支持用主流模型制作软件（如Maya、3ds Max、Blender）导出的模型。通常情况下，.fbx格式的模型文件在导入Unity3D后不易出现问题，下面通过从3ds Max中导出.fbx模型文件为例进行介绍。

三维美术资源导出规范

【步骤1】设置3ds Max单位。运行3ds Max，依次单击“自定义”→“单位设置”选项，弹出“单位设置”对话框，设置3ds Max的系统单位和显示单位为“厘米”，如图3-1所示。

【步骤2】调整模型轴心点。选中要导出的模型，依次单击“编辑”→“变换工具框”选项，在面板中首先选择“中心”单选项，然后依次单击X和Y按钮，将物体的Gizmo的x坐标和y坐标置于物体的中心，最后选择“最小”单选项并单击Z按钮，将Gizmo的z坐标置于物体的最底端位置，如图3-2所示。

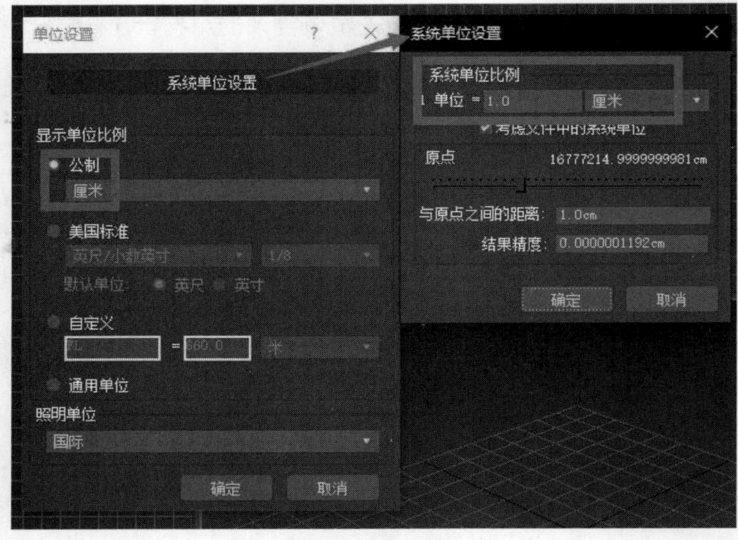

图 3-1 单位设置

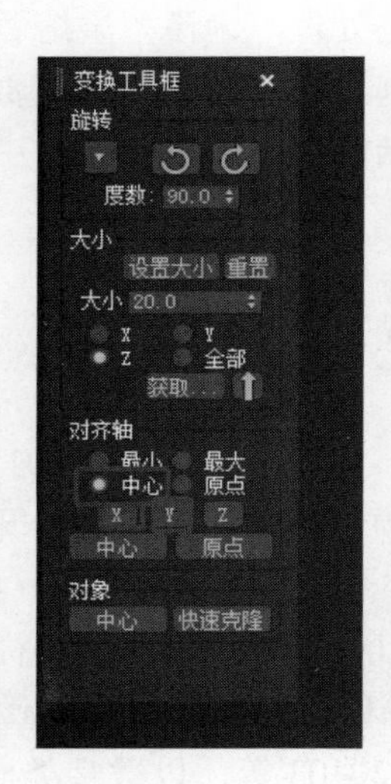

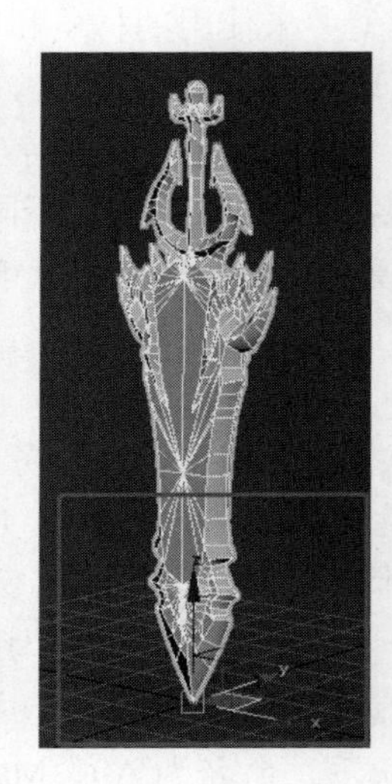

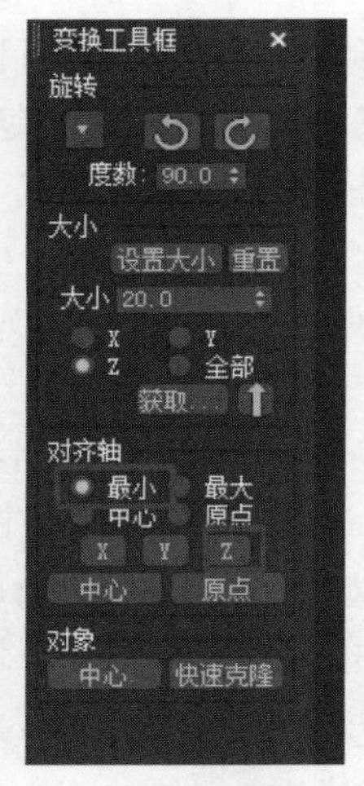

图 3-2 调整模型轴心点

【步骤 3】重置模型变换信息。在设置完坐标轴心点之后，首先将模型的坐标值归零，如图 3-3 所示，然后选中要导出的模型，在编辑器右侧的“实用程序”中单击“重置变换”按钮，再单击“重置选定内容”按钮以重置模型的变换信息，防止导入 Unity3D 中出现错误，如图 3-4 所示。

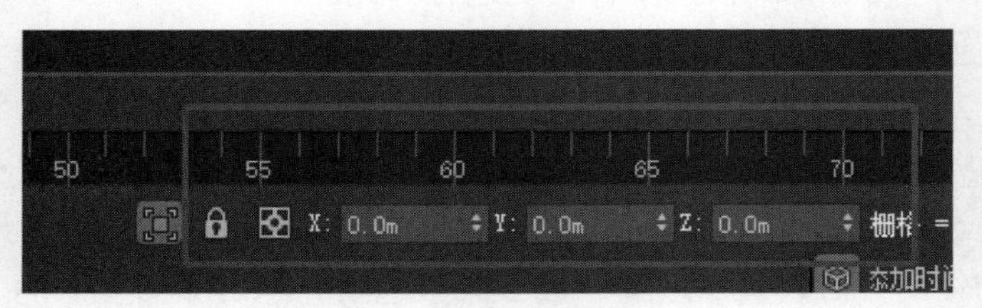

图 3-3 模型坐标值归零

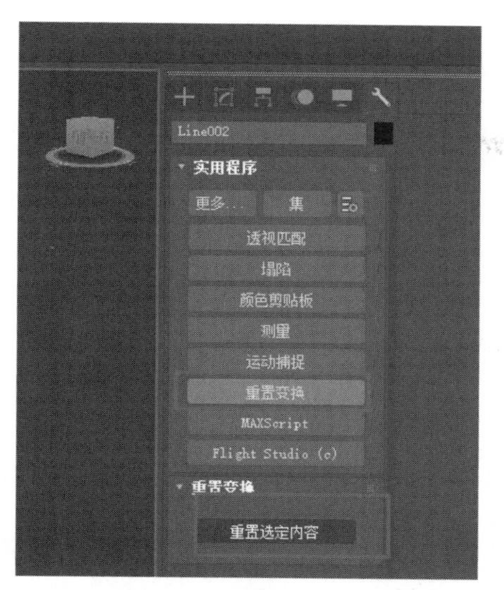

图 3-4　重置变换信息

【步骤 4】转换模型格式。选中要导出的模型，右击并选择“转换为”→“转换为可编辑多边形”选项，把模型转换为可编辑的多边形，如图 3-5 所示。

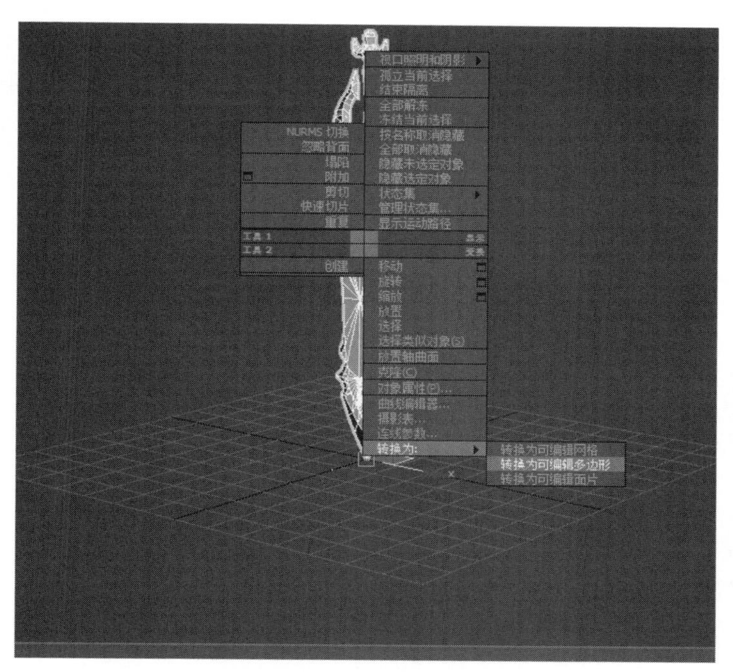

图 3-5　转换为可编辑的多边形

【步骤 5】导出模型。确认模型没有问题（多边面、光滑组等）后，选中要导出的模型，依次单击“文件”→“导出”→“导出选定对象”选项，如图 3-6 所示。选择导出模型文件的存放位置并对文件进行命名，修改“保存类型”为 Autodesk(*.FBX)，单击“保存”按钮，如图 3-7 所示。

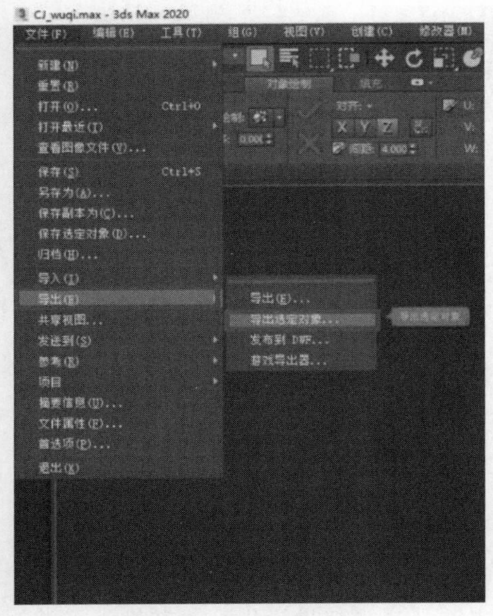

图 3-6 导出模型面板

图 3-7 保存导出模型

【步骤 6】设置导出模型参数。在弹出的“FBX 导出”对话框中，根据模型实际情况进行选择。一般情况下，取消勾选“包含”选项组下的“摄像机”和“灯光”两个复选项。这里需要注意的是，如果模型包含贴图信息，最好勾选“嵌入的媒体”复选项，确保贴图资源会一起导出，如果不包含贴图信息，可以不勾选，如图 3-8 所示。在“高级选项”选项组中，只需将“轴转化”设置为“Y 向上”，其他设置保持默认不变，如图 3-9 所示。设置完成后，单击“确定”按钮完成模型资源的导出。

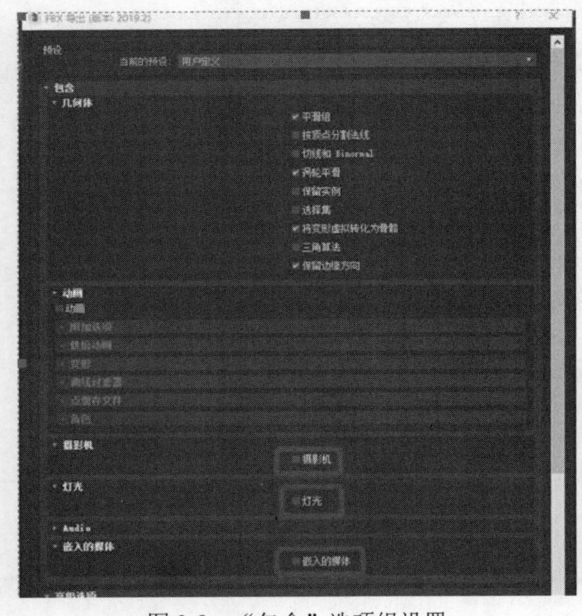

图 3-8 “包含”选项组设置

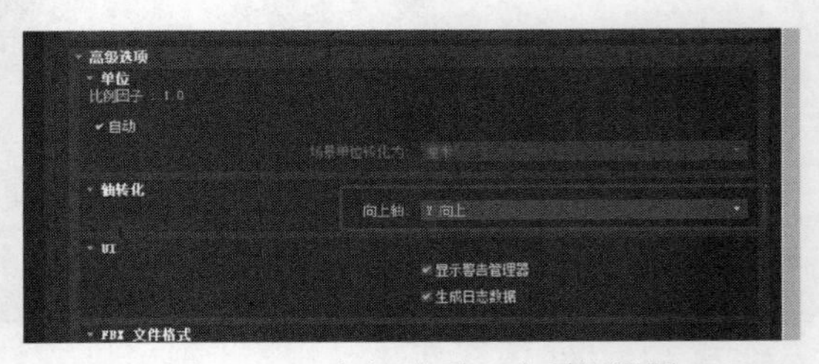

图 3-9 “高级选项”选项组设置

3.2 Unity3D 中美术资源的处理方法

3.2.1 向 Unity3D 中导入外部美术资源

向 Unity3D 中导入外部美术资源

Unity3D 项目的 Assets 文件夹存放项目中的所有资源，在 Unity3D 编辑器的 Project 面板中进行管理，对于资源，通常可以通过以下 5 种方式导入：

（1）打开项目工程文件夹，将资源复制到项目的 Assets 文件夹中。

（2）在编辑器中，将资源直接拖曳到 Project 面板的 Assets 文件夹或其他文件夹中。

（3）在编辑器中，依次单击 Assets→Import New Asset 选项，将资源导入当前的项目中；或者在 Project 面板的空白处右击，在弹出的快捷菜单中通过 Import New Asset 选项来进行外部资源导入。

（4）对于后缀为.unitypackage 的资源，打开 Unity3D 软件后双击*.unitypackage 资源包可以直接导入。

（5）对于内部资源，依次单击 Window→Assets Store 选项，在资源商店下载需要的资源，直接导入即可。

在实际虚拟现实项目开发过程中，美术、音视频、特效等资源的导入流程大体相同，下面以导入三维模型资源为例进行介绍。

【步骤 1】创建新工程项目。打开 Unity Hub，单击“新建”按钮，在下拉列表中选择 2018.4.15 版本，弹出创建新项目的界面，在左侧模板中选择 3D 选项，将项目名称修改为 ModelTest。选择项目存放的位置，最后单击“创建”按钮完成工程项目的创建，如图 3-10 所示。

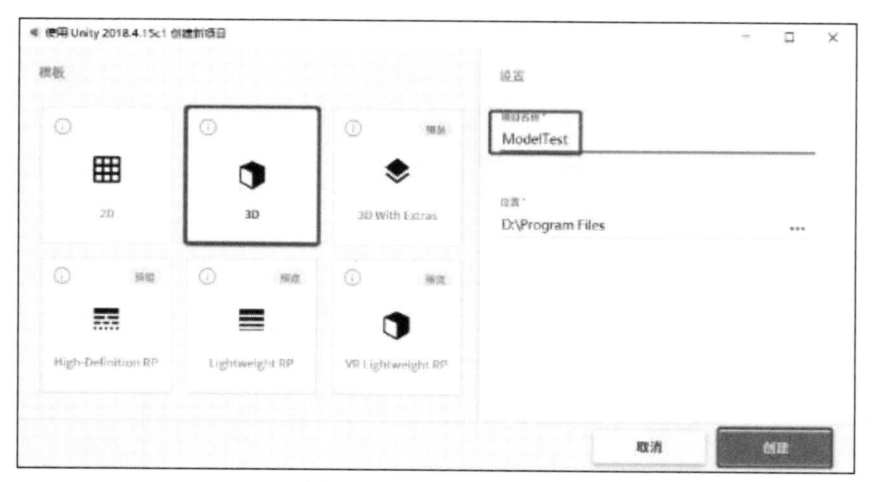

图 3-10　创建新工程项目

【步骤 2】新建模型资源文件夹。在 Project 面板中选中 Assets 文件夹，右击并选择 Create→Folder 选项创建一个新文件夹，将其命名为 ImportModel，在其下再创建 3 个文件夹，分别命名为 Material、Model 和 Texture。文件夹结构目录如图 3-11 所示。

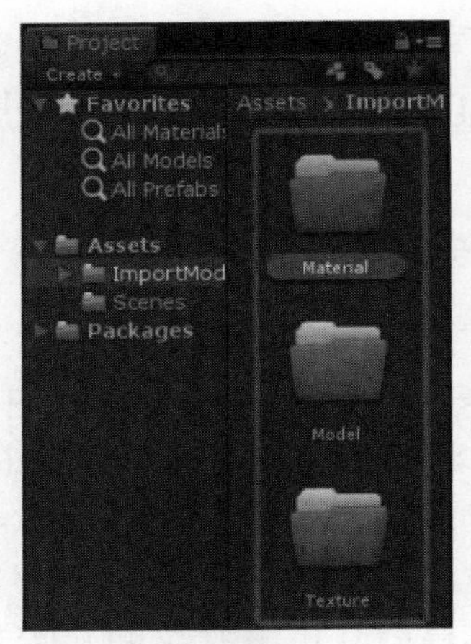

图 3-11　文件夹结构目录

【步骤 3】导入外部模型资源。在 Project 面板中选中 ImportModel 文件夹下的 Model 文件夹，右击并选择 Import New Asset 选项，找到要导入的.fbx 文件，单击 Import 按钮进行导入，如图 3-12 所示。

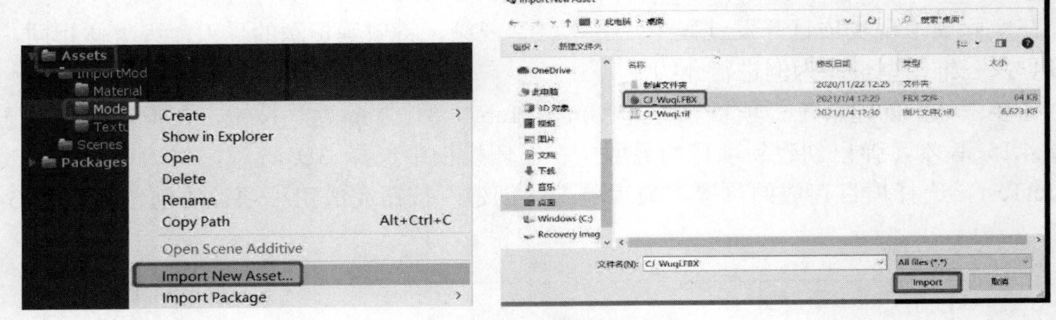

图 3-12　导入外部模型资源

【步骤 4】导入模型贴图。在 Project 面板中选中 ImportModel 文件夹下的 Texture 文件夹，右击并选择 Import New Asset 选项，找到要导入的贴图文件，单击 Import 按钮进行导入，如图 3-13 所示。

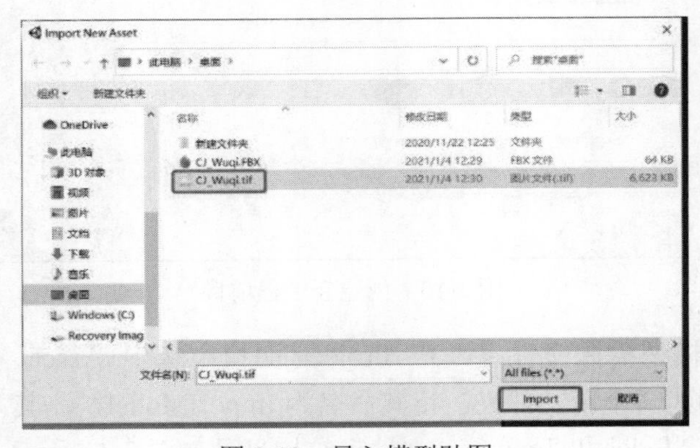

图 3-13　导入模型贴图

【步骤 5】创建模型材质。在 Project 面板中选中 ImportModel 文件夹下的 Material 文件夹，右击并选择 Create→Material 选项，创建一个材质球并将其命名为 Wuqi，将导入的模型贴图拖曳到材质球 Inspector 面板的 Albedo 中，如图 3-14 所示。

图 3-14　创建模型材质

【步骤 6】为模型添加材质。将 Model 文件夹下的模型拖曳到 Scene 面板中，然后将刚创建好的材质球拖曳到模型上，如图 3-15 所示。

图 3-15　为模型添加材质

3.2.2　Unity3D 中的美术资源处理

平面美术资源类型设定

1. 平面美术资源类型设定

下面通过具体的操作实例来介绍 Unity3D 中图片或贴图类型的设定和操作方法，具体步骤如下：

【步骤 1】新建工程项目。打开 Unity Hub，单击“新建”按钮，在下拉列表中选择 2018.4.15 版本，弹出创建新项目的界面，在左侧模板中选择 3D 选项，项目名称修改为 UI。选择项目存放位置，最后单击“创建”按钮完成工程项目的创建，如图 3-16 示。

【步骤 2】新建场景。依次单击 File→New Scene 选项，或者按 Ctrl+N 组合键，新建一个场景，修改其名字为 SampleScene。

【步骤 3】导入外部 UI 资源。在本书提供的资源文件中找到“UI 素材集合”文件夹，将其直接拖入 Project 面板中的 Assets 文件夹中，或直接在文件浏览器中将文件复制到该工程下的指定文件夹下。这里以导入资源文件夹为例，如图 3-17 所示。

【步骤 4】修改图片类型。在 Project 面板中选中“主界面.png”选项，在 Inspector 面板中修改 Texture Type 属性为 Sprite（2D and UI），Sprite Mode 属性为 Multiple，单击 Apply 按钮确认修改，如图 3-18 所示。

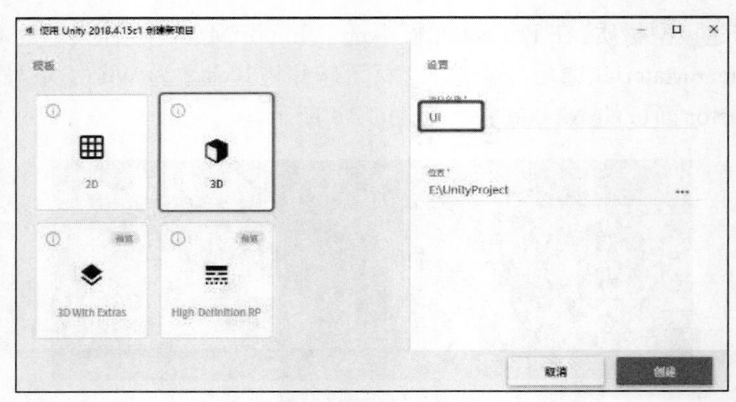

图 3-16　新建工程项目

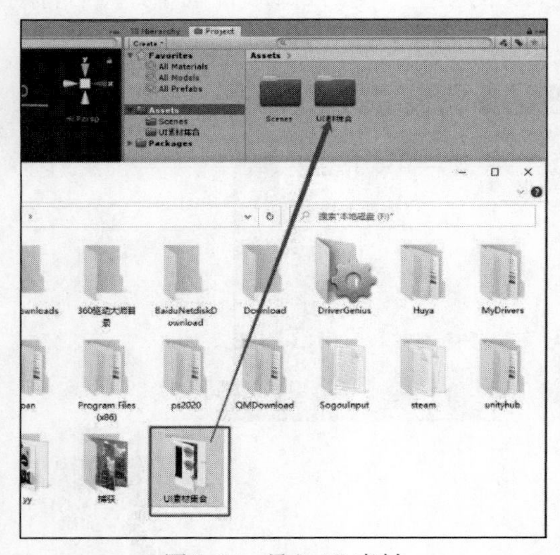

图 3-17　导入 UI 素材

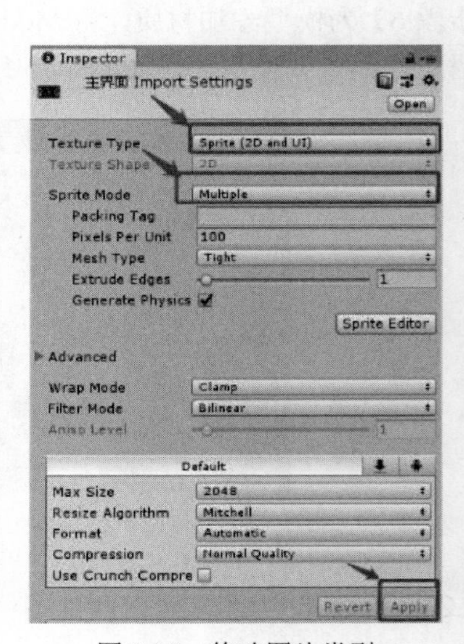

图 3-18　修改图片类型

【步骤 5】UI 资源分割。在 Project 面板中选中“主界面.png”选项，在 Inspector 面板中单击 Sprite Editor 按钮，开始进行素材分割，如图 3-19 所示。在弹出的对话框中，选择 Type 为 Automatic，单击 Slice 按钮，进行自动分割，如图 3-20 所示。等待素材分割好后单击 Apply 按钮确认修改，如图 3-21 所示。经过分割后的素材如图 3-22 所示，单击图片右侧的小三角按钮，可以看到分割好的素材资源。重复以上操作，将“选择界面.png”和“设置界面.png”进行素材分割操作，效果如图 3-23 和图 3-24 所示。

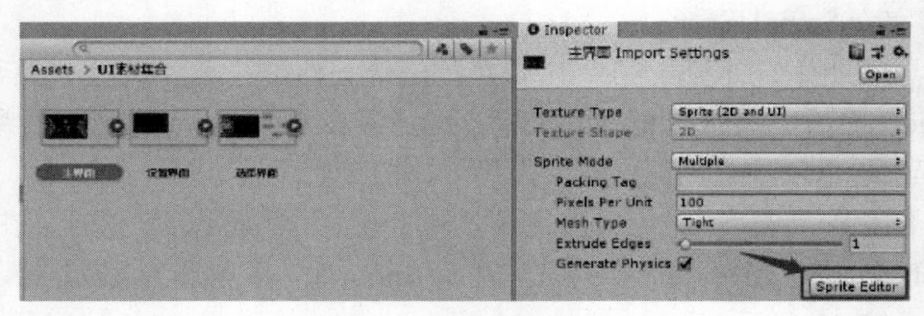

图 3-19　进行素材分割

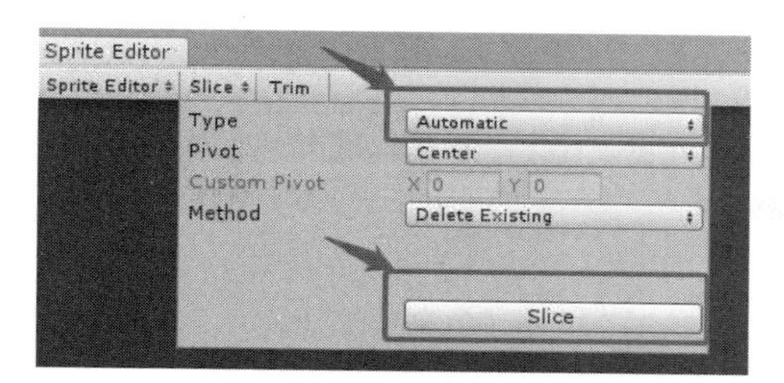

图 3-20 自动分割

图 3-21 素材分割完成

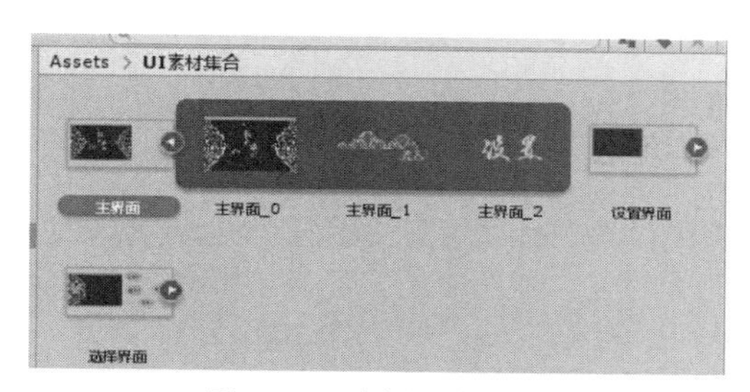

图 3-22 分割后的素材

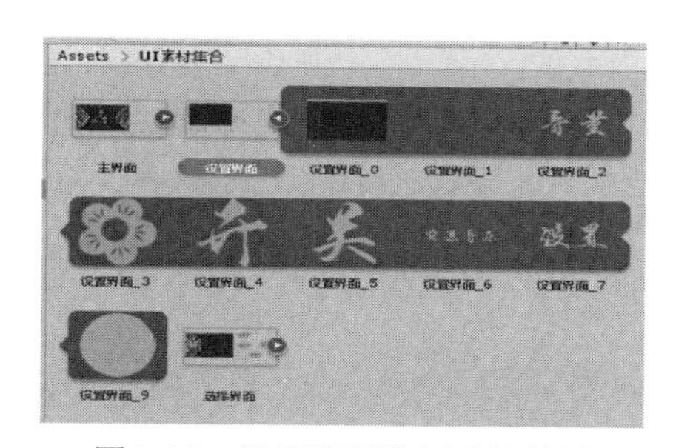

图 3-23 设置界面分割后的效果

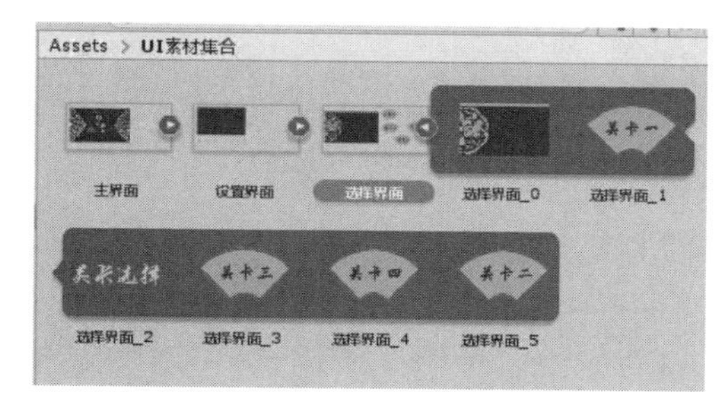

图 3-24 选择界面分割后的效果

2. 三维模型预制体创建

三维模型预制体创建

下面通过具体的操作实例来介绍Unity3D中模型预制体的创建和操作方法，具体步骤如下：

【步骤 1】创建第一个立方体。在新的场景中创建一个立方体，将其命名为 Vertical，调整位置、旋转均为 0，缩放为（X：1，Y：5，Z：1），如图 3-25 所示。

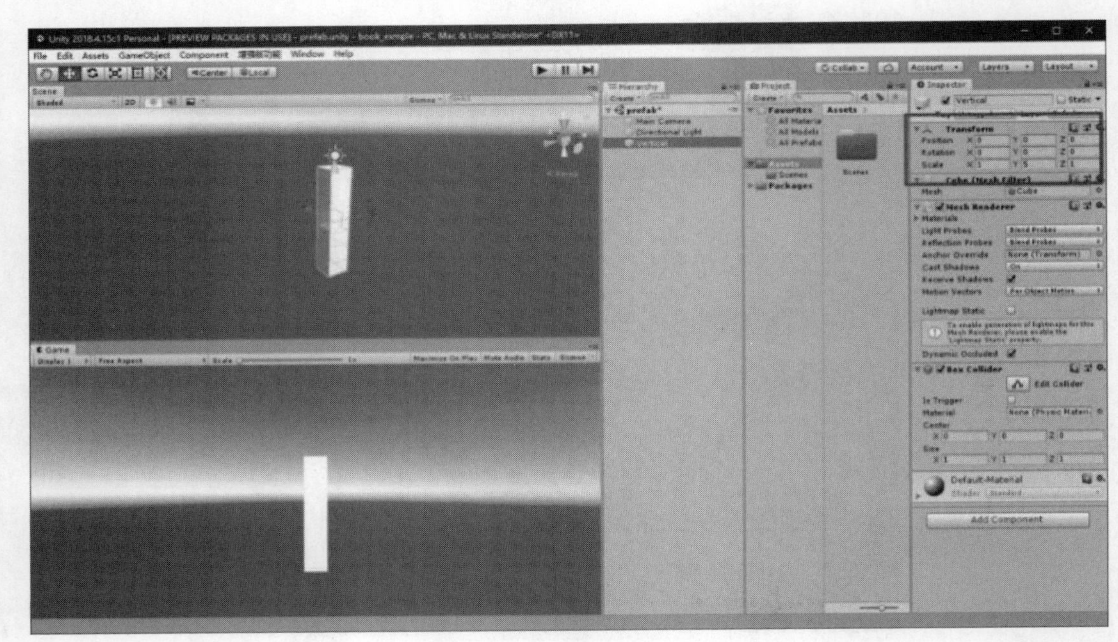

图 3-25　创建第一个立方体

【步骤 2】创建第二个立方体。在 Hierarchy 面板中再创建一个立方体，将其命名为 Horizontal，调整位置为（X：0，Y：0.5，Z：0），旋转均为 0，缩放为（X：1，Y：1，Z：5），如图 3-26 所示。

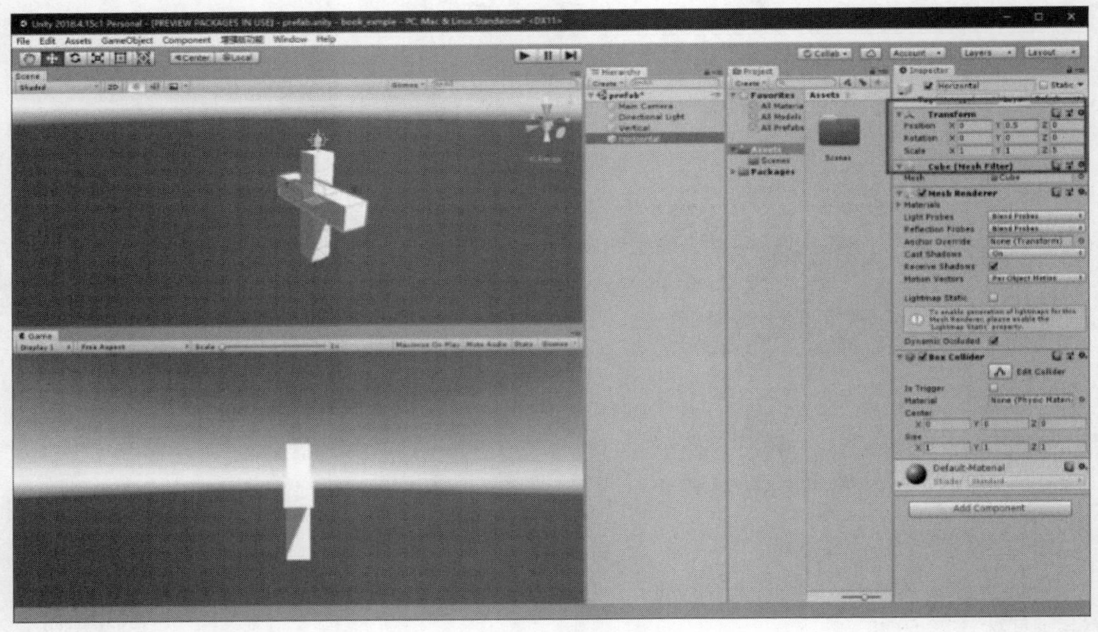

图 3-26　创建第二个立方体

【步骤3】创建父物体。创建一个空物体，调整位置、旋转均为0，缩放均为1。将其命名为Cross，并把Vertical和Horizontal拖曳到空物体下作为子物体，如图3-27所示。

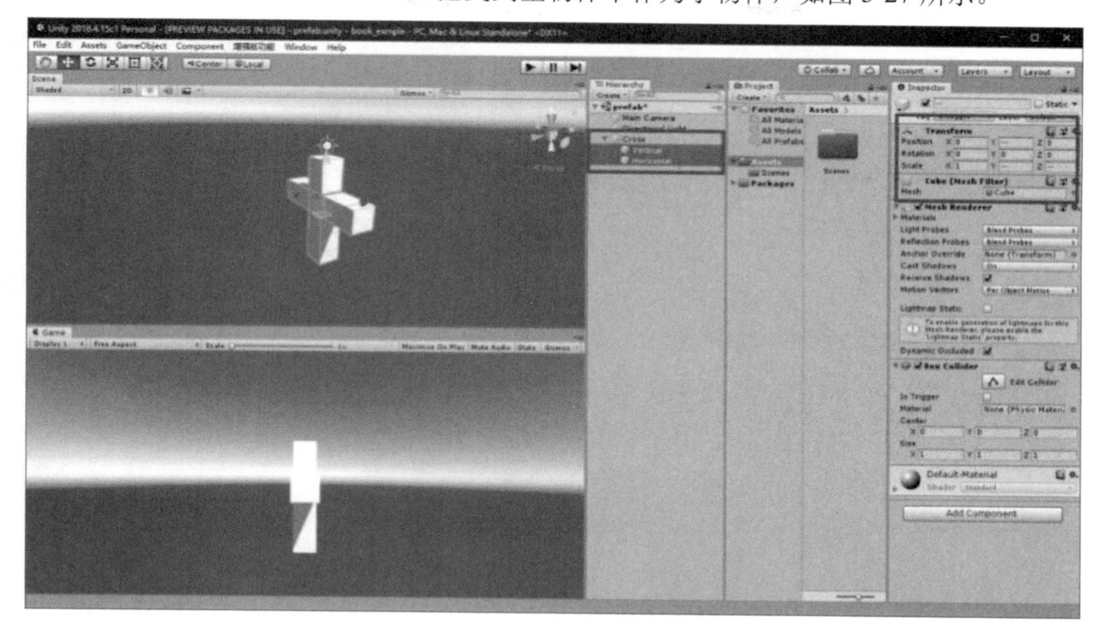

图3-27　创建父物体

【步骤4】创建预制体。在Hierarchy面板中将Cross拖曳到Project面板中，可以发现在其面板中多出一个Cross文件，并且Hierarchy面板中的Cross对象变成了蓝色，说明Cross已经被创建为一个预制体了，如图3-28所示。

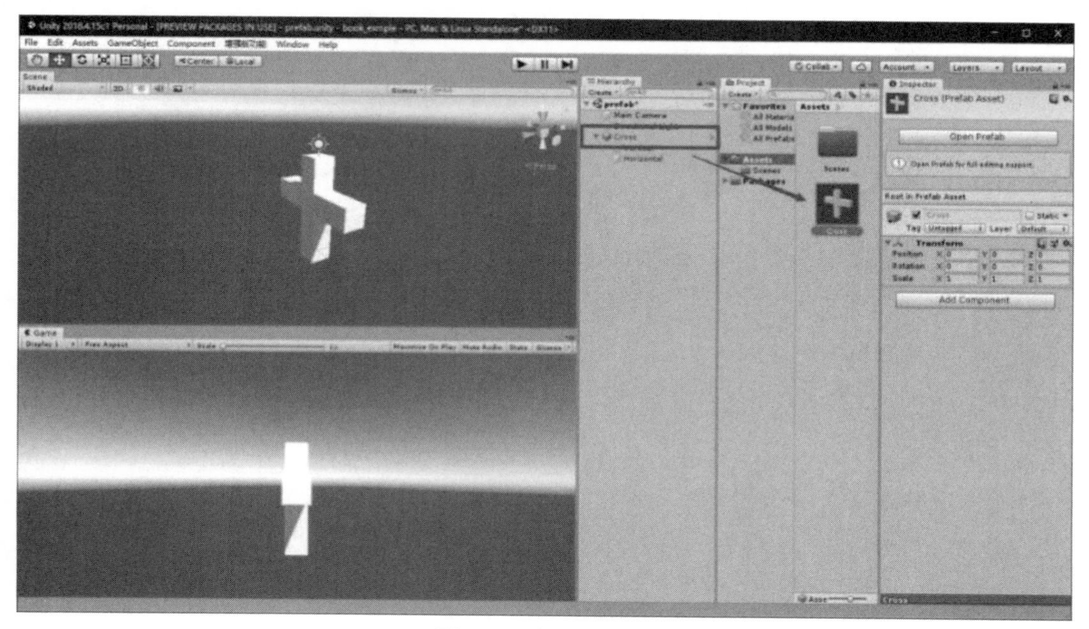

图3-28　创建预制体

【步骤 5】使用预制体创建游戏对象。将 Project 面板中的 Cross 拖曳到 Scene 面板中，可以轻松创建多个一模一样的 Cross 模型，如图 3-29 所示。

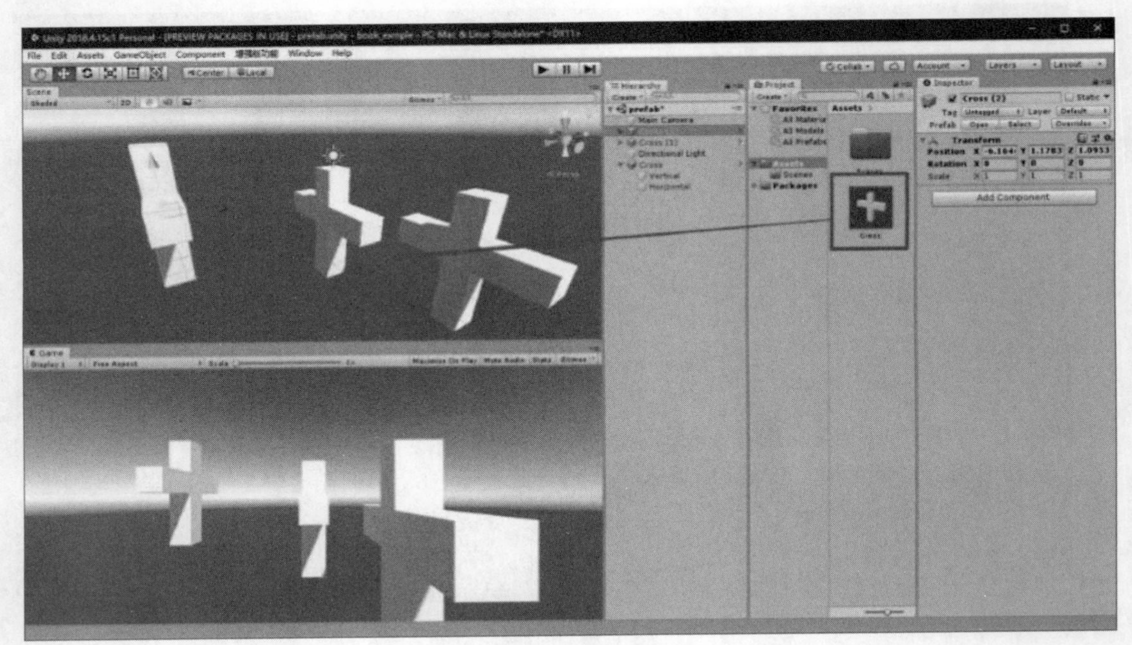

图 3-29　使用预制体创建游戏对象

【步骤 6】新建场景测试预制体功能。再新建一个场景，将 Project 面板中的 Cross 拖曳到 Scene 面板中，也可以轻松创建 Cross 模型，如图 3-30 所示。

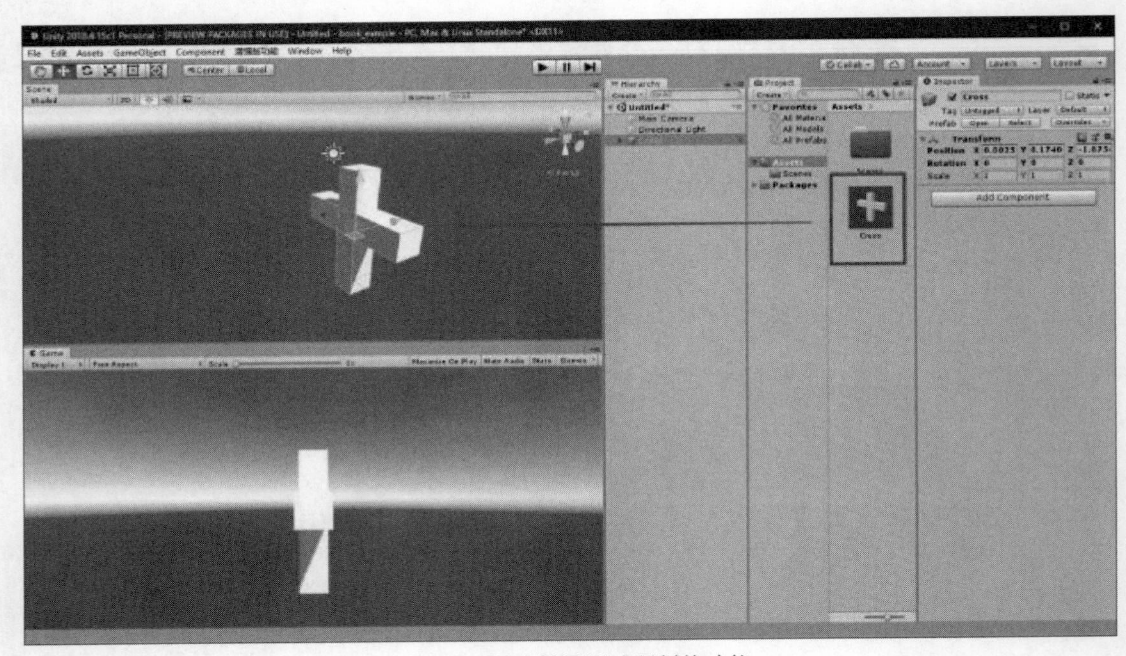

图 3-30　新建场景测试预制体功能

本章小结

本章主要介绍了虚拟现实中的美术资源：3.1 节介绍了虚拟现实系统美术资源规范，分为平面美术资源规范和三维美术资源规范；3.2 节讲述了 Unity3D 中美术资源的处理方法，分为 Unity3D 导入外部美术资源和 Unity3D 中美术资源的处理。通过对本章的学习，学生能够对虚拟现实系统中美术资源的创建、导出/导入、预处理等有进一步的了解，为后续开发打下基础。

课后习题

课后习题解答

1．Unity3D 中支持的模型格式是（　　）。

A．.obj　　B．.fbx

C．.3ds　　D．以上都是

2．Unity3D 中导入模型资源的方式是（　　）。

A．通过 Import New Asset 选项导入

B．拖曳模型到 Project 面板中

C．将模型复制到项目工程 Assets 文件夹下

D．以上都是

3．下列材质贴图尺寸正确的是（　　）。

A．128*25　　B．512*3057

C．1024*256　　D．478*332

4．在进行项目开发时，需要从资源商店中下载所需资源，资源商店可以通过（　　）菜单打开。

A．File　　B．Edit

C．Window　　D．Assets

第 4 章　虚拟现实中的界面系统

UI 作为应用中必不可少的元素，在虚拟现实中也非常重要。界面系统可以成为开发者设计思路的一种展现形式。合理地设计界面系统，可以让体验者在使用应用时有较好的用户体验。本章主要介绍虚拟现实中的 Unity GUI（Unity Graphical User Interface，Unity 图形用户界面，以下简称 UGUI）系统，首先介绍 UGUI 系统和相关控件，然后通过实际操作介绍在虚拟现实系统中如何进行界面设计和界面交互。通过对本章的学习，学生能够了解并掌握 UGUI 系统的使用方法。

- 了解 UGUI 系统。
- 了解界面设计和界面交互。
- 熟练使用 UGUI 基础控件和高级控件。

4.1 UGUI 系统

4.1.1 UGUI 系统概述

UGUI 系统是 Unity3D 官方的 UI 实现方式，自从 Unity4.6 以后，Unity3D 官方推出了新版 UGUI 系统。新版 UGUI 系统相比于 OnGUI 系统更加人性化，而且是一个开源系统，更有利于游戏开发人员进行游戏界面开发。UGUI 系统具有 3 个特点：灵活、快速和可视化。对于游戏开发者来说，UGUI 系统运行效率高、执行效果好、易于使用、方便扩展、与 Unity3D 兼容性高。UGUI 系统为开发者提供了一些常用的控件，如文本显示、图片显示、按钮、复选框、滑动条、滚动条、下拉菜单、输入框、滚动视窗等，利用这些控件可以快速搭建界面。

1. Canvas 画布

Canvas 画布是容纳所有 UI 元素的区域，在场景中创建的所有控件都会自动变为 Canvas 对象的子物体，若场景中没有 Canvas 画布，在创建控件时该对象会被自动创建。创建画布有两种方式：一是通过菜单直接创建；二是通过创建一个 UI 组件来创建一个容纳该组件的画布。不管用哪种方式创建画布，系统都会自动创建一个 Event System 对象，上面挂载了若干与事件监听相关的组件，可供用户设置。

在画布上有一个 Render Mode 属性，它有 3 个选项，如图 4-1 所示，分别对应画布的 3 种渲染模式：Screen Space-Overlay、Screen Space-Camera 和 World Space。

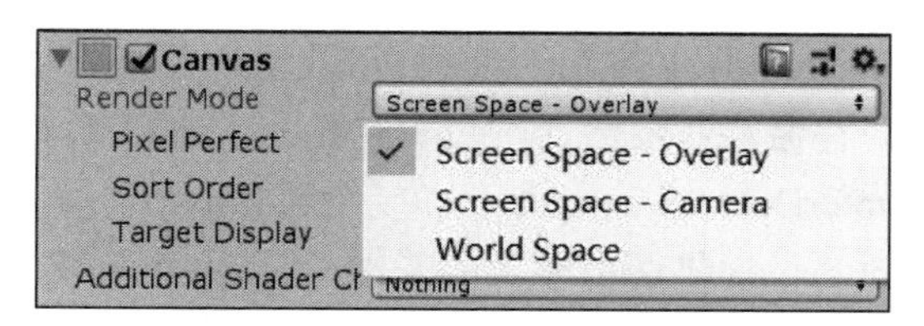

图 4-1　Render Mode 下不同渲染模式选择

（1）Screen Space-Overlay 渲染模式。在 Screen Space-Overlay 渲染模式下，场景中的 UI 被渲染在屏幕上，如果屏幕大小改变或更改了分辨率，画布将自动更改大小来很好地适配屏幕。此种模式不需要 UI 摄像机，UI 将永远出现在所有摄像机的最前面，不会被其他任何对象所遮挡。

（2）Screen Space-Camera 渲染模式。Screen Space-Camera 渲染模式类似于 Screen Space-Overlay 渲染模式。在这种渲染模式下，画布被放置在指定相机前的一个给定距离上，它支持在 UI 前方显示 3D 模型与粒子系统等内容，通过指定的相机 UI 被呈现出来。如果屏幕大小改变或更改了分辨率，画布将自动更改大小来很好地适配屏幕。

（3）World Space 渲染模式。在 World Space 渲染模式下，呈现的 UI 好像是 3D 场景中的一个 Plane 对象。与前面两种不同，其屏幕的大小将取决于拍摄的角度和相机的距离。它是一个完全 3D 的 UI，就是把 UI 也当成 3D 对象，如摄像机离 UI 远了，其显示效果就会变小，近了就会变大。需要注意的是，在虚拟现实项目开发中，所有画布必须设置为 World Space 渲染模式。在这种模式下，整个画布将和其他对象一样作为 2D 对象存在于场景中。

2. Event System 对象

创建 UGUI 控件后，在 Hierarchy 面板中会同时创建一个 Event System 对象，用于控制各类事件，如图 4-2 所示。可以看到，Event System 对象自带了一个 Input Module（输入模块），用于响应标准输入。输入模块封装了 Input 模块的调用，可以根据用户操作触发各个 Event Trigger（事件触发器）。

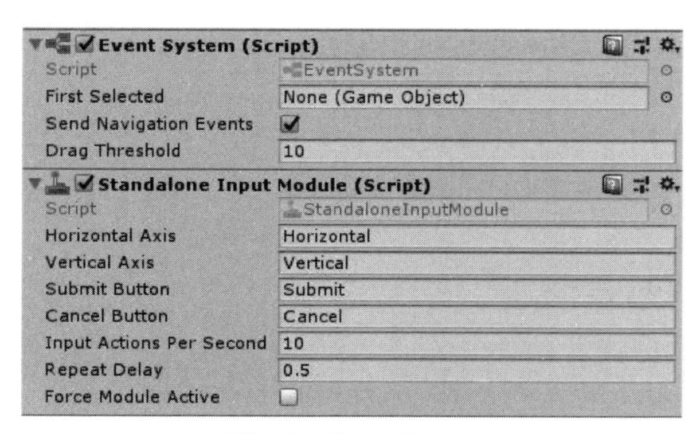

图 4-2　Event System

Event System 对象中包含两个组件，分别是 Event System（Script）和 Standalone Input Module（Script）。

（1）Event System（Script）事件处理组件。该组件负责输入模块的切换、激活与反激活，也负责 Tick 整个事件系统，可以通过更新输入模块处理失焦和记录鼠标指针位置，或记录一个被选择的对象。

（2）Standalone Input Module（Script）事件处理组件。该组件可以处理输入的鼠标或触摸事件，进行事件的分发。在激活和反激活时负责初始化（选择对象、鼠标指针位置）和清理无效数据（选择对象、pointerData）。该组件不直接使用 Input 模块获取数据，而是使用一个 MonoBehaviour 脚本进行封装，提供切换输入的能力。

4.1.2 UGUI 基础控件

1. Image 基础控件

Image 是使用频率较高的一个基础控件，在 Hierarchy 面板中右击并选择 UI→Image 选项即可创建一个 Image 基础控件，可在 Inspector 面板中查看其组件及参数，如图 4-3 所示。

Image（Script）组件有如下常用参数：

（1）Source Image：表示显示的图片纹理，类型为 Sprite。

（2）Color：表示图片的颜色。

（3）Material：表示图片的材质。

（4）Raycast Target：表示是否标记为射线碰撞目标。

（5）Image Type：表示图片类型。

- Simple：简单类型，将精灵图（CSS Sprites）缩放至符合图片的尺寸。
- Sliced：切片类型，将边框固定，精灵图（CSS Sprites）中间做拉伸（缩放）。
- Tiled：平铺类型，保持精灵图（CSS Sprites）原尺寸并在图片区域重复绘制直至填满区域。
- Filled：填充类型，可以将精灵图（CSS Sprites）按照一定比例逐渐显示。

2. Text 基础控件

Text 是常用的基础控件，用来显示文字的内容。使用 Unity3D 中的 Text 基础控件可以对字体、大小、颜色、对齐方式等进行设置。在 Hierarchy 面板中右击并选择 UI→Text 选项即可创建一个 Text 基础控件，可在 Inspector 面板中查看其组件及参数，如图 4-4 所示。

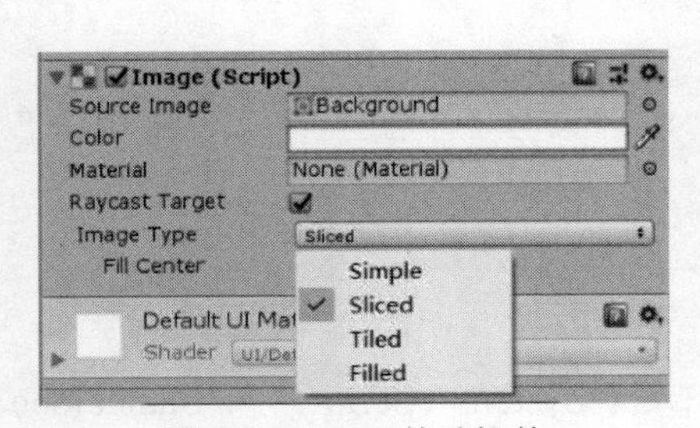

图 4-3　Image 基础控件

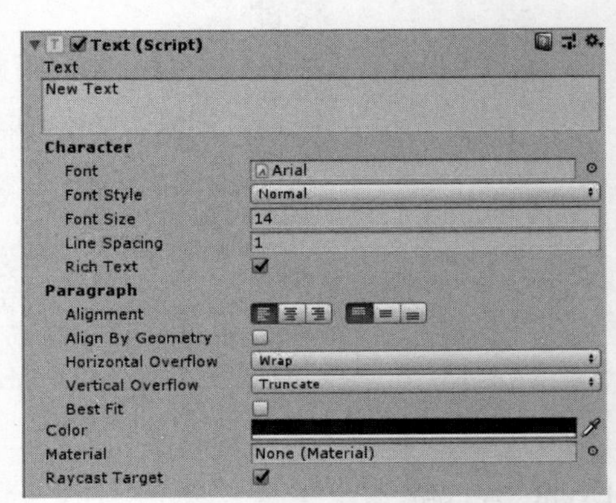

图 4-4　Text 基础控件

Text（Script）组件有如下常用参数：

（1）Text：表示显示的文本内容。

（2）Font：表示字体。

（3）Font Style：表示文字样式，可以设置为加粗、斜体等。

（4）Font Size：表示文字大小。

（5）Alignment：用于修改文本对齐方式。

（6）Horizontal Overflow：选择溢出的处理方式，用于决定当文本水平超出最大宽度时是自动换行还是溢出不显示。

（7）Vertical Overflow：选择溢出的处理方式，用于决定当文本垂直超出最大宽度时是自动换行还是溢出不显示。

（8）Best Fit：是否忽略对文字大小的设置，选中文字会自动改变大小全部显示出来。

（9）Color：用于设置文字颜色。

3. Button 基础控件

Button 是场景使用频率非常高的可交互性基础控件，在 Hierarchy 面板中右击并选择 UI→Button 选项即可创建一个 Button 基础控件，其下还包含一个 Text 子物体，如图 4-5 所示。可以理解为 Button 控件是由一个 Image 基础控件、一个 Text 基础控件以及可交互的组件 Button（Script）组成的。Image（Script）组件和 Text（Script）组件在之前的内容中已经介绍了一些，下面介绍 Button 基础控件的交互核心 Button（Script）组件，如图 4-6 所示。

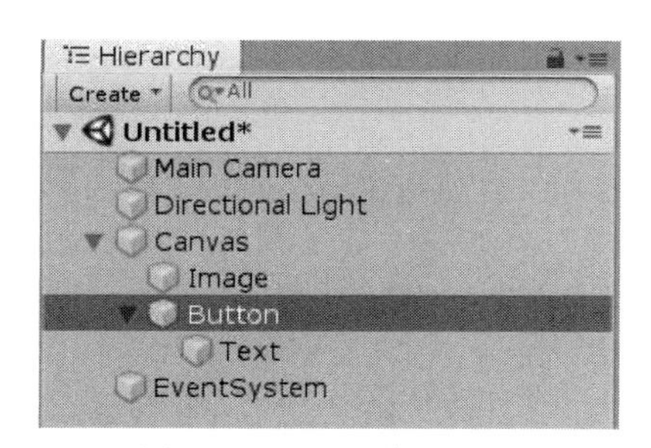

图 4-5　Button 基础控件

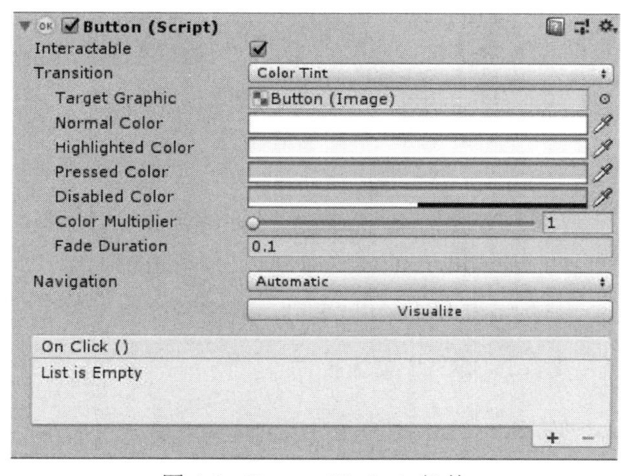

图 4-6　Button（Script）组件

Button（Script）组件有如下常用参数：

（1）Interactable：是否可交互。

（2）Transition：用于修改响应用户操作的可视化方式。

（3）Navigation：用于修改导航系统的属性。

（4）On Click()：用于添加按钮单击事件。

4. Slider 基础控件

Slider 基础控件通常在程序中用来实现调整音量大小、难度设置、加载进度条等功能。在 Hierarchy 面板中右击并选择 UI→Slider 选项即可创建一个 Slider 基础控件，它由 3 个元素组成，分别为 Background、Fill Area 和 Handle Slide Area，如图 4-7 所示。下面介绍 Slider 基础控件的交互核心 Slider（Script）组件，如图 4-8 所示。

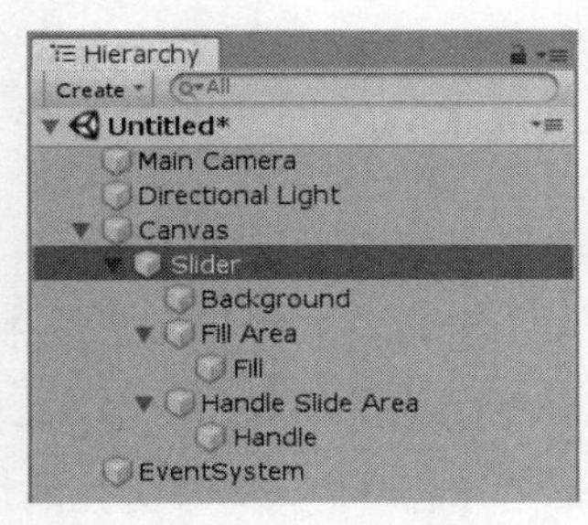

图 4-7　Slider 基础控件

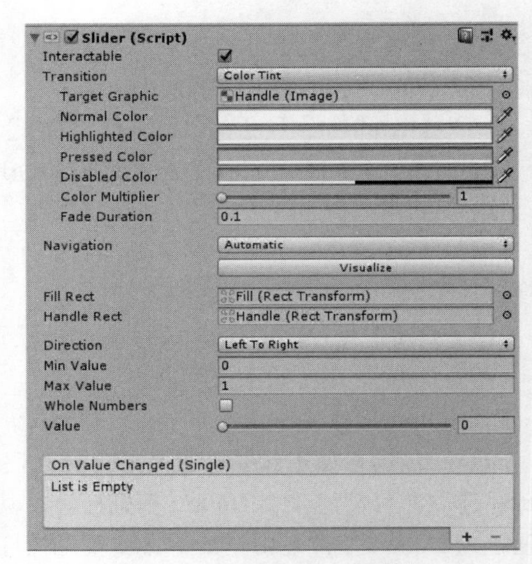

图 4-8　Slider（Script）组件

Slider（Script）组件有如下常用参数（部分参数功能同 Button 基础控件）：

（1）Fill Rect：填充的图像，用作滑动条填充区域的图形。

（2）Handle Rect：手柄的图像，用作滑动条手柄的图形。

（3）Direction：表示滑动条的方向。

（4）Min Value：表示最小值。

（5）Max Value：表示最大值。

（6）Whole Numbers：用于限制当前值是整数。

（7）Value：表示当前控制手柄的数值。

（8）On Value Changed（Single）：当手柄滑动产生数值变化时触发的事件。

4.1.3　UGUI 高级控件

1. Scrollbar 高级控件

Scrollbar 高级控件允许用户滚动因图像或者其他可视物体大小而不能完全显示的视图。Scrollbar 高级控件与 Slider 基础控件的区别在于后者用于选择数值而前者主要用于滚动视图。在 Hierarchy 面板中右击并选择 UI→Scrollbar 选项即可创建一个 Scrollbar 高级控件，它由两个元素组成，分别为 Sliding Area 和 Handle，如图 4-9 所示，可在 Inspector 面板中查看其组件及参数，如图 4-10 所示。

Scrollbar（Script）组件的部分参数如下：

（1）Interactable：用于控制该组件是否接受输入。

（2）Transition：用于控制 Scrollbar 响应用户操作的方式。

（3）Navigation：用于确定控件的顺序。

（4）Handle Rect：控件滑动“处理”部分的图形，即滚动条上的滑块。

（5）Direction：当移动滑块时，滚动条值会增加的方向，选项包括 LeftToRight、RightToLeft、BottomToTop 和 TopToBottom。

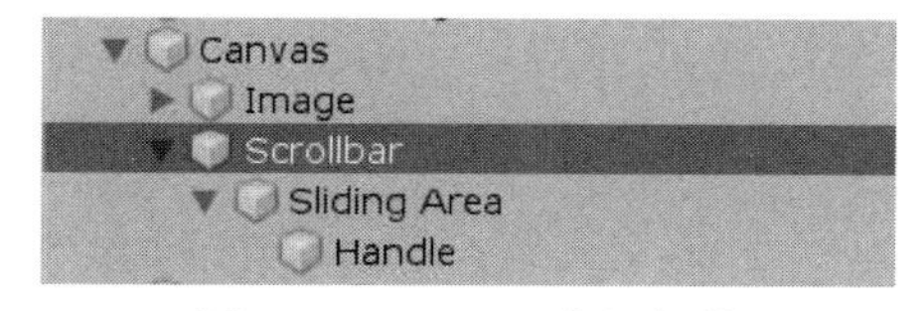

图 4-9 Scrollbar 高级控件

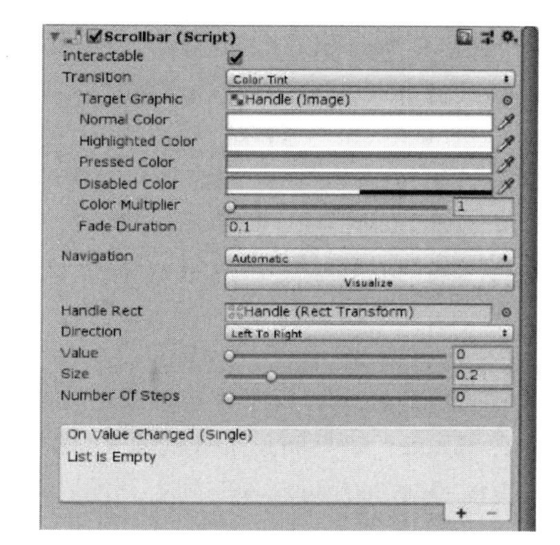

图 4-10 Scrollbar（Script）组件

（6）Value：Scrollbar 的初始值，范围为 0～1。

（7）Size：滑块的大小，范围为 0～1。

（8）Number Of Steps：Scrollbar 高级控件所允许的独特的滚动位置数目。

2. Dropdown 高级控件

Dropdown 高级控件用来让用户选择下拉列表中的一个选项。在 Hierarchy 面板中右击并选择 UI→Dropdown 选项即可创建一个 Dropdown 高级控件，它由 3 个元素组成，分别为 Label、Arrow 和 Template，如图 4-11 所示，可在 Inspector 面板中查看其组件及参数，Dropdown（Script）组件如图 4-12 所示。

图 4-11 Dropdown 高级控件

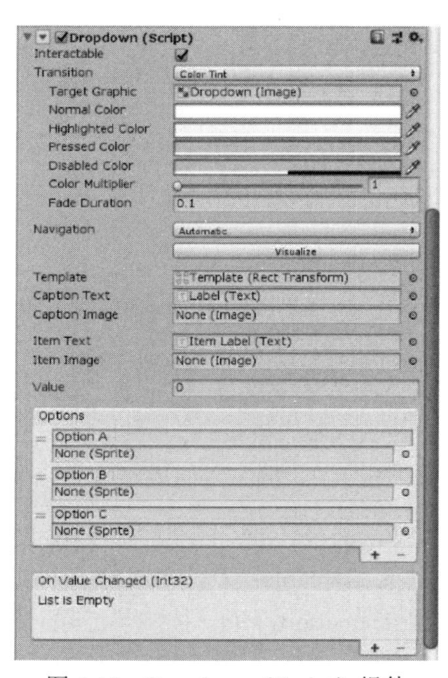

图 4-12 Dropdown（Script）组件

Dropdown（Script）组件的部分参数如下：

（1）Interactable：用于控制该组件是否接受输入。

（2）Transition：用于控制响应用户操作的方式。

（3）Navigation：用于确定控件的顺序。

（4）Template：用于控制下拉列表模板的 Rect 转换。

（5）Caption Text：文本组件，用于保存当前所选选项的文本。

（6）Caption Image：图片组件，用于保存当前所选选项的图像。

（7）Item Text：用于保存项目文本的 Text 组件。

（8）Item Image：用于保存项目图像的 Image 组件。

（9）Value：当前所选选项的索引。0 表示第一个选项，1 表示第二个选项，以此类推。

（10）Options：可选项的列表。可以为每个选项指定文本字符串和图像。

3. Input Field 高级控件

Input Field 是一种不可见的高级控件，它使 Text 基础控件的文本可以被编辑。输入栏的主要用途是接收用户输入的单行数据，常见于输入用户名、密码等。在 Hierarchy 面板中右击并选择 UI→Input Field 选项即可创建一个 Input Field 高级控件，它由两个元素组成，分别为 Placeholder 和 Text，如图 4-13 所示，可在 Inspector 面板中查看其组件及参数，Input Field（Script）组件如图 4-14 所示。

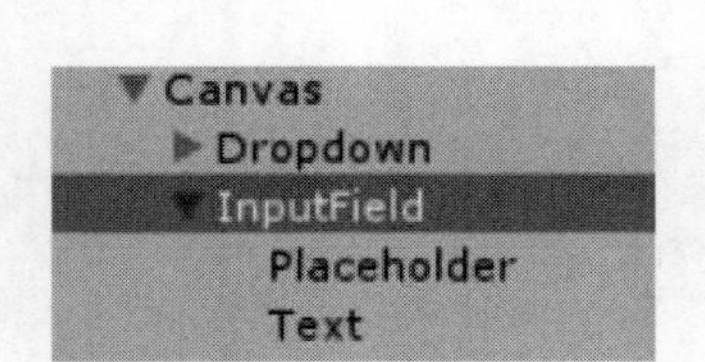

图 4-13 Input Field 高级控件

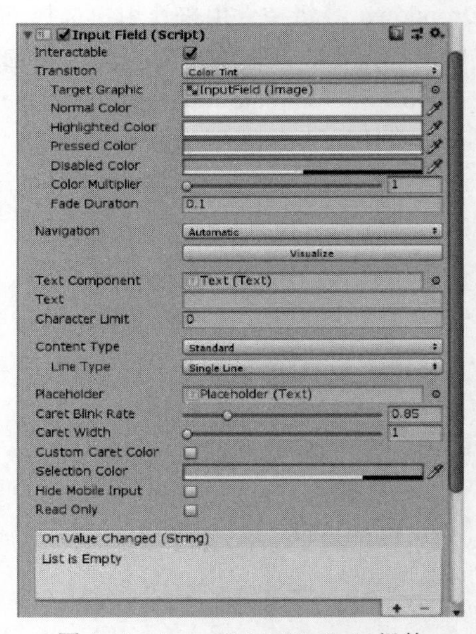

图 4-14 Input Field（Script）组件

Input Field（Script）组件的部分参数如下：

（1）Interactable：用于控制该组件是否接受输入。

（2）Transition：用于控制响应用户操作的方式。

（3）Navigation：用于确定控件的顺序。

（4）Text Component：用于接收输入和显示字符的文本控件。

（5）Text：输入的字符值。

（6）Character Limit：文本输入的最大字符数。

（7）Content Type：用于选择输入文本的类型。

（8）Line Type：用于选择文本的行类型。

（9）Placeholder：占位文本，当输入栏没有输入或输入值为空时显示的提示文本。

（10）Caret Blink Rate：插入符号闪烁的速度。

（11）Selection Color：选中部分的文本背景颜色。

（12）Hide Mobile Input：用于控制是否在移动端隐藏输入栏。

4. Scroll View 高级控件

Scroll View 控件可用于对视图的滚动。通常，将 Scroll Rect（Script）组件与 Mask（遮罩）结合在一起以创建滚动视图。在该视图中，只有 Scroll Rect（Script）组件内部的可滚动内容可见。在 Hierarchy 面板中右击并选择 UI→Scroll View 选项即可创建一个 Scroll View 高级控件，它由 3 个元素组成，分别为 Viewport、Scrollbar Horizontal 和 Scrollbar Vertical，如图 4-15 所示，可在 Inspector 面板中查看其组件及参数，Scroll Rect（Script）组件如图 4-16 所示。

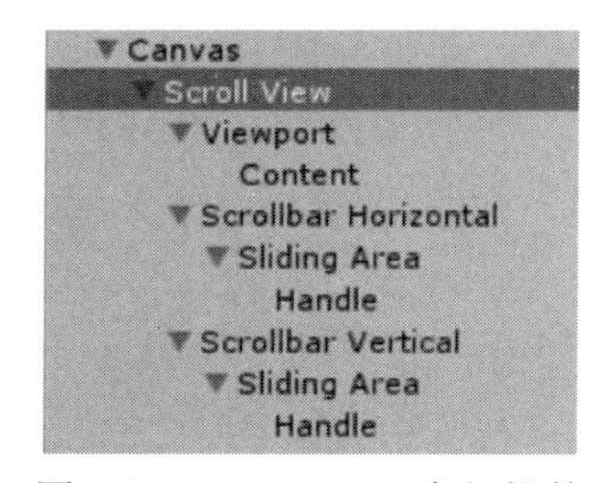

图 4-15 Scroll View 高级控件

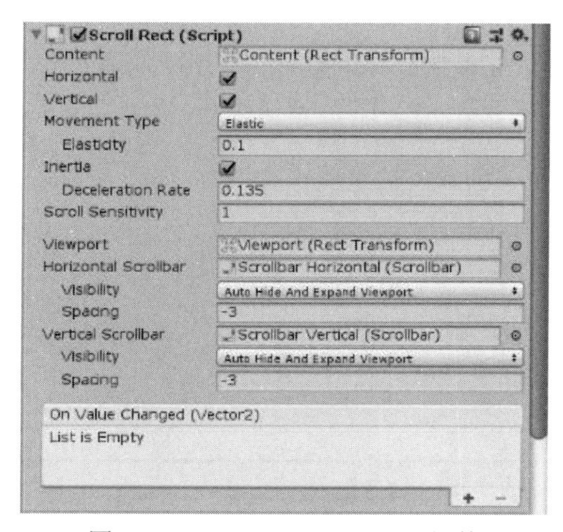

图 4-16 Scroll Rect（Script）组件

Scroll Rect（Script）组件的部分参数如下：

（1）Content：对要滚动的 UI 元素的 Rect 变换的引用。

（2）Horizontal：用于控制是否启用水平滚动。

（3）Vertical：用于控制是否启用垂直滚动。

（4）Movement Type：用于选择移动方式，包含 Unrestricted、Elastic 和 Clamped 三个选项。

（5）Elasticity：弹性模式下的弹性系数。

（6）Inertia：设置惯性后，拖曳鼠标后释放指针，内容将继续移动，未设置则只有在拖曳时才会移动。

（7）Deceleration Rate：设置惯性后，减速率将决定物体停止移动的速度。值为 0 时立即停止运动，值为 1 时表示运动将永远不减速。

（8）Scroll Sensitivity：用于控制对滚轮和触控板滚动事件的敏感性。

4.2 UGUI设计及交互

4.2.1 虚拟现实系统界面设计

虚拟现实系统界面设计

下面通过一个UI案例的制作为用户详细讲解在VR中如何进行界面设计（基于HTC Vive设备）。

1. UI登录界面

【步骤1】主界面设计及资源导入。主界面将采用UGUI系统中的Canvas、Button、Panel、Image等控件实现。其中，Image用来表示图片，Button用来实现场景跳转。主界面设计图如图4-17所示。新建一个工程项目，在Project面板中创建一个新的文件夹，将其重命名为UI，将本书提供的资源导入该文件夹。

【步骤2】新建画布。新建一个场景并重命名为UI。在Hierarchy面板中右击并选择UI→Canvas选项新建一个画布，将其重命名为LoginUI。在Inspector面板中，先将Rect Transform中的Width和Height值分别修改为1920和1080，再将Canvas中的Render Mode修改为World Space，最后进行组件关联，将Main Camera（Camera）关联到Event Camera，如图4-18所示。

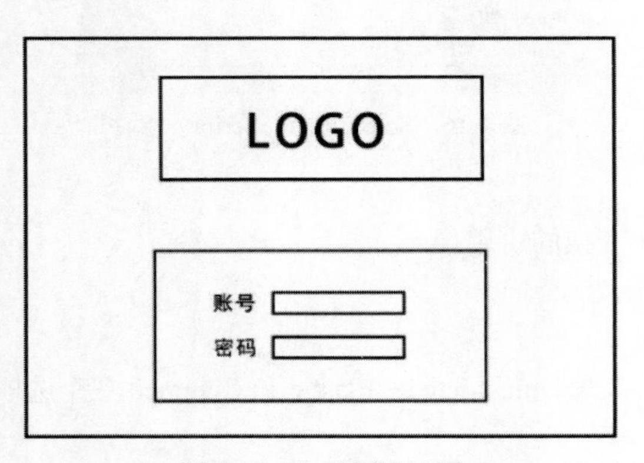

图4-17　主界面设计图

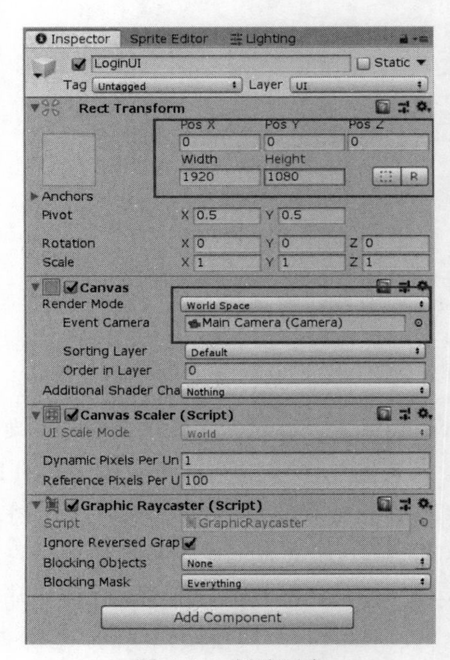

图4-18　新建画布

【步骤3】添加背景图。在Hierarchy面板中选择LoginUI对象，右击并选择UI→Image选项，并将其重命名为Background。在Inspector面板的Rect Transform组件中，按住Alt键单击图4-19所示的按钮，选择图片填充方式为stretch-stretch，将Image（Script）中的Source Image修改为UI_16，如图4-20所示。

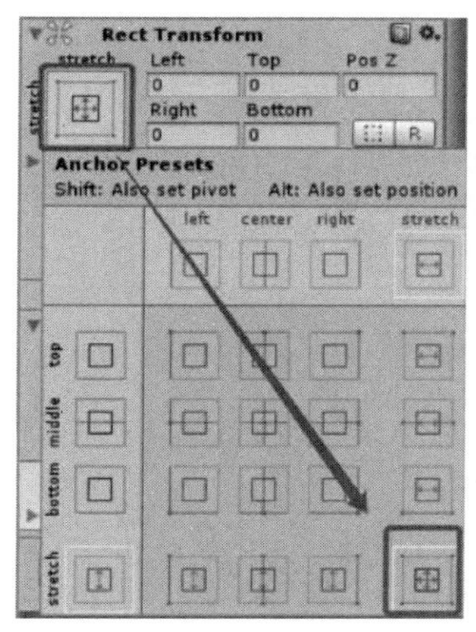

图 4-19 选择图片填充方式

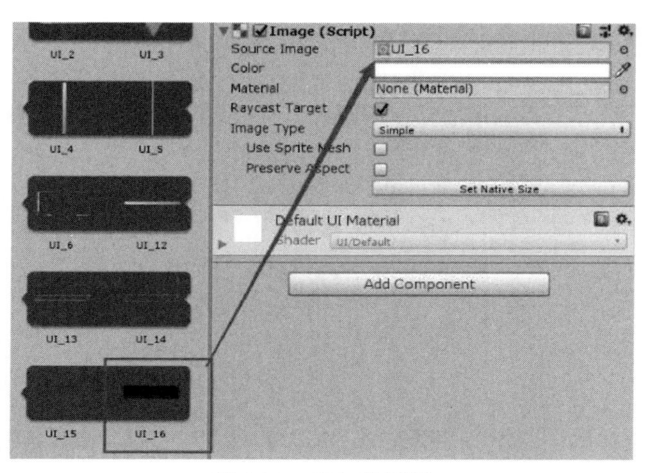

图 4-20 添加背景图

【步骤 4】添加 UI 元素。在 Hierarchy 面板中选择 LoginUI 对象，右击并选择 UI→Image 选项，并将其重命名为 Theme。在 Inspector 面板中修改图片填充方式为 top-center，将 Pos Y 的值修改为-250，Width 和 Height 值分别修改为 1200 和 500，将 Image(Script)中的 Source Image 修改为 UI_0，如图 4-21 所示。再次选择 LoginUI 对象，右击并选择 UI→Image 选项，并将其重命名为 TextBox。在 Inspector 面板中修改图片填充方式为 bottom-center，将 Pos Y 的值修改为 300，将 Width 和 Height 值分别修改为 1200 和 600，将 Image（Script）中的 Source Image 修改为 UI_6，如图 4-22 所示。完成后的主界面效果如图 4-23 所示。

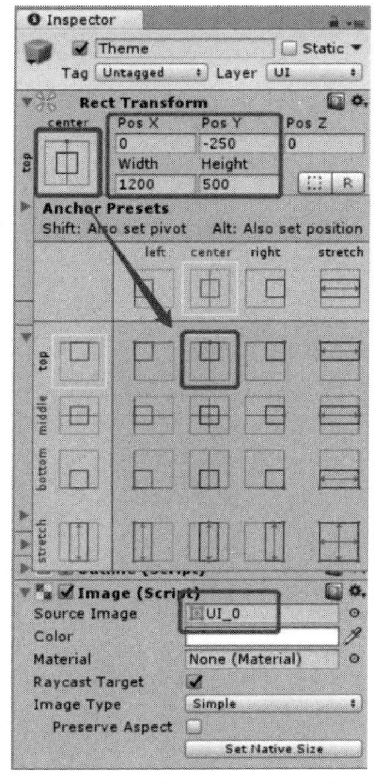

图 4-21 修改 Theme 设置

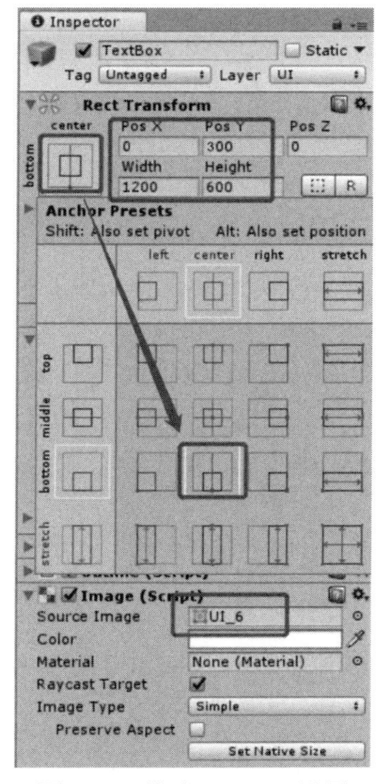

图 4-22 修改 TextBox 设置

图 4-23　完成后的主界面效果

【步骤 5】添加账号文本输入框。在 Hierarchy 面板中选择 TextBox 对象，右击并选择 UI→Text 选项，并将其重命名为 Account。首先，在 Inspector 面板的 Rect Transform 中，将 Pos X 和 Pos Y 的值分别修改为-285 和-160，将 Width 和 Height 的值分别修改为 200 和 200。其次，调整 Text（Script）中的设置如图 4-24 所示。然后，在 Account 下右击并选择 UI→InputFiled 选项，将 Pos X 的值修改为 410，将 Width 和 Height 的值分别修改为 600 和 80，将 Image（Script）中的 Source Image 修改为 UI_13，如图 4-25 所示。在 Hierarchy 面板中选择 InputFiled 的子物体 Placeholder，修改其设置如图 4-26 所示。选择 InputFiled 的子物体 Text，修改其设置如图 4-27 所示。

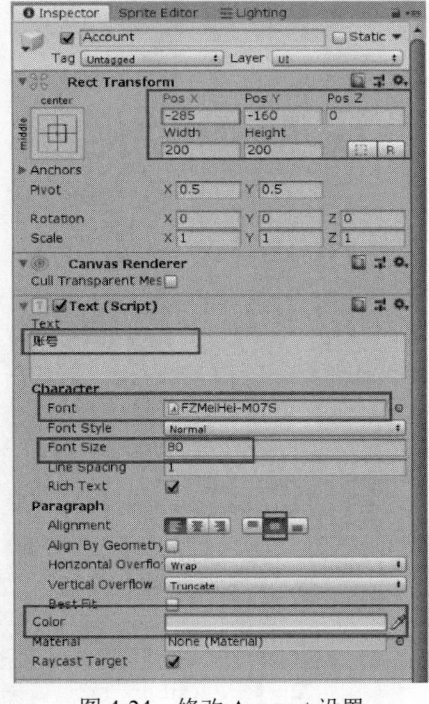

图 4-24　修改 Account 设置

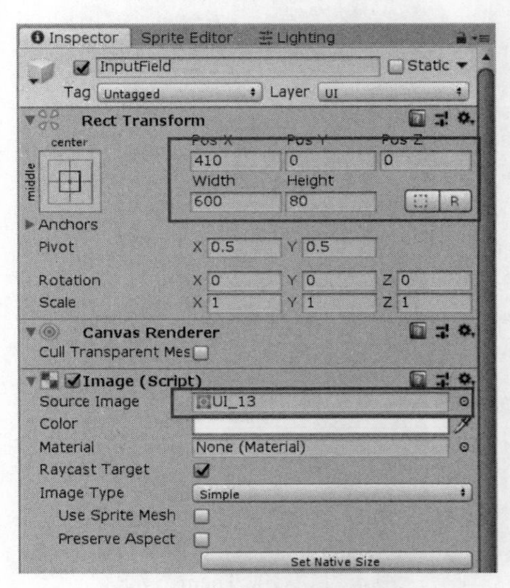

图 4-25　修改 InputFiled 设置

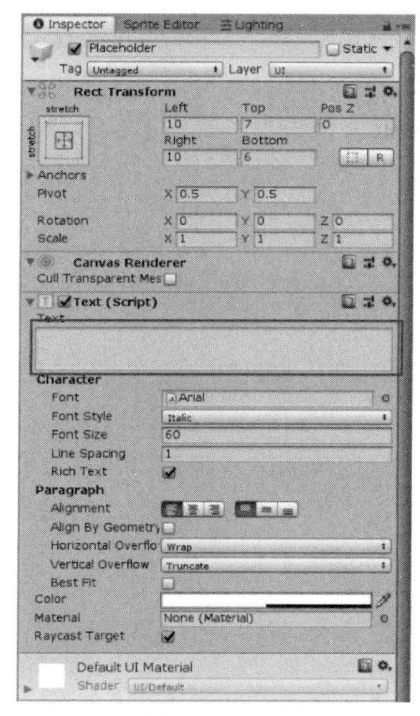

图 4-26　修改 Placeholder 设置

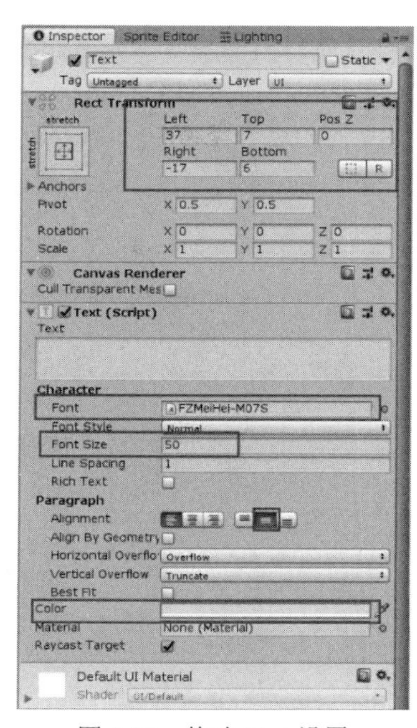

图 4-27　修改 Text 设置

【步骤 6】添加密码文本输入框。复制 Account 对象，并将其重命名为 Password。在 Inspector 面板的 Rect Transform 中，将 Pos X 和 Pos Y 的值分别修改为-285 和-306，将 Width 和 Height 的值分别修改为 200 和 200，并调整 Text（Script）中的设置如图 4-28 所示。

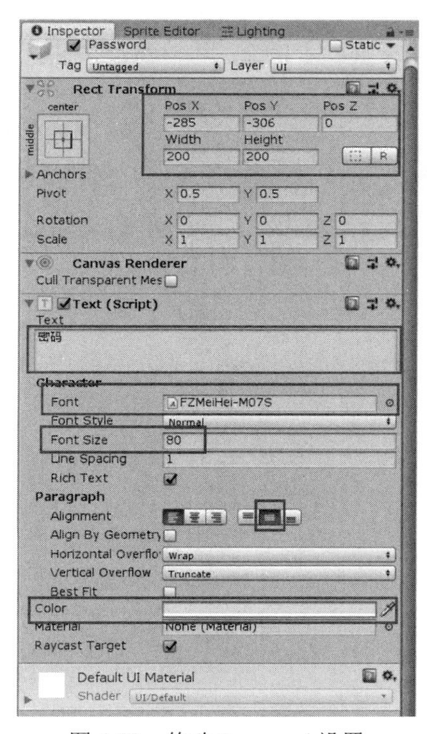

图 4-28　修改 Password 设置

【步骤 7】制作登录按钮。在 Hierarchy 面板中选择 LoginUI 对象，右击并选择 UI→Button 选项，在 Inspector 面板的 Rect Transform 中，将 Pos Y 的值修改为-435，将 Width 和 Height 的值分别修改为 200 和 100，将 Image（Script）中的 Source Image 修改为 UI_2，如图 4-29 所示。选择 Button 的子物体 Text，修改其设置如图 4-30 所示。制作完成后登录界面效果如图 4-31 所示。

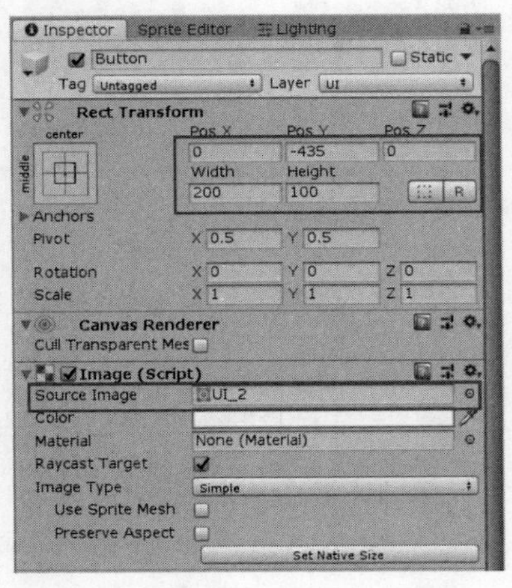

图 4-29 修改 Button 设置

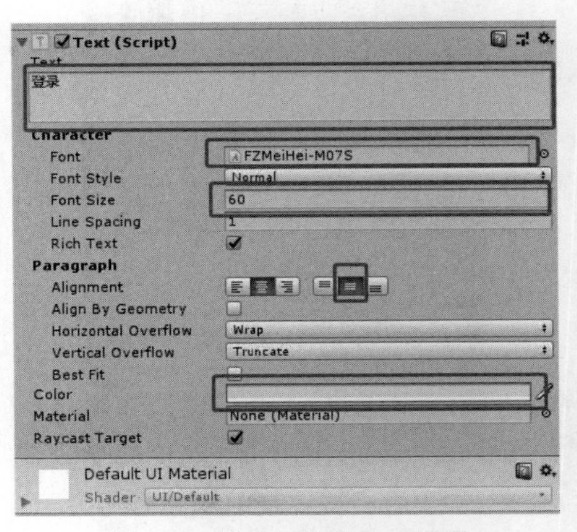

图 4-30 修改子物体 Text 设置

图 4-31 登录界面效果

2. UI 选择界面

【步骤 1】选择界面设计。选择界面将采用 UGUI 系统中的 Button、Panel、Text、Scrollbar 控件来实现。其中，Text 用来表示文字，Scrollbar 用来实现滑动条，效果如图 4-32 所示。

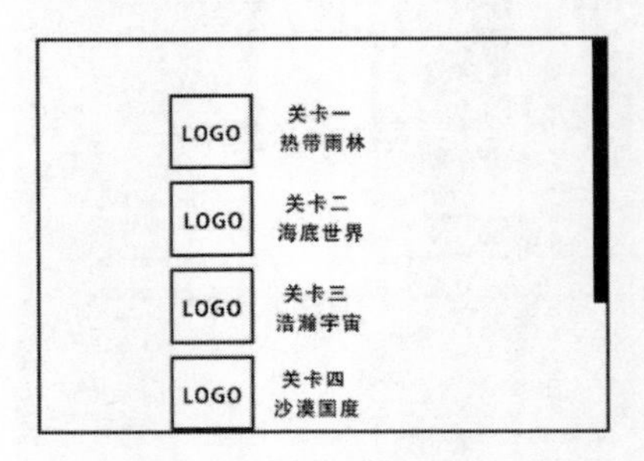

图 4-32 选择界面设计效果

【步骤 2】创建 ChooseUI 对象。在 Hierarchy 面板中选择 LoginUI 对象，按 Ctrl+D 组合键复制一份，并将其重命名为 ChooseUI。删除其除 Background 以外的所有子物体，然后将 LoginUI 隐藏，如图 4-33 所示。

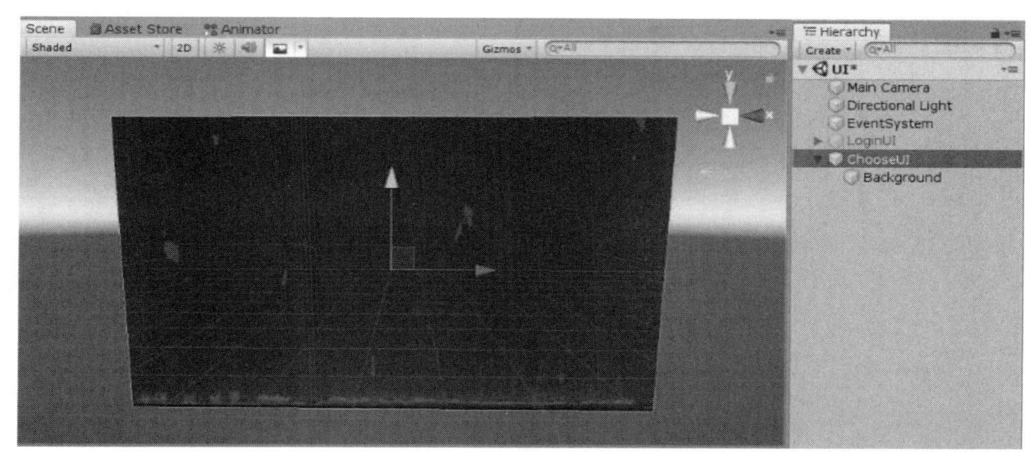

图 4-33 创建 ChooseUI

【步骤 3】新建画布。在 ChooseUI 下右击并选择 UI→Canvas 选项，在 Inspector 面板中修改图片填充方式为 stretch-stretch，将 Bottom 值修改为-360，如图 4-34 所示。

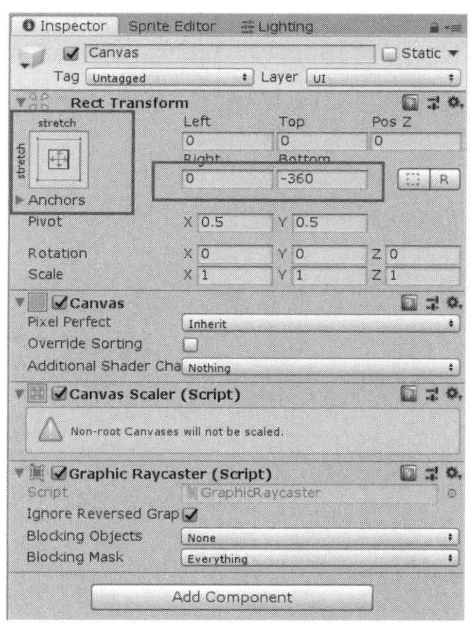

图 4-34 新建画布

【步骤 4】新建 Button 按钮。在 Canvas 下右击并选择 UI→Button 选项，并将其重命名为 Shamo Button。在 Inspector 面板中修改图片填充方式为 top-center，修改 PosY 的值为-180，将 Width 和 Height 的值分别修改为 1920 和 360，将 Image（Script）中 Color 的 A（Alpha）值修改为 0，如图 4-35 所示。选择 Button 的子物体 Text，修改其设置如图 4-36 所示。

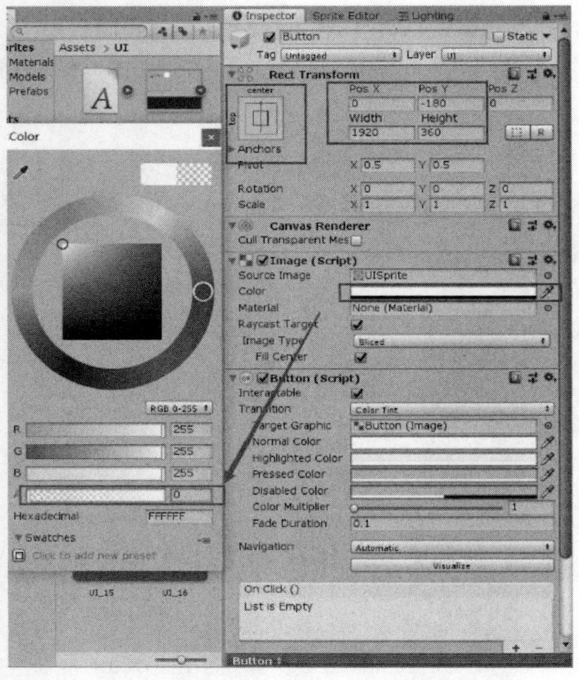

图 4-35　新建 Button 按钮

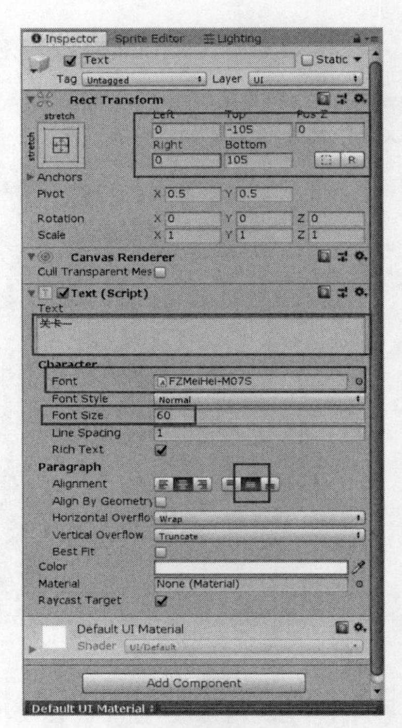

图 4-36　修改子物体 Text 设置

【步骤 5】为 Button 按钮添加 UI 元素。在 Shamo Button 下右击并选择 UI→Image 选项，在 Inspector 面板中修改 Pos X 的值为-300，将 Width 和 Height 的值分别修改为 300 和 300，将 Image（Script）中的 Source Image 修改为 UI_1，如图 4-37 所示。在 Shamo Button 下右击并选择 UI→Text 选项，调整其设置如图 4-38 所示。

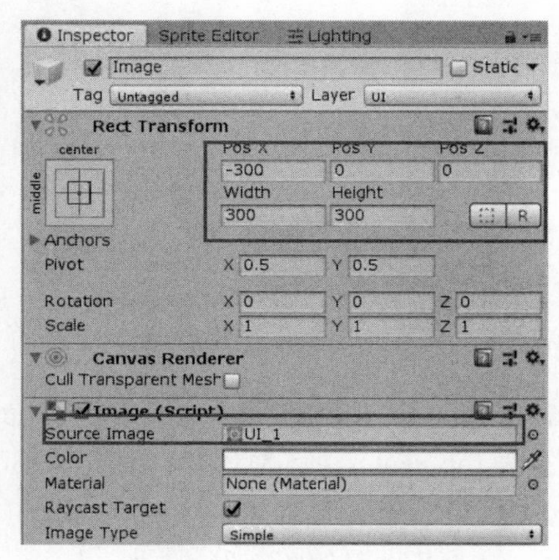

图 4-37　修改子物体 Image 设置

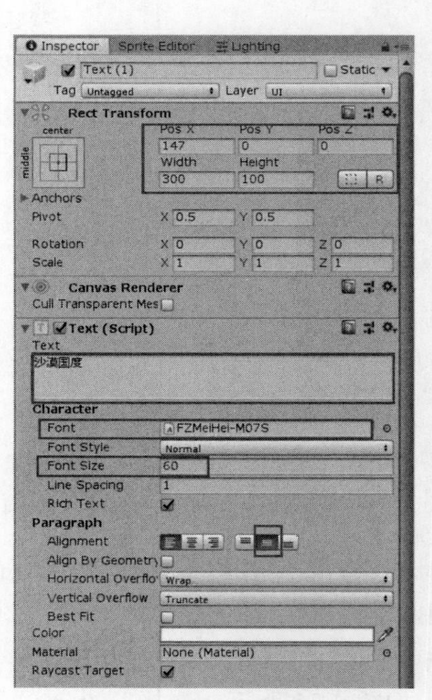

图 4-38　修改子物体 Text（1）设置

【步骤 6】创建其他 Button 按钮。选择 Shamo Button 对象后按 Ctrl+D 组合键再复制 3 个按钮，分别修改名称为 Yulin Button、Haidi Button 和 Yuzhou Button。按照步骤 4 和步骤 5 中的相关方法修改对应文字信息，完成后的效果如图 4-39 所示。

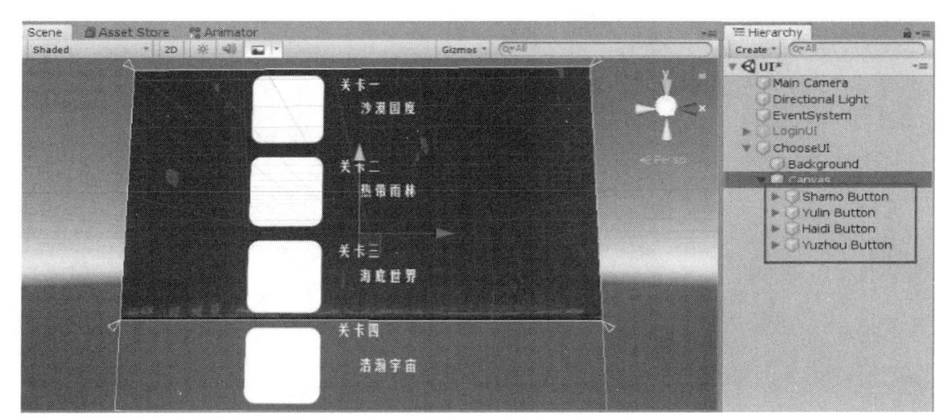

图 4-39　创建其他按钮后的效果

【步骤 7】创建 Scroll View 对象。在 ChooseUI 下右击并选择 UI→Scroll View 选项，在 Inspector 面板中修改其 Width 和 Height 的值分别为 1920 和 1080。取消勾选 Scroll Rect（Script）中的 Horizontal 复选项，修改 Elasticity 值为 0，将 Image（Script）中 Color 的 A（Alpha）值修改为 0，如图 4-40 所示。

【步骤 8】为 Scroll View 对象添加组件。选择 Scroll View 的子物体 Content，为其添加组件 Grid Layout Group（Script）和 Content Size Fitter（Script），调整其设置如图 4-41 所示。

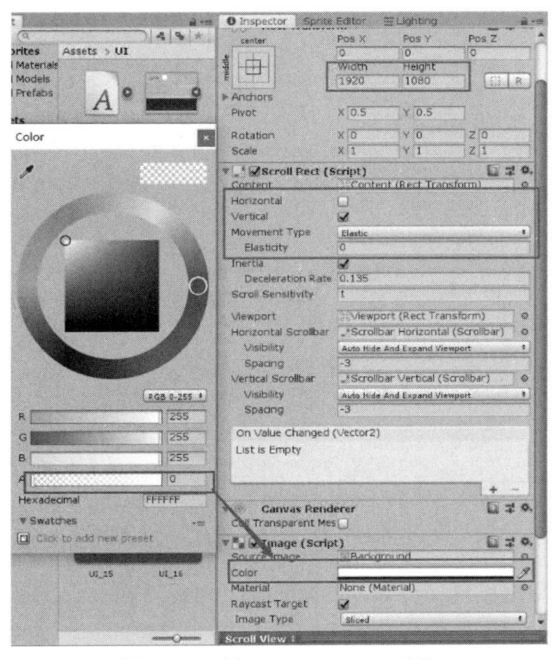

图 4-40　创建 Scroll View 对象

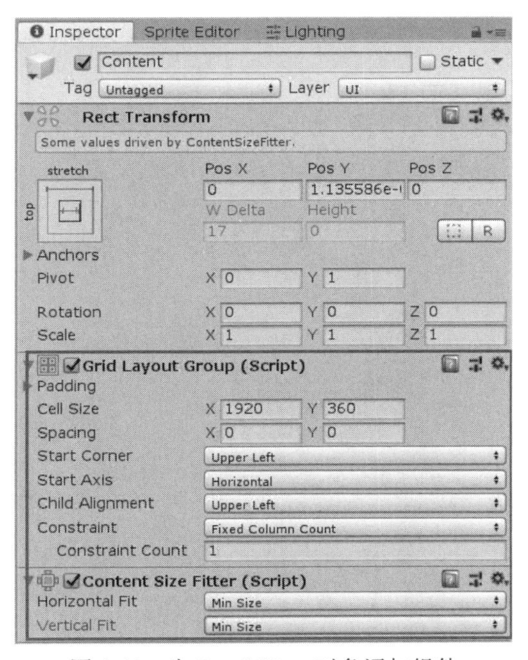

图 4-41　为 Scroll View 对象添加组件

【步骤 9】添加滑动内容。将 Canvas 下的 4 个按钮拖曳到 Content 下，如图 4-42 所示。

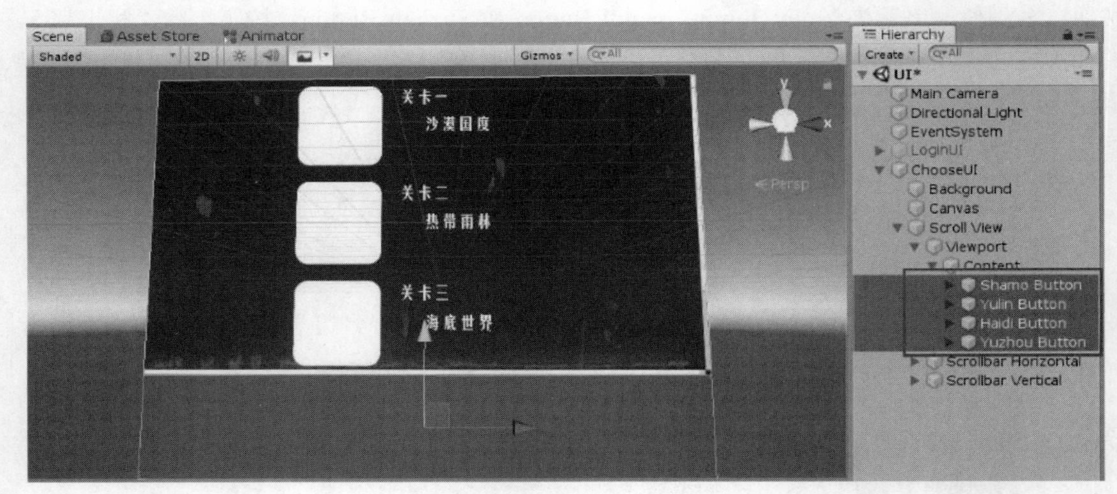

图 4-42　添加滑动内容

【步骤 10】美化滑动条 UI。选择 Scroll View 的子物体 Scrollbar Vertical 和 Handle，进行 UI 图片替换，如图 4-43 和图 4-44 所示。

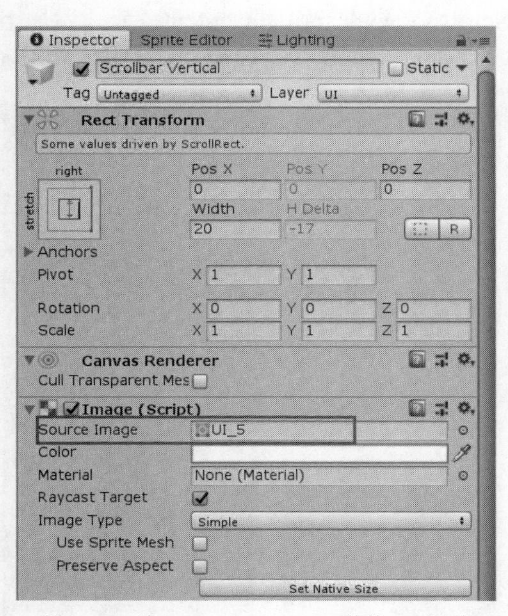

图 4-43　为 Scrollbar Vertical 替换 UI 图片

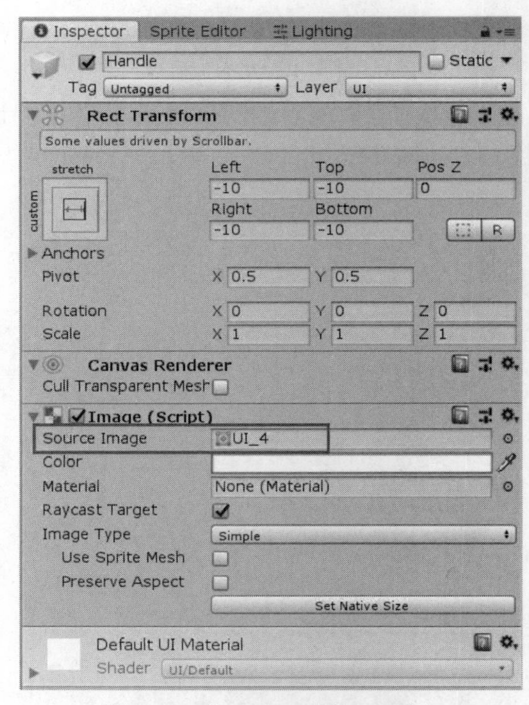

图 4-44　为 Handle 替换 UI 图片

【步骤 11】测试滑动条效果。选择 Scroll View 的子物体 Scrollbar Horizontal，先将其隐藏，然后运行项目，可在 Game 面板中拖曳页面体验效果，如图 4-45 所示。

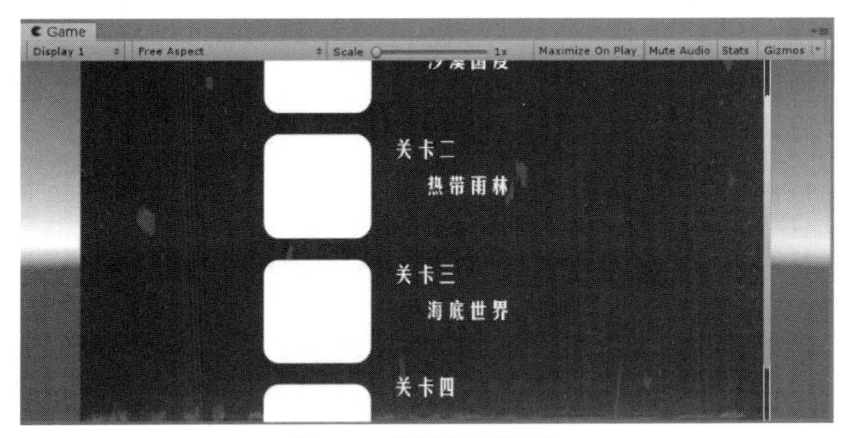

图 4-45　测试滑动条效果

3. UI 设置界面

【步骤 1】设置界面设计。设置界面将采用 UGUI 系统中的 Image、Panel、Text、Dropdown 等控件实现。其中，Text 用来表示文字，Image 用来表示图片，Dropdown 用来表示下拉菜单，如图 4-46 所示。

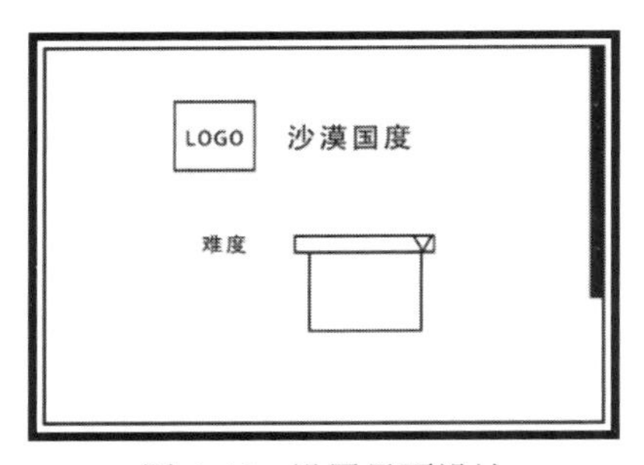

图 4-46　设置界面设计

【步骤 2】创建 DetailsUI 对象。在 Hierarchy 面板中选择 LoginUI，按 Ctrl+D 组合键复制一份，并将其重命名为 DetailsUI。删除其除 Background 以外的所有子物体，然后隐藏 LoginUI 和 ChooseUI，如图 4-47 所示。

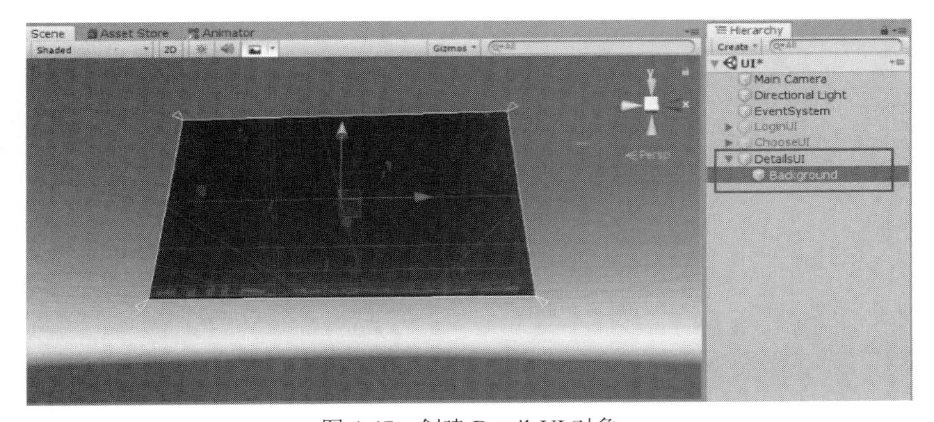

图 4-47　创建 DetailsUI 对象

【步骤 3】制作文字图片信息。在 DetailsUI 下右击并选择 UI→Image 选项，在 Inspector 面板中分别修改 Pos X 和 Pos Y 的值为-370 和 250，将 Width 和 Height 的值分别修改为 350 和 350，将 Image（Script）中 Source Image 的值修改为 UI_1，如图 4-48 所示。在 DetailsUI 下右击并选择 UI→Text 选项，修改其设置分别如图 4-49 和图 4-50 所示（需要创建两个 Text 对象）。制作完成后的效果如图 4-51 所示。

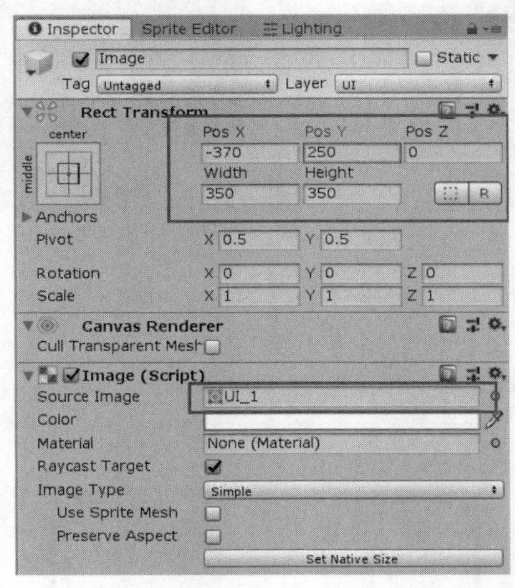

图 4-48　修改 Image 设置

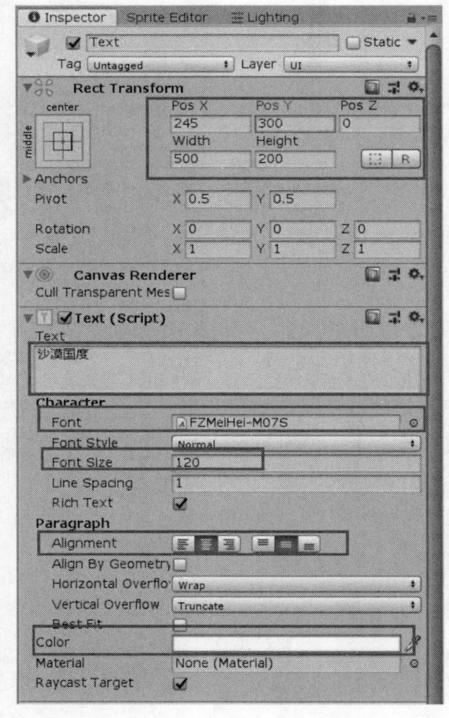

图 4-49　修改 Text 设置

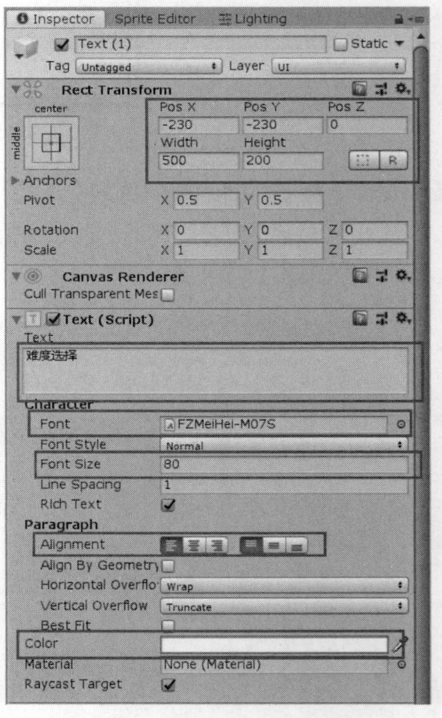

图 4-50　修改 Text（1）设置

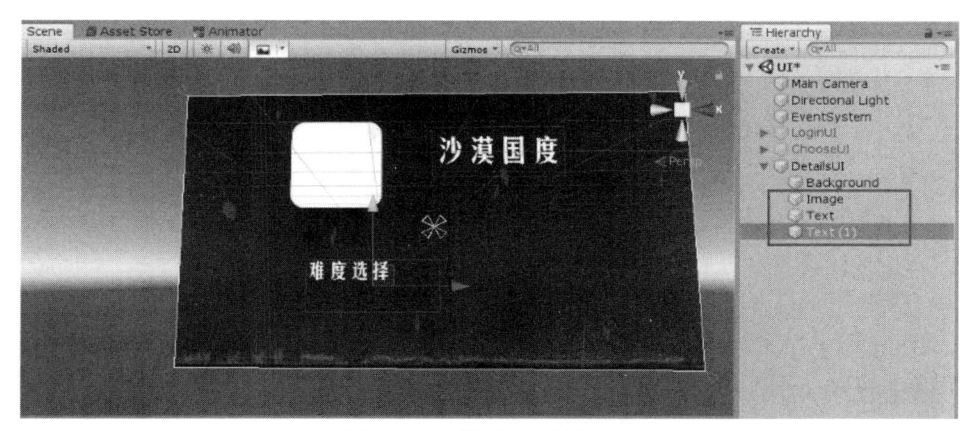

图 4-51　制作完成后的效果

【步骤 4】创建下拉选项框。在 DetailsUI 下右击并选择 UI→Dropdown 选项，在 Inspector 面板中分别修改 Pos X 和 Pos Y 的值为 225 和-170，将 Width 和 Height 的值分别修改为 500 和 100，将 Image（Script）中 Source Image 的值修改为 UI_14，如图 4-52 所示。将 Dropdown（Script）中 Value 的值修改为 3，并分别修改 Options 为“困难”“一般”和“简单”，如图 4-53 所示。

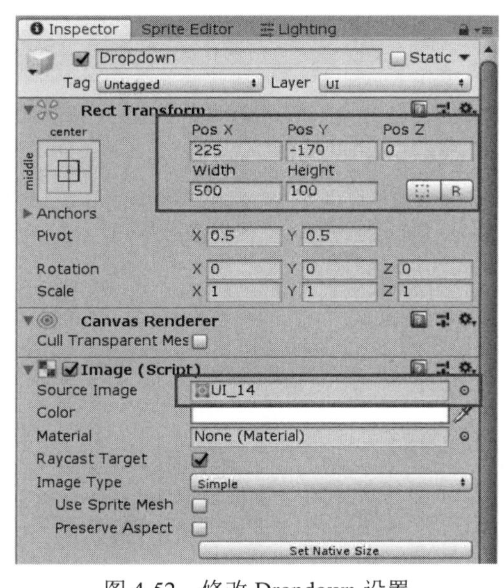

图 4-52　修改 Dropdown 设置

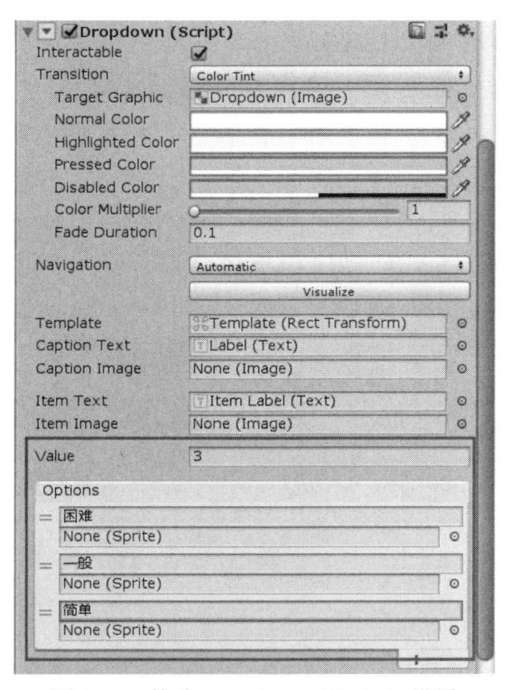

图 4-53　修改 Dropdown（Script）设置

【步骤 5】修改下拉选项框 Label 和 Arrow 的设置。选择 Dropdown 的子物体 Label，修改其设置如图 4-54 所示。选择子物体 Arrow，在 Inspector 面板中修改 Pos X 值为-55，将 Width 和 Height 的值分别修改为 70 和 70，将 Image（Script）中的 Source Image 修改为 UI_3，如图 4-55 所示。

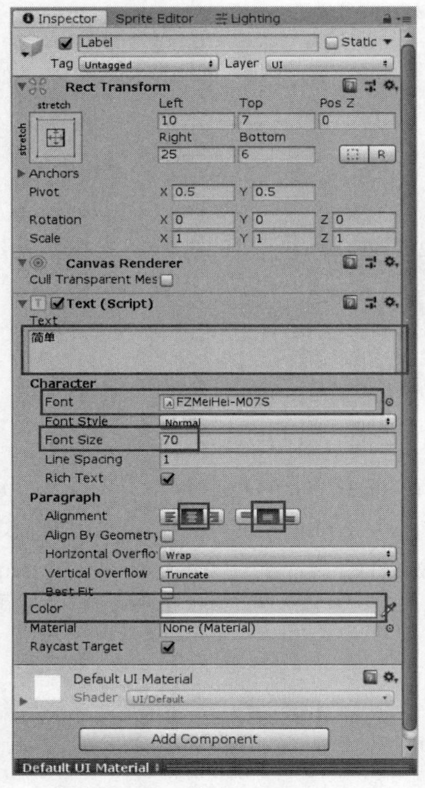

图 4-54 修改 Label 设置

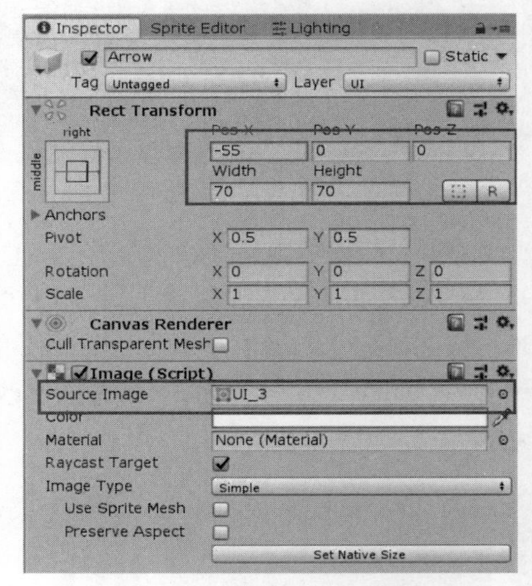

图 4-55 修改 Arrow 设置

【步骤 6】修改下拉选项框 Template 设置。Template 默认为隐藏模式，需要勾选该复选项使其可见，便于观察修改效果。在 Inspector 面板中修改 Right 和 Height 值分别为 0 和 210，将 Image（Script）中 Color 的 A（Alpha）值修改为 0，如图 4-56 所示。

【步骤 7】修改下拉选项框 Content 设置。展开 Template 父物体，选择 Viewport 的子物体 Content，在 Inspector 面板中修改 Right 和 Height 的值分别为 0 和 70，如图 4-57 所示。

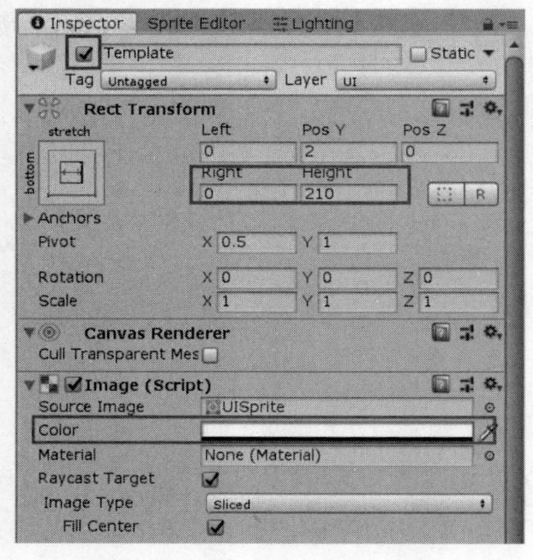

图 4-56 修改 Template 设置

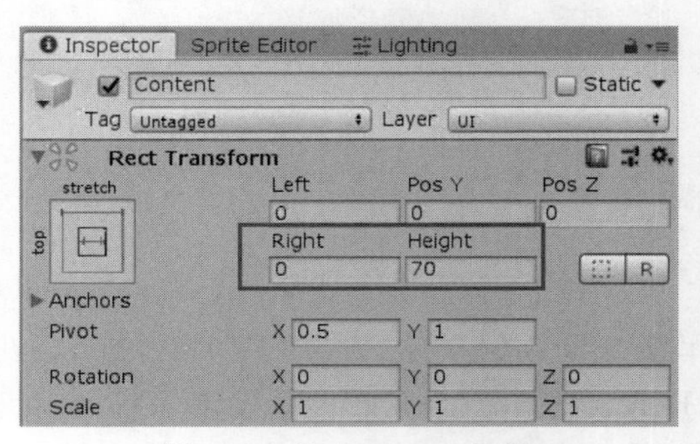

图 4-57 修改 Content 设置

【步骤 8】修改下拉选项框 Item 设置。选择 Content 的子物体 Item，在 Inspector 面板中修改 Right 和 Height 的值分别为 0 和 70，如图 4-58 所示。选择 Item 的子物体 Item Background，在 Inspector 面板中修改 Right 和 Bottom 的值分别为 0 和 70，如图 4-59 所示。选择 Item 的子物体 Item Label，在 Inspector 面板中修改设置，如图 4-60 所示，隐藏子物体 Item Checkmark。

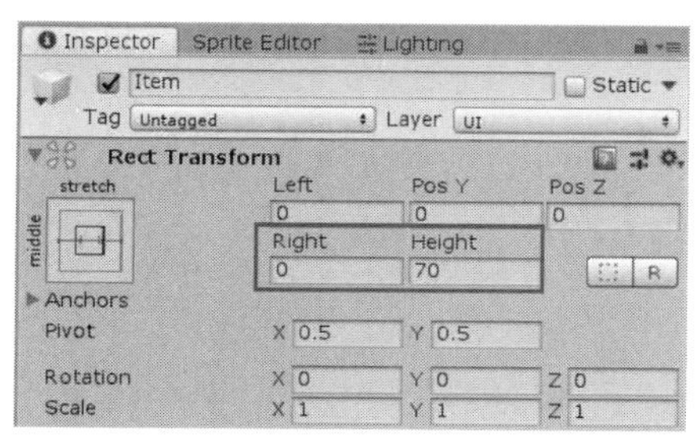

图 4-58　修改 Item 设置

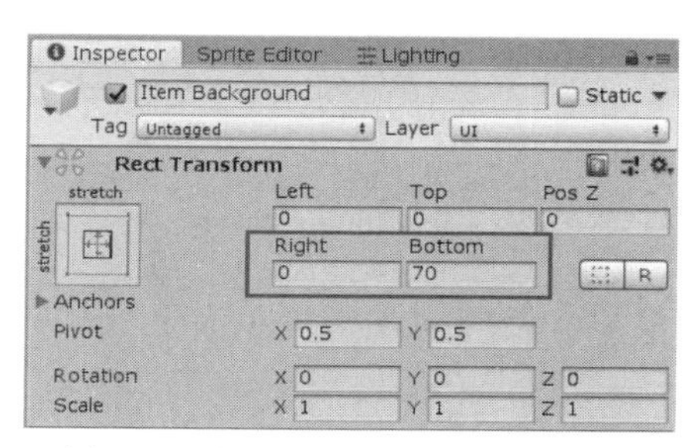

图 4-59　修改 Item Background 设置

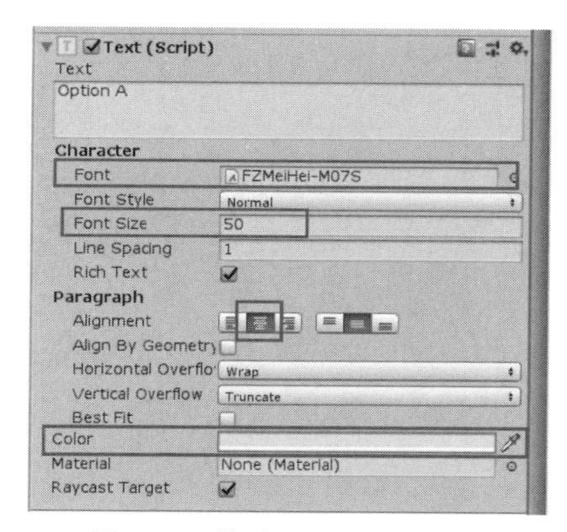

图 4-60　修改 Item Label 设置

【步骤 9】修改下拉选项框 Scrollbar 设置。选择 Template 的子物体 Scrollbar，并将其隐藏。当所有设置修改完成后先将 Template 整体进行隐藏，然后运行项目进行测试，在 Game 面板中单击下拉框可以测试整体效果，如图 4-61 所示。

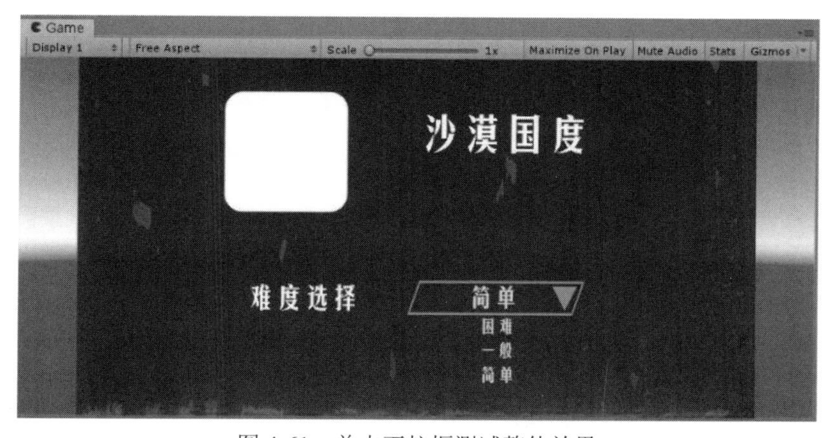

图 4-61　单击下拉框测试整体效果

4.2.2 虚拟现实系统界面交互

UGUI 静态交互

1. UGUI 静态交互

（1）实现与 UI 输入框的交互。

【步骤 1】另存新场景。依次单击 File→Save As 选项，将 4.2.1 节中创建的 UI 场景另存为 Task02 文件，保存在 Scenes 文件夹中，如图 4-62 所示。

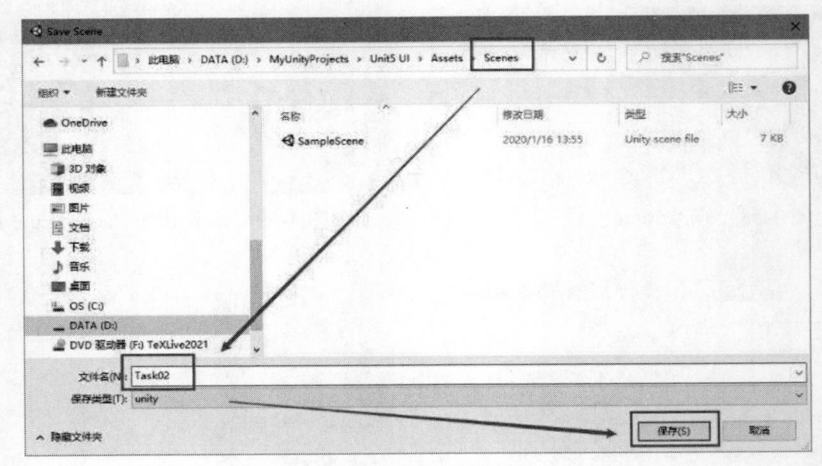

图 4-62　新建场景

【步骤 2】设置项目支持虚拟现实。依次单击 Edit→Project Settings 选项，打开项目设置界面，在左侧选择 Player 选项，展开 XR Settings 菜单栏，勾选 Virtual Reality Supported 复选项，如图 4-63 所示。

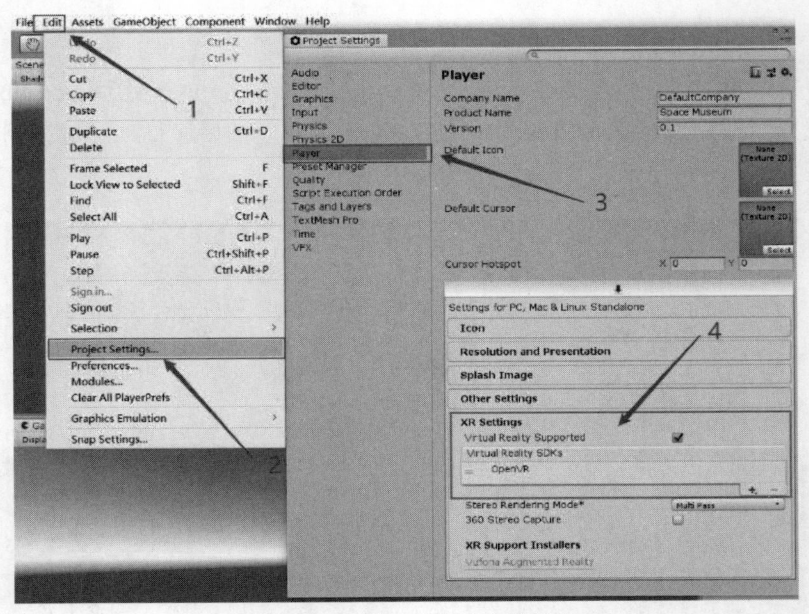

图 4-63　设置项目支持虚拟现实

【步骤 3】导入 SteamVR Plugin 插件。在资源商店中搜索并下载 SteamVR Plugin 插件，如图 4-64 所示，将下载好的插件导入 Unity3D 中。

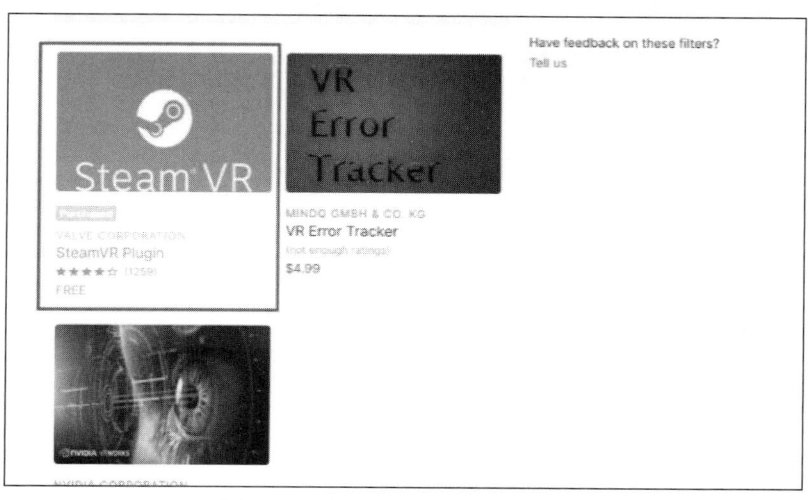

图 4-64　搜索 SteamVR Plugin 插件

【步骤 4】导入 Vive Input Utility 插件。将本书附带的资源包 ViveInputUtility_v1.11.0 导入项目的 Assets 文件夹中。首先在弹出的对话框中单击 Accept All(1)按钮，如图 4-65 所示；其次在 Import SteamVR Example Inputs 对话框中单击 Yes 按钮，如图 4-66 所示；等待加载 SteamVR 输入设置，如图 4-67 所示，完成后将该窗口关闭即可。

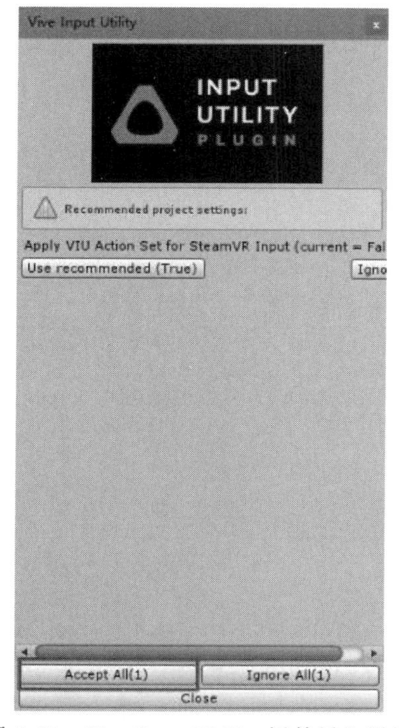

图 4-65　Vive Input Utility 插件导入设置

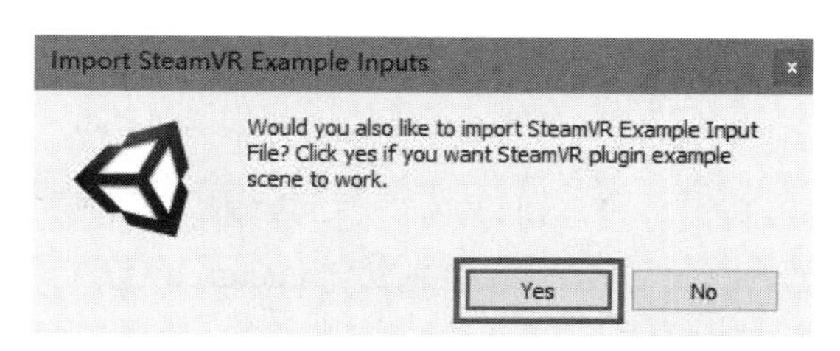

图 4-66　单击 Yes 按钮

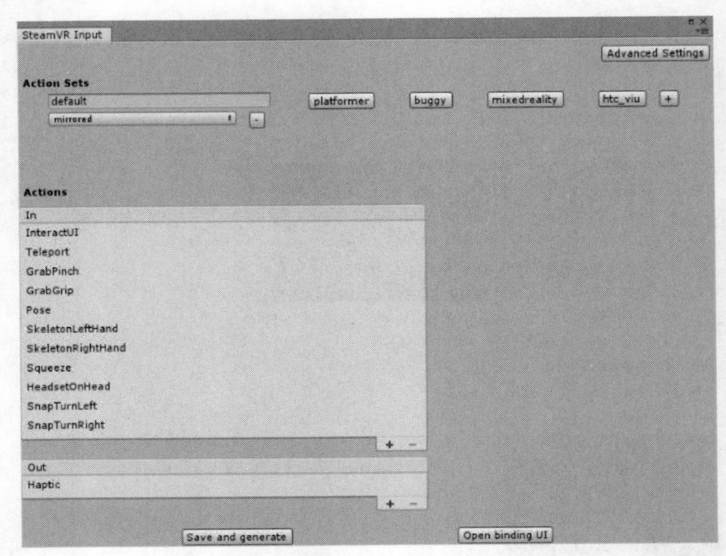

图 4-67　加载 SteamVR 输入设置

【步骤 5】显示 LoginUI。在 Hierarchy 面板中将 DetailsUI 对象隐藏，然后将 LoginUI 对象显示出来，如图 4-68 所示。

图 4-68　显示 LoginUI

【步骤 6】新建空物体。在 Hierarchy 面板中新建一个空物体，将其重命名为 VROrigin，重置其 Transform 组件参数，如图 4-69 所示。

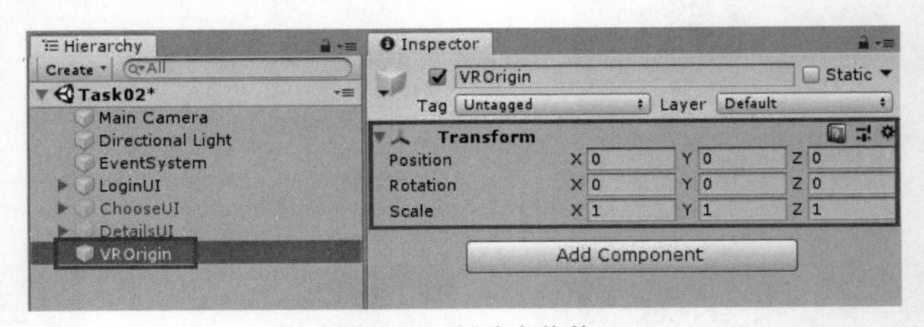

图 4-69　新建空物体

【步骤 7】添加 VR 相机。在 Project 面板中分别搜索 ViveCameraRig 和 VivePointers 这两个预制体，并分别将其拖曳到 Hierarchy 面板中，作为 VROrigin 的子物体，如图 4-70 所示。

【步骤 8】为 LoginUI 添加脚本。选择 LoginUI 对象，在 Inspector 面板中单击 Add Component 按钮，在搜索框中输入 Canvas Raycast Target，添加该脚本，如图 4-71 所示。

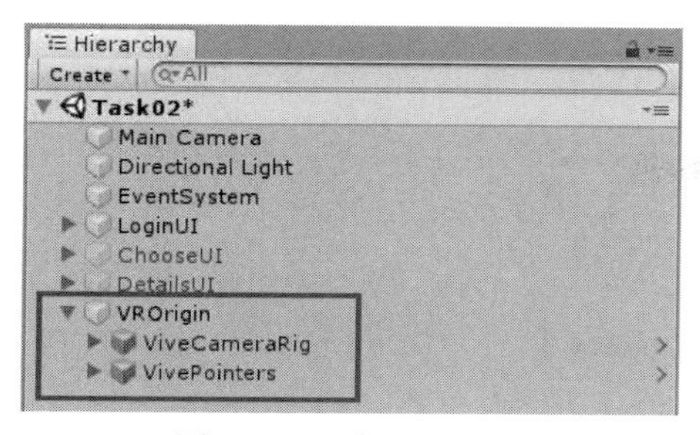

图 4-70 添加 VR 相机

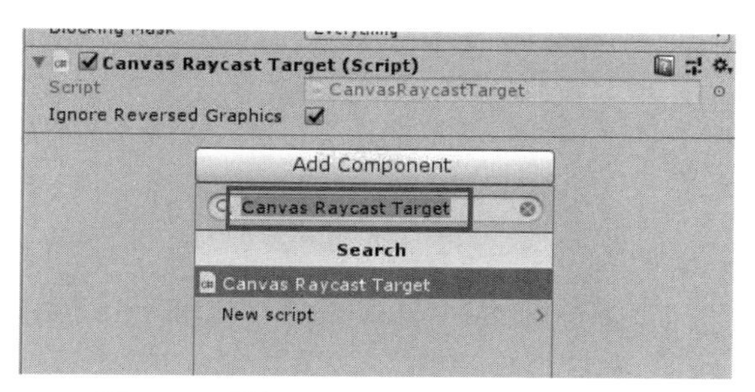

图 4-71 添加 Canvas Raycast Target 脚本

【步骤 9】添加虚拟键盘的脚本。在 Hierarchy 面板中展开 LoginUI 父物体，选择 Account 和 Password 对象，将其再次展开，同时选择两个 InputField 子物体，在 Inspector 面板中单击 Add Component 按钮，搜索并添加 Overlay Keyboard Sample 脚本，如图 4-72 所示。

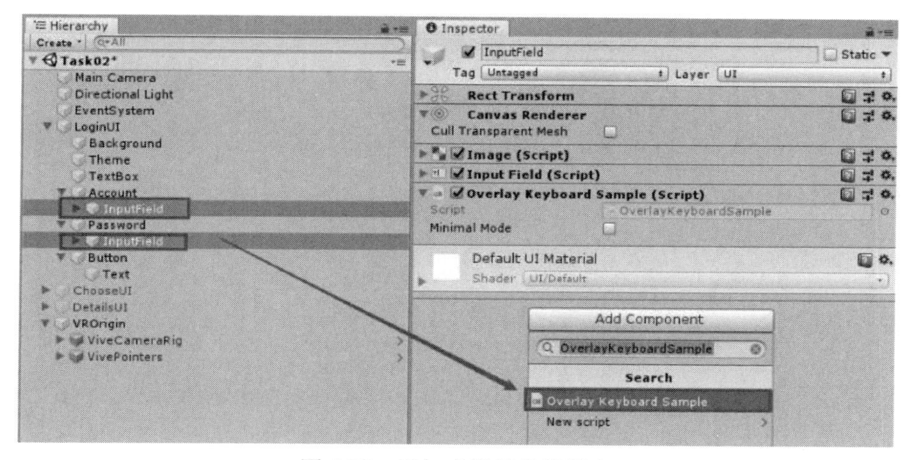

图 4-72 添加虚拟键盘的脚本

【步骤 10】调整 UI 大小。选择 LoginUI 对象，将其 Rect Transform 组件中的 Scale 值都修改为 0.01，如图 4-73 所示。

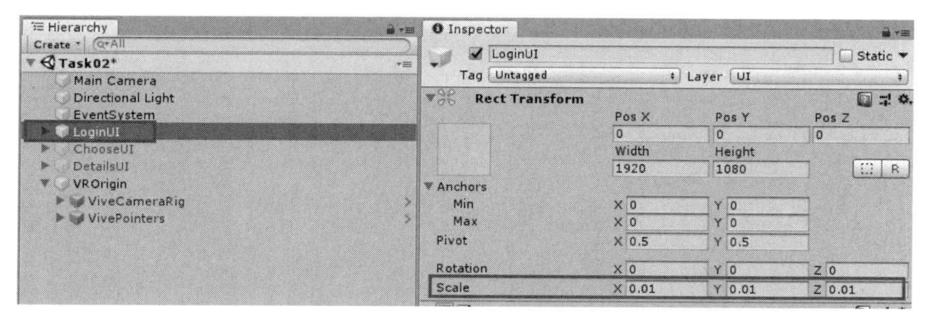

图 4-73 调整 UI 大小

【步骤 11】删除原相机并调整 VR 相机的位置。先将场景中的 Main Camera 对象删除，然后选择 VROrigin 对象，在 Inspector 面板中调整 Position 的值为（X：0，Y：0，Z：-15），如图 4-74 所示。

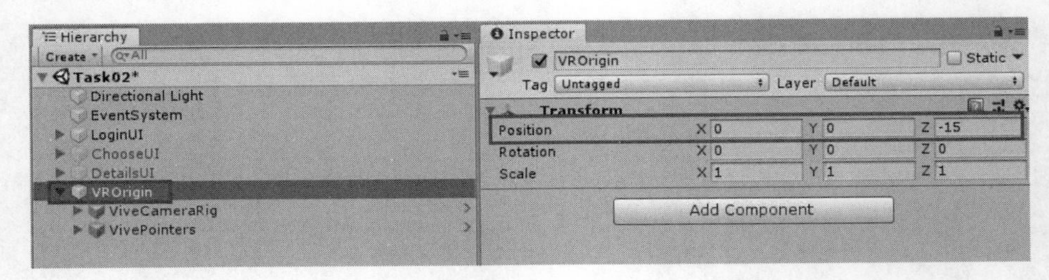

图 4-74　删除原相机并调整 VR 相机的位置

【步骤 12】运行测试。打开 SteamVR，回到 Unity3D 运行游戏，手柄发出射线，单击输入框，可以在头戴显示器中看到虚拟键盘，并且可以用手柄选择输入，该虚拟键盘仅支持英文输入，而且在 Unity3D 的 Game 面板中不能看到虚拟键盘，如图 4-75 所示。

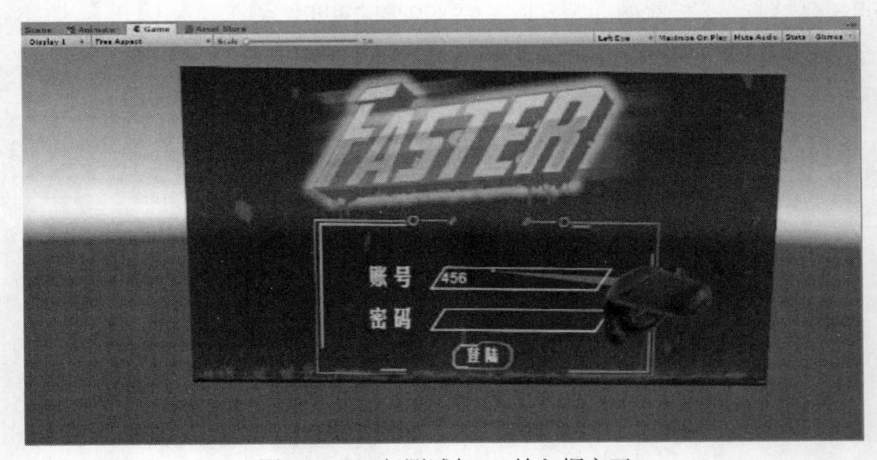

图 4-75　运行测试与 UI 输入框交互

（2）实现与 UI 滚动条和滚动列表的交互。

【步骤 1】显示 ChooseUI 并调整其大小。首先将 Hierarchy 面板中的 LoginUI 对象隐藏，将 ChooseUI 设置为显示；其次在 Inspector 面板中将其 Rect Transform 组件中的 Scale 值都修改为 0.01，如图 4-76 所示。

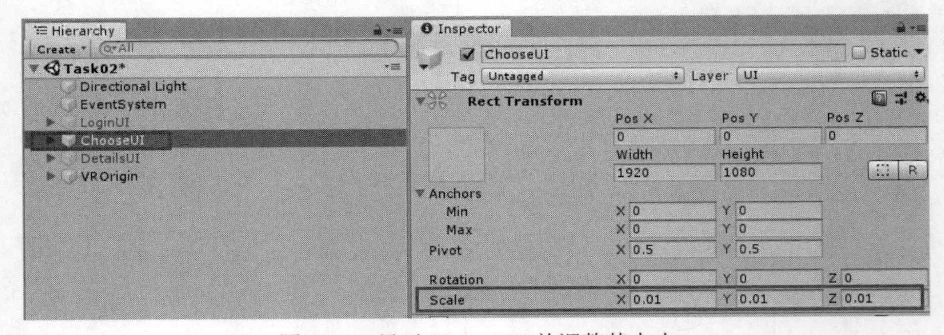

图 4-76　显示 ChooseUI 并调整其大小

【步骤 2】为 ChooseUI 添加脚本。在 Inspector 面板中单击 Add Component 按钮，搜索并添加 Canvas Raycast Target 脚本，如图 4-77 所示。

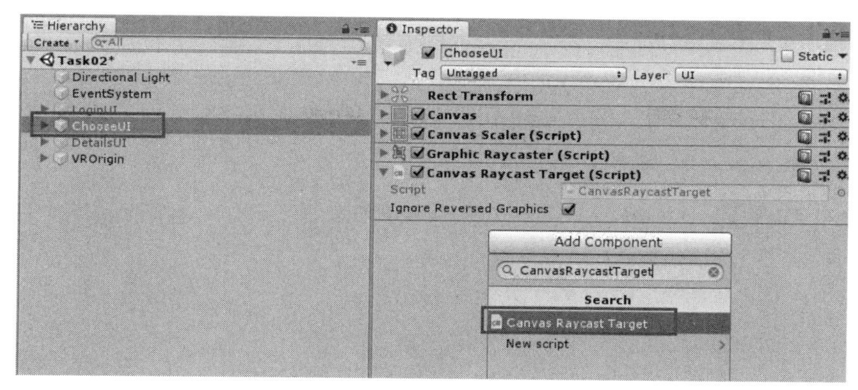

图 4-77　为 ChooseUI 添加脚本

【步骤 3】创建空物体并添加脚本。在 Hierarchy 面板的空白处右击并选择 Create Empty 选项创建一个空物体，并将其重命名为 ChooseItem。在 Inspector 面板中先将其 Transform 组件重置，再单击 Add Component 按钮，在搜索框中输入 ChooseItem，单击 New script 按钮，然后单击 Create and Add 按钮添加新脚本，如图 4-78 所示。

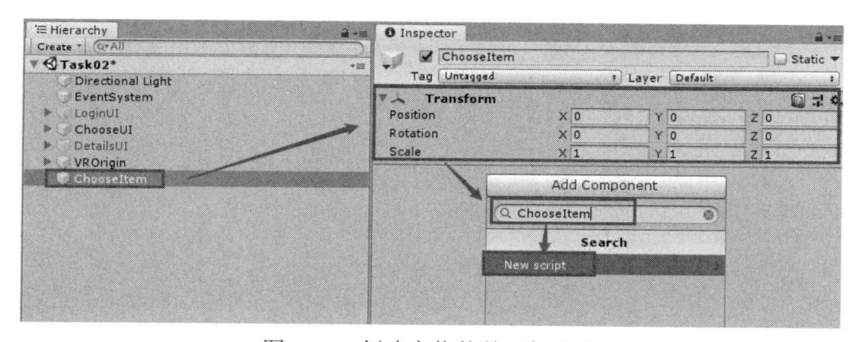

图 4-78　创建空物体并添加脚本

【步骤 4】编写 ChooseItem 代码。打开 ChooseItem 脚本，在其中编写 4 个方法，当用户单击每个关卡后在控制台中提示用户单击的是哪个关卡，编写完成后的效果如图 4-79 所示。

```
ChooseItem.cs
Assembly-CSharp                                  ChooseItem
 2  using System.Collections.Generic;
 3  using UnityEngine;
 4
 5  public class ChooseItem : MonoBehaviour
 6  {
 7      public void ItemOneClick() // 编写点击关卡一的方法
 8      {
 9          Debug.Log("点击了关卡一"); // 当点击关卡一后在控制台提示用户
10      }
11      public void ItemTwoClick() // 编写点击关卡二的方法
12      {
13          Debug.Log("点击了关卡二"); // 当点击关卡二后在控制台提示用户
14      }
15      public void ItemThreeClick() // 编写点击关卡三的方法
16      {
17          Debug.Log("点击了关卡三"); // 当点击关卡三后在控制台提示用户
18      }
19      public void ItemFourClick() // 编写点击关卡四的方法
20      {
21          Debug.Log("点击了关卡四"); // 当点击关卡四后在控制台提示用户
22      }
23
24
25  }
26
```

图 4-79　编写 ChooseItem 脚本

【步骤 5】为关卡一添加按钮事件。在 Hierarchy 面板中展开 ChooseUI 下的所有子物体，选择 Shamo Button 对象，在 Inspector 面板中选择 Button（Script）组件的 OnClick()方法，单击+按钮添加按钮事件，将 ChooseItem 赋值给该事件，在右侧的下拉列表中依次选择 ChooseItem→ItemOneClick()选项，如图 4-80 所示。

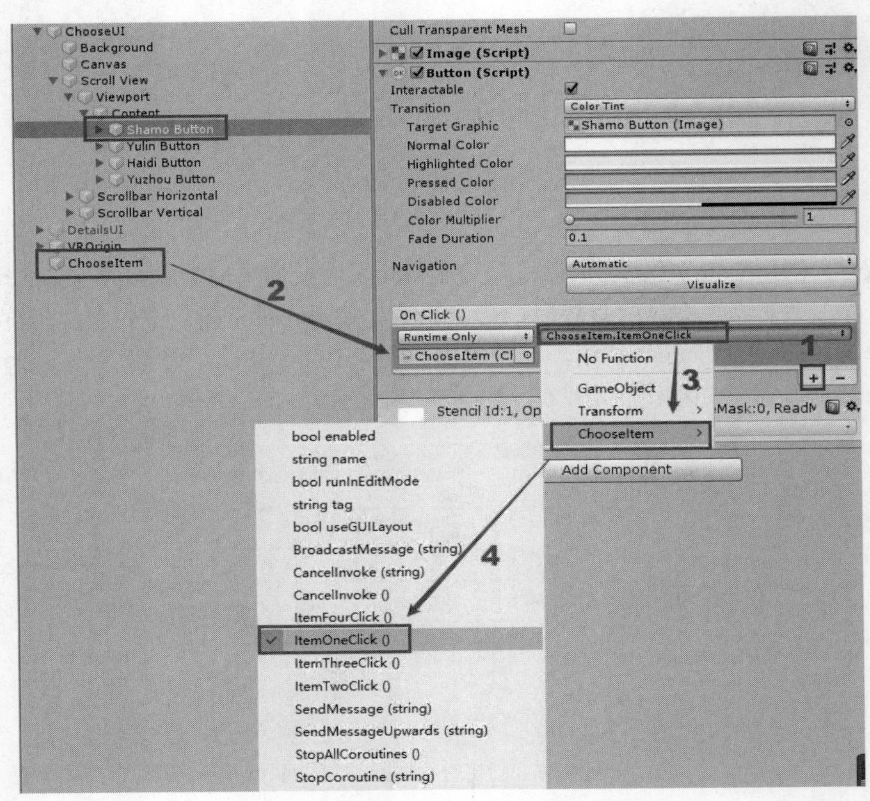

图 4-80 为 ChooseItem 添加按钮事件

【步骤 6】为剩余关卡添加按钮事件。按照步骤 5 的方法分别给 Yulin Button、Haidi Button、Yuzhou Button 添加按钮事件，完成后的效果如图 4-81 至图 4-83 所示。

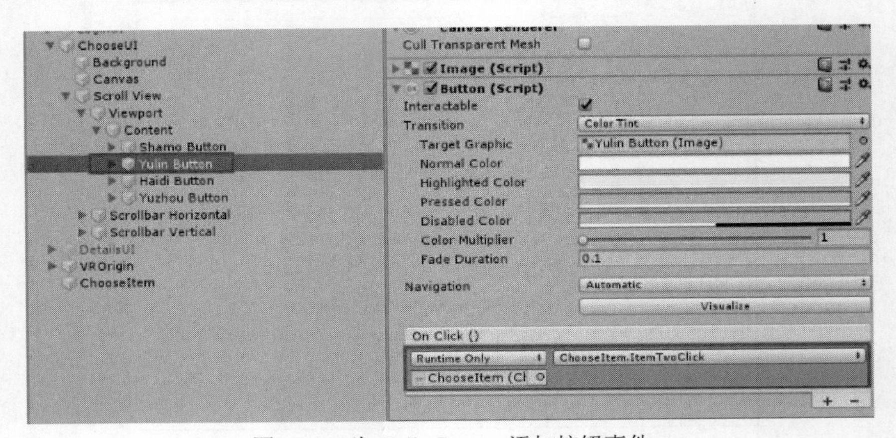

图 4-81 为 Yulin Button 添加按钮事件

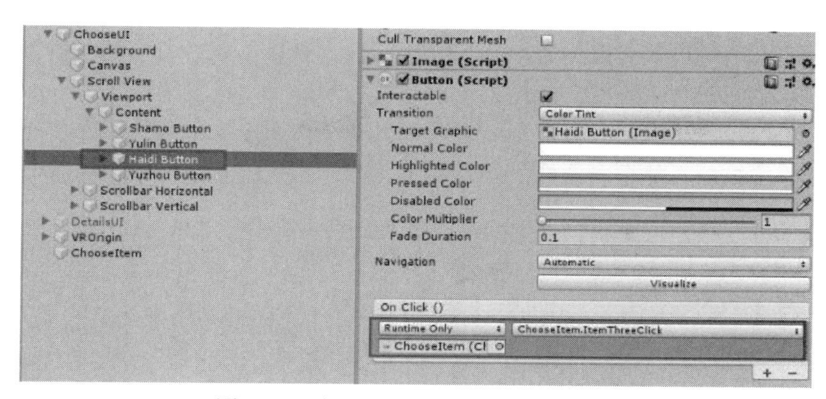

图 4-82　为 Haidi Button 添加按钮事件

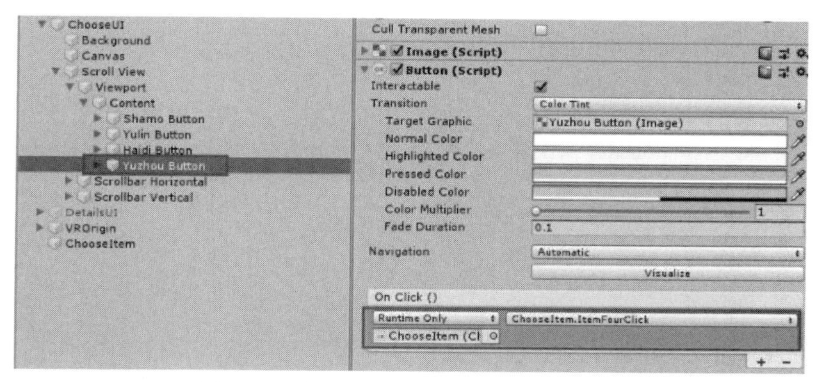

图 4-83　为 Yuzhou Button 添加按钮事件

【步骤 7】测试滚动条和滚动列表。运行游戏进行测试，手柄射线指向该页面并按下手柄扳机键，该页面可以滑动，按下扳机键滑动右侧的滚动条页面也可以滚动，按下不同关卡的按钮后会在控制台打印出来，如图 4-84 所示。

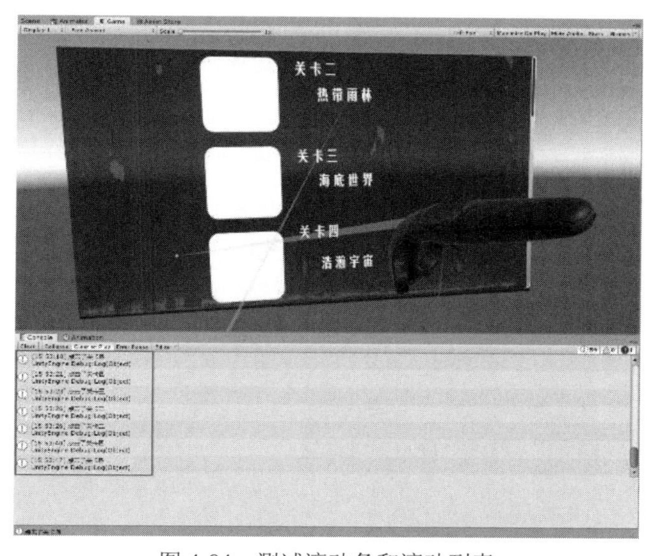

图 4-84　测试滚动条和滚动列表

（3）实现与 UI 下拉列表的交互。

【步骤 1】显示 DetailsUI 并调整其大小。首先将 Hierarchy 面板中的 ChooseUI 对象隐藏，DetailsUI 设置为显示；其次在 Inspector 面板中将其 Rect Transform 组件中的 Scale 值都调整为 0.01，如图 4-85 所示。

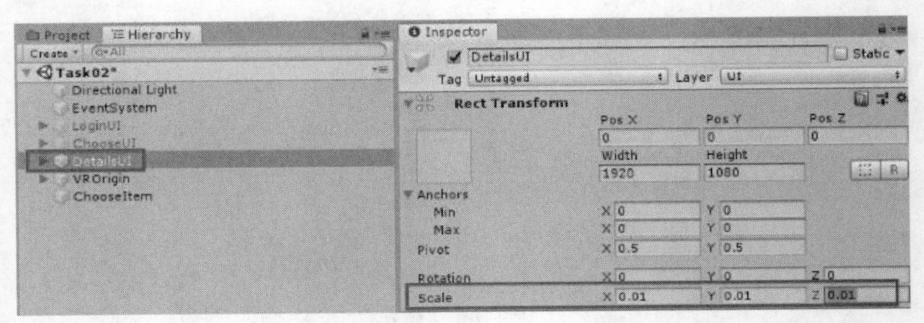

图 4-85　显示 DetailsUI 并调整其大小

【步骤 2】为 DetailsUI 添加脚本。在 Inspector 面板中单击 Add Component 按钮，搜索并添加 Canvas Raycast Target 脚本，如图 4-86 所示。

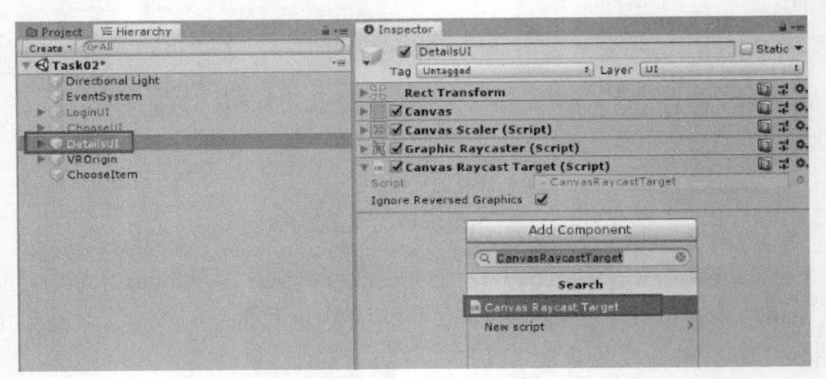

图 4-86　为 DetailsUI 添加脚本

【步骤 3】为 Template 添加脚本。在 Inspector 面板中展开 DetailsUI 下的所有子物体，选择 Template 对象，为其添加 Canvas Raycast Target 脚本，如图 4-87 所示。

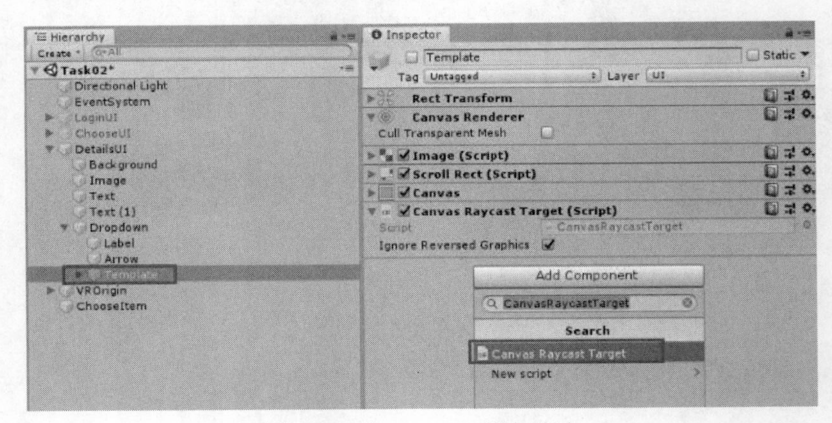

图 4-87　为 Template 添加脚本

【步骤 4】测试下拉列表。运行游戏进行测试，在该页面的“难度选择”选项右侧单击三角形按钮打开下拉列表，按下手柄上的扳机键选择困难度，如图 4-88 所示。

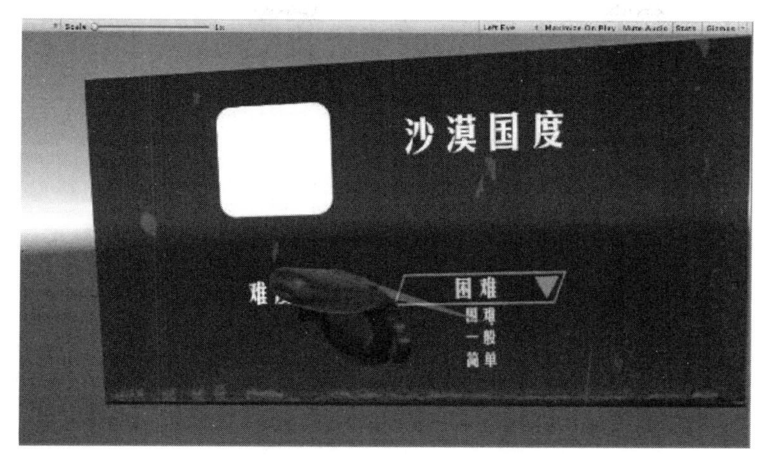

图 4-88　测试下拉列表

UGUI 动态交互

2. UGUI 动态交互

（1）实现与 UI 序列帧动画的交互。

【步骤 1】另存为新场景。单击 File→Save As 选项将 Task02 场景另存为新场景，并将其重命名为 Task2.2，如图 4-89 所示。

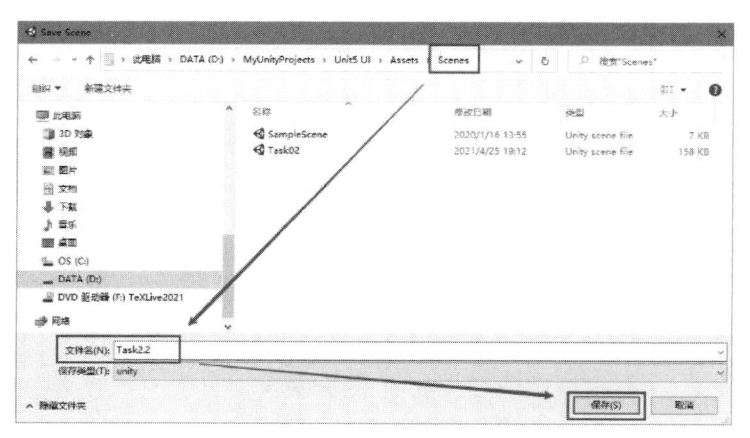

图 4-89　另存为新场景

【步骤 2】导入图片素材。将本书提供的资源包中的 6 张图片拖曳到 Project 面板的 UI 文件夹中，如图 4-90 所示。

名称	日期	类型	大小
AnimUI1	2021/4/26 15:27	PNG 文件	207 KB
AnimUI2	2021/4/26 15:27	PNG 文件	348 KB
AnimUI3	2021/4/26 15:27	PNG 文件	376 KB
AnimUI4	2021/4/26 15:28	PNG 文件	377 KB
AnimUI5	2021/4/26 15:28	PNG 文件	395 KB
AnimUI6	2021/4/26 15:28	PNG 文件	397 KB

图 4-90　导入图片素材

【步骤 3】设置图片类型。同时选择这 6 张图片，在 Inspector 面板中将其 Texture Type 修改为 Sprite(2D and UI)，单击 Apply 按钮应用图片，如图 4-91 所示。

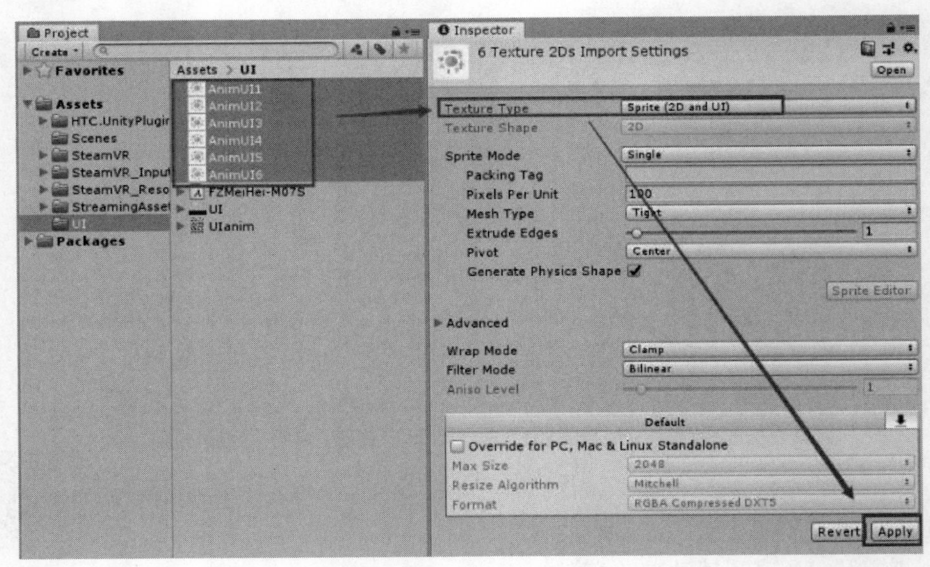

图 4-91　设置图片类型

【步骤 4】新建 AnimUI 对象。选择 DetailsUI 对象，右击并选择 UI→Image 选项，并将其重命名为 AnimUI。在 Inspector 面板中将 Pos X 和 Pos Y 的值分别修改为 750 和-350，将 Width 和 Height 的值分别修改为 1829 和 1990，将 Scale 的值修改为（X：0.1，Y：0.1，Z：1），如图 4-92 所示。

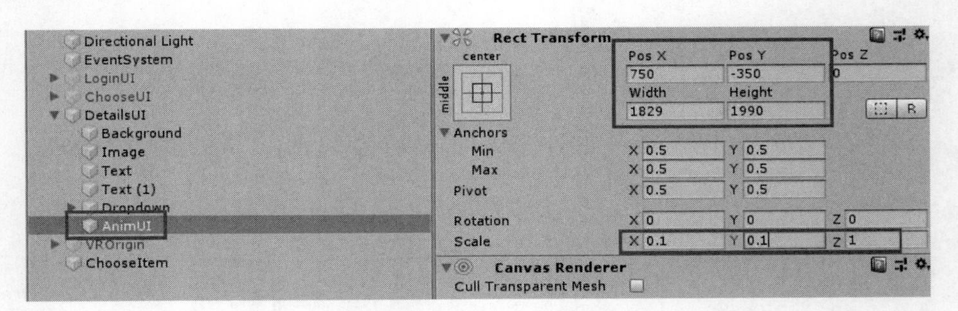

图 4-92　新建 AnimUI 对象

【步骤 5】为 AnimUI 添加脚本。在 Assets 文件夹中右击并选择 Create→C# Script 选项新建一个脚本，并将其重命名为 AnimUIController。将该脚本拖曳到 AnimUI 上，如图 4-93 所示。

【步骤 6】在代码中定义变量。双击打开该脚本，UI 序列帧动画是由一组图片组成的动画，在该脚本中先引入 UI 的命名空间，然后定义一些基础变量，如图 4-94 所示。

【步骤 7】在代码中初始化 UI 序列动画。编写初始化 UI 序列动画的方法，让初始状态下的 UI 动画显示 UI 图片数组中的第一张图片，并在 Start()函数中调用该方法，如图 4-95 所示。

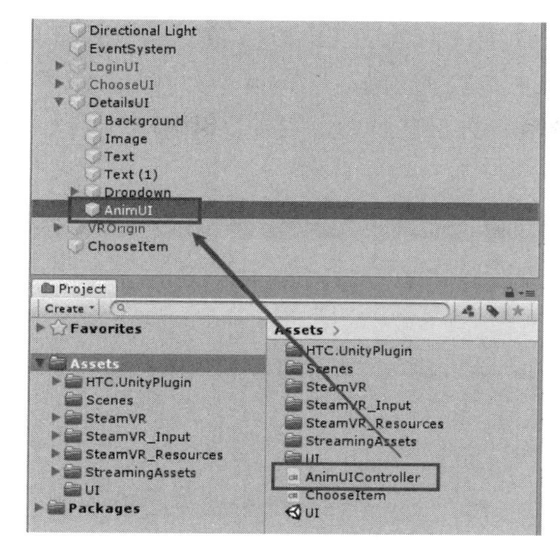

图 4-93　为 AnimUI 添加脚本

```
AnimUIController.cs    ChooseItem.cs
Assembly-CSharp                                    AnimUIController
 1  using System.Collections;
 2  using System.Collections.Generic;
 3  using UnityEngine;
 4  using UnityEngine.UI;
 5
 6  public class AnimUIController : MonoBehaviour
 7  {
 8      public Sprite[] spriteList; // 定义存放UI序列的数组
 9      public Image showImage; // 显示图片
10      public float rateTime = 0.05f; // 播放时间间隔
11      public int loop = 0; // 用于判断是否循环
12      private float startTime = 0; // UI动画的开始时间
13      private int spriteCount; // UI序列图片数量
14      private int index = 0; // 用于数组的索引
15
```

图 4-94　在代码中定义变量

```
AnimUIController.cs    ChooseItem.cs
Assembly-CSharp                                    AnimUIController
 4  using UnityEngine.UI;
 5
 6  public class AnimUIController : MonoBehaviour
 7  {
 8      public Sprite[] spriteList; // 定义存放UI序列的数组
 9      public Image showImage; // 显示图片
10      public float rateTime = 0.05f; // 播放时间间隔
11      public int loop = 0; // 用于判断是否循环
12      private float startTime = 0; // UI动画的开始时间
13      private int spriteCount; // UI序列图片数量
14      private int index = 0; // 用于数组的索引
15
16      void Start()
17      {
18          InitAnimation(); // 调用初始化动画的方法
19      }
20
21      public void InitAnimation() // 编写初始化动画的方法
22      {
23          spriteCount = spriteList.Length; // spriteCount等于存放UI序列的数组的长度
24          index = 0;
25          if (spriteCount > 0)
26          {
27              showImage.sprite = spriteList[index]; // 初始化图片显示spriteList数组中的第一张图
28          }
29      }
```

图 4-95　在代码中初始化 UI 序列动画

【步骤 8】在代码中实现 UI 序列帧动画播放功能。在 Update()函数中编写代码，当循环次数 loop 为 0 时，不播放 UI 序列帧动画；当 loop 不为 0 时，UI 序列动画播放；当 loop 小于 0 时，无限循环播放；当 loop 值大于 0 且为自定义数值时，UI 序列动画播放给定的 loop 次数，如图 4-96 所示。

```
AnimUIController.cs  ChooseItem.cs
Assembly-CSharp                      AnimUIController
25          if (spriteCount > 0)
26          {
27              showImage.sprite = spriteList[index]; // 初始化图片显示spriteList数组中的第一张图
28          }
29      }
30
31      void Update()
32      {
33          // 该条件语句用来实现：每隔固定时间，图片依次显示数组中的图片，图片循环次数由loop来控制
34          // 如果开始时间和每帧时间间隔的和小于游戏运行的时间 并且 循环次数不为0
35          if (startTime + rateTime < Time.time && loop != 0)
36          {
37              startTime = Time.time; // 开始时间 = 游戏运行时间
38              index++; // 索引号+1
39              // 如果索引号超过了数组的长度，则重置索引号为0
40              if (index >= spriteCount)
41              {
42                  index = 0;
43                  // 如果设置了特定循环次数，即loop>0时，则UI序列帧循环loop次;
44                  // 如果loop =0,UI不播放序列帧动画;
45                  // loop <0无限循环播放UI序列帧动画
46                  if (loop > 0)
47                  {
48                      loop--;
49                  }
50              }
51              showImage.sprite = spriteList[index]; // 图片显示数组中索引为index的图片
52          }
53      }
54  }
```

图 4-96　在代码中实现 UI 序列帧动画播放功能

【步骤 9】设置 UI 序列帧动画播放参数。选择 AnimUI 对象，在 Inspector 面板中将 Anim UI Controller（Script）下的 Sprite List 展开，修改 Size 值为 6。将 UI 文件夹中导入的 6 张图片按顺序拖曳到 Sprite List 对应位置，将 Image（Script）拖曳到 Show Image 中，将 Rate Time 值修改为 0.15，将 Loop 值修改为-1，如图 4-97 所示。

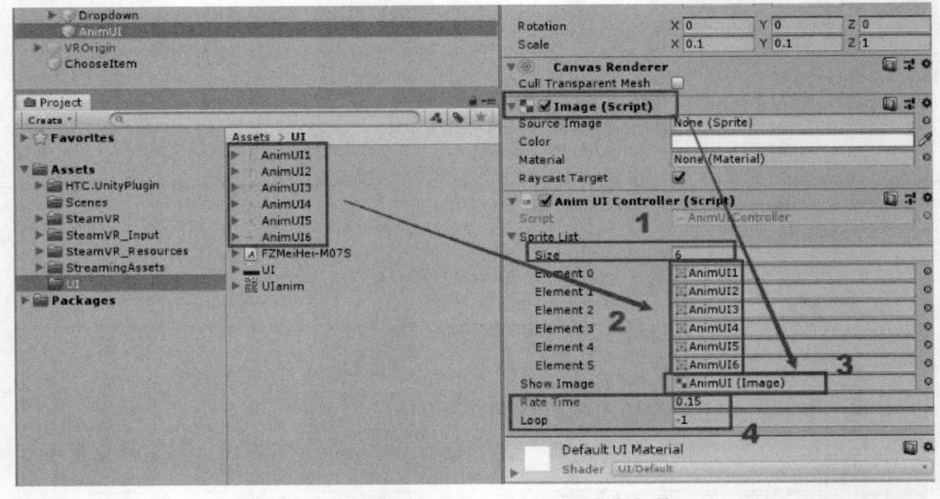

图 4-97　设置 UI 序列帧动画播放参数

【步骤 10】测试 UI 序列帧动画播放。运行游戏进行测试，观察到图 4-98 所示红色框内的动态效果，且该 UI 序列帧动画循环播放。

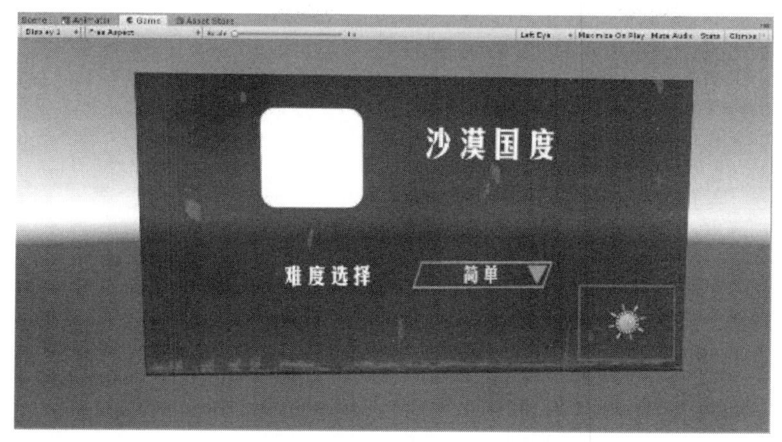

图 4-98　测试 UI 序列帧动画播放

（2）实现与多个 UI 跳转的交互。下面将通过设置各个 UI 的隐藏或显示来实现多个 UI 之间的切换。当用户单击登录界面中的“登录”按钮时跳转到关卡选择界面，在关卡选择界面选择任意关卡跳转到关卡设置界面，在关卡设置界面中单击前面的动态 UI 图片返回关卡选择界面，具体操作步骤如下：

【步骤 1】设置初始显示界面。在 Hierarchy 面板中设置 LoginUI 登录界面显示，ChooseUI、DetailUI、VROrigin 界面隐藏，如图 4-99 所示。

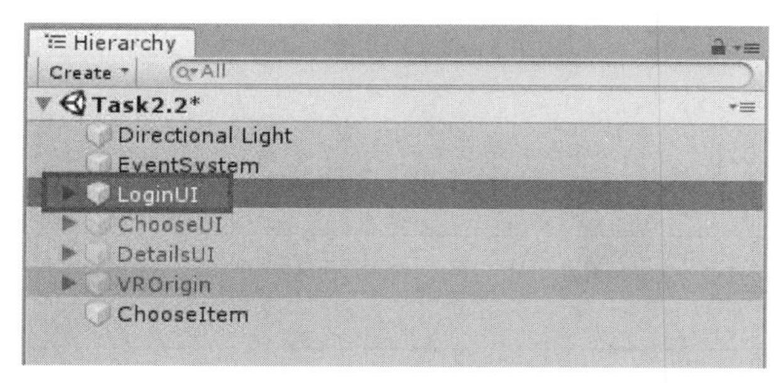

图 4-99　设置初始显示界面

【步骤 2】新建控制 UI 跳转的脚本。在 Assets 文件夹中右击并选择 Create→C# Script 选项新建一个脚本，并将其重命名为 UIChange。在 Hierarchy 面板中新建一个空物体，并将其重命名为 UIController。在 Inspector 面板中重置其 Transform 参数，将 UIChange 脚本挂载到 UIController 上，如图 4-100 所示。

【步骤 3】编写代码完成登录功能。双击打开 UIChange 脚本，在 Start()函数中编写代码初始化 UI 只显示登录界面。然后自定义一个方法，当单击“登录”按钮时登录界面隐藏，关卡选择页面显示，如图 4-101 所示。

【步骤 4】编写代码完成关卡选择功能。在 UIChange 脚本中自定义一个方法，当选择任一关卡时跳转到关卡详情界面，如图 4-102 所示。

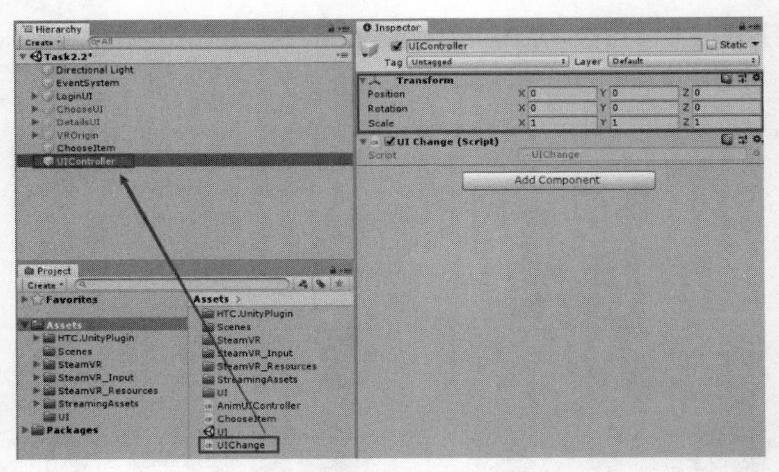

图 4-100　新建控制 UI 跳转的脚本

```
UIChange.cs    AnimUIController.cs    ChooseItem.cs
Assembly-CSharp                        UIChange
1   using System.Collections;
2   using System.Collections.Generic;
3   using UnityEngine;
4
5   public class UIChange : MonoBehaviour
6   {
7       // 下面这三个变量要在Unity编辑器中分别添加对应界面
8       public GameObject login; // 登陆界面
9       public GameObject choose; // 关卡选择界面
10      public GameObject detail; // 关卡详情界面
11
12      void Start()
13      {
14          login.SetActive(true); // 初始化显示登陆界面
15          choose.SetActive(false); // 初始化隐藏关卡选择界面
16          detail.SetActive(false); // 初始化隐藏关卡详情界面
17      }
18
19      // 当按下登录按钮跳转到关卡选择界面
20      public void OnLoginClick()
21      {
22          login.SetActive(false); // 显示登陆界面
23          choose.SetActive(true); // 隐藏关卡选择界面
24      }
25  }
26
```

图 4-101　编写代码完成登录功能

```
18
19      // 当按下登录按钮跳转到关卡选择界面
20      public void OnLoginClick()
21      {
22          login.SetActive(false); // 显示登陆界面
23          choose.SetActive(true); // 隐藏关卡选择界面
24      }
25
26      // 当选择任一关卡时，跳转到关卡详情界面
27      public void OnItemClick()
28      {
29          choose.SetActive(false); // 隐藏关卡选择界面
30          detail.SetActive(true); // 显示关卡详情界面
31      }
32  }
33
```

图 4-102　编写代码完成关卡选择功能

【步骤 5】编写代码完成返回关卡选择功能。在 UIChange 脚本中自定义一个方法，当单击动态 UI 序列帧动画时返回关卡选择界面，如图 4-103 所示。

```
25
26        // 当选择任一关卡时，跳转到关卡详情界面
27        public void OnItemClick()
28        {
29            choose.SetActive(false); // 隐藏关卡选择界面
30            detail.SetActive(true); // 显示关卡详情界面
31        }
32
33        // 当点击UI序列帧动画时，返回关卡选择界面
34        public void OnAnimClick()
35        {
36            detail.SetActive(false); // 隐藏关卡详情界面
37            choose.SetActive(true); // 显示关卡选择界面
38        }
39    }
40
```

图 4-103　编写代码完成返回关卡选择功能

【步骤 6】配置 UIController 脚本。将 LoginUI、ChooseUI、DetailsUI 分别拖曳到 UIController 脚本中的对应位置，如图 4-104 所示。

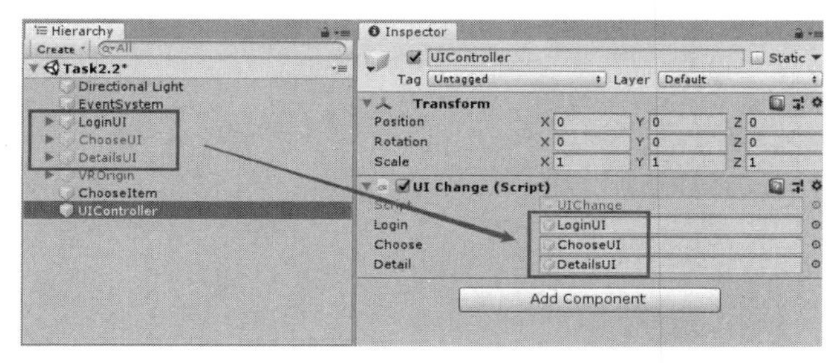

图 4-104　配置 UIController 脚本

【步骤 7】为“登录”按钮添加按钮事件。展开 LoginUI 的子物体，选择 Button 并为其添加按钮事件，将 UIController 脚本拖曳到对应位置并选择 OnLoginClick()方法，如图 4-105 所示。

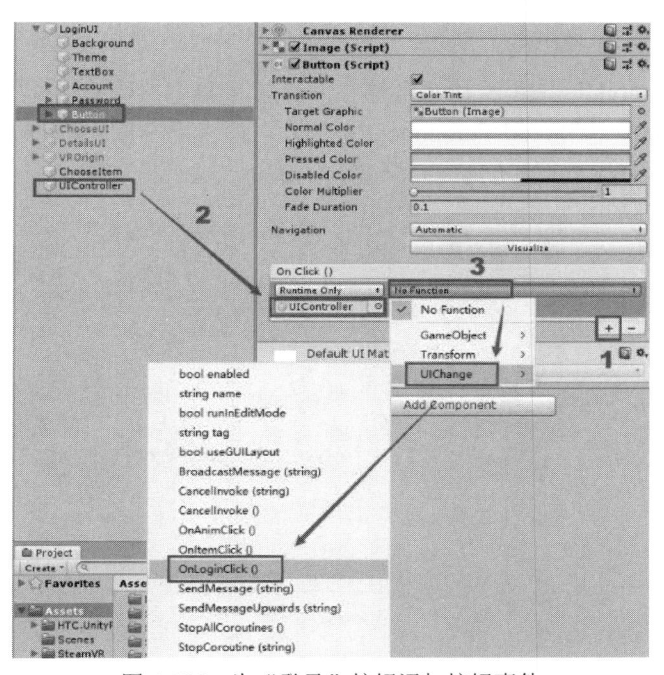

图 4-105　为“登录”按钮添加按钮事件

【步骤 8】为 ChooseUI 页面的按钮添加事件。依次展开 ChooseUI 的子物体，选择 Shamo Button 并为其添加一个按钮事件（同步骤 7 的操作），将按钮事件的方法改为 OnItemClick()，如图 4-106 所示。关卡选择跳转功能以 Shamo Button 按钮为例进行讲解，其他按钮不再添加按钮事件。

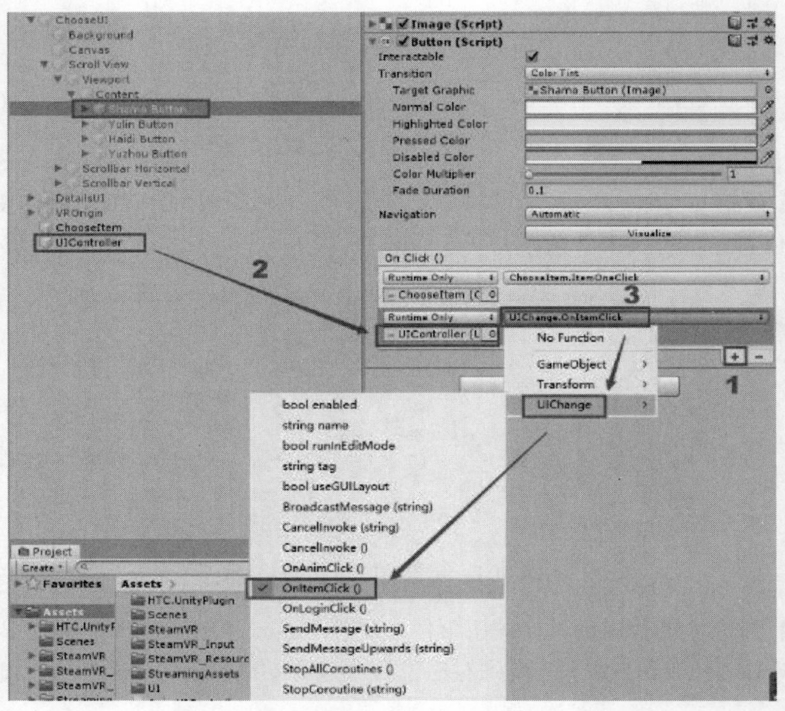

图 4-106　为 ChooseUI 页面的按钮添加事件

【步骤 9】为 AnimUI 添加 Button 组件。依次展开 DetailsUI 的子物体，选择 AnimUI 选项，在 Inspector 面板中单击 Add Component 按钮，在搜索框中输入 Button，为其添加该组件，只有添加了该组件才可以实现按钮事件，如图 4-107 所示。

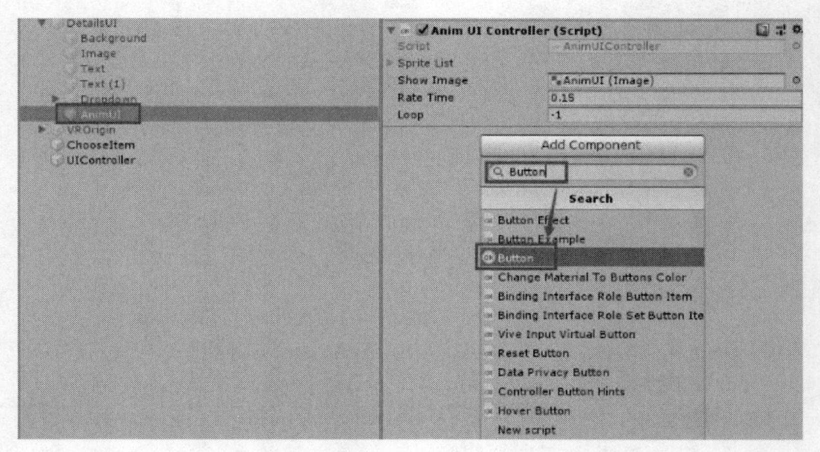

图 4-107　为 AnimUI 添加 Button 组件

【步骤 10】为 UI 序列动画添加按钮事件。同步骤 7 的操作，将按钮事件中的方法改为 OnAnimClick()，如图 4-108 所示。

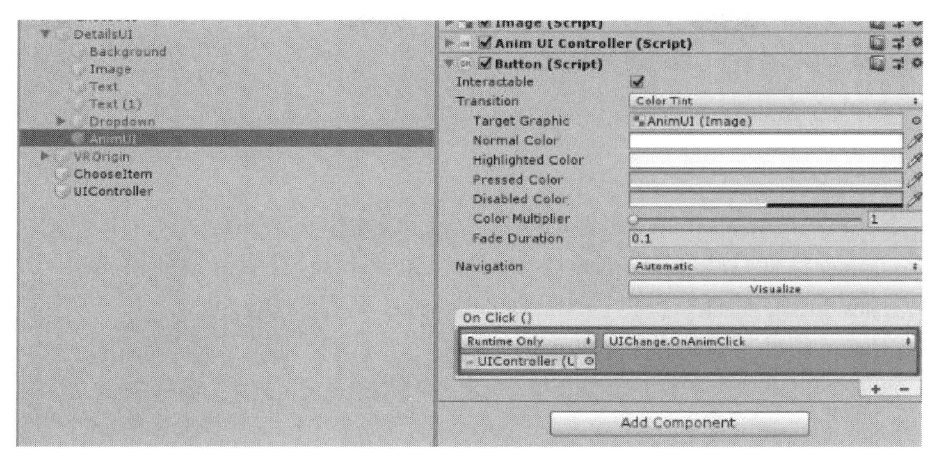

图 4-108　为 UI 序列动画添加按钮事件

【步骤 11】测试多个 UI 跳转功能。运行游戏进行测试，首先单击“登录”按钮测试登录功能；其次单击“关卡一”测试跳转功能；最后单击 UI 序列帧动画测试返回上一界面的功能。单击“关卡四”按钮后的效果如图 4-109 所示，保存当前场景。

图 4-109　测试多个 UI 跳转功能

本 章 小 结

本章主要介绍了虚拟现实中的图形界面系统：4.1 节介绍 Unity3D 中的 UGUI 系统，着重介绍了其中常用的基础控件和高级控件；4.2 节通过实际操作讲解了如何在 Unity3D 场景中设计界面，包括如何设计登录界面、选择界面和设置界面，并讲解了如何在 UGUI 系统中完成静态交互和动态交互。通过对本章的学习，学生能够了解并掌握 UGUI 系统的使用方法。

课后习题解答

课 后 习 题

1．Unity3D 中自带的 UI 编辑器是（　　）。

A．UGUI

B．NGUI

C．AGUI

2．关于 Raw Image 和 Image 组件的区别，下面说法中正确的是（　　）。

A．Image 组件只能使用 Sprite 类型图片，Raw Image 组件通常使用 Texture 类型图片

B．Raw Image 组件只提供了 MaskableGraphic 类型的方法

C．Image 组件不可通过修改 Image Type 类型对图片显示方式进行调整

3．下列 Scrollbar 高级控件的组件中，表示控制该组件是否接受输入的是（　　）。

A．Navigation 组件

B．Transition 组件

C．Interactable 组件

4．下列 Dropdown 高级控件的组件中，用于控制下拉列表模板的 Rect 转换的是（　　）。

A．Caption Text 组件

B．Template 组件

C．Item Text 组件

5．下列 Input Field 高级控件的组件中，用于表示文本输入的最大字符数的是（　　）。

A．Navigation 组件

B．Text Component 组件

C．Character Limit 组件

第 5 章　虚拟现实中的地形系统

地形作为游戏和虚拟现实场景中必不可少的元素，起着非常重要的作用。开发者通过对游戏或虚拟现实场景进行规划、地形设计、山脉设计、河流山谷设计、森林设计等可以实现一个较真实的虚拟现实场景。本章主要介绍虚拟现实中的地形系统，首先介绍 Unity3D 中地形系统基础知识，然后通过设计一个简单的游戏场景来熟悉 Unity3D 中地形编辑工具的功能、环境特效的设置方法和光影系统的设置方法。通过对本章的学习，学生能够了解并掌握 Unity3D 地形系统的使用方法。

- 了解 Unity3D 地形系统的功能。
- 了解 Unity3D 地形系统的工具。
- 熟练使用 Unity3D 地形工具绘制地形。

5.1　Unity3D 的地形系统

5.1.1　Unity3D 地形系统概述

在虚拟现实世界中，通常会将丰富多彩的元素融合在一起，比如场景中跌宕起伏的地形、郁郁葱葱的树木、多彩变幻的天空、活蹦乱跳的动物等，营造出身临其境的游戏沉浸感，让用户置身于虚拟的世界。在 Unity3D 工作流程内，地形是一个必不可少的重要元素，不论是游戏还是虚拟现实都会用到各种类型的地形效果，其效果的好坏往往会影响游戏或虚拟现实应用的成败。对此，Unity3D 为广大开发者提供了一套功能强大的地形编辑器，支持以笔刷的方式精细地雕刻出山脉、峡谷、平原、盆地等地形，同时还支持材质纹理、树木、草地等效果。

1. Unity3D 环境特效功能

（1）水特效功能。Water（Basic）文件夹中的两种水特效功能较为单一，没有反射、折射等效果，仅可以对水波纹大小与颜色进行设置。由于其功能简单，所以这两种水特效所消耗的计算资源很少，更适合移动平台的开发。而 Water 文件夹的 Water 和 Water4 子文件夹中的水特效更好一些，能够实现反射和折射效果，并且可以对其波浪大小、反射扭曲等参数进行修改，但是系统资源开销也相应大一些。

（2）风特效功能。使用 Wind Zone（风域）组件添加一个或多个对象即可在地形上创建风的效果，而风本身将以脉冲方式移动。风域通过使树叶和树枝像被风吹动一样摇摆来提高创建树木的真实度。在 Unity3D 场景中，可以直接创建风域对象，也可以将该组件添加到场景中已有的任何合适的游戏对象上。风的主要用途是实现树的动画化，它也可使用 External Forces 模块来影响粒子系统生成的粒子。

（3）雾特效功能。开启雾特效通常用于优化性能，开启雾特效后选出的物体被遮挡，此时便可选择不渲染离摄像机较远的物体。这种性能优化方案需要配合摄像机对象的远裁切面设置来使用。通常先调整雾特效得到正确的视觉效果，然后调小摄像机的远裁切面，使场景中距离摄像机较远的游戏对象在雾特效变淡前被裁切掉。

（4）环境天空功能。在 Unity3D 新建项目场景中，系统都会默认提供一个基本的天空盒效果。Unity3D 中的天空盒实际上是一种使用了特殊类型 Shader 的材质，该种类型的材质可以笼罩在整个场景之外，并根据材质中指定的纹理模拟出类似远景、天空等效果，使游戏场景看起来更加完整。目前的 Unity3D 版本中提供了两种天空盒供开发人员使用，即六面天空盒和系统天空盒。这两种天空盒都会将游戏场景包含在其中，用来显示远处的天空、山峦等。

2. Mesh Resolution（On Terrain Data）选项组

当创建好地形后，Unity3D 会默认地形的大小、宽度、厚度、图像分辨率、纹理分辨率等，这些数值也是可以任意修改的。选择创建的地形，在 Inspector 面板的 Terrain 下单击按钮，找到 Mesh Resolution（On Terrain Data）选项组，如图 5-1 所示，其部分选项与功能如表 5-1 所示。

图 5-1 Mesh Resolution（On Terrain Data）选项组

表 5-1 Mesh Resolution（On Terrain Data）选项组主要选项与功能

选项	功能
Terrain Width	设置全局地形总宽度
Terrain Length	设置全局地形总长度
Terrain Height	设置全局地形允许的最大高度
Detail Resolution Per Patch	设置每个子地形块的网格分辨率
Detail Resolution	设置全局地形所生成的细节贴图的分辨率

5.1.2 地形工具介绍

1. 地形高度绘制工具

在 Terrain 工具栏上从左到右一共有 4 个按钮，其含义分别为雕刻和绘制地形、增添树木、增添花草等细节和更改所选地形的通用设置，如图 5-2 所示。每个按钮都可以激活一个不同的下拉列表，以便对地形进行编辑。

当单击按钮时，下拉列表中有 6 个不同的选项，如图 5-3 所示，每个选项对应雕刻和绘制地形工具提供的一个功能，如表 5-2 所示。

图 5-2 Terrain 工具栏

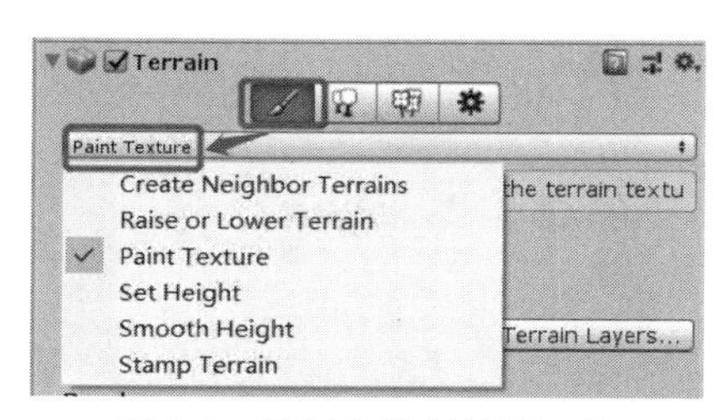

图 5-3 雕刻和绘制地形工具

表 5-2 雕刻和绘制地形工具主要选项与功能

选项	功能
Create Neighbor Terrains	快速创建自动连接的相邻地形瓦片
Raise or Lower Terrain	使用笔刷工具绘制高度贴图
Paint Texture	将纹理（如草、雪、沙）添加到地形上
Set Height	将地形上某个区域的高度调整为特定值
Smooth Height	平滑高度贴图，用来柔化地形特征
Stamp Terrain	在当前高度贴图之上标记画笔形状

下面对常用的 4 个选项进行介绍，将本书提供的资源包中的 Standard Assets for Unity 资源包导入到项目中。

（1）Raise or Lower Terrain。选择 Raise or Lower Terrain 选项，修改其设置，如图 5-4 所示。当进行绘制时，高度将随着鼠标指针在地形上扫过而升高。如果在一处固定鼠标指针，高度将逐渐增加，这类似于图像编辑器中的喷雾器工具。如果按下 Shift 键高度将会降低。不同的笔刷可以用来创建不同的效果，如图 5-5 所示。

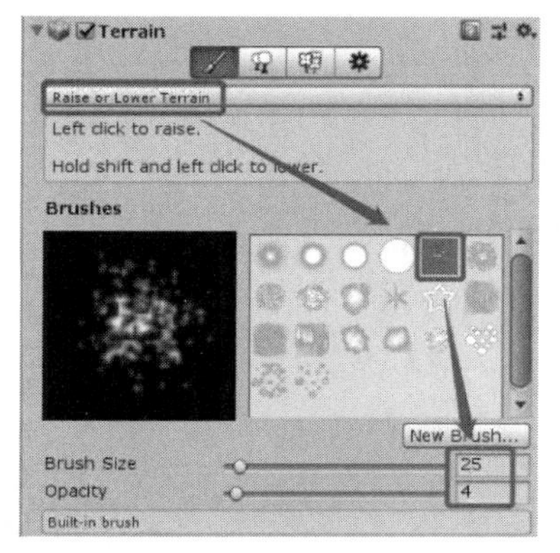

图 5-4 选择 Raise or Lower Terrain 选项并设置

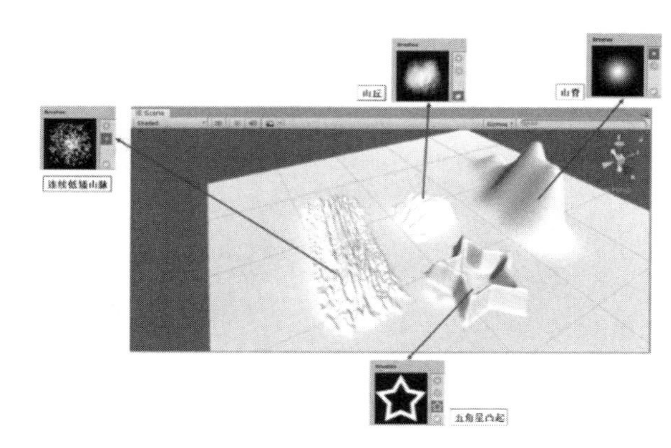

图 5-5 不同笔刷的效果

（2）Set Height。选择 Set Height 选项，修改其设置，如图 5-6 所示。其效果与 Raise or Lower Terrain 选项类似，可以用来设置地形的固定高度，当在地形对象上绘制时，此高度的上方区域会下降，下方的区域会上升。游戏开发者可以使用高度属性来手动设置高度，也可以按住 Shift 键在地形上单击来取样鼠标指针位置的高度。在高度属性旁边是一个 Flatten 按钮，它简单地拉平整个地形到选定的高度。使用 Set Height 选项对于在场景中创建高原以及添加人工元素（如道路、平台和台阶等）都很方便，使用该选项绘制的平台效果如图 5-7 所示。

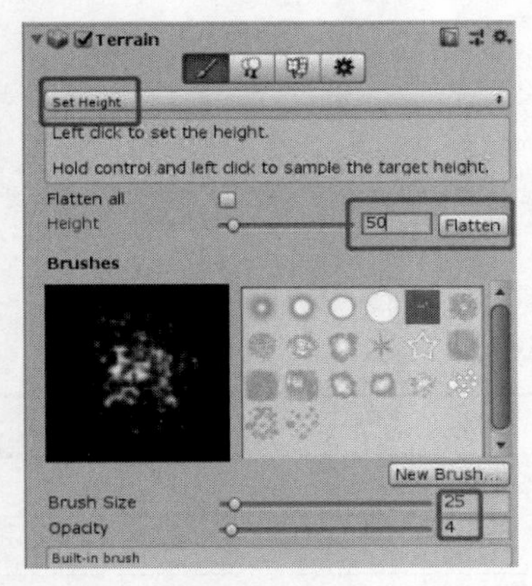

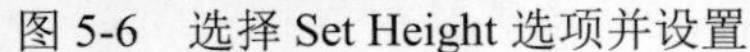

图 5-6　选择 Set Height 选项并设置

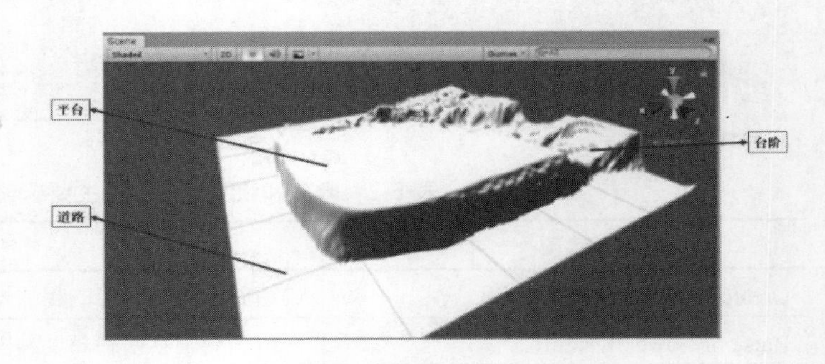

图 5-7　绘制平台效果

（3）Smooth Height。选择 Smooth Height 选项，如图 5-8 所示。此选项并不会明显地抬升或降低地形高度，但会平滑附近的区域，这样缓和了地表，减少了陡峭变化的出现次数，其作用类似于图片处理中的模糊工具。例如，如果已经在可用集合中使用一个噪声更大的笔刷绘制了细节，这些笔刷图案将倾向于在地表造成尖锐、粗糙的岩石或山体，这时就可以通过使用 Smooth Height 选项来缓和，其平滑山体的效果如图 5-9 所示。地形表面平滑工具选项设置及主要功能介绍如表 5-3 所示。

图 5-8　选择 Smooth Height 选项并设置

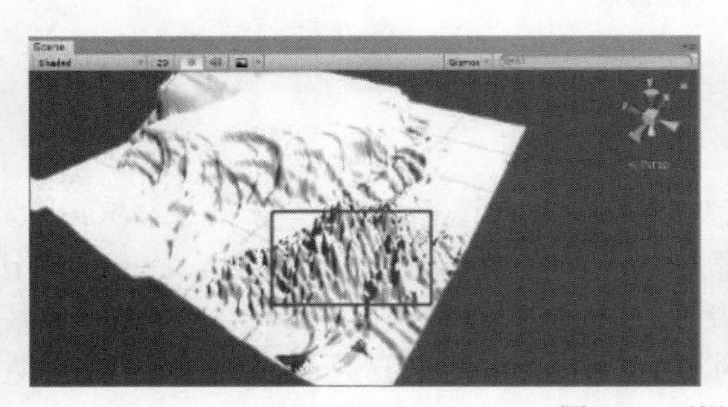
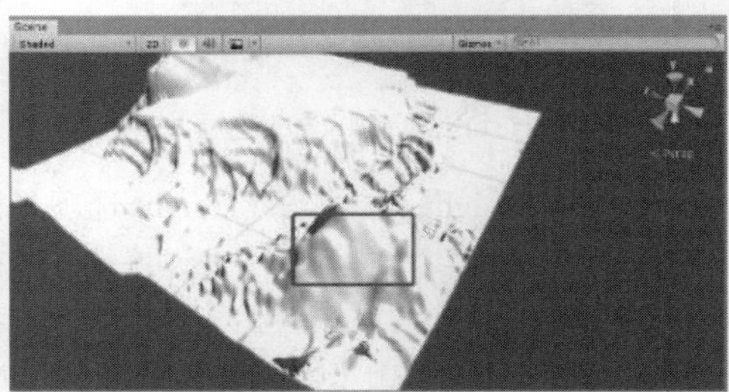

图 5-9　平滑山体效果图

表 5-3 地形表面平滑工具主要选项与功能

选项	功能
Brushes	设置笔刷的样式
Brush Size	设置笔刷的大小
Opacity	设置笔刷绘制时的不透明度

（4）Paint Texture。选择 Paint Texture 选项，单击 Edit Textures 按钮并在下拉列表中选择 Create Layers 选项，如图 5-10 所示。可以看到一个窗口，在其中可以添加纹理贴图，如图 5-11 所示。添加纹理贴图后，第一个纹理将被作为背景使用，从而会覆盖地形，如图 5-12 所示。用户如果想添加更多的纹理，可单击 Add Layers 按钮继续添加。

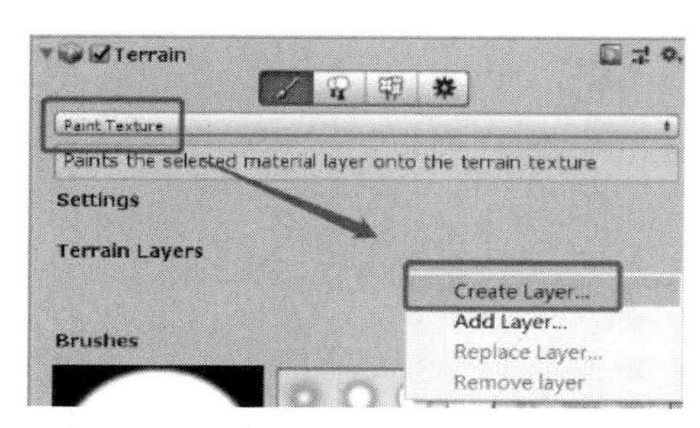

图 5-10 选择 Paint Texture 选项并设置

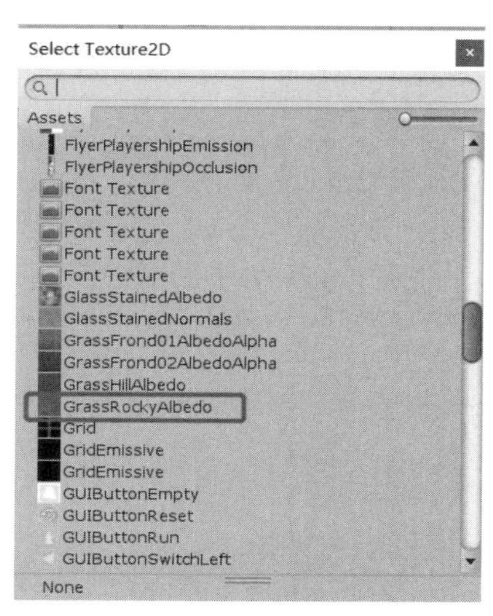

图 5-11 添加纹理贴图

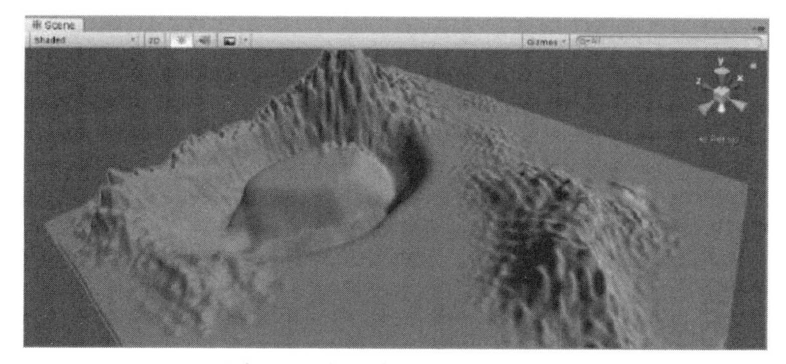

图 5-12 第一个纹理将覆盖地形

2. 树木绘制工具

Unity3D 地形可以用树木布置。用户可以像绘制高度图和纹理那样将树木绘制到地形上，但树木是固定的、从表面生长出的三维对象。Unity3D 使用了优化来维持好的渲染结果，所以一个地形中既可以拥有由上千棵树组成的密集森林，同时又可以保持帧率在可接受的范围内。

单击按钮激活树木绘制工具，单击 Edit Trees 按钮并在弹出的界面中选择 Add Tree 选项，将弹出一个对话框，在其中选择一种树木，如图 5-13 所示。当一棵树被选中时，可以使用绘制纹理或高度图的方法来绘制树木，按住 Shift 键可以从区域中移除树木，按住 Ctrl 键只绘制、移除当前选中的树木，如图 5-14 所示。

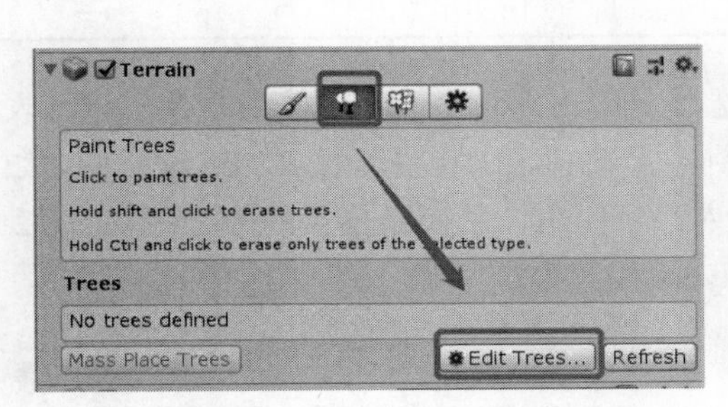

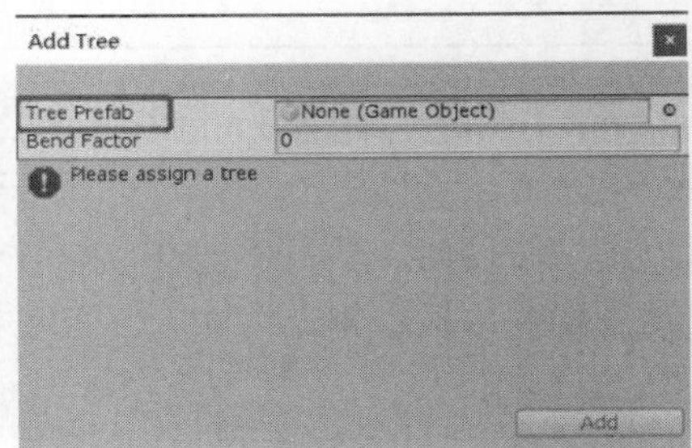

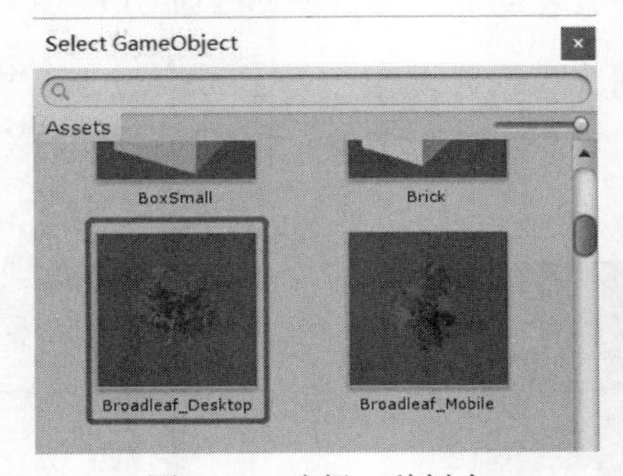

图 5-13　选择一种树木

图 5-14　绘制树木

3. 草和其他细节绘制工具

一个地形中可以有草丛和其他小物体，比如覆盖表面的石头。绘制草地时，常使用 2D 图像渲染来表现单个草丛，其他细节则从标准网格中生成。单击按钮激活草地绘制工具，单击 Edit Details 按钮，在下拉列表中将看到 Add Grass Texture 和 Add Detail Mesh 选项。选择一个选项，然后在弹出的对话框中添加草细节贴图，如图 5-15 和图 5-16 所示。绘制草地后的效果如图 5-17 所示。

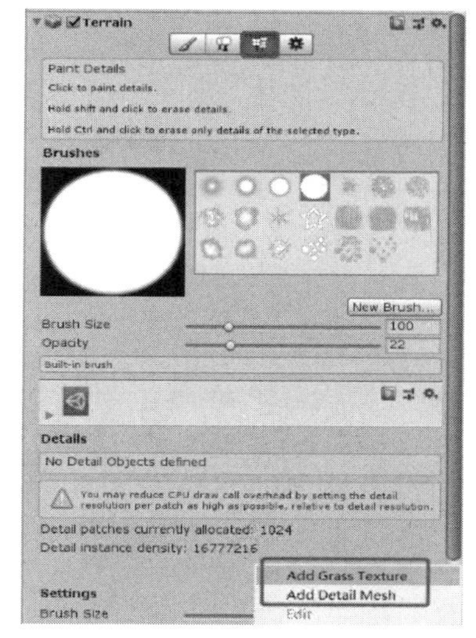

图 5-15 激活草地绘制工具

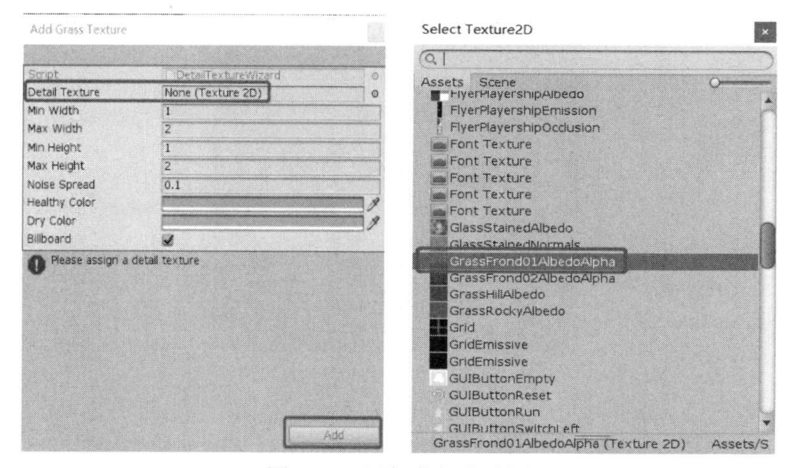

图 5-16 添加草细节贴图

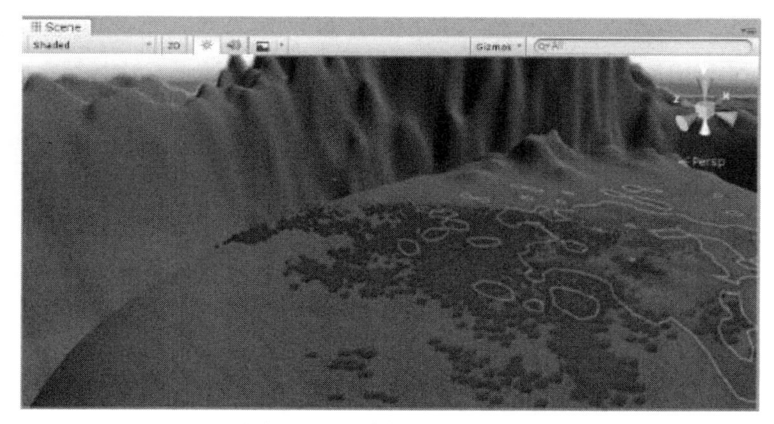

图 5-17 绘制草地后的效果

5.1.3 环境特效设置

1. 水特效

在 Project 面板中依次单击 Assets 文件夹→Standard Assets 文件夹→Environment 文件夹→Water（Basic）文件夹→Prefabs 文件夹，其中包含两种水特效的预制体（WaterBasicDaytime 和 WaterBasicNightime），如图 5-18 所示，可将其直接拖曳到 Scene 面板中。添加水特效后的效果如图 5-19 所示。

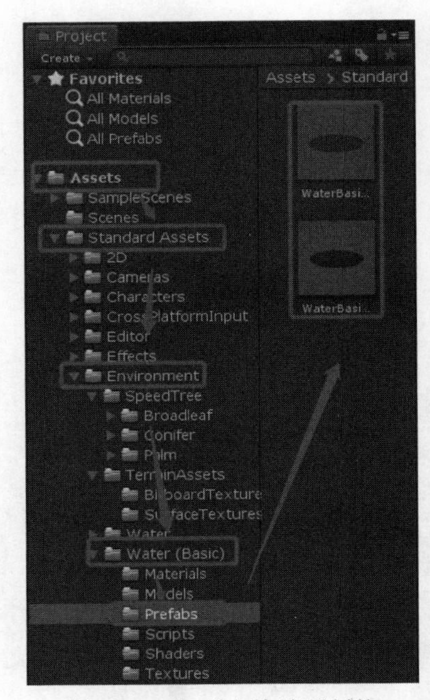

图 5-18 打到水特效预制体

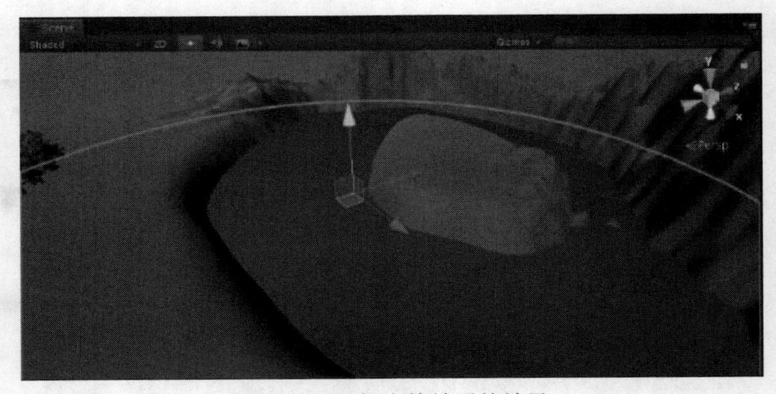

图 5-19 添加水特效后的效果

2. 风特效

地形中的草丛在运行测试时可以随风摆动，如果要实现树木的枝叶如同现实中一样随风摇摆的效果，需要在场景中加入风域。依次单击 GameObject→3D Object→Wind Zone 选项创建一个风域，风域的设置面板如图 5-20 所示，风域的主要选项与功能如表 5-4 所示。使用风域不仅能实现风吹树木的效果，还能模拟爆炸时树木受到波及的效果。需要注意的是，风域只能作用于树木，对其他对象没有效果。

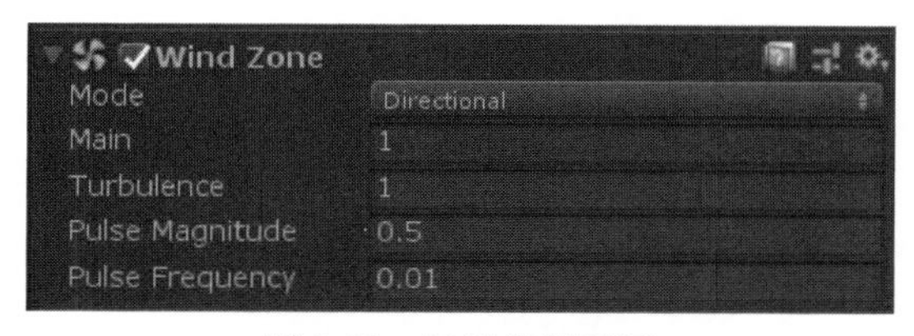

图 5-20　风域设置面板

表 5-4　风域主要选项与功能

选项	功能
Mode	包括两种风域模式：Directional 模式下整个场景树木都受影响；Spherical 模式下只影响球体包裹范围内的树木
Main	设置主要风力，产生风压柔和变化
Turbulence	设置湍流风的力量，产生一个瞬息万变的风压
Pulse Magnitude	设置有多大风会随时间变化
Pulse Frequency	设置风向改变的频率

3. 雾特效

Unity3D 集成开发环境中的雾有 3 种模式：Linear（线性模式）、Exponential（指数模式）和 Exponential Squared（指数平方模式）。这 3 种模式的不同之处在于雾特效的衰减方式。在场景中开启雾特效的方式是，依次单击 Window→Rendering→Lighting Settings 选项打开 Lighting 面板，将滚动条滑动到最下方的 Other Settings 处，勾选 Fog 复选项，然后在其设置面板中设置雾的模式和雾的颜色，如图 5-21 所示。设置完成后的效果如图 5-22 所示。雾特效主要选项与功能如表 5-5 所示。

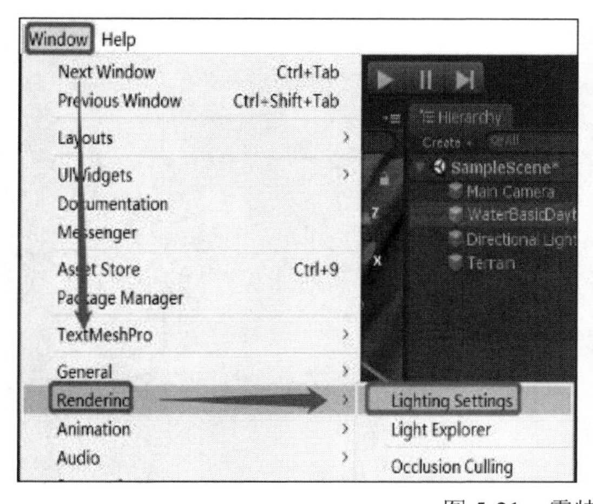

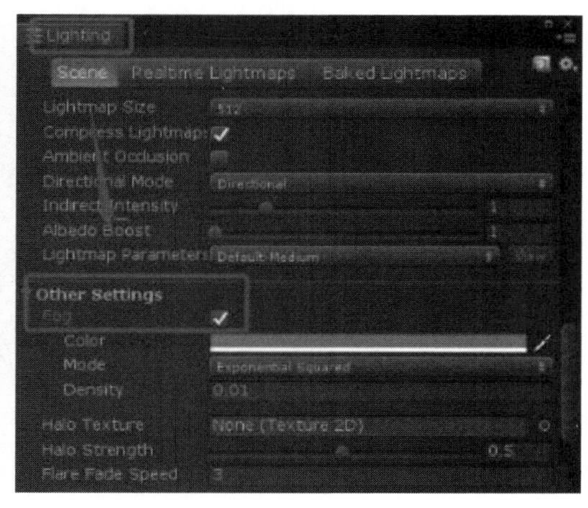

图 5-21　雾特效设置面板

图 5-22　添加雾特效效果

表 5-5　雾特效主要选项与功能

选项	功能
Color	设置雾的颜色
Mode	设置雾的模式
Density	设置雾的浓度，取值为 0～1

4. 环境天空

要在场景中添加环境天空，可以在 Unity3D 中依次选择 Window→Rendering→Lighting Settings 选项打开 Lighting 面板。单击 Scene 选项卡下 Environment 选项组中 Skybox Material 后面的选项，可以选择不同的天空盒，如图 5-23 所示。也可以从 Select Material 对话框中选择一个天空盒材质球，将它拖曳放入 Skybox Material 后，如图 5-24 所示。另外，还可以在 Unity3D 的商店中下载免费的天空盒资源使用。

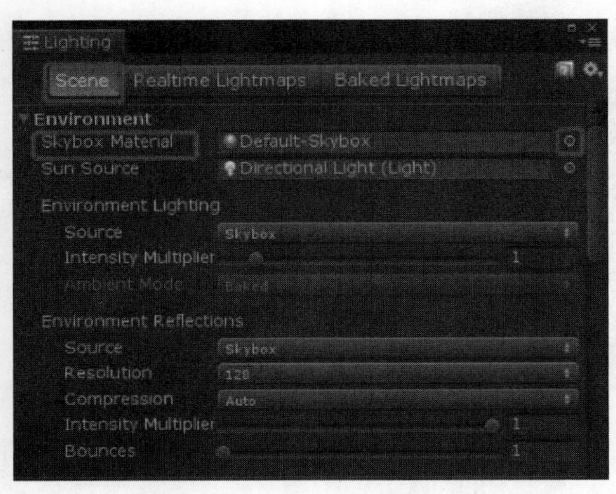

图 5-23　环境天空设置面板

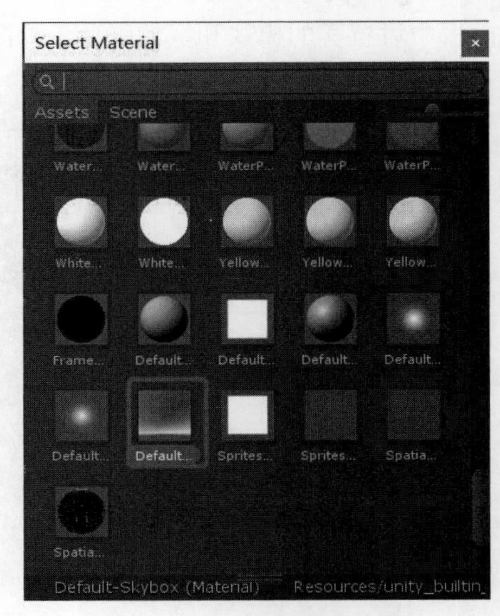

图 5-24　设置天空盒效果

5.1.4 光影系统设置

1. 创建太阳光

每一个场景灯光都是非常重要的部分。网格和纹理定义了场景的形状和外观，而灯光定义了场景的颜色和氛围。灯光将给游戏带来个性化的体验，用不同的灯光来照亮场景和对象可以创造出多变的视觉氛围。定向光源可用于场景中的任意地方，如果旋转定向光源，它产生的光线照射方向就会随之发生变化。定向光源会影响场景中所有对象的表面。定向光源在图形处理器中是最不耗费资源的一种光源，并且它还支持阴影效果。

在 Unity3D 新项目场景中，通常会直接创建一个定向光源，它发出的光线是平行的，从无限远处投射到场景中，用来模拟太阳光。如果场景中没有创建，可以单击 GameObject→Light→Directional Light 选项完成添加。定向光源的设置面板如图 5-25 所示。定向光源主要选项与功能如表 5-6 所示。

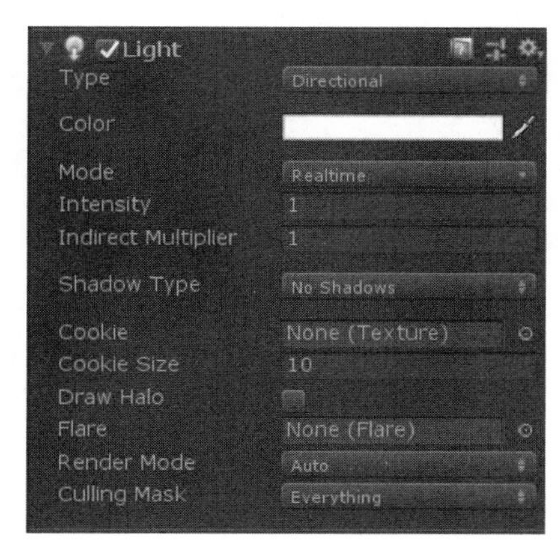

图 5-25 定向光源设置面板

表 5-6 定向光源主要选项与功能

选项	功能
Type	包括 4 种光照类型：Directional 方向光、Point 点光、Spot 聚光灯、Area（baked only）区域光
Color	光线的颜色
Mode	灯光照明模式，每种模式对应 Lighting 面板中的一组设定，取值为 Realtime、Mixed、Baked
Intensity	光线的明亮程度
Indirect Multiplier	在计算该灯光所产生的间接光照时的强度倍乘
Shadow Type	包括 3 种阴影贴图类型：No Shadows 无阴影贴图、Hard Shadows 硬阴影贴图和 Soft Shadows 光滑阴影贴图
Cookie	为灯光附加一个纹理，使光线在不同的地方有不同的亮度
Draw Halo	若勾选此复选项，光线将带有一定半径范围的球形光晕
Flare	在光的位置渲染出耀斑

2. 创建阴影

在 Unity3D 中，受到光源照射的物体会投射阴影到物体的其他部分或其他物体上。选中 Hierarchy 面板中的 Directional Light 选项，在其 Inspector 面板中可以通过 Shadow Type 下拉列表设置阴影。其中，No Shadows 选项不造成阴影，Hard Shadows 选项产生边界明显的阴影，甚至是锯齿，而 Soft Shadows 选项则相反，Strength 选项决定了阴影的明暗程度，Resolution 选项是用来设置阴影边缘的分辨率的，如果需要比较清晰的边缘，需要设置高分辨率，设置为 Hard Shadows 的阴影效果如图 5-26 所示。

图 5-26 设置为 Hard Shadows 的阴影效果

5.2 Unity3D 场景元素交互

资源准备及导入、创建《VR 海岛迷雾》地形

5.2.1 设计《VR 海岛迷雾》漫游场景

1. 资源准备及导入

【步骤 1】创建新工程项目。打开 Unity Hub，单击“新建”按钮，在下拉列表中选择 2018.4.15 版本，弹出创建新项目的界面，在左侧模板中选择 3D 选项，将项目名称修改为“海岛漫游”。选择项目存放位置，最后单击“创建”按钮完成工程项目的创建，如图 5-27 所示。

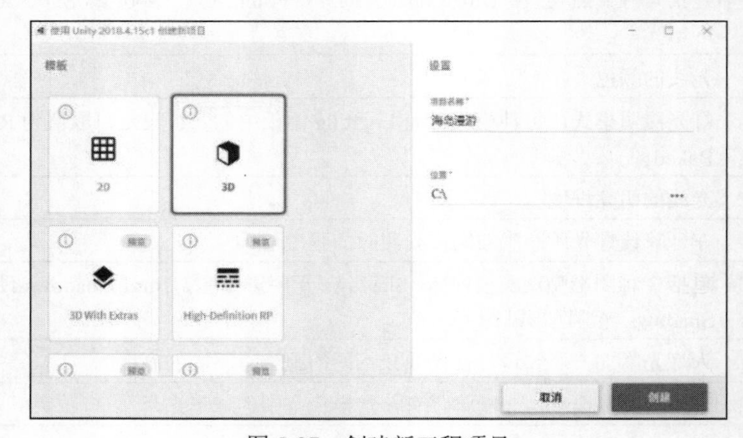

图 5-27 创建新工程项目

【步骤 2】开启虚拟现实支持。在主界面中单击 Edit→Project Setting 选项打开 Project Setting 窗口，在左侧单击 Player 选项卡，在右侧展开 XR Setting 选项组，勾选 Virtual Reality Supported 复选项，并添加 OpenVR 开启虚拟现实支持，如图 5-28 所示。

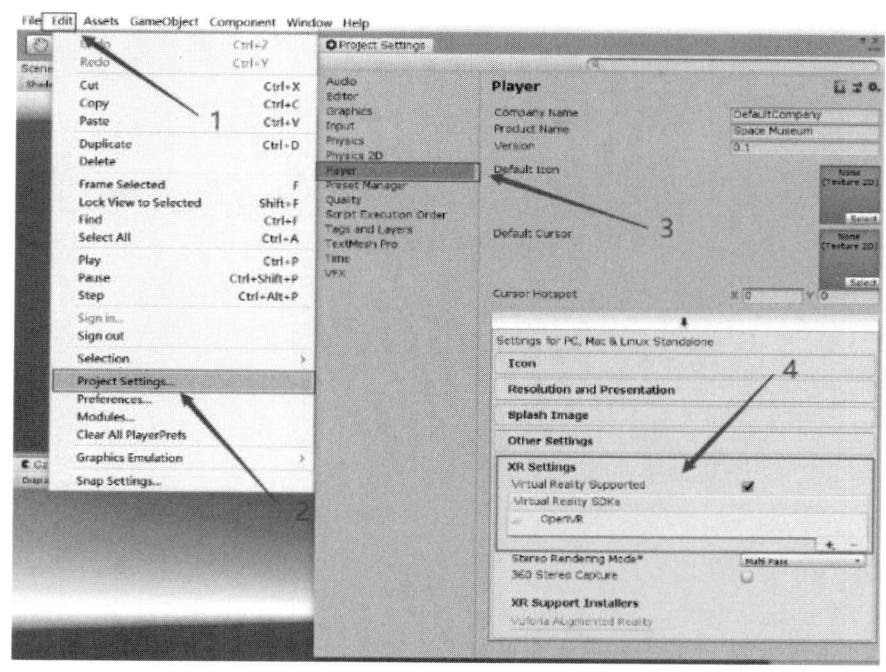

图 5-28　开启虚拟现实支持

【步骤 3】导入 SteamVR Plugin 插件。从本书附带的资源包中找到 SteamVR Plugin 1.2.3 文件，双击打开资源包，单击 Import 按钮将全部资源导入项目中，项目结构如图 5-29 所示。

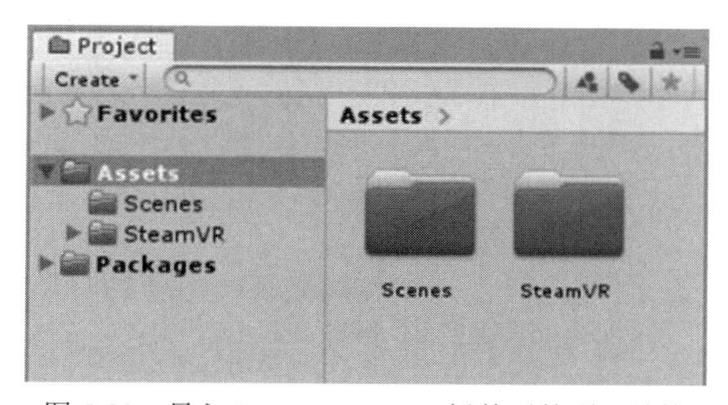

图 5-29　导入 SteamVR Plugin 插件后的项目结构

【步骤 4】导入外部场景资源。在 Project 面板中右击并选择 Import Package→Custom Package 选项，将本书配套资源中的 things.unitypackage、OceanPlane.unitypackage 和 ground.Unitypackage 文件导入到项目中，如图 5-30 所示。

【步骤 5】导入外部 UI 素材。在本书配套资源文件夹中找到 UI 图片，将其拖曳到 Project 面板下的 Assets 文件夹中，按照第 4 章中的方法对 UI 进行切割，切割 UI 后的项目结构如图 5-31 所示。

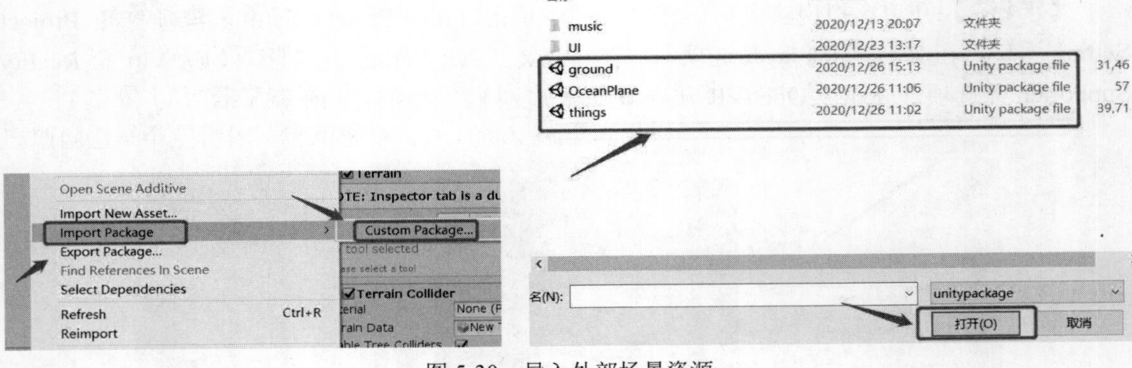

图 5-30 导入外部场景资源

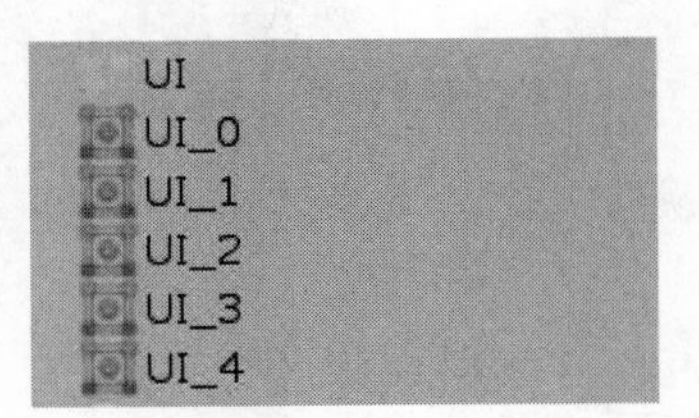

图 5-31 切割 UI 后的项目结构

2. 创建《VR 海岛迷雾》地形

【步骤 1】创建新场景。在新建的工程项目中，按 Ctrl+N 组合键创建一个新的场景，修改其名字为“海岛迷雾”。双击打开“海岛迷雾”场景，创建场景时会自动创建一个默认的平行光，选择 Directional Light 选项，调整其设置，如图 5-32 所示。

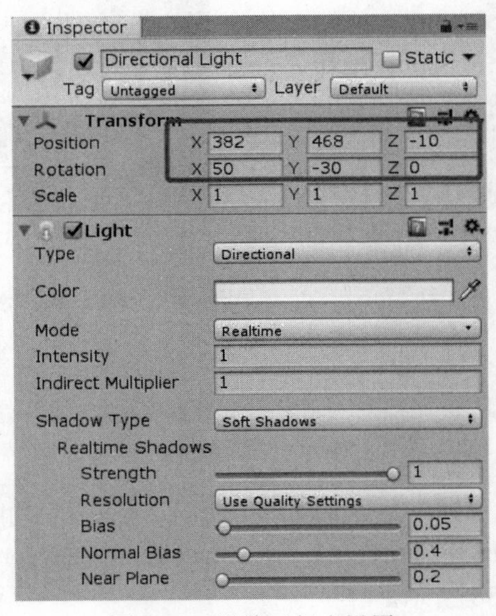

图 5-32 调整平行光设置

【步骤 2】创建地形。在 Hierarchy 面板的空白处右击并选择→3D Object→Terrain 选项新建一个地形，如图 5-33 所示。

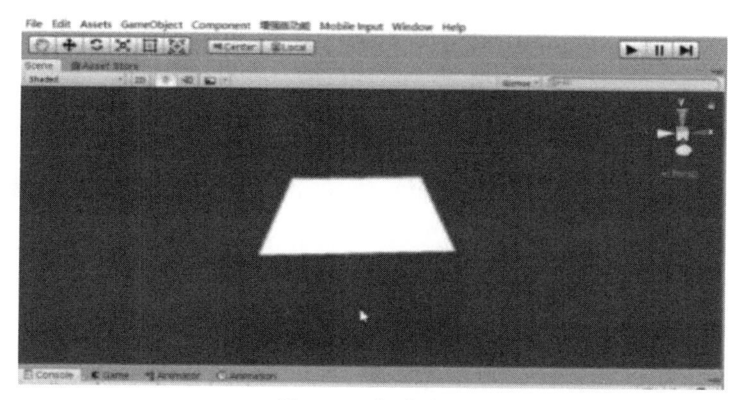

图 5-33 创建地形

【步骤 3】设置地形高度。选择 Terrain 选项，在 Inspector 面板中找到 Terrain 选项并单击第一个画笔图标，选择地形模式为 Set Height，如图 5-34 所示。在 Height 右侧的输入框内输入 50，然后单击 Flatten 按钮，这样整个地形就可以变成固定的高度，如图 5-35 所示。地形大小采用默认数值即可。

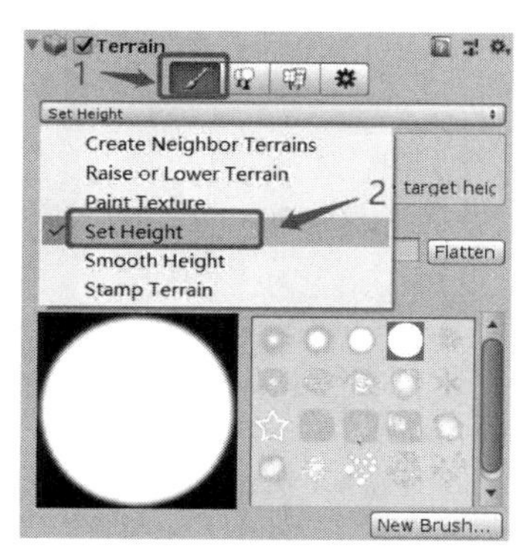

图 5-34 选择地形模式

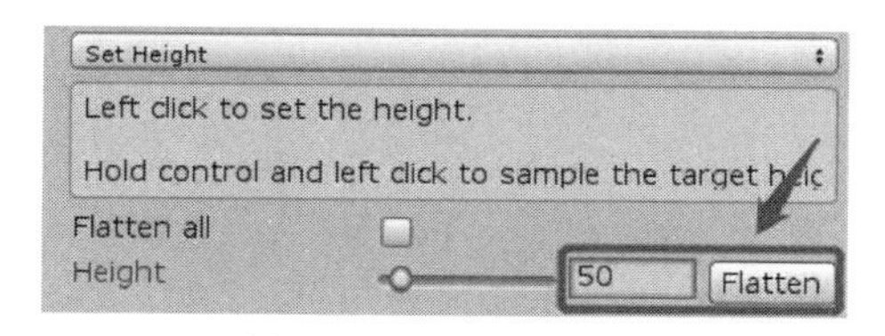

图 5-35 设置地形高度

【步骤 4】绘制地形。选择第一个画笔图标，将模式调整为 Raise or Lower Terrain，在 Scene 面板的地形上按照场景设计图进行凸起和凹陷的绘制，这里需要调整笔刷的大小和不透明度分别为 70 和 23，如图 5-36 所示。创建好的凹凸地形如图 5-37 所示。

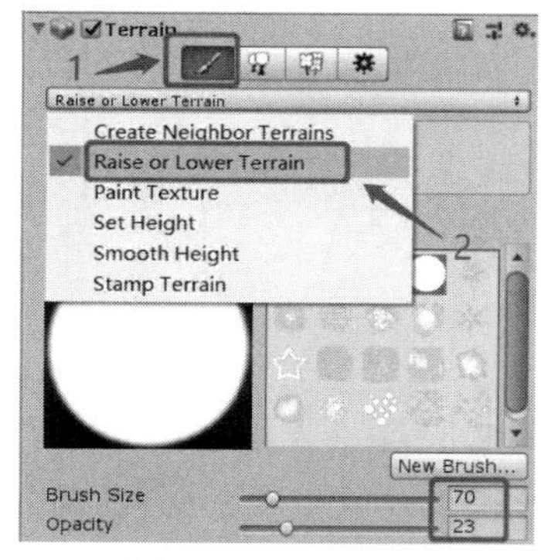

图 5-36 设置笔刷

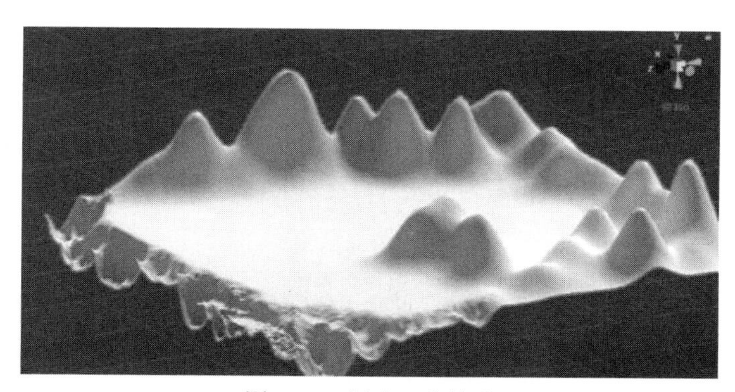

图 5-37 创建凹凸地形

【步骤 5】平滑地形。修改笔刷模式为 Smooth Height，并将大小和不透明度调整为 100 和 23，如图 5-38 所示。在 Scene 面板中对 Terrain 地形进行平滑操作，最终创建的光滑地形效果如图 5-39 所示。

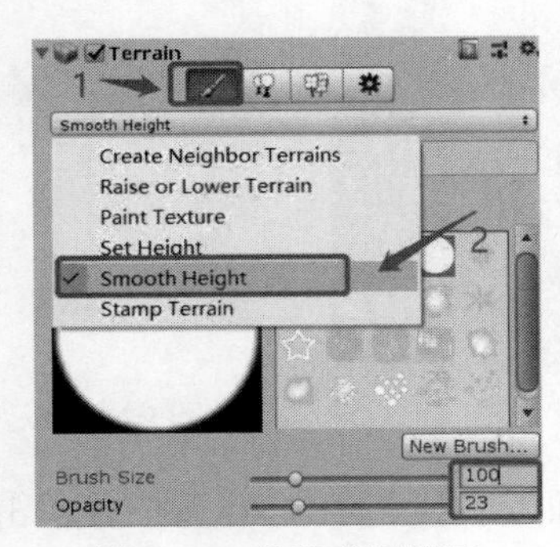

图 5-38　设置光滑笔刷

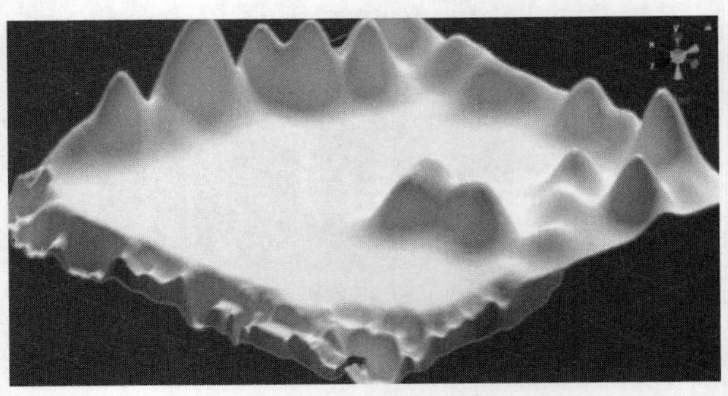
图 5-39　创建光滑地形

3. 美化《VR 海岛迷雾》地形

（1）绘制草地和沙滩。

美化《VR 海岛迷雾》地形、添加静态物体和水面

【步骤 1】添加基础地形贴图。选择第一个笔刷图标，将模式调整为 Paint Texture，单击 Edit Terrain Layers 按钮并在弹出的界面中选择 Add Layer 选项，如图 5-40 所示。在弹出的下拉列表中选择图 5-41 所示的 Layer Sand、Layer Sand2 和 New Layer 三张贴图，双击即可将其添加到笔刷工具中。

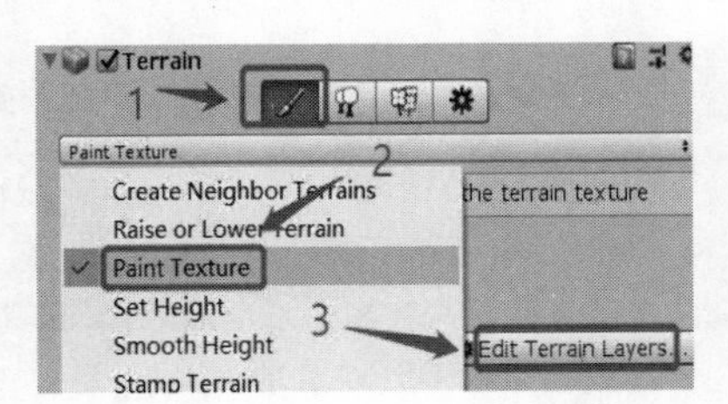

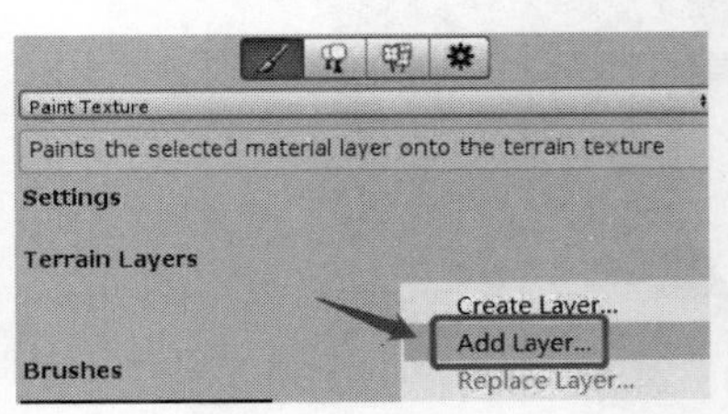

图 5-40　选择贴图绘制模式

【步骤 2】设置笔刷。选择第一行第四个圆形笔刷，并将笔刷大小调整为 50，不透明度调整为 23，如图 5-42 所示，调整好后便可选择不同的贴图素材在场景中进行绘制。

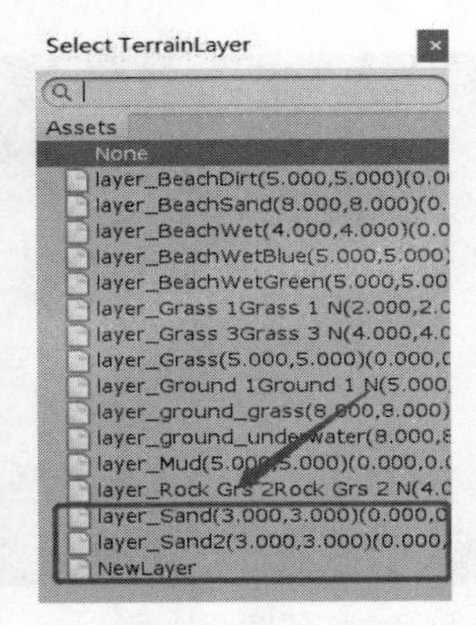

图 5-41　选择三张贴图

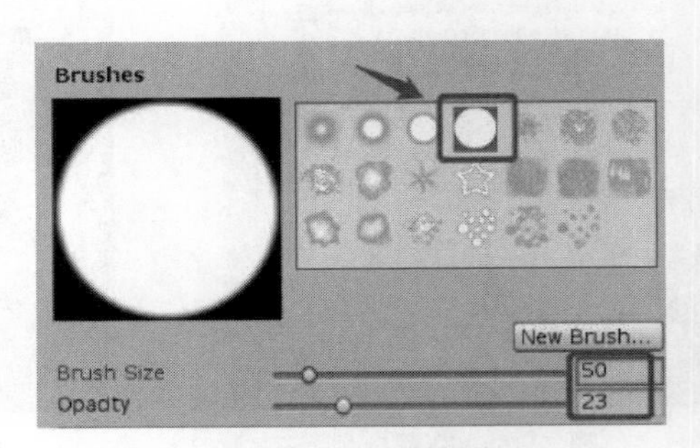

图 5-42　设置笔刷

【步骤 3】绘制草地和沙滩。选择 Terrain Layer 中的 Layer Sand 贴图，按住鼠标左键在场景地形中进行描绘，将场景全部涂刷上沙地材质。绘制完成后，选择 New Layer 贴图，按照设计图将山地描绘成草坪材质，绘制完成的草地和沙滩效果如图 5-43 所示。

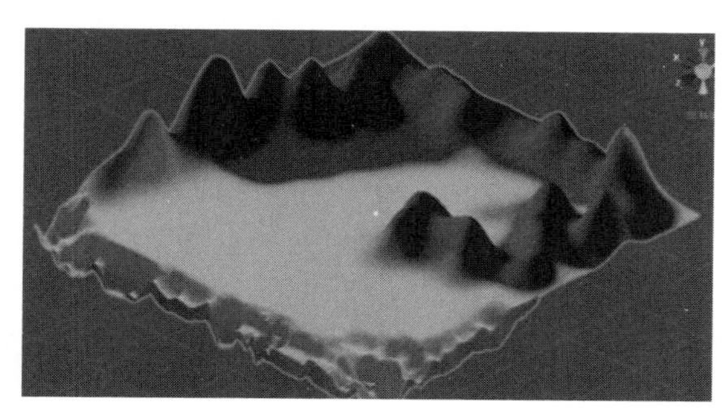

图 5-43 草地和沙滩效果

（2）添加树木。

【步骤 1】选择树木绘制模式。在 Inspector 面板中找到 Terrain 组件，选择第二个画笔图标，单击 Edit Trees→Add trees 选项进入选择树木绘制模式界面，如图 5-44 所示。

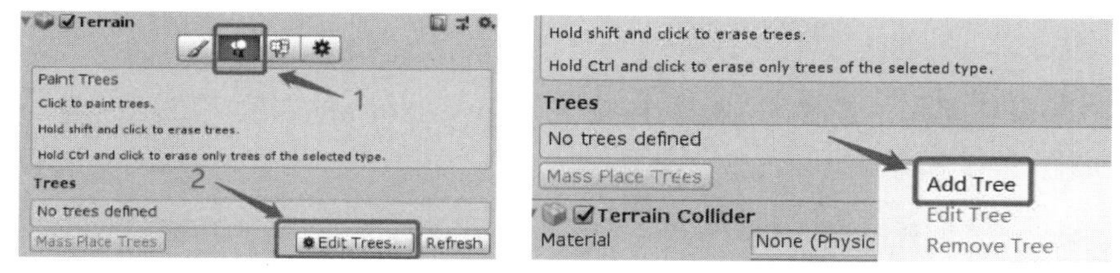

图 5-44 选择树木绘制模式

【步骤 2】选择树木类型。在素材列表中选择 Broadleaf 和 Coconut Palm Tree 01 AFS 文件，如图 5-45 所示，在弹出的界面中单击 Add 按钮将其添加到笔刷工具中，如图 5-46 所示。

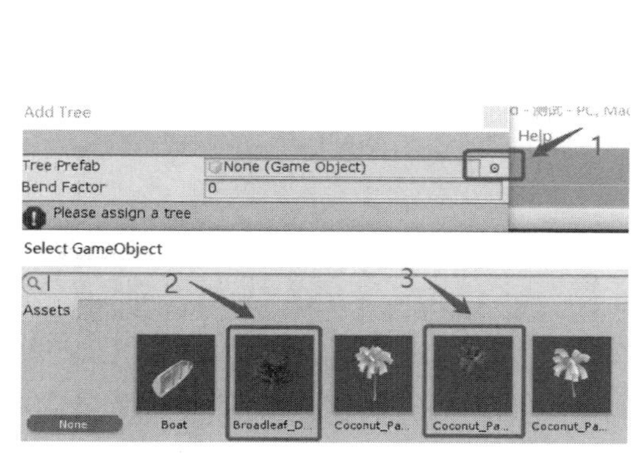

图 5-45 选择树木类型

图 5-46 添加树木至笔刷工具

【步骤 3】设置树木画笔。选择 Palm Tree 或 Broadleaf 树木笔刷，调整笔刷大小，如图 5-47 所示。在场景地形的沙地上单击鼠标左键进行树木绘制，最终的树木绘制效果如图 5-48 所示。

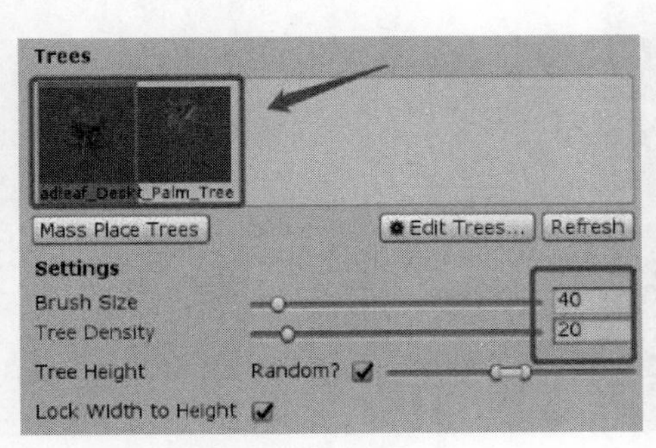

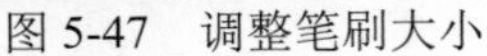
图 5-47 调整笔刷大小

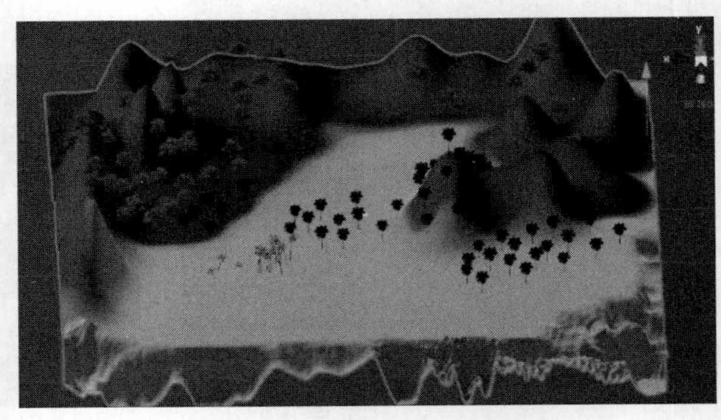

图 5-48 树木绘制效果

（3）添加光影。

【步骤 1】添加太阳光光晕。在 Project 面板中依次单击 Standard Assets 文件夹→Effects 文件夹→LightFlares 文件夹→Flares 文件夹，然后在 Hierarchy 面板中选择 Directional Light 选项，在 Inspector 面板中进行组件关联，将 50mm Zoom 选项拖曳到 Flare 属性中，如图 5-49 所示。

【步骤 2】调整阴影。选择 Shadow Type 为 Soft shadows，调整阴影的设置，修改灯光颜色及亮度，如图 5-49 所示。

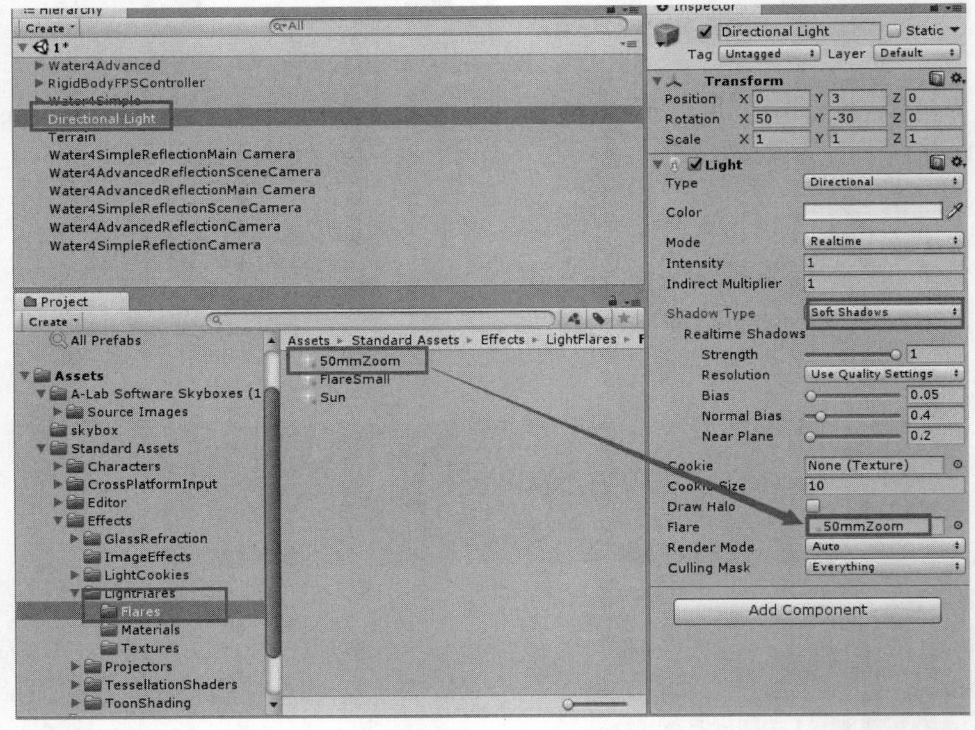

图 5-49 调整阴影

（4）添加雾特效。

【步骤 1】打开渲染设置面板，依次单击 Window→Rendering→Lighting Settings 选项，如图 5-50 所示。

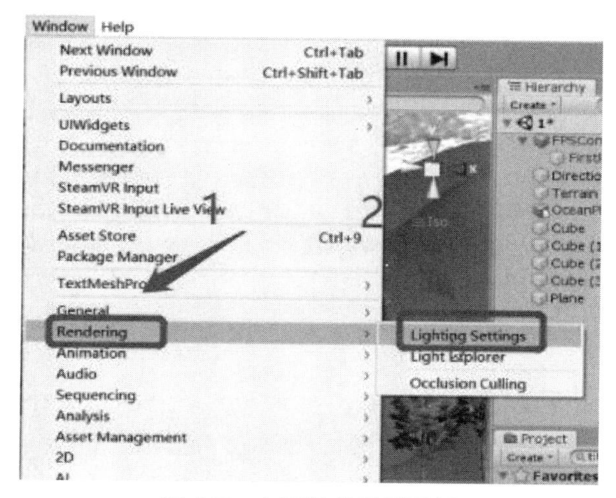

图 5-50 打开渲染设置面板

【步骤 2】设置雾特效。在 Scene 面板的 Other Settings 下找到 Fog 复选项并将其勾选，调整设置，如图 5-51 所示。

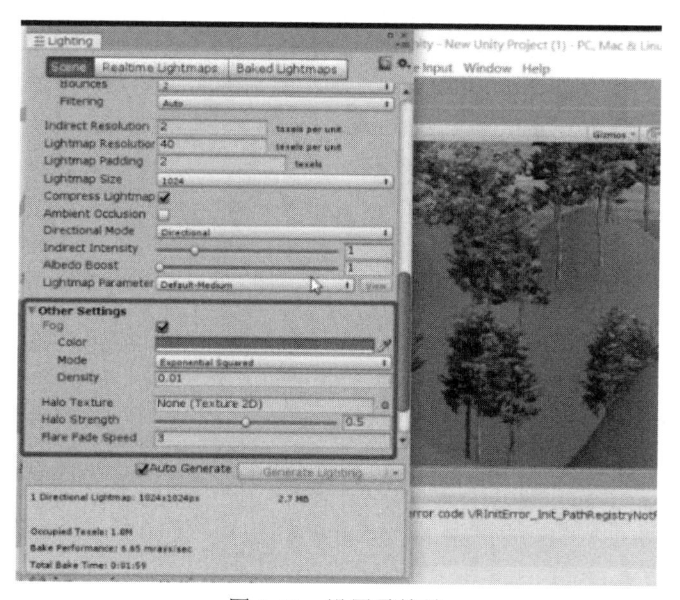

图 5-51 设置雾特效

（5）添加风向。

【步骤 1】创建场景风。在 Hierarchy 面板的空白处右击并选择 3D Object→Wind Zone 选项，如图 5-52 所示。

【步骤 2】调整场景风设置。调整场景风的位置、方向、风力和脉率等，如图 5-53 所示。

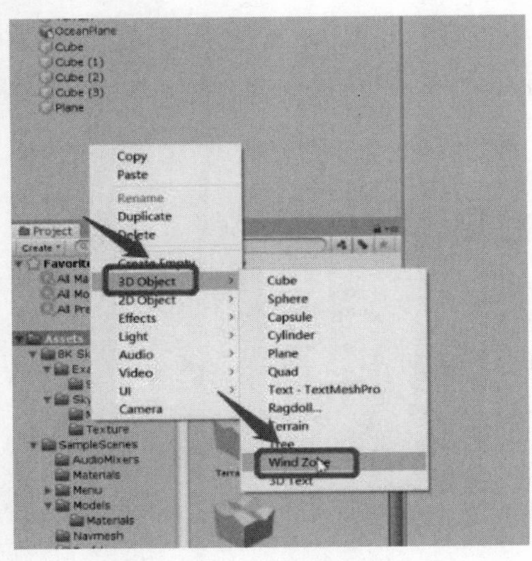

图 5-52　创建场景风

图 5-53　调整场景风设置

4. 添加静态物体和水效果

（1）添加静态物体。

【步骤 1】添加场景模型。在 Assets 文件夹中搜索 thingsE 文件，将预制体拖曳到场景中，按 Ctrl+S 组合键保存场景，如图 5-54 所示。

【步骤 2】调整模型属性。将模型拖曳到场景中后，调整模型的位置、大小等，具体设置如图 5-55 所示。

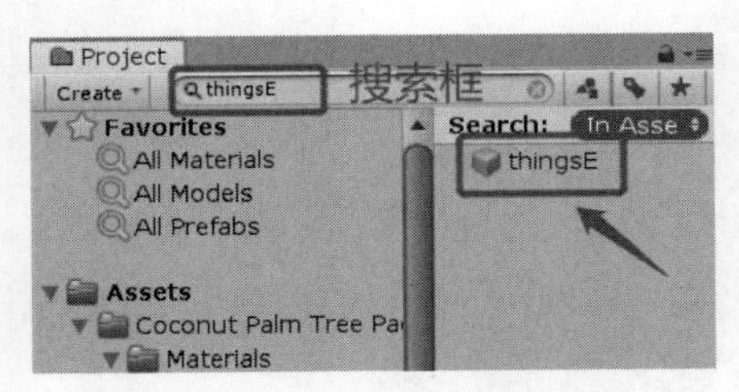

图 5-54　添加场景模型

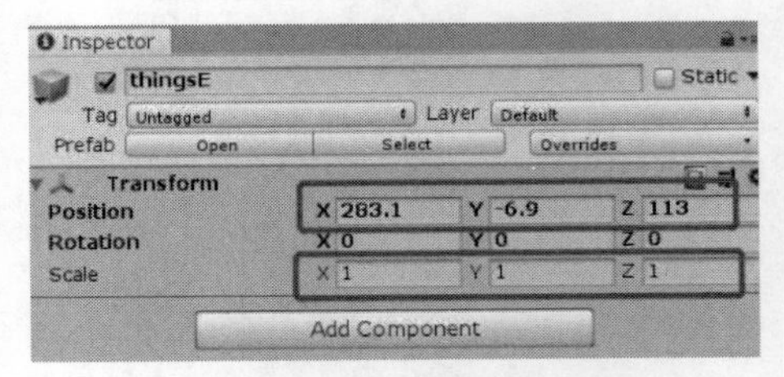

图 5-55　调整模型设置

（2）添加水效果。

【步骤 1】创建水面。在本书提供的配套资源素材中找到 Water4 文件夹并直接拖曳至 Assets 文件夹中，在 Project 面板中依次单击 Assets→Water4→Models 选项，找到 OceanPlane 预制体并将其拖曳到场景中，如图 5-56 所示。

【步骤 2】调整水面设置。调整水面 Ocean Plane 的位置和大小，如图 5-57 所示。

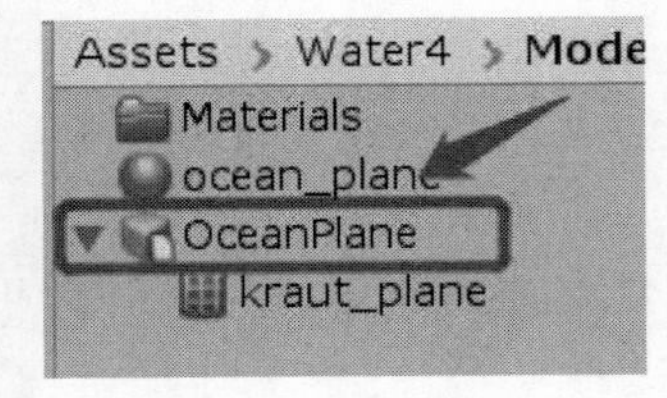

图 5-56　选择预置体

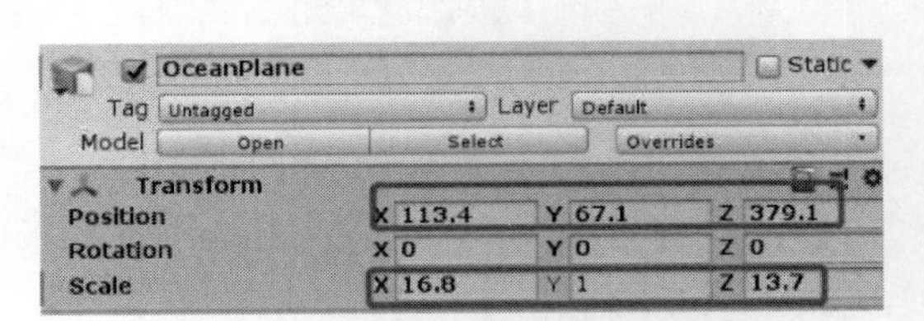

图 5-57 调整水面设置

【步骤 3】添加水面效果。在 Project 面板中选择 Water4 文件夹→Models 文件夹→Materails 文件夹→Water4Simple 文件，将其拖曳到场景中的 OceanPlane 上，最终的水面效果如图 5-58 所示。

图 5-58 最终的水面效果

5.2.2 开发《VR 海岛迷雾》场景交互功能

场景主界面、选择界面、
设置界面制作及功能开发

1. 场景主界面制作及功能开发

（1）主界面制作。

【步骤 1】创建画布。在 Hierarchy 面板中右击并选择 UI→Canvas 选项创建一个新的画布，如图 5-59 所示。

【步骤 2】创建面板。选择 Canvas 对象，右击并选择 Rename 选项，将其重命名为 start，如图 5-60 所示。在 start 下右击创建一个 Panel 对象，设置如图 5-61 所示。

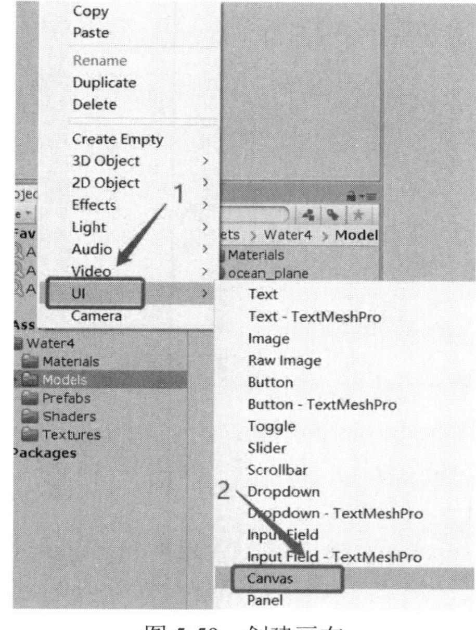

图 5-59 创建画布

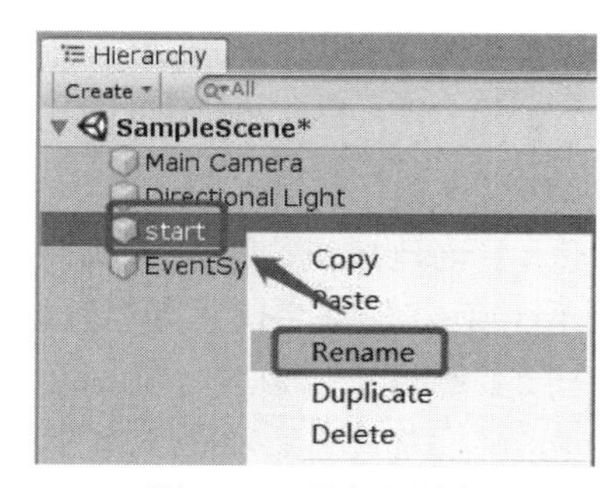

图 5-60 重命名画布

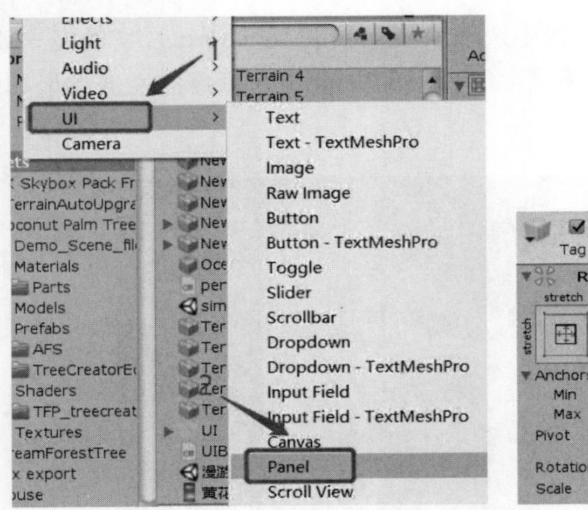

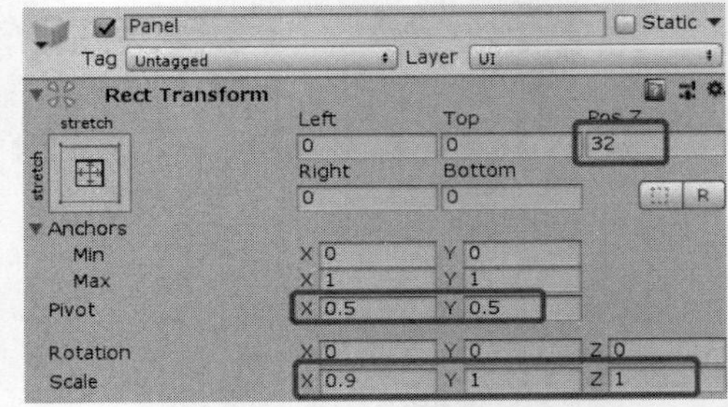

图 5-61　创建 Panel 对象并修改其设置

【步骤 3】添加图片素材。在 Project 面板中选择 Assets 文件夹→“海岛场景导入资源”文件夹→UI 文件夹→UI_0 文件，将其拖曳至 Panel→Image→Source Image 选项后，如图 5-62 和图 5-63 所示。

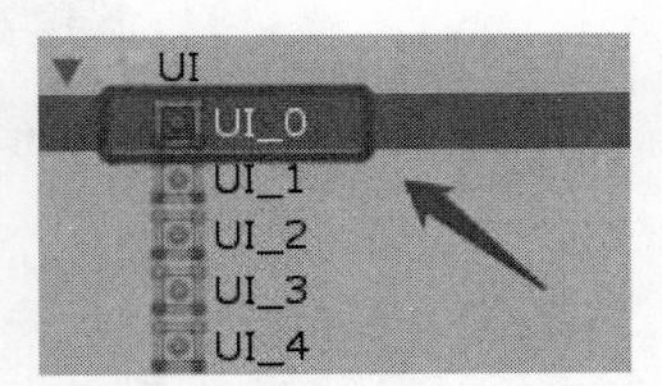

图 5-62　选择图片资源

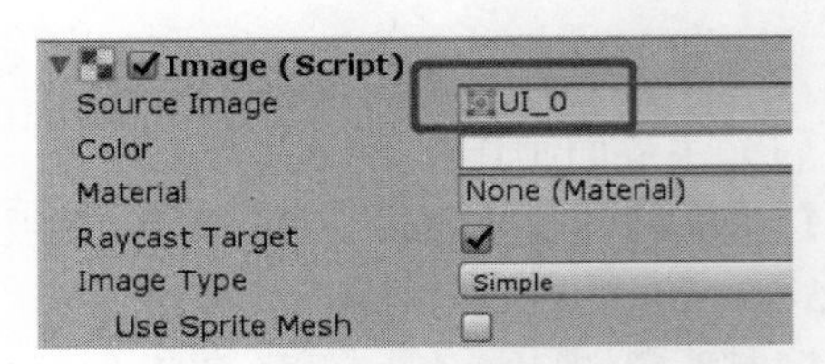

图 5-63　添加图片素材

【步骤 4】创建文字信息。选择 Panel 对象，右击创建一个 Text 对象，如图 5-64 所示。在输入框中输入文字信息“欢迎来到 VR 漫游体验—海岛迷雾”，修改文字大小，如图 5-65 所示。

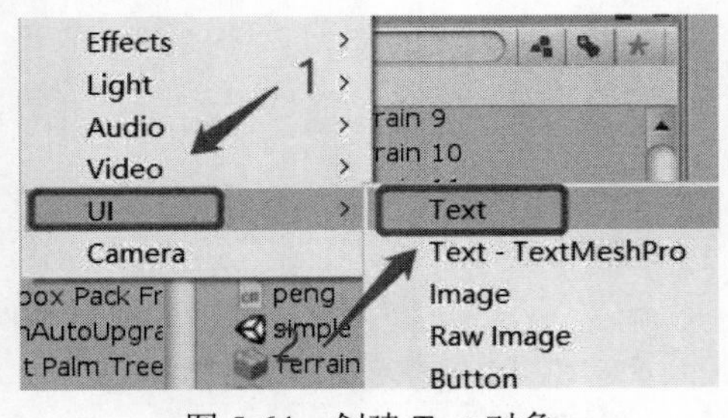

图 5-64　创建 Text 对象

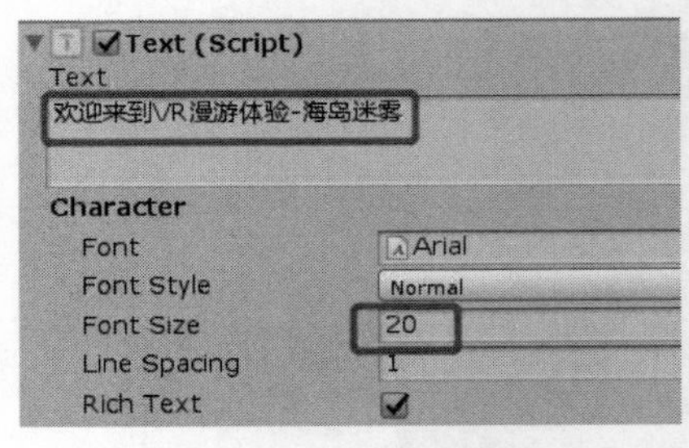

图 5-65　创建文字信息

（2）主界面交互实现。

【步骤 1】创建按钮。在 Hierarchy 面板中选择 start 对象，右击并选择 UI→Button 选项，修改 Button 下 Text 的文字信息为“开始体验”，如图 5-66 所示。

【步骤 2】创建按钮脚本。在 Button 对象的 Inspector 面板中单击 Add Component 按钮，选择 New script 添加脚本，修改其名字为 UI Button，单击 Create and Add 按钮完成脚本创建，如图 5-67 和图 5-68 所示。

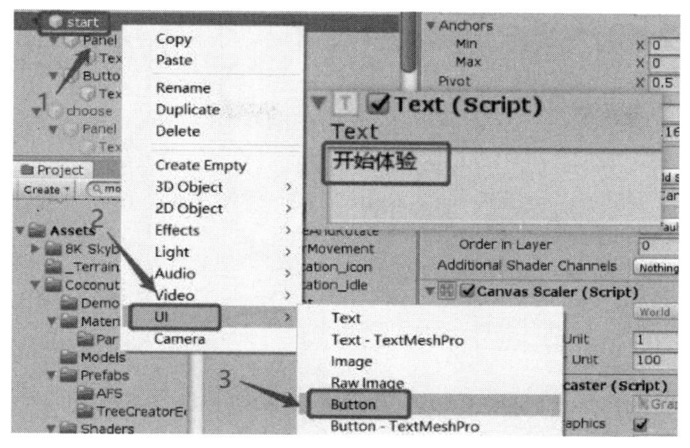

图 5-66　创建按钮

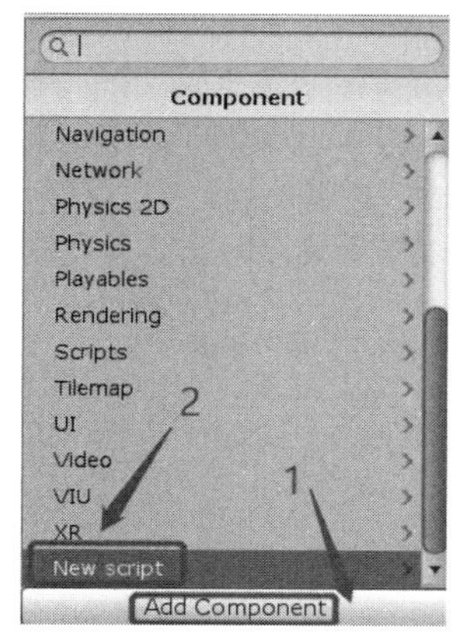

图 5-67　添加脚本

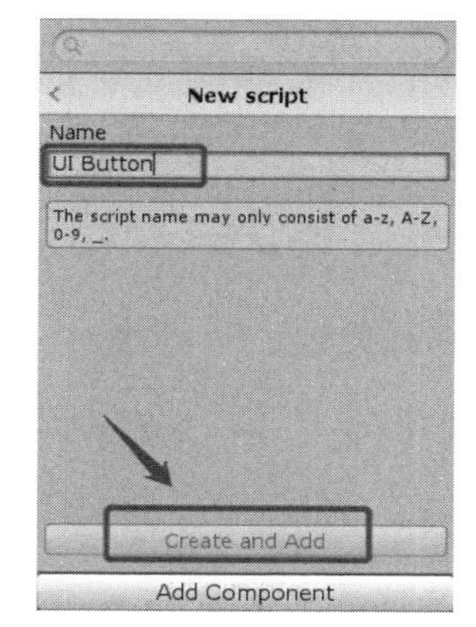

图 5-68　命名脚本

【步骤 3】编辑按钮交互脚本。创建完成后双击 UI Button 脚本，在 Visual Studio 中对脚本进行编辑。

```
using System.Collections;
using System.Collections.Generic;
using UnityEngine;
using UnityEngine.Events;
using UnityEngine.EventSystems;
using UnityEngine.UI;
using Valve.VR;
using Valve.VR.Extras;
using System;
public class UIButton : MonoBehaviour
{
    private PointerEventArgs pointerEventArgs;
    public SteamVR_LaserPointer SteamVrLaserPointer;
    public UnityEvent mOnEnter = null;
    public UnityEvent mOnClick = null;
```

```
public UnityEvent mOnUp = null;
public SteamVR_Action_Boolean Trigger = SteamVR_Input.GetBooleanAction("Trigger");
public GameObject Panel;
void Start()
{
    mOnEnter.AddListener(OnButtonEnter);
    mOnClick.AddListener(OnButtonClick);
    mOnUp.AddListener(OnButtonUp);
}
void OnEnable()
{
    SteamVrLaserPointer.PointerClick += SteamVrLaserPointer_PointerClick;
    SteamVrLaserPointer.PointerIn += SteamVrLaserPointer_PointerIn;
    SteamVrLaserPointer.PointerOut += SteamVrLaserPointer_PointerOut;
}
void OnDestroy()
{
    SteamVrLaserPointer.PointerClick -= SteamVrLaserPointer_PointerClick;
    SteamVrLaserPointer.PointerIn -= SteamVrLaserPointer_PointerIn;
    SteamVrLaserPointer.PointerOut -= SteamVrLaserPointer_PointerOut;
}
private void SteamVrLaserPointer_PointerOut(object sender, PointerEventArgs e)
{
    if (e.target.gameObject == this.gameObject)
    {
        if (mOnUp != null) mOnUp.Invoke();
    }
}
private void SteamVrLaserPointer_PointerIn(object sender, PointerEventArgs e)
{
    if (e.target.gameObject == this.gameObject)
    {
        if (mOnEnter != null) mOnEnter.Invoke();
    }
}
private void SteamVrLaserPointer_PointerClick(object sender, PointerEventArgs e)
{
    if (e.target.gameObject == this.gameObject)
    {
        if (mOnClick != null) mOnClick.Invoke();
    }
}
public void OnButtonClick()
{
    {
        Panel.SetActive(false);
        Debug.Log("OnButtonClick");
```

```
        }
    }
    public void OnButtonEnter()
    {
        Debug.Log("OnButtonEnter");
    }
    public void OnButtonUp()
    {
        Debug.Log("OnButtonUp");
    }
}
```

【步骤 4】关联脚本。编辑完成后按 Ctrl+S 组合键进行保存，在 Inspector 面板中为 start 下的 Button 对象与 UIButton 脚本进行关联，如图 5-69 所示。

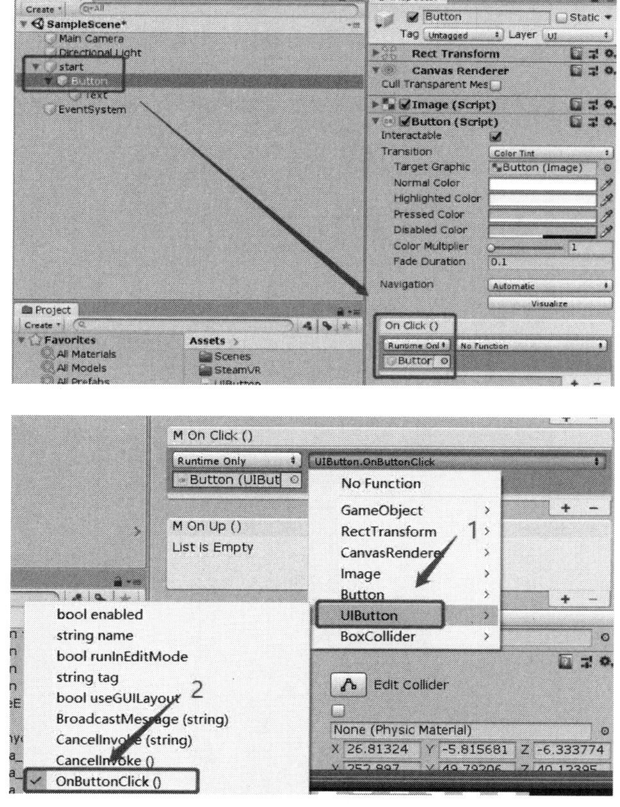

图 5-69　关联脚本

2. 场景选择界面制作及功能开发

（1）选择界面制作。

【步骤 1】创建新画布。选择 start 对象，右击并选择 Duplicate 选项复制一个新的画布，将其重命名为 choose。在 choose 对象下再复制一个按钮，并修改两个按钮的名称为 Button（1）和 Button（2）。

【步骤 2】修改文字信息。将 Panel 中的文字信息修改为“场景选择”，Button（1）中的文字信息修改为“场景一”，Button（2）中的文字信息修改为“场景二”，如图 5-70 至图 5-72 所示。

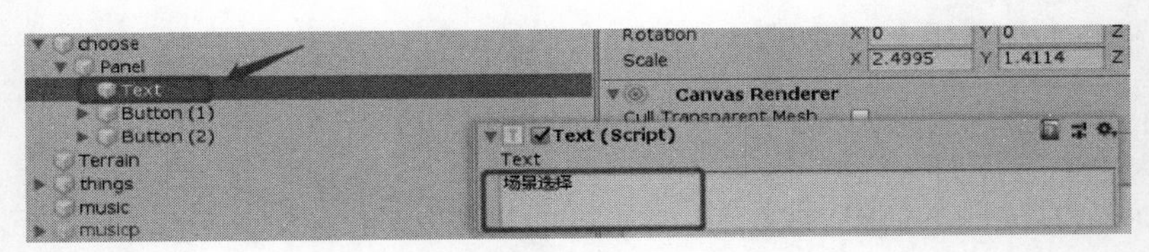

图 5-70　编辑 Text 中文字

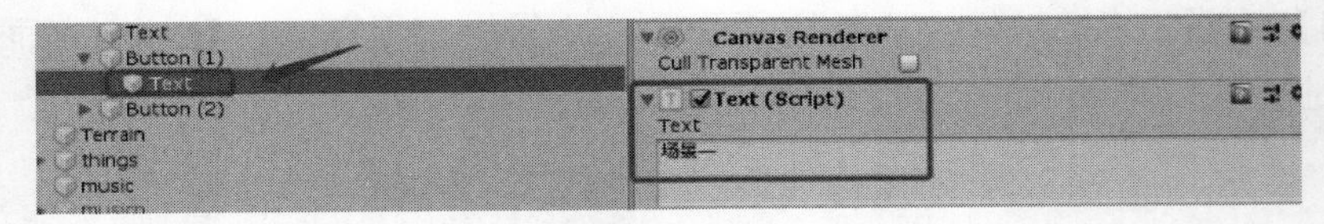

图 5-71　编辑 Button（1）中文字

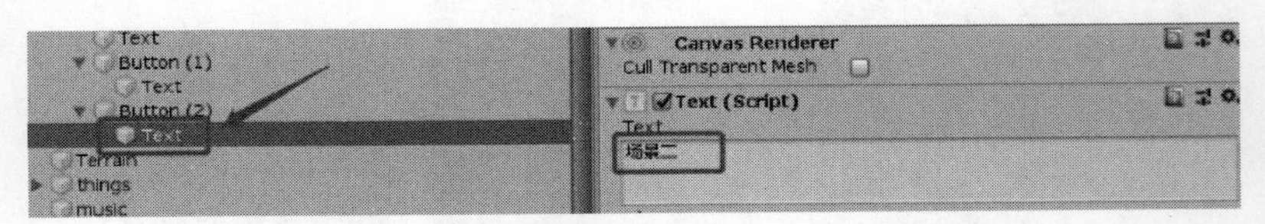

图 5-72　编辑 Button（2）中文字

（2）选择界面交互实现。

【步骤 1】创建按钮脚本。在 Button（1）的 Inspector 面板下单击 Add Component 按钮，选择 New script 选项添加脚本，将其命名为 Loadtoscene，如图 5-73 所示。创建完脚本后将其拖曳到 Button（2）上。

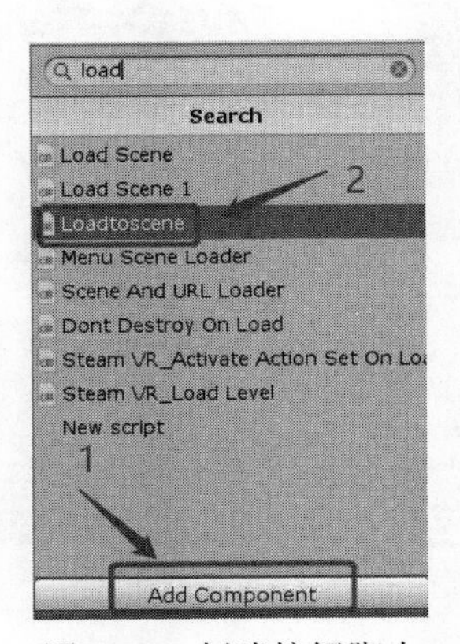

图 5-73　创建按钮脚本

【步骤 2】编辑脚本。创建完成后双击 Loadtoscene 脚本，在 Visual Studio 中对该脚本进行编辑。

```
using System.Collections;
using System.Collections.Generic;
```

```
using UnityEngine;
using UnityEngine.SceneManagement;
public class Loadtoscene : MonoBehaviour
{
        public void Tosceneone()
      {
          SceneManager.LoadScene("kn");
      }
      public void Toscenetwo()
      {
          SceneManager.LoadScene("ky");
      }
}
```

【步骤 3】关联脚本。编辑完成后按 Ctrl+S 组合键进行保存，在 Inspector 面板中将 choose 下的 Button（1）和 Button（2）对象与 Loadtoscene 脚本进行关联，如图 5-74 和图 5-75 所示。

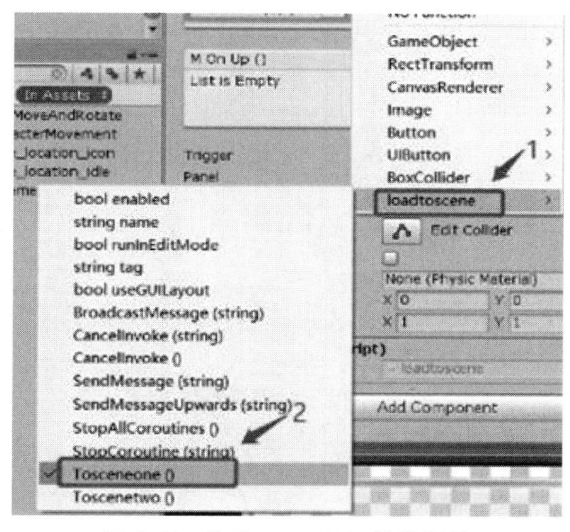

图 5-74 为 Button（1）关联事件

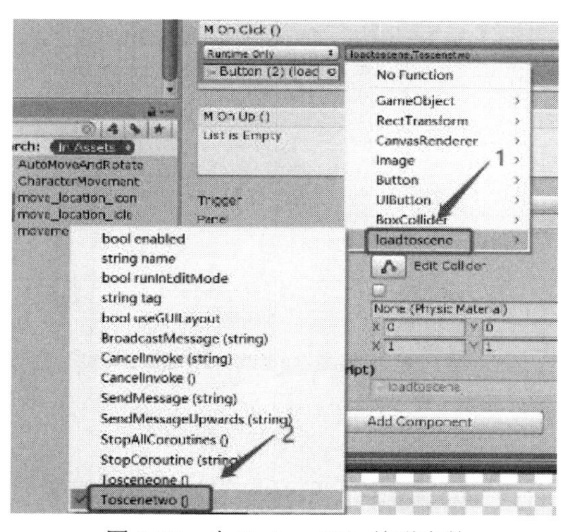

图 5-75 为 Button（2）关联事件

3. 场景设置界面制作及功能开发

（1）设置界面制作。

【步骤 1】创建新画布。选择 start 对象，右击并选择 Duplicate 选项复制一个新的画布，将其重命名为 Musicp。

【步骤 2】修改文字信息。将 Panel 中的文字信息修改为“设置”，Button（1）中的文字信息修改为“打开音乐”，Button（2）中的文字信息修改为“关闭音乐”，如图 5-76 至图 5-78 所示。

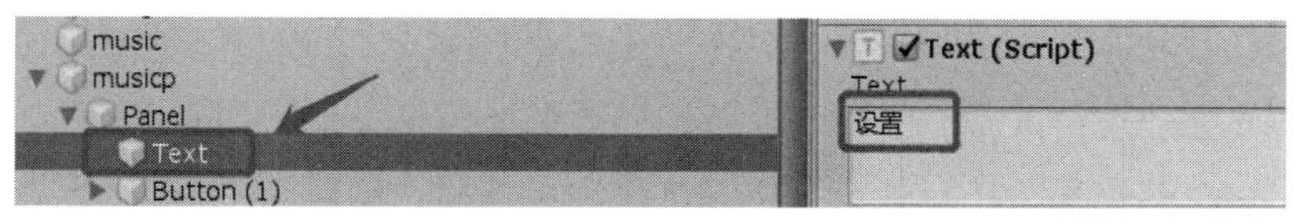

图 5-76 编辑 Panel 中文字

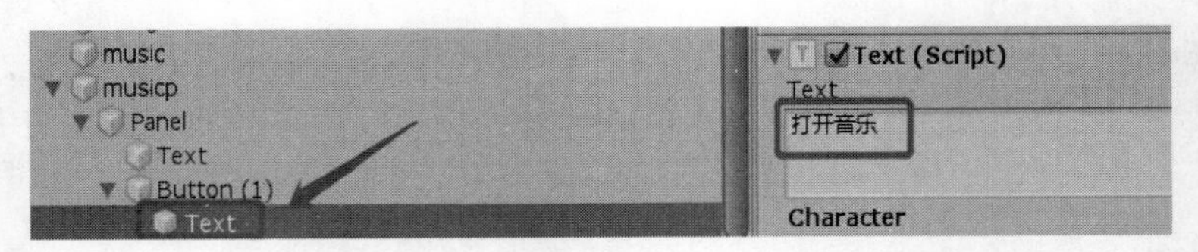

图 5-77 编辑 Button（1）中文字

图 5-78 编辑 Button（2）中文字

（2）设置界面交互实现。

【步骤 1】创建空物体。在 Hierarchy 面板的空白处右击并选择 Create Empty 选项创建一个空物体，将其重命名为 music，如图 5-79 所示。

【步骤 2】添加 Audio Source 组件。选择 music 对象，在其 Inspector 面板下单击 Add Component 按钮添加 Audio Source 组件，如图 5-80 所示。

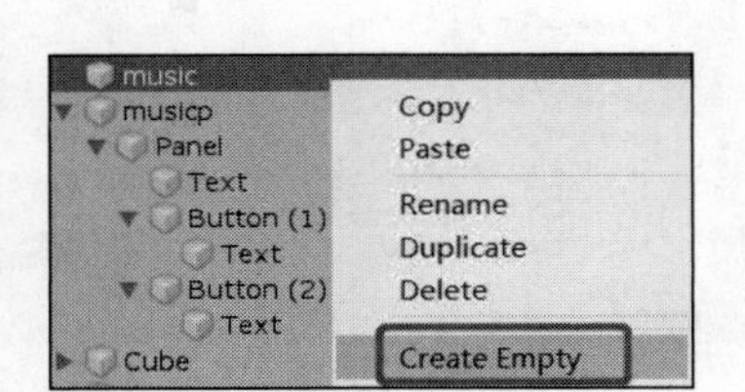

图 5-79 创建空物体

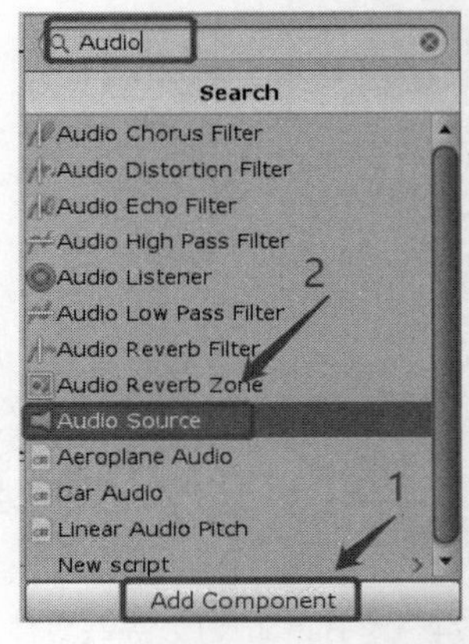

图 5-80 添加 Audio Source 组件

【步骤 3】创建音乐文件夹。在 Assets 文件夹下右击并选择 Create→Folder 选项创建一个新文件夹，将其重命名为 music，如图 5-81 所示。

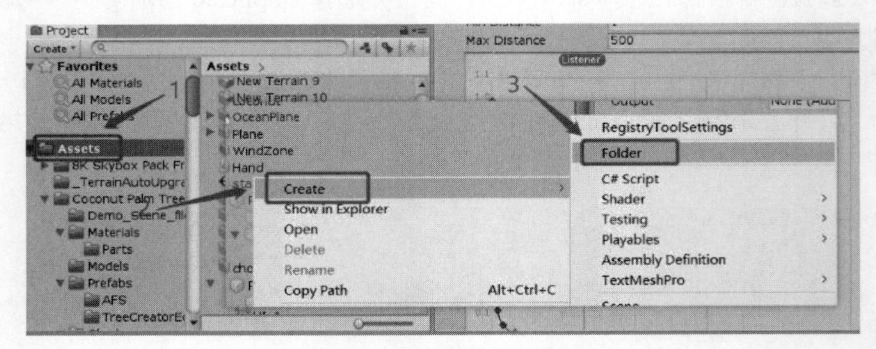

图 5-81 创建音乐文件夹

【步骤 4】导入音乐素材。在本书提供的配套资源“海岛场景导入资源”文件夹中找到音频素材 Deep Sleep Music 文件，将其拖曳到 Assets 文件夹中的 music 文件夹中，如图 5-82 所示。

图 5-82　导入音乐素材

【步骤 5】关联音乐素材。在 Hierarchy 面板中选择 music 对象，单击 Deep Sleep Music→Audio Clip 选项关联音乐素材，如图 5-83 所示。

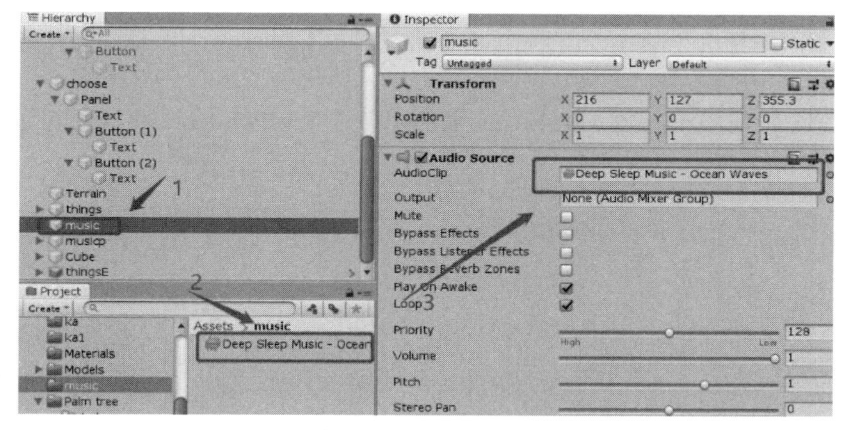

图 5-83　关联音乐素材

【步骤 6】关联按钮。将场景中的 music 对象拖曳到 Button（1）和 Button（2）上，修改其设置，如图 5-84 和图 5-85 所示。

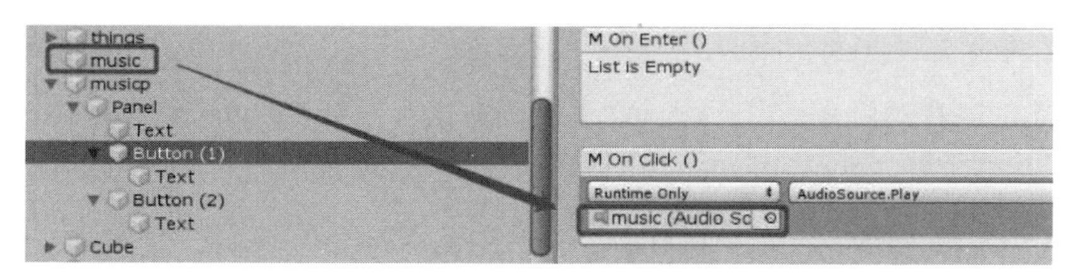

图 5-84　关联 Button（1）

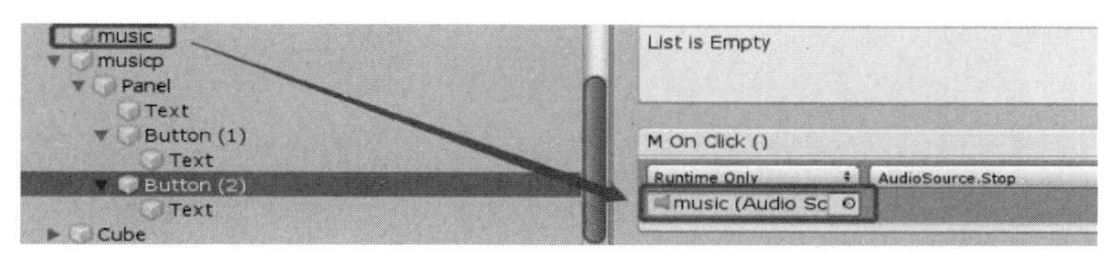

图 5-85　关联 Button（2）

4. 场景模型交互功能开发

场景模型交互功能开发

（1）配置玩家功能。

【步骤 1】创建空物体。在 Hierarchy 面板中右击并选择 Create Empty 选项创建一个空物体，将其重命名为 Hand，如图 5-86 所示。

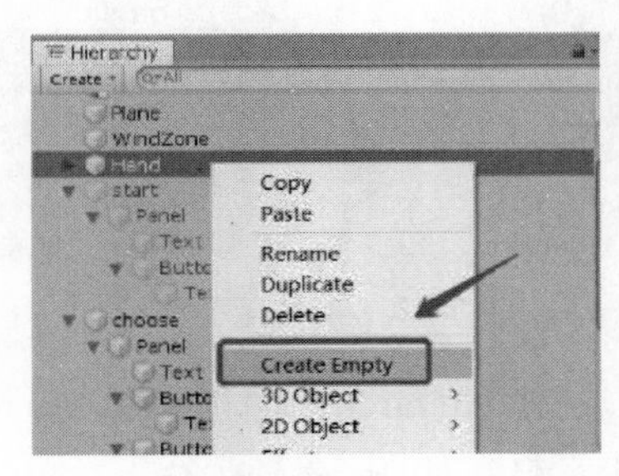

图 5-86 创建空物体

【步骤 2】添加相机预制体。在 Project 面板中搜索[CameraRig]，将该预制体拖曳到 Hand 对象下，如图 5-87 所示。

【步骤 3】添加射线预制体。在 Project 面板中搜索 VivePointers，将该预制体拖曳到 Hand 对象下，如图 5-88 所示。

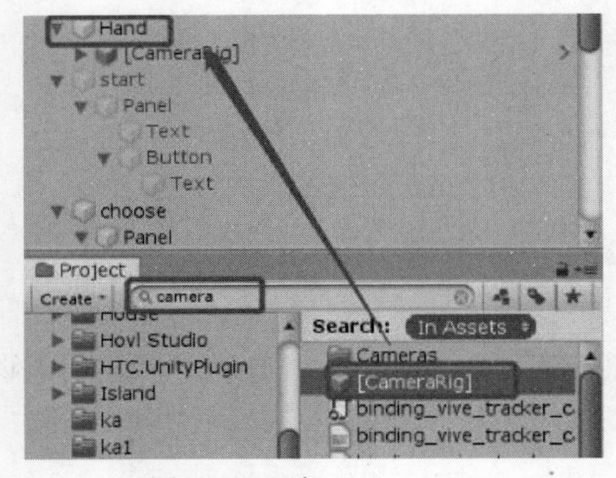

图 5-87 添加[CameraRig]

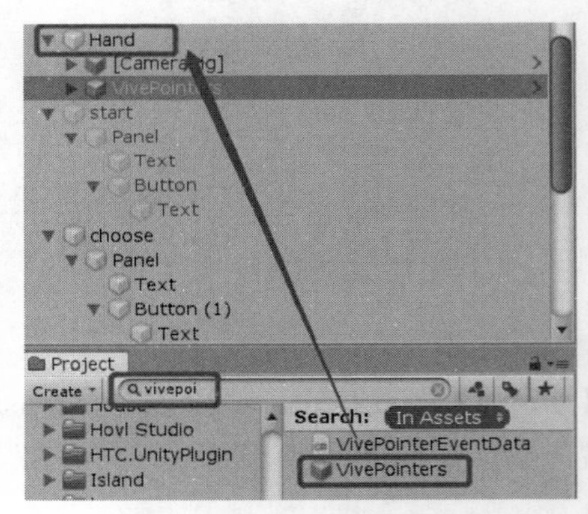

图 5-88 添加 VivePointers

【步骤 4】创建移动脚本。在 Assets 文件夹下右击并选择 Create→C# Script 选项创建一个新的脚本，将其重命名为 movement，如图 5-89 所示。

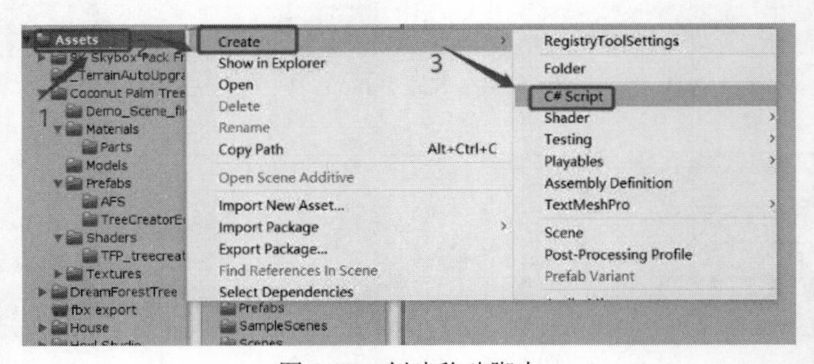

图 5-89 创建移动脚本

【步骤 5】编写控制脚本。双击 movement 脚本，在 Visual Studio 中进行编辑，具体内容如下：

```
using System.Collections;
using System.Collections.Generic;
using UnityEngine;
using Valve.VR.InteractionSystem;
using Valve.VR;
using UnityEngine.SceneManagement;

public class movement : MonoBehaviour
{
    public SteamVR_Action_Boolean Up;
    public SteamVR_Action_Boolean Down;
    public SteamVR_Action_Boolean Right;
    public SteamVR_Action_Boolean Left;
    public Transform player;
    public int speed;
    public Transform camera;
    void Update()
    {
        if (Up.state == true)
        {
            player.Translate(camera.forward*Time.deltaTime*speed,Space.Self);
        }
        if (Down.state == true)
        {
            player.Translate(-camera.forward * Time.deltaTime * speed, Space.Self);
        }
        if (Right.state == true)
        {
            player.Translate(camera.right * Time.deltaTime * speed, Space.Self);
        }
        if (Left.state == true)
        {
        player.Translate(-camera.right * Time.deltaTime * speed, Space.Self);
        }
    }
}
```

【步骤 6】关联脚本。将脚本 movement 拖曳至[CameraRig]下的 Controller（left）和 Controller（right）中，如图 5-90 所示。设置 Controller（left），如图 5-91 所示，同样设置 Controller（right）。

（2）设置手柄按键。

【步骤 1】自定义手柄按键。选择 Window→SteamVR Input 选项，如图 5-92 所示。在弹出的 SteamVR Input 面板中单击“+”按钮添加两个新的自定义按键，将其命名为 up 和 down，如图 5-93 所示。

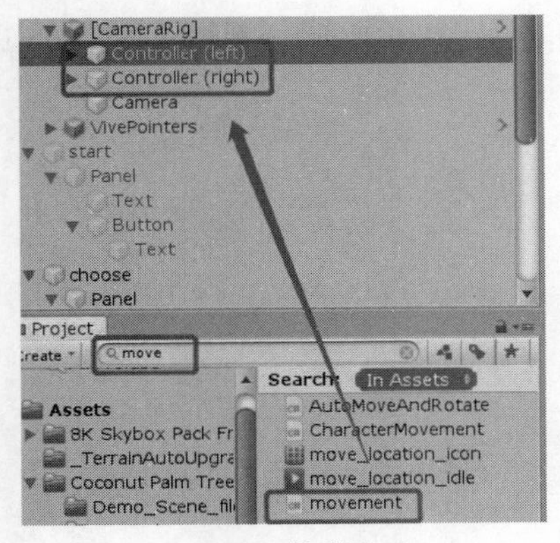

图 5-90 关联脚本

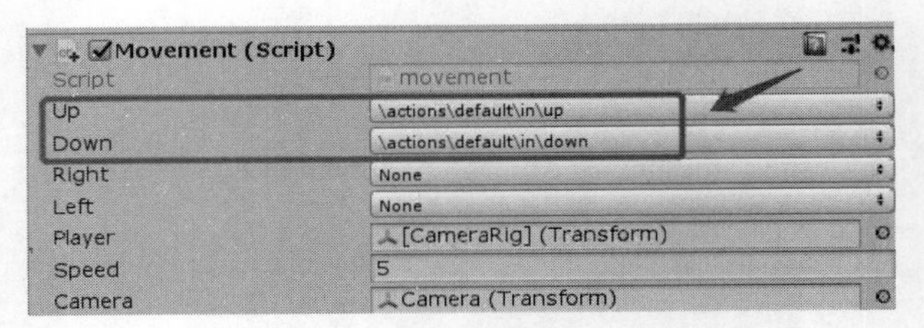

图 5-91 设置脚本

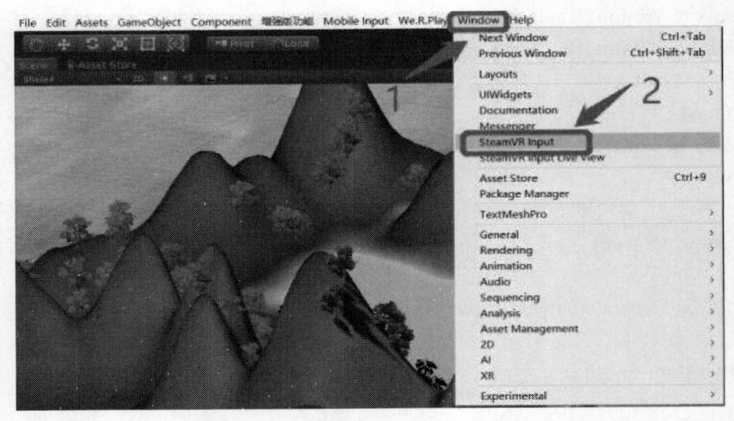

图 5-92 单击 SteamVR Input 选项

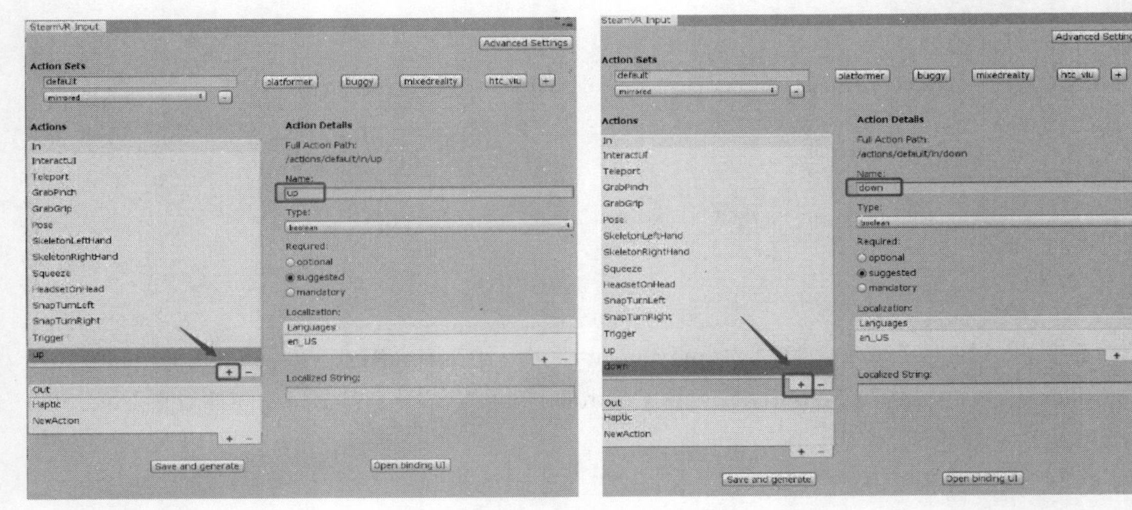

图 5-93 自定义手柄按键

【步骤 2】编辑 Open binding UI 对象。单击 Open binding UI 按钮打开编辑面板，如图 5-94 所示，单击“编辑”按钮开始设置按键，如图 5-95 所示。

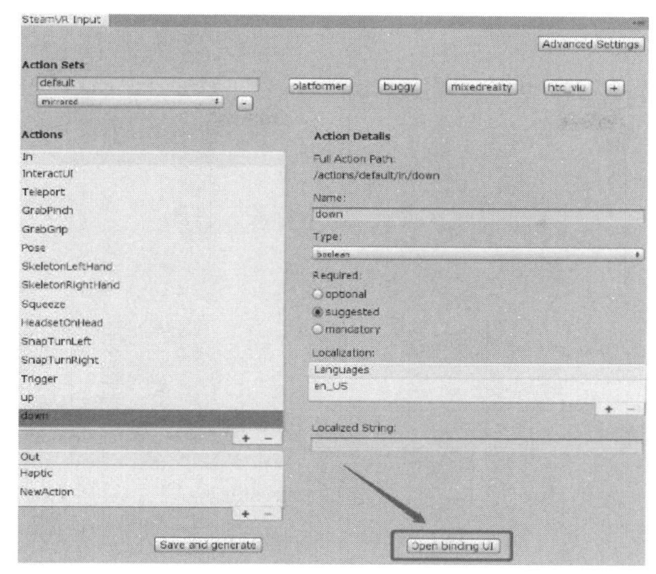

图 5-94　打开编辑面板

图 5-95　开始设置按键

【步骤 3】自定义触控板上的按键。在“触控板”面板中单击“十字键”按钮，进行如下关联：up→北，down→南，如图 5-96 所示。完成后，在功能面板中就会出现刚才定义的按键，如图 5-97 所示。

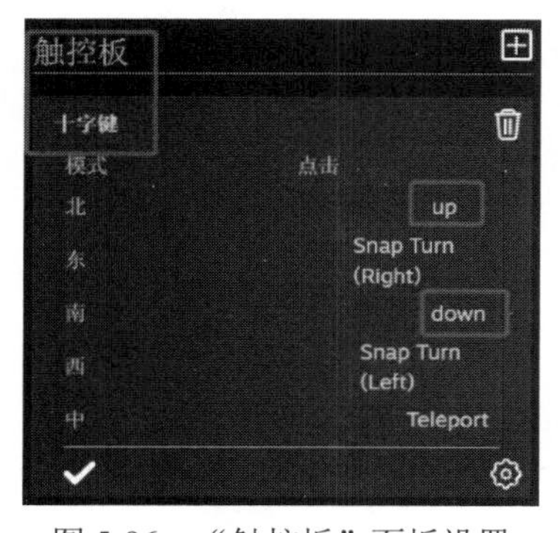

图 5-96　“触控板”面板设置

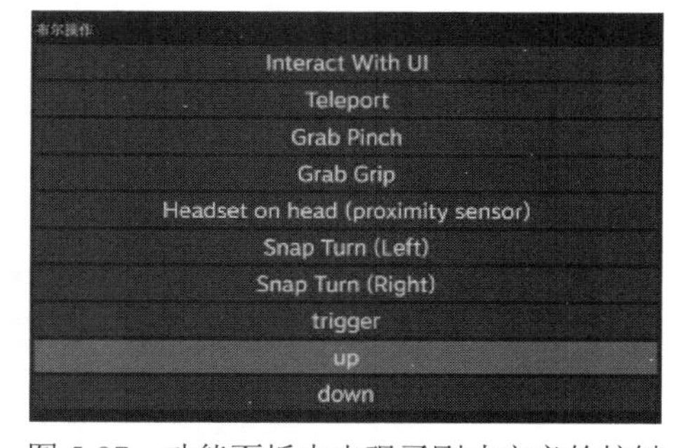

图 5-97　功能面板中出现了刚才定义的按键

（3）拾取物体。

【步骤 1】添加 Velocity Estimator 脚本。在 Hierarchy 面板中选择 things 对象，在其下拉列表中选择 sea star 选项，如图 5-98 所示。在 Inspector 面板中单击 Add Component 按钮，在搜索框中输入 Velocity Estimator，单击进行添加，如图 5-99 所示。

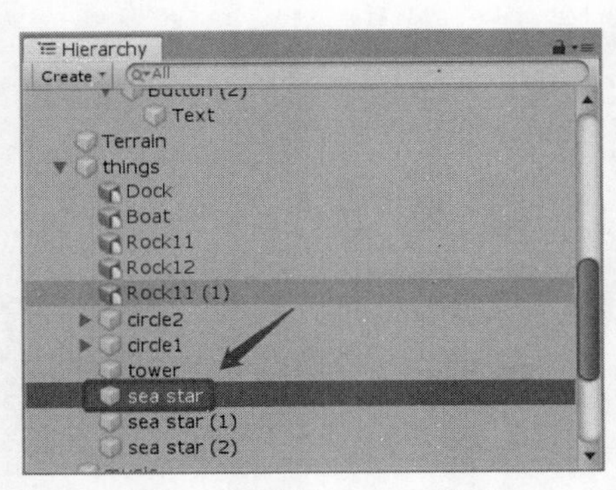

图 5-98　选择 sea star 选项

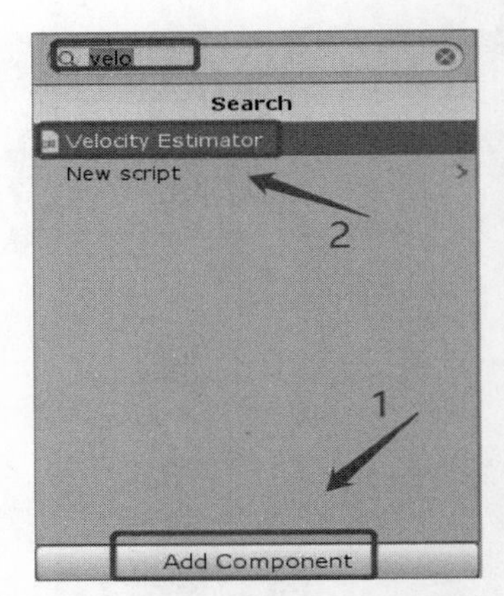

图 5-99　添加 Velocity Estimator 脚本

【步骤 2】添加 Throwable 脚本。同样选择 sea star 选项，在其 Inspector 面板中单击 Add Component 按钮，在搜索框中输入 Throwable，添加该脚本，如图 5-100 所示。

【步骤 3】为[CameraRig]对象添加预制体。在 Project 面板中搜索 Player，单击 Player 预制体并将其拖曳至[CameraRig]中，如图 5-101 所示，选择 Player，将其子物体 VRCamera 取消勾选进行隐藏，如图 5-102 所示。

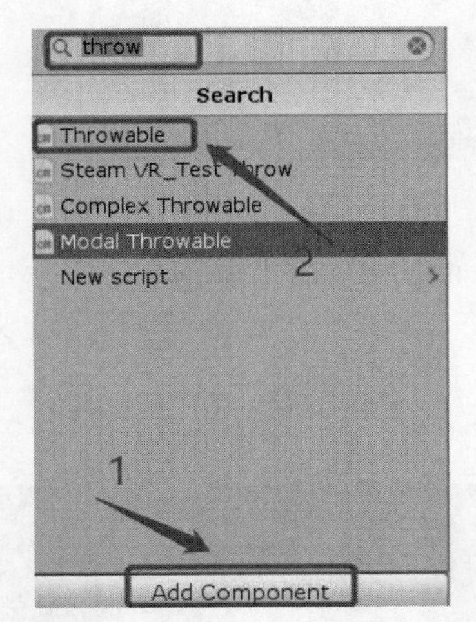

图 5-100　添加 Throwable 脚本

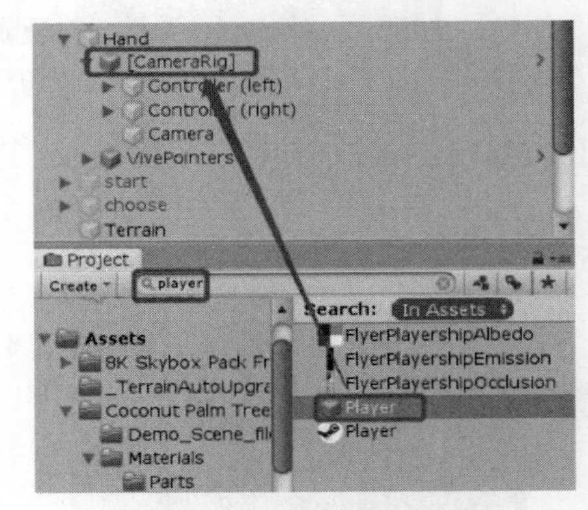

图 5-101　添加预制体

图 5-102　隐藏 VRCamera

【步骤 4】为 Terrain 添加碰撞体。单击 Terrain 对象，在其 Hierarchy 面板中单击 Add Component 按钮，在搜索框中输入 Box Collider，找到对应物体，双击添加，如图 5-103 所示。同样的方法为 sea star、sea star（1）和 sea star（2）添加碰撞体，如图 5-104 所示。

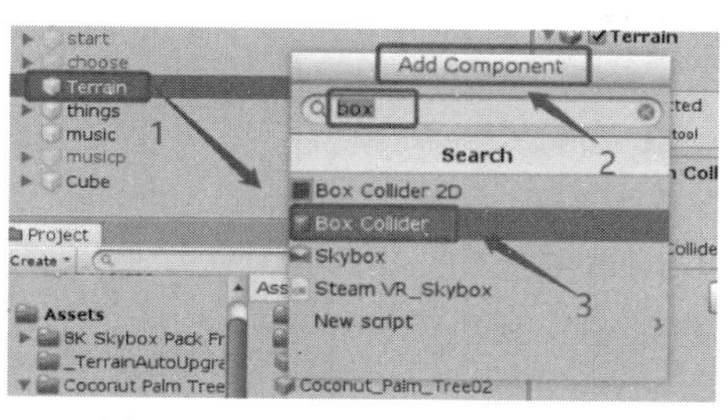

图 5-103　为 Terrain 添加碰撞体

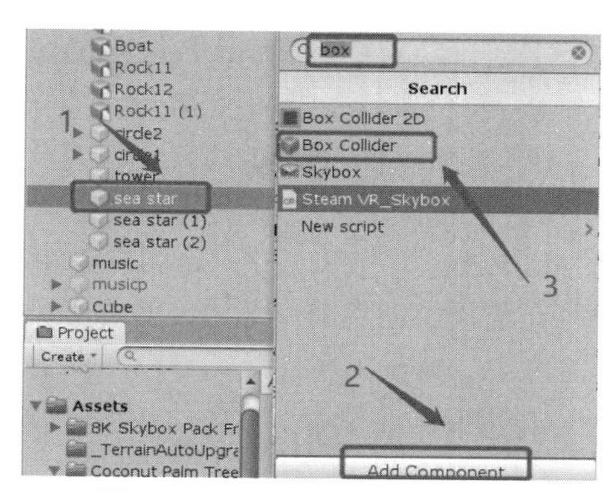

图 5-104　为 sea star 添加碰撞体

【步骤 5】运行测试。运行游戏，移动到场景中海星的位置，通过手柄拾取海星，最终拾取效果如图 5-105 所示。

图 5-105　拾取效果

本章小结

本章主要介绍了虚拟现实中的地形系统：5.1 节主要介绍了 Unity3D 的地形系统，包括地形工具介绍、环境特效设置、光影系统设置三个部分；5.2 节主要通过一个实际案例讲解了 Unity3D 场景元素交互，分为设计《VR 海岛迷雾》漫游场景和开发《VR 海岛迷雾》场景交互功能两个部分。通过对本章的学习，学生能够了解并掌握 Unity3D 地形工具的功能和用法，并能够完成一个较完整的漫游场景设计。之后，再结合 UI 交互和模型交互功能的开发，帮助学生掌握实现一个可交互的自然场景漫游的方法。

课后习题

课后习题解答

1．在创建地形时，单击 Terrain 对象后选择（　　）可以设置地形高度。

A．Flare　　B．Flatten

C．Height　　D．Weight

2．在创建好的地形上制作凸起和凹陷的方法是（　　）。

A．按住鼠标左键和 Shift 键，直接修改

B．按住鼠标右键和 Shift 键，直接修改

C．选择笔刷后，按住鼠标左键和 Shift 键，直接修改

D．选择笔刷后，按住鼠标左键和 Shift 键，直接修改

3．在场景中创建天空盒时，需要将天空盒素材放置到（　　）。

A．Camera 对象中　　B．Terrain 对象中

C．Plane 对象中　　D．直接拖曳到场景中

4．笔刷的作用是（　　）。

A．描绘细节　　B．改变地形高低

C．绘制树木　　D．编辑文本文档

5．Paper Map 采用（　　）的方式来表明场景布局。

A．透视图　　B．侧视图

C．顶视图　　D．全景图

第 6 章　虚拟现实中的动画系统

在虚拟现实应用的开发过程中，是否能够合理使用动画系统创建出复杂多变的动画往往会影响应用的沉浸感和交互性。本章主要介绍虚拟现实中的动画系统，首先介绍 Unity3D 的新旧动画系统，即 Mecanim 动画系统和 Animation 动画系统；然后通过 3 种不同方式来创建动画，熟悉 Unity3D 动画系统中的 Animation Clips（动画剪辑）、Animator Controller（动画控制器）、Blend Tree（混合树）等模块的使用方法。通过对本章的学习，学生能够掌握新动画系统 Mecanim 和旧动画系统 Animation 的创建和使用方法。

- 了解 Unity3D 动画系统的功能。
- 掌握创建简单 Animation 动画的方法。
- 掌握创建和使用 Animator 实现动画的方法。

6.1　Unity3D 的动画系统

Unity3D 的动画系统分为旧动画系统和新动画系统，即 Animation 动画系统和 Mecanim 动画系统。在旧的动画系统中，用户只需要给模型添加 Animation 组件，并把对应的动画剪辑添加到该组件的动画列表中，然后在脚本中根据动画剪辑的索引进行播放即可。而新的 Mecanim 动画系统使用的是 Animator 组件（又叫状态机），然后通过改变参数来实现动画状态的切换。

6.1.1　Animation 动画系统

1. 外部来源动画类型

新建一个工程项目，在 Unity3D 资源商店中搜索 Mecanim GDC2013 Sample Project 资源包，如图 6-1 所示。将该资源包导入工程项目中，导入后的项目结构如图 6-2 所示。

依次展开 Assets 文件夹→Animation 文件夹→Clips 文件夹，选择名为 DefaultAvatar@Dying 的动画资源，如图 6-3 所示，在 Inspector 面板中展开 Animation Type 选项，可以观察到一共有 4 种类型，如图 6-4 所示。其中 None 类型不导入动画剪辑，Legacy 类型用于早期动画设置，其不支持状态机，无法对动画进行编辑，导入完后直接用 Animation 组件播放；Generic 类型支持人形和非人形模型动画，不支持动画重定向功能，即该模型的动画只能自身使用，不能给其他模型使用；Humanoid 类型是人形动画，不支持非人形动画，可使用动画重定向功能。

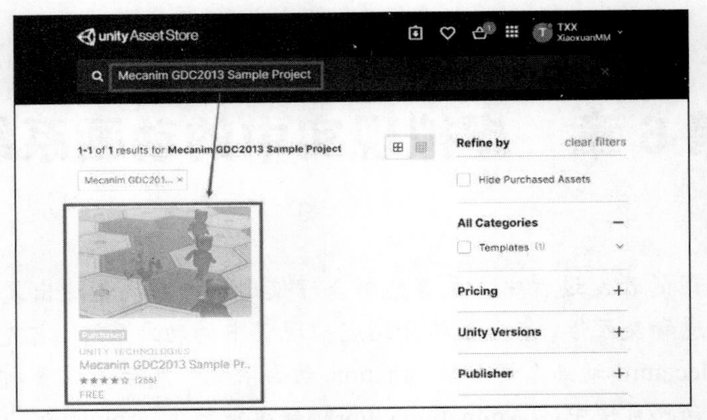

图 6-1 在资源商店中搜索资源包

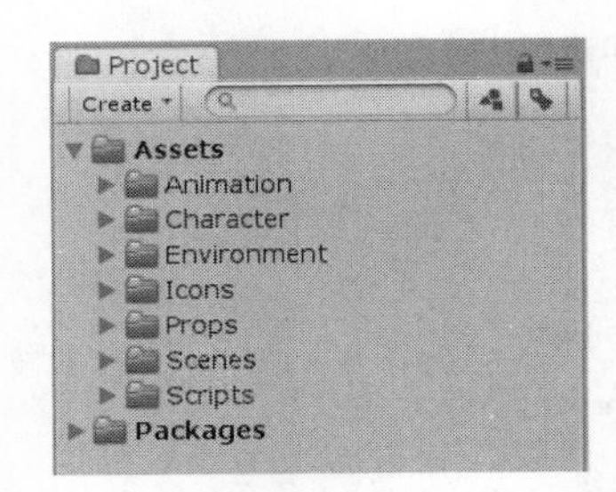

图 6-2 导入资源包后的项目结构

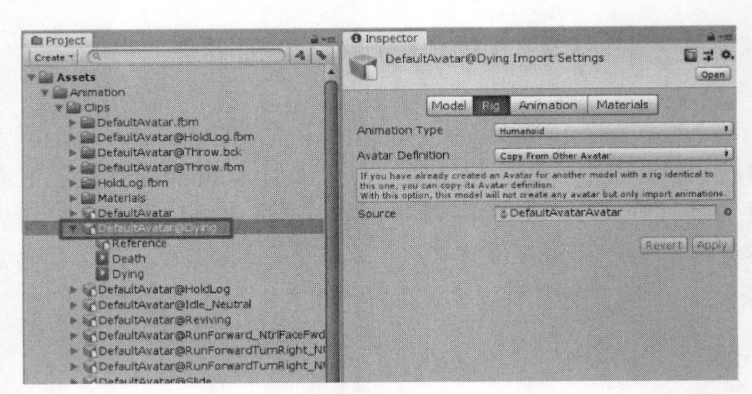

图 6-3 选择动画资源

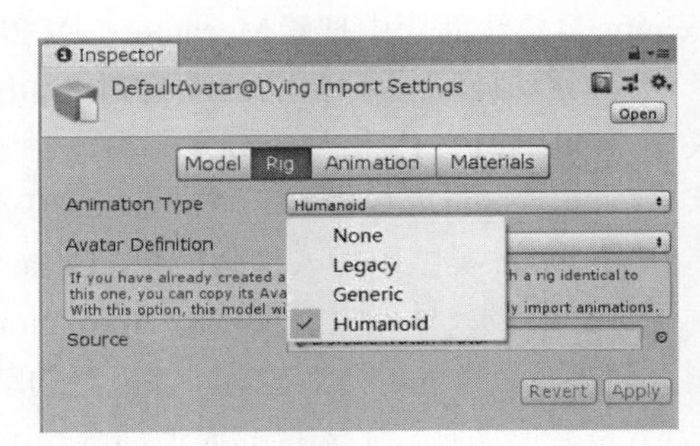

图 6-4 Animation Type 的 4 种类型

2. Animation 面板

依次单击 Window→Animation→Animation 选项或按 Ctrl+6 组合键打开 Animation 面板，在 Project 面板中展开 DefaultAvatar@Dying 的子物体并选择 Dying 动画剪辑，可以在 Animation 面板中看到图 6-5 所示的效果。

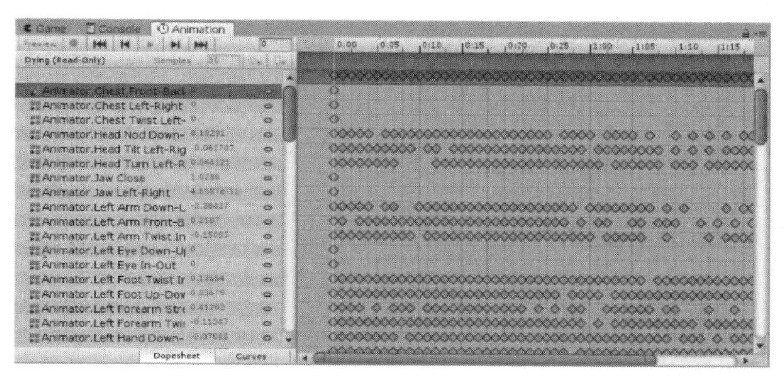

图 6-5　Animation 面板中的效果

Animation 面板左侧是动画属性的列表，右侧是当前动画剪辑的时间线。每个动画属性的关键帧都在此时间轴中显示。时间轴视图具有两种模式：Dopesheet 和 Curves，如图 6-6 所示。Dopesheet 模式提供了更紧凑的视图，可以在单独的水平轨道中查看每个属性的关键帧序列；Curves 模式提供了动画曲线调整功能，可以显示每个动画属性的值是如何随时间变化的，图 6-7 所示为 Curves 模式。

图 6-6　Dopesheet 和 Curves 两种模式

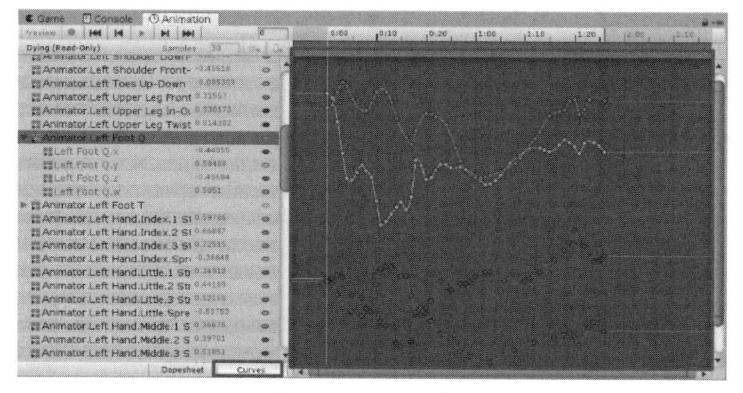

图 6-7　Curves 模式

Animation 面板上方导航栏中的按钮用来控制动画剪辑的播放，如图 6-8 所示。其中 Preview 按钮表示预览模式（开/关可以切换），●按钮表示记录模式，用来记录动画剪辑（开/关可以切换），⏮按钮表示移到该动画剪辑的开头，⏴按钮表示移到上一个关键帧，▶按钮表示播放动画，⏵按钮表示移到下一个关键帧，⏭按钮表示移到该动画剪辑的结尾。还可以使用快捷键来控制关键帧的位置，按“,”键转到上一帧，按“。”键转到下一帧，按“Alt+,”组合键转至上一个关键帧，按“Alt+。”组合键转到下一个关键帧。

图 6-8 导航栏中用于控制动画剪辑播放的按钮

6.1.2 Mecanim 动画系统

Mecanim 是 Unity3D 4.0 版本之后引入的一套全新动画系统，具有重定向、可融合等新特性，可以帮助程序设计人员通过和美工人员的配合快速设计出角色动画。该动画系统将逐步替换直至完全取代旧动画系统。Mecanim 动画系统提供了下述 5 个主要功能。

（1）通过不同的逻辑连接方式控制角色不同的身体部位运动的能力。

（2）针对人形角色的简单工作流以及动画的创建能力进行制作。

（3）将动画之间的复杂交互作用可视化地表现出来，是一个可视化的编辑工具。

（4）具有能把动画从一个角色模型直接应用到另一个角色模型上的 Retargeting（重定向）功能。

（5）具有针对动画剪辑的简单工作流，能预览动画剪辑及它们之间的过渡和交互过程，从而使设计师在编写游戏逻辑代码前就可以预览动画效果，可以帮助设计师更快、更独立地完成工作。

Mecanim 动画系统工作流程分为以下 3 个阶段：

（1）模型准备及导入：通过第三方建模工具完成。

（2）角色设置：人形角色（Humanoid）设置和通用角色（Generic）设置。

（3）让角色运动：动画剪辑、动画控制器、混合树、动画参数控制。

1. Mecanim Avatar 配置

当 Unity3D 导入包含人形骨架和动画的模型文件时，需要将模型的骨骼结构与其动画进行协调。为了实现这一点，系统会将文件中的每个骨骼映射到人形 Avatar 对象，这样才能正确播放动画。在 Project 面板中选择 DefaultAvatar@Dying 对象，在 Inspector 面板的 Rig 选项卡中可以观察到其已经将 Animation Type 设置为 Humanoid。当 Avatar Definition 设置为 Create From This Model 时，Unity3D 会尝试将文件中定义的一组骨骼映射到人形 Avatar 对象。如果 Avatar Definition 为 Copy From Other Avatar，表示使用事先为其他模型文件定义的 Avatar 对象，同时还要设置 Source 选项的值，如图 6-9 所示。

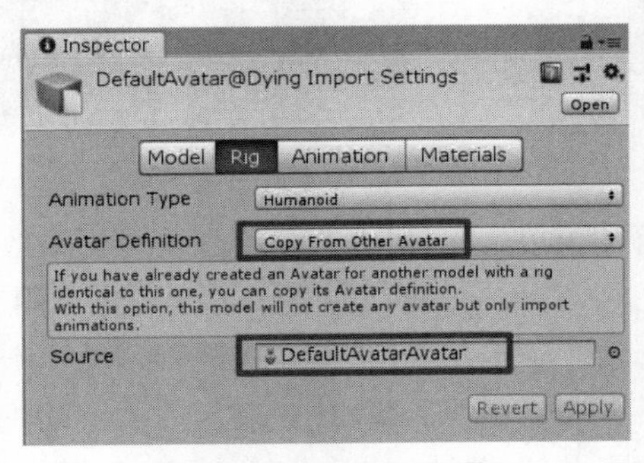

图 6-9 人形动画设置

当 Avatar Definition 设置为 Create From This Model 时单击 Apply 按钮，Unity3D 会尝试将现有骨骼结构与 Avatarcf 对象骨骼结构相匹配。如果匹配成功，Configure 按钮旁会出现一个“√”号，如图 6-10 所示。Unity3D 还会将 Avatar 子资源添加到模型资源，在 Project 面板中可以观察到图 6-11 所示的效果。

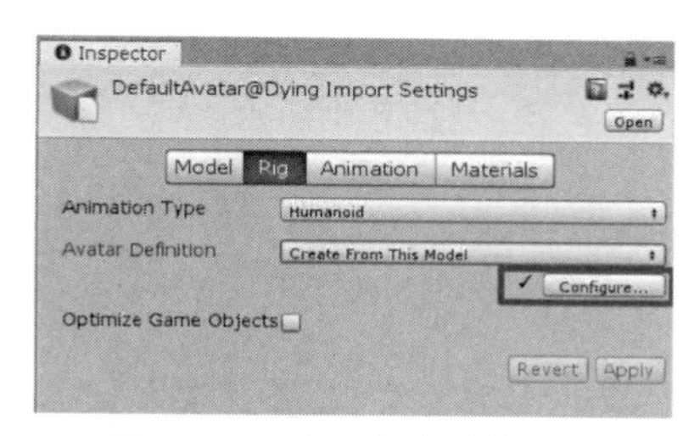

图 6-10　匹配成功后的效果

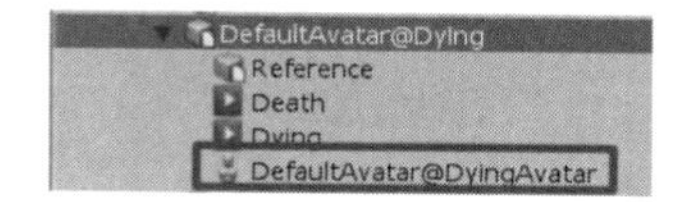

图 6-11　Project 面板中的效果

如果 Unity3D 无法创建 Avatar 对象，Configure 按钮旁将显示一个“×”号，且 Project 视图中不显示任何 Avatar 子资源，这时必须单击 Rig 选项卡中的 Configure 按钮，以打开 Avatar 面板并修复 Avatar 对象，图 6-12 所示为 Avatar 面板。

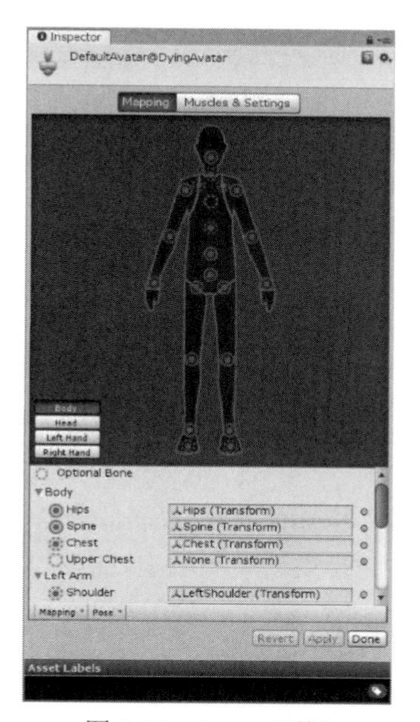

图 6-12　Avatar 面板

如果模型未产生有效匹配，可以通过下面的方法来重新映射骨骼。从 Avatar 面板底部的 Mapping 下拉列表中单击 Clear 选项来重置 Unity3D 尝试进行的映射，如图 6-13 所示；然后在 Pose 下拉列表中单击 Sample Bind-Pose 选项来估算模型的初始建模姿势，如图 6-14 所示；然后单击 Mapping 下拉列表中的 Automap 选项，以初始姿势创建骨骼映射，如图 6-15 所示；最后单击 Pose 下拉列表中的 Enforce T-Pose 选项，将模型设置为所需的 T 形姿势，如图 6-16 所示。T 形姿势是 Unity3D 动画系统的默认姿势，也是在 3D 建模应用程序中推荐的姿势。如果自动映射彻底失败或部分失败，可以通过从 Scene 面板或 Hierarchy 面板中拖曳骨骼，从而手动分配骨骼。

如果 Unity3D 认为骨骼适合，该骨骼会在 Avatar Mapping 选项卡中显示为绿色，否则显示为红色。

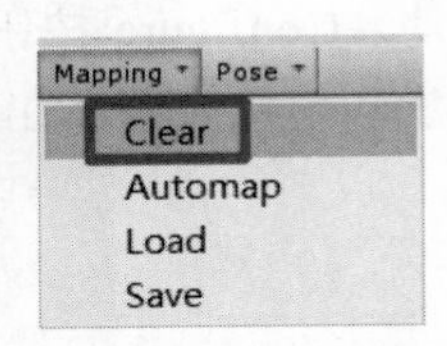

图 6-13　重置 Unity3D 的映射

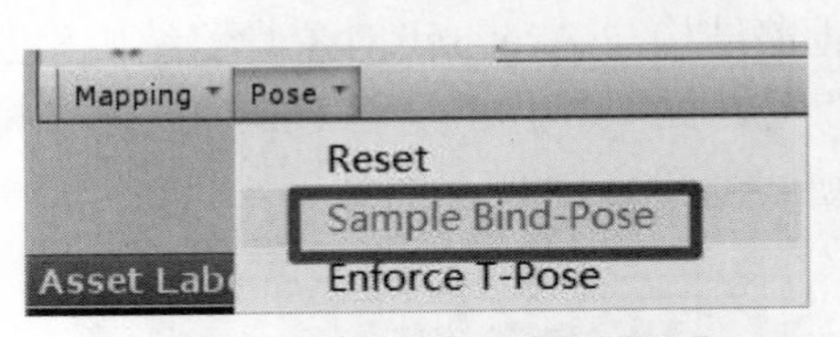

图 6-14　估算模型初始建模姿势

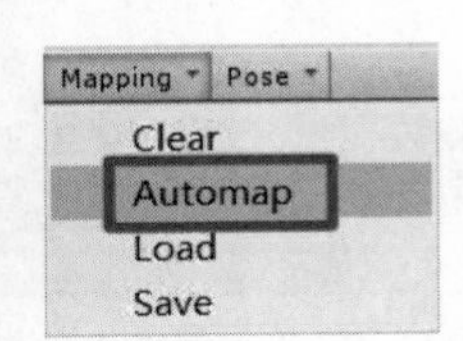

图 6-15　从初始姿势创建骨骼映射

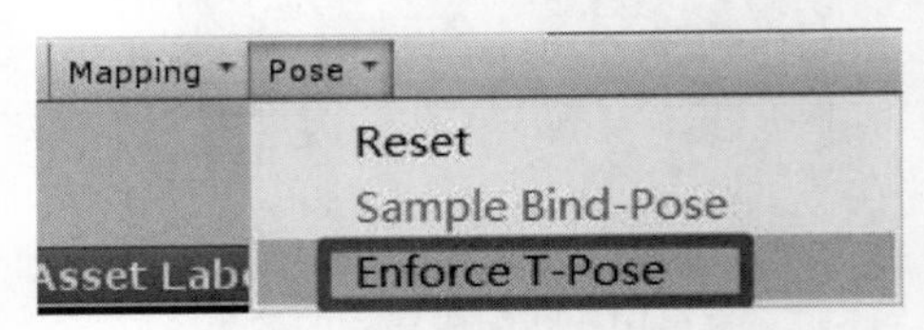

图 6-16　将模型设置为 T 形姿势

2. 动画控制器及状态机

（1）动画控制器。动画控制器在 Unity3D 中是作为一种单独的配置文件存在的文件类型，其后缀为.controller，动画控制器包含以下几种功能：

- 可以对多个动画进行整合。
- 使用状态机来实现动画的播放和切换。
- 可以实现动画融合和分层播放。
- 可以通过脚本来对动画播放进行深度控制。

（2）Animator 组件。需要播放动画的角色都要添加 Animator 组件，如图 6-17 所示，该组件是我们控制动画的接口，Animator 组件中的常用选项如下：

- Controller：使用的动画控制器文件。
- Avatar：使用的骨骼文件。
- Apply Root Motion：绑定该组件的 GameObject 的位置是否可以由动画进行改变（如果存在改变位移的动画）。
- Update Mode：更新模式。Normal 选项表示使用 Update 进行更新，Animate Physics 选项表示使用 FixUpdate 进行更新（一般用在和物体有交互的情况下），Unscale Time 选项表示无视 timeScale 进行更新（一般用在 UI 动画中）。
- Culling Mode：剔除模式。Always Animate 选项表示即使摄像机看不见也要进行动画播放的更新，Cull Update Transform 选项表示摄像机看不见时停止动画播放但是位置会继续更新，Cull Completely 选项表示摄像机看不见时停止动画的所有更新。

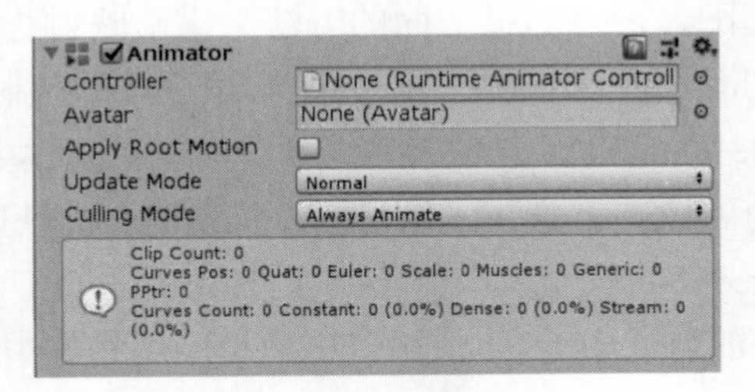

图 6-17　Animator 组件

（3）Animator 编辑器。在 Animator 编辑器中可创建、查看和修改动画控制器结构。Animator 编辑器主要由两部分组成：右侧的网格布局区域、左侧的 Layers 和 Parameters 面板，如图 6-18 所示。

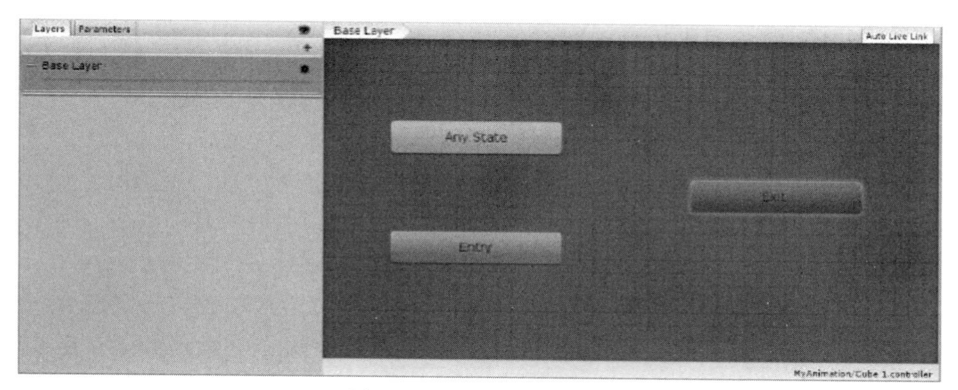

图 6-18　Animator 编辑器

在右侧的网格区域中可以管理各个动画状态的排列和连接顺序，调整动画剪辑之间的过渡属性等。创建完动画控制器以后一般默认有 3 个状态，这些状态是 Unity3D 自动创建的，也无法删除。Entry 状态表示当进入当前状态机时的入口，是用户进入状态机后的第一个状态；Any State 状态表示任意的状态，其作用是其指向的状态在任意时刻都可以切换过去的状态；Exit 状态表示退出当前的状态机，如果有任意状态指向该出口，表示可以从指定状态退出当前的状态机。

左侧的 Layers 和 Parameters 面板可以切换，当切换到 Layers 面板时，用户可以在动画控制器中创建、查看和编辑层。因此，可在单个动画控制器中同时运行多个动画层，每个动画层由一个单独状态机控制。此情况的常见用途是在控制角色一般运动动画的基础层之上设置一个单独层，用来播放角色的上半身动画。当切换到 Parameters 面板时，用户可以设置状态机使用到的各种参数，单击“+”按钮可以创建一个参数，在 Unity3D 中，允许用户创建以下 4 种类型的参数，如图 6-19 所示：

- Float：float 类型的参数，多用于控制状态机内部的浮点型参数。
- Int：int 类型的参数，多用于控制状态机内部的整型参数。
- Bool：bool 类型的参数，多用于状态切换。
- Trigger：本质上也是一个 bool 类型的参数，但是其值默认为 false，且设置为 true 后系统会自动将其还原为 false。

图 6-19　Parameters 面板中 4 种类型的参数

6.2 Unity3D 动画系统工具及动画创建

6.2.1 使用动画剪辑创建动画

使用动画剪辑创建动画

一个动画角色一般来说都会具有一系列的在不同情境下被触发的基本动作，比如行走、奔跑、跳跃、投掷等，这些基本动作被称为动画剪辑（Animation Clips）。根据具体的需求，上述基本动作可以被分别导入为若干独立的动画剪辑，也可以被导入为按固定顺序播放各个基本动作的单一动画剪辑。对于后者，使用前必须在Unity3D 内部将该单一动画剪辑分解为若干个子剪辑，下面简单介绍几种方法。

（1）使用预分解动画模型。对于这类情形，在动画导入面板中含有一个可用的动画剪辑列表，可以单击 Animations 面板底部的 Play 按钮来预览每个动画剪辑，如果有需要，还可以对每个片段的帧数范围进行编辑调整。

（2）使用未分解动画模型。对于这种情况，用户可以自行设置每个动画序列（如行走、跳跃等）的帧数范围。具体来说，用户可以在 Animations 面板中单击“+”按钮，指定包含的帧数范围，这样便可增加一个新的动画剪辑。

（3）为模型添加动画。用户可以为任意模型的动画组件添加动画剪辑，该模型甚至可以没有肌肉定义（非 Mecanim 动画系统模型），进而在 Animations 动画系统中指定一个默认的动画剪辑和所有可用的动画剪辑。

（4）通过多个模型文件来导入动画剪辑。用户可以创建独立的模型文件并按照 modelName@animationName.fbx 的格式命名。在这种情况下，只有这些文件中的动画数据才会被使用。

下面通过为简单的游戏物体创建动画剪辑来讲解 Animation 动画系统的使用方法。

【步骤 1】在 Hierarchy 面板中新建一个立方体 Cube，打开 Animation 面板，先选择 Cube 对象，然后在 Animation 面板中单击 Create 按钮创建一个新的动画剪辑文件，如图 6-20 所示。

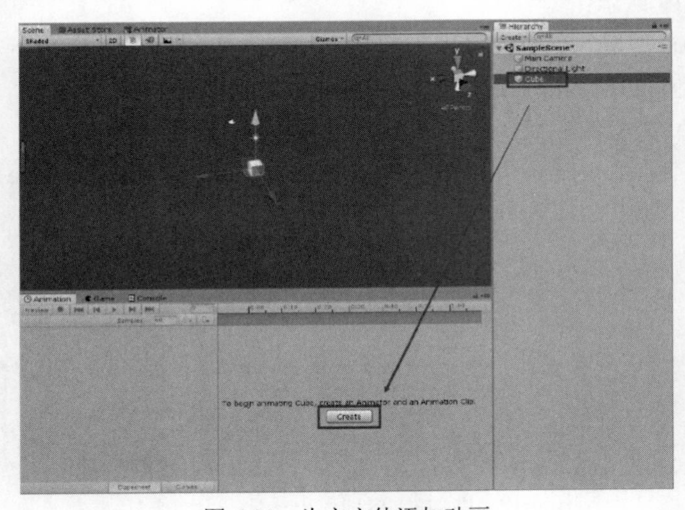

图 6-20　为立方体添加动画

【步骤 2】在弹出的窗口中，首先创建一个文件夹，并将其重命名为 MyAnimation，双击进入该文件夹，然后将动画剪辑命名为 CubeAnim，单击“保存”按钮，如图 6-21 所示。

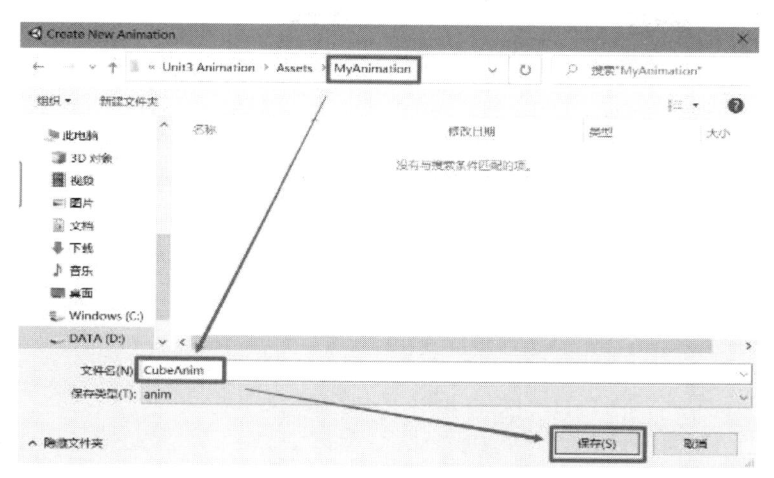

图 6-21　保存动画剪辑文件

【步骤 3】保存好后，在 Inspector 面板中可以观察到 Unity3D 自动为 Cube 对象添加了 Animator 组件，如图 6-22 所示。

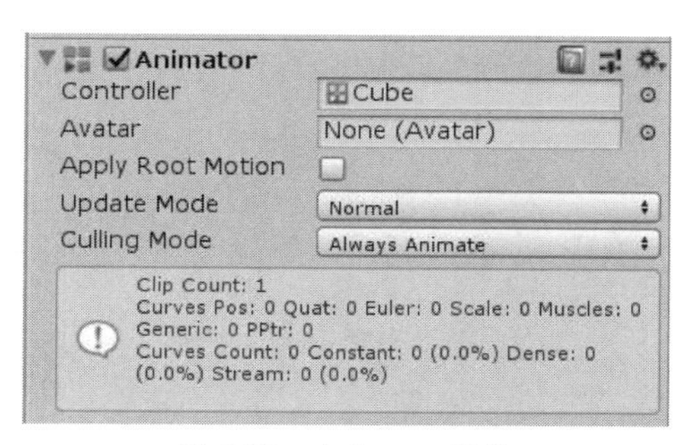

图 6-22　Animator 组件

【步骤 4】在 Animation 面板中单击 Add Property 按钮，展开 Transform 选项，单击 Position 后面的“+”按钮，为 Cube 对象添加位移动画，如图 6-23 所示。

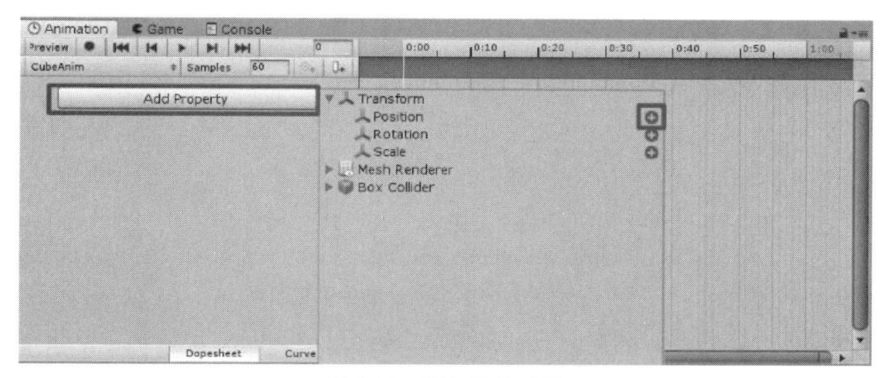

图 6-23　添加位移动画

【步骤 5】在 Animation 面板上方的输入框中输入 10，移动到第 10 帧，然后单击按钮添加关键帧，展开 Cube: Position 选项，将 Position.x 的参数修改为 1，如图 6-24 所示。

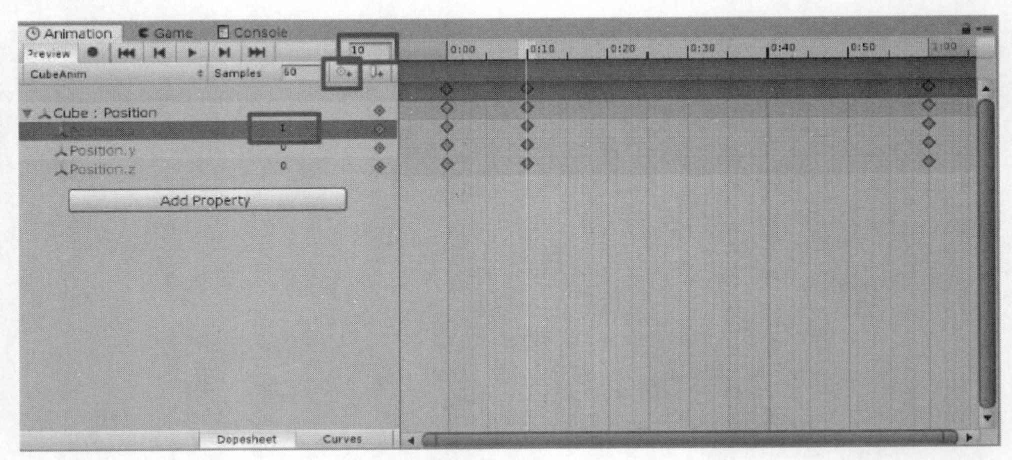

图 6-24　添加关键帧

【步骤 6】单击 Add Property 按钮，添加 Scale 动画属性。单击按钮，通过录制模式来添加动画关键帧。单击该按钮后，Animation 面板顶部时间轴颜色从蓝色变成红色，并且 Inspector 面板中 Cube 对象的 Transform 组件的 Position 和 Scale 也变成红色，录制模式下的 Animation 面板如图 6-25 所示。

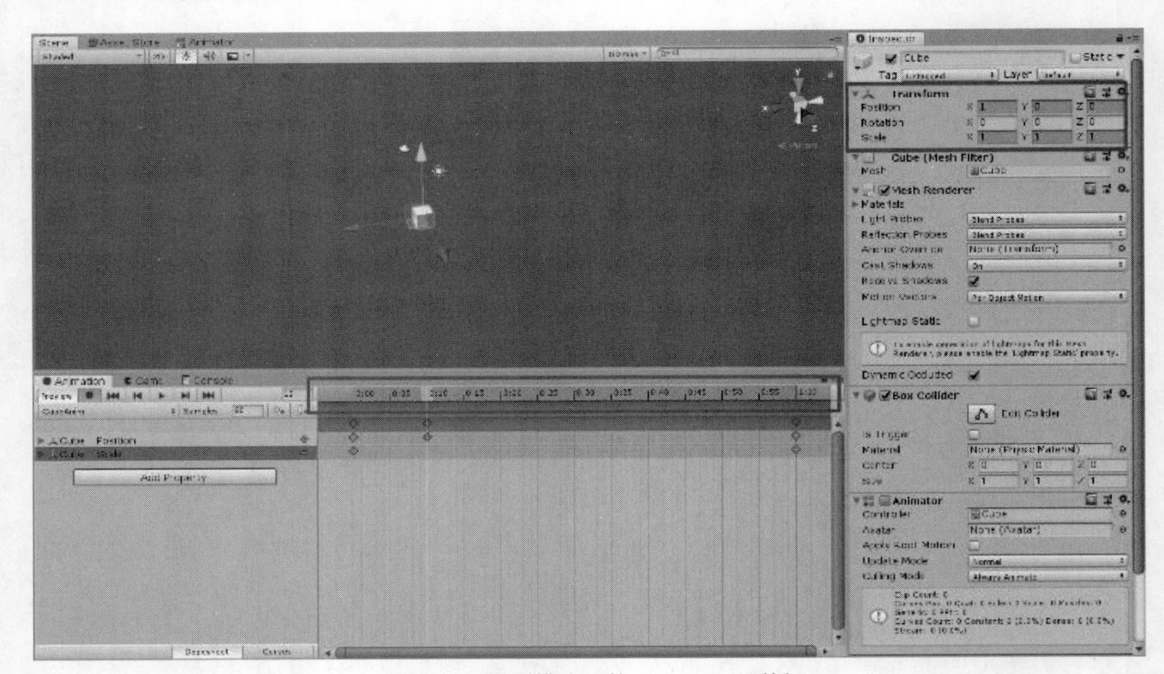

图 6-25　录制模式下的 Animation 面板

【步骤 7】先移动到第 20 帧，然后修改 Cube 对象的 Transform 组件中的 Scale 值，将 X 值改为 1.5，如图 6-26 所示。可以观察到 Unity3D 自动在第 20 帧添加的关键帧。

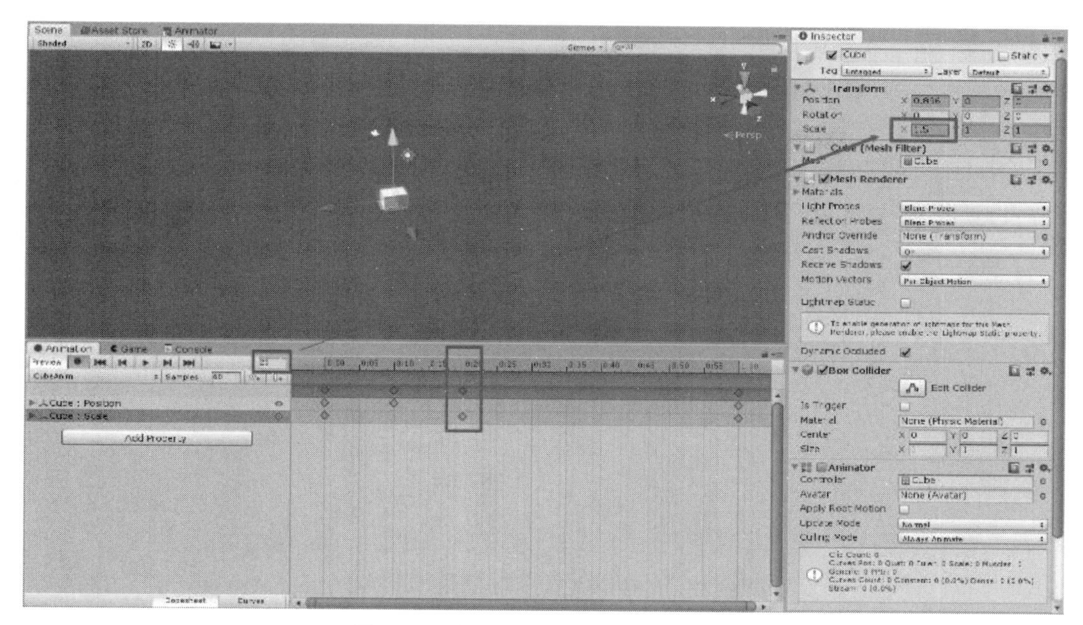

图 6-26　在录制模式下添加缩放动画

【步骤 8】在录制模式下单击 Add Property 按钮，展开 Mesh Render 选项，添加名为 Material._Color 的动画属性，如图 6-27 所示。

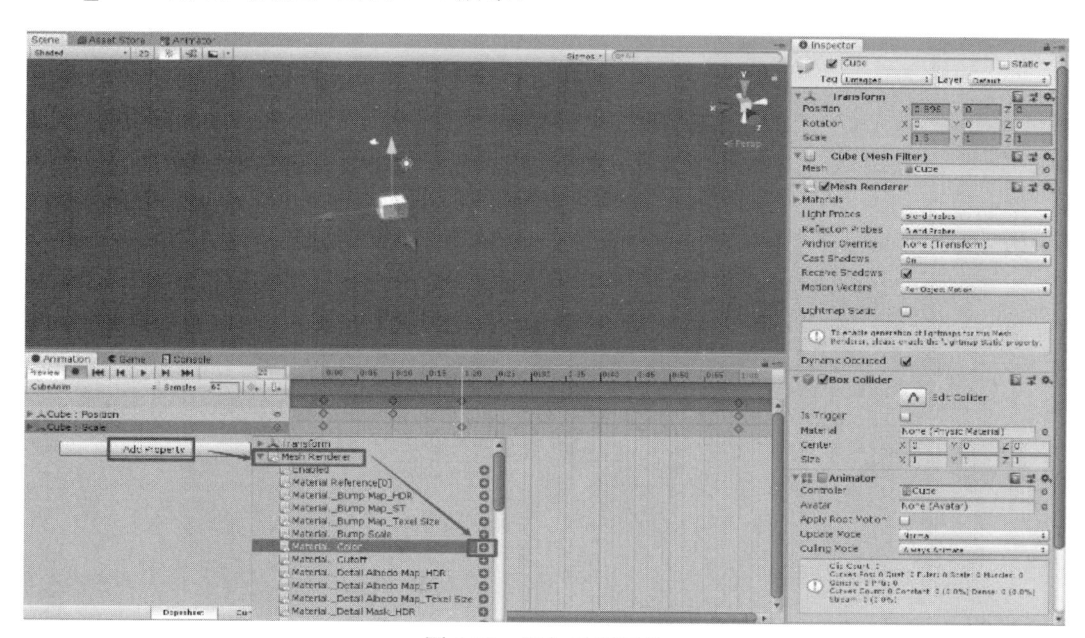

图 6-27　添加动画属性

【步骤 9】移动到第 30 帧，展开 Cube：Mesh Render.Material._Color 选项，将 Material._Color.g 的值改为 0.5，如图 6-28 所示。

【步骤 10】动画添加完毕后，单击 按钮，退出录制模式，如图 6-29 所示。单击 按钮播放动画，可以在 Scene 面板中查看动画效果，如图 6-30 所示。

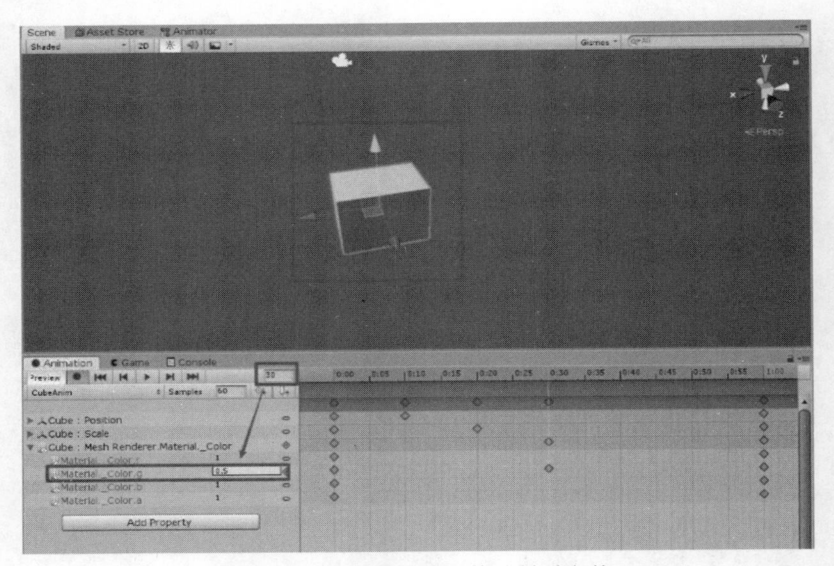

图 6-28　在录制模式下修改材质参数

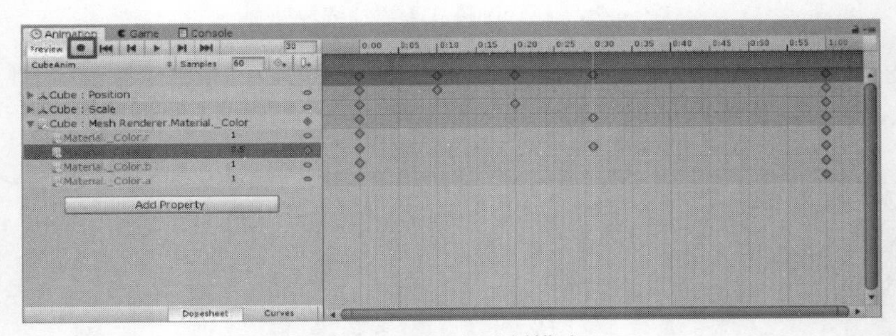

图 6-29　退出录制模式

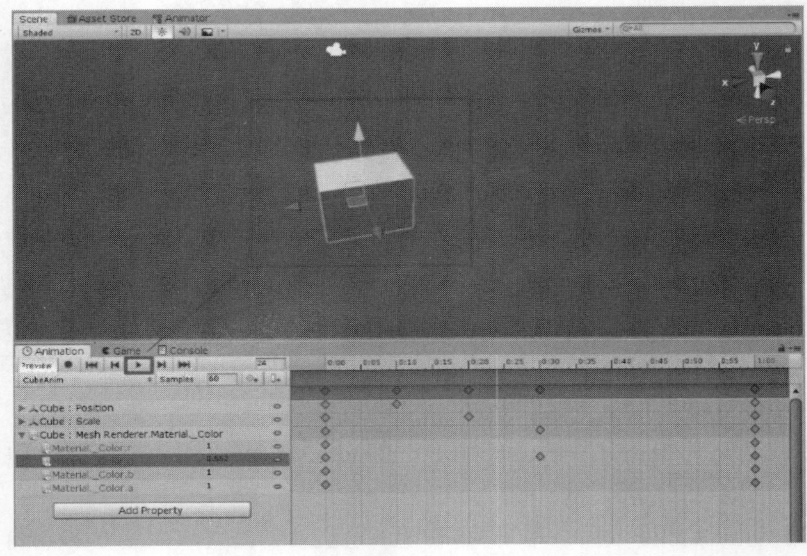

图 6-30　在 Scene 面板中查看动画效果

6.2.2 使用动画控制器创建动画

使用动画控制器创建动画

每一个动画控制器都可以控制若干动画层，每一个动画层都是一个状态机。在 Unity3D 中，每一个动画的状态机都必然含有 Any State、Entry、Exit 三种状态，用于实现该状态机的必要功能。创建一个动画状态单元以及动画过渡条件分如下 3 步：

（1）在 Project 面板中右击并选择 Create→Animator Controller 选项创建一个新的动画控制器，双击即可打开 Animator 编辑器。

（2）在 Animator 编辑器中选择 Layers 选项，然后在 Base Layer 窗口中右击并选择 Create State→Empty 选项创建空白的动画状态单元（默认被设置为第一个状态，显示为黄色），也可以直接将动画剪辑拖曳到该界面中，以快速创建动画状态单元，如图 6-31 所示。

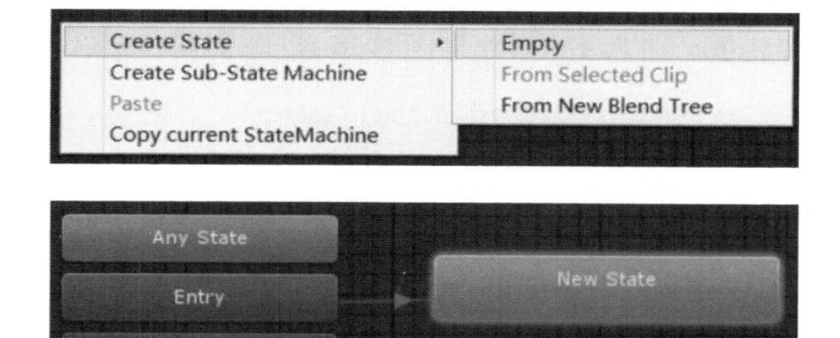

图 6-31 创建空白动画状态单元

（3）选择创建的动画状态单元，先修改其名称为 Idle，然后右击并选择 MakeTransition 选项，再次单击另外一个动画状态单元，从而完成动画过渡条件的连接，如图 6-32 所示。

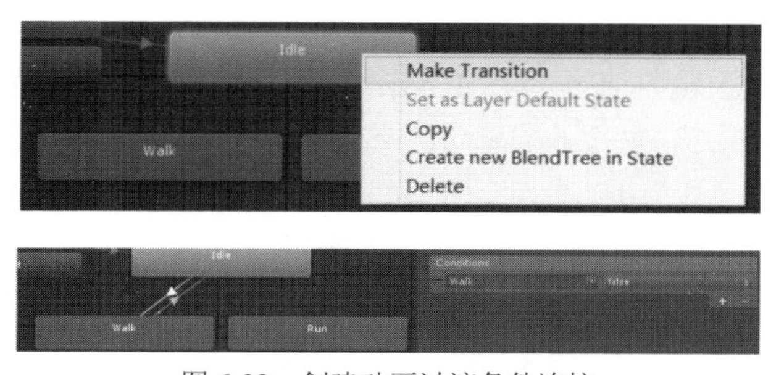

图 6-32 创建动画过渡条件连接

状态机和过渡条件搭建完成之后，就需要对状态机的过渡条件进行设置。为了实现过渡条件的操控，需要创建一个或者多个参数与之搭配。Mecanim 动画系统支持的参数类型有 Float，Int，Bool，Trigger。

下面通过一个具体的实例来介绍在 Mecanim 动画系统中如何控制和顺序播放角色动画。

【步骤 1】在 Project 面板的搜索框中搜索 TeddyBear，将搜索结果中的预制体拖曳到 Hierarchy 面板中以添加角色，如图 6-33 所示。

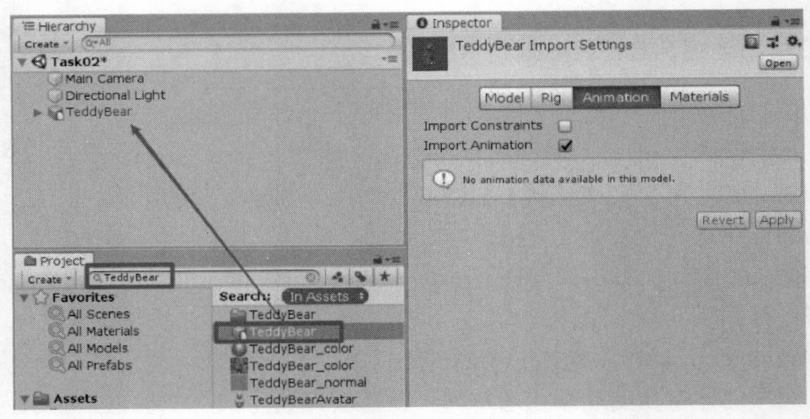

图 6-33　添加角色

【步骤 2】在 MyAnimation 文件夹空白处右击并选择 Create→Animator Controller 选项创建新的动画控制器，将其重命名为 Teddy，如图 6-34 所示。

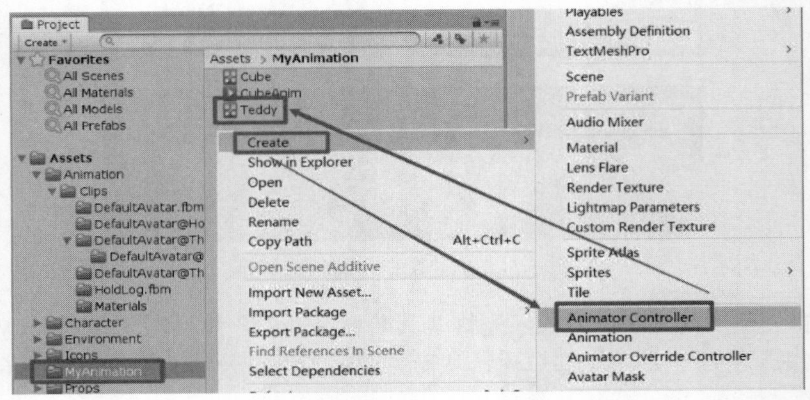

图 6-34　创建动画控制器

【步骤 3】在 Hierarchy 面板中选择 TeddyBear 选项，将上一步创建的 Teddy 的动画控制器拖曳到 Controller 选项后，如图 6-35 所示。

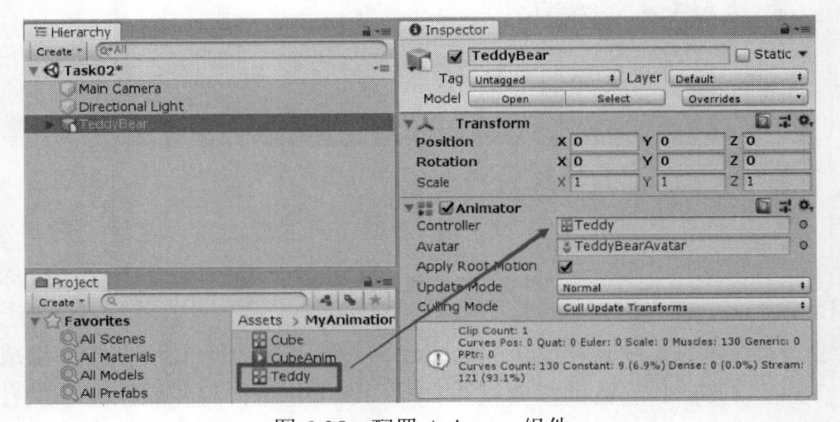

图 6-35　配置 Animator 组件

【步骤 4】打开 Animator 编辑器，选择 Teddy 动画控制器，可以在 Animator 编辑器中观察到只有默认的 3 种动画状态，如图 6-36 所示。

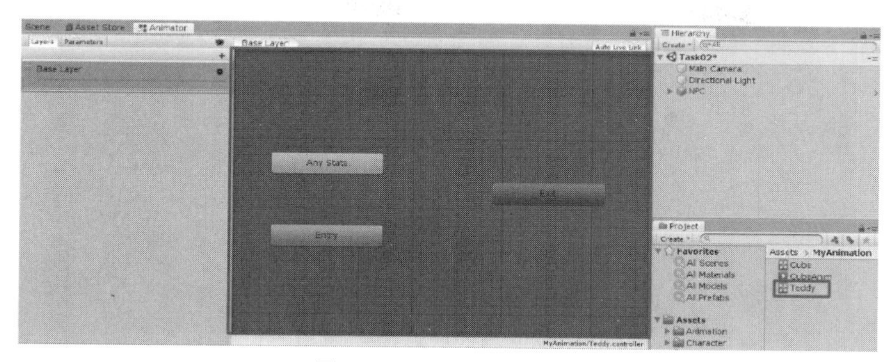

图 6-36　Animator 编辑器

【步骤 5】在 Project 面板的搜索框中搜索 Idle，将搜索结果中的 Idle 动画剪辑文件拖曳到 Animator 编辑器中，以添加新的动画状态，如图 6-37 所示。可以观察到 Entry 状态自动指向 Idle 状态。

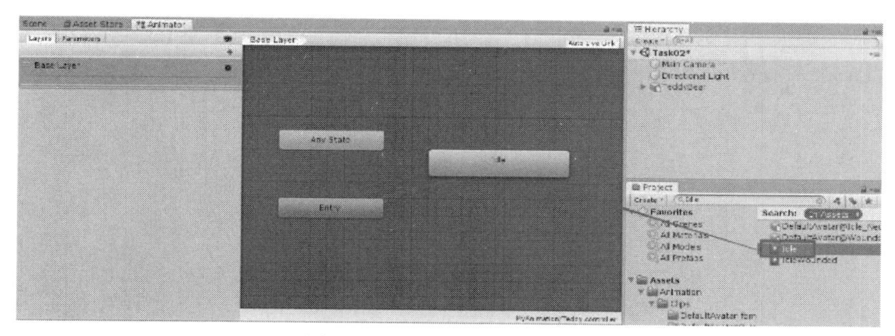

图 6-37　添加新的动画状态

【步骤 6】重复上述操作，分别在 Project 面板的搜索框中搜索 Walk、Vaut、Slide，将这 3 个动画剪辑分别拖曳到 Animator 编辑器中，以添加其他 3 个动画状态，如图 6-38 所示。

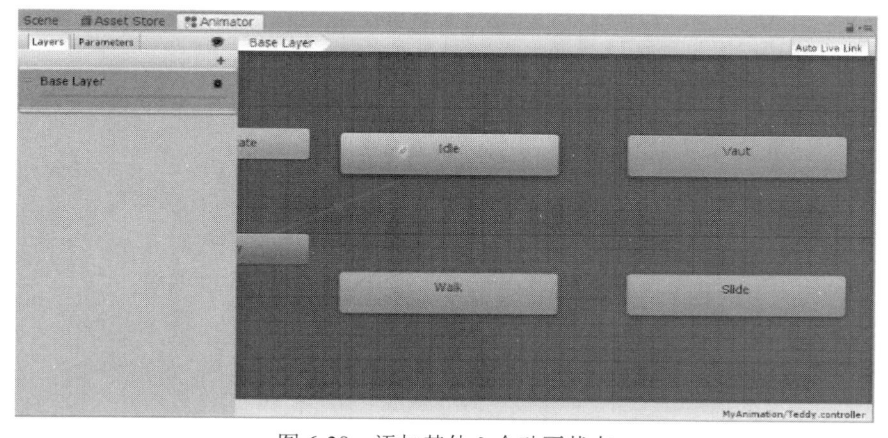

图 6-38　添加其他 3 个动画状态

【步骤 7】选中 Idle 状态右击并选择 Make Transition 选项，单击 Walk 状态，可以观察到从 Idle 状态至 Walk 状态有一条带箭头的连线，如图 6-39 所示。重复上述操作，分别从 Idle 状态指向 Vaut 状态和 Slide 状态，如图 6-40 所示。

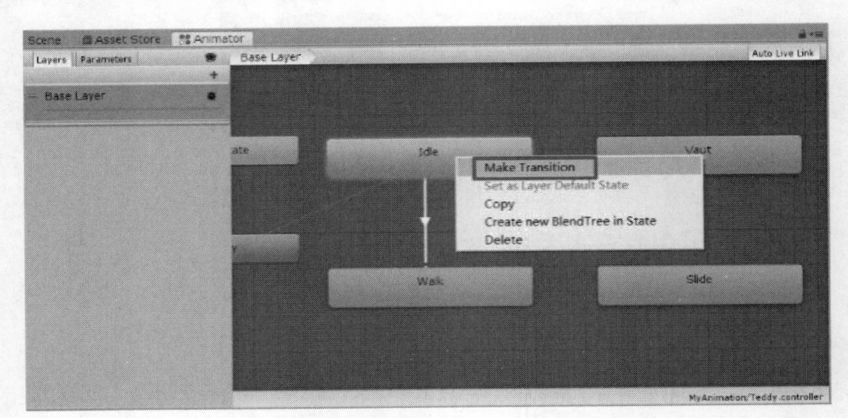

图 6-39 从 Idle 状态指向 Walk 状态

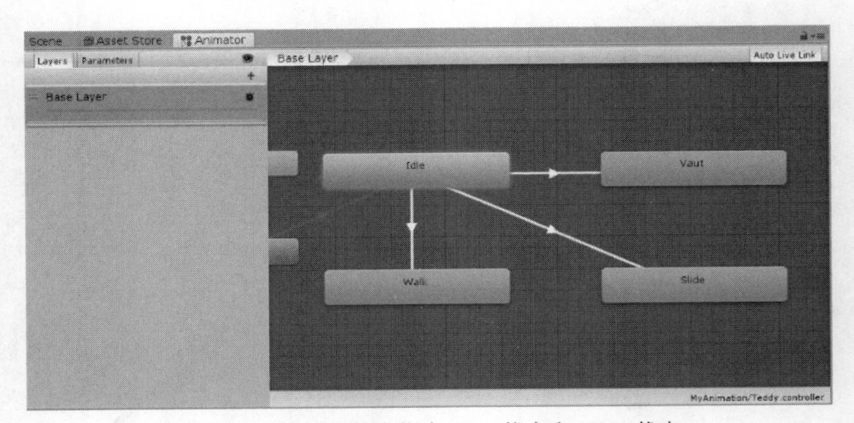

图 6-40 从 Idle 状态指向 Vaut 状态和 Slide 状态

【步骤 8】重复上述操作，分别从 Walk 状态指向 Idle 状态、Vaut 状态、Slide 状态，然后从 Vaut 状态指向 Idle 状态，从 Slide 状态指向 Idle 状态，完成后的整体动画连接效果如图 6-41 所示。

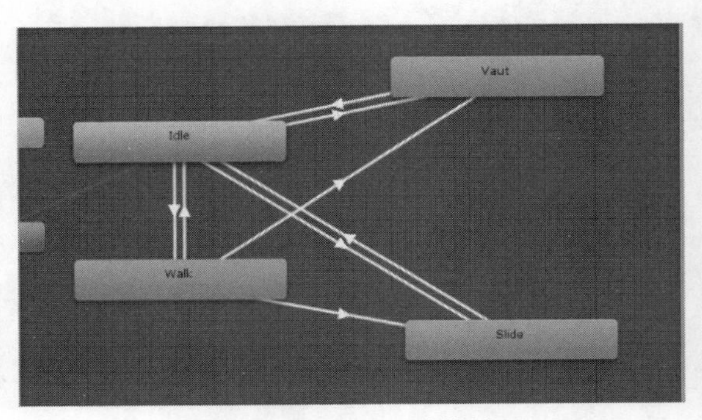

图 6-41 整体动画连接效果

【步骤 9】切换到 Parameters 面板，单击“+”按钮添加 Bool 类型变量，将其重命名为 walk，再添加两个 Trigger 类型变量，分别将其重命名为 jump 和 slide，如图 6-42 所示。

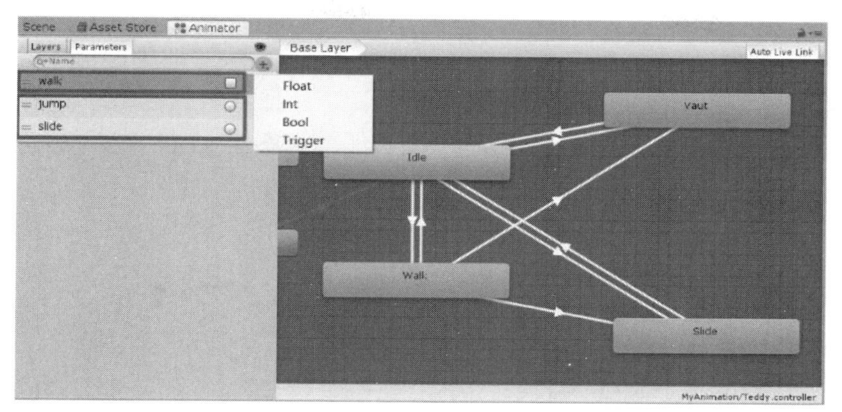

图 6-42　添加不同变量

【步骤 10】选择从 Idle 状态至 Walk 状态的动画过渡连线，在 Inspector 面板中单击 Conditions 下面的“+”按钮添加条件，在下拉列表中选择 walk 选项，并将状态设置为 true，如图 6-43 所示。重复同样的步骤，选择从 Walk 状态至 Idle 状态的动画过渡连线添加条件，在下拉列表中选择 walk 选项，然后将状态设置为 false，如图 6-44 所示。

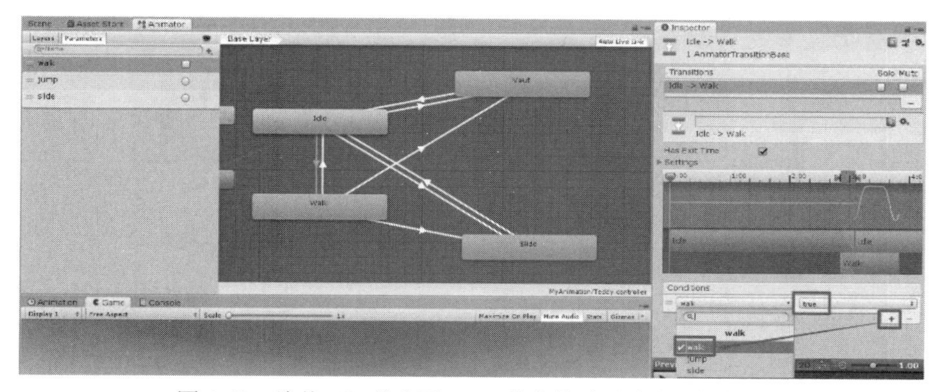

图 6-43　给从 Idle 状态至 Walk 状态的动画过渡添加条件

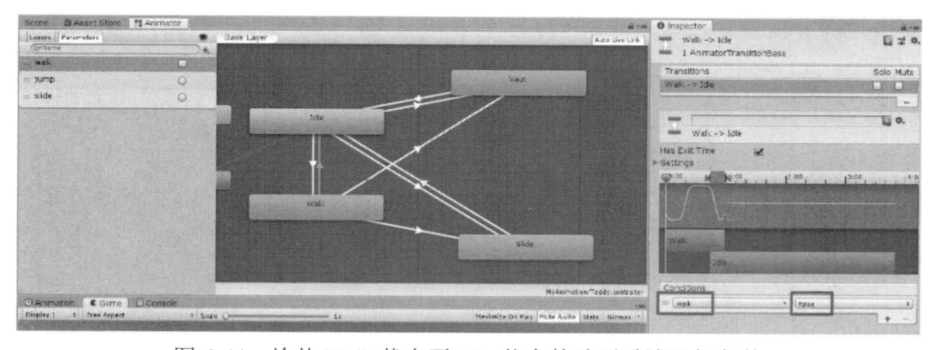

图 6-44　给从 Walk 状态至 Idle 状态的动画过渡添加条件

【步骤 11】选择从 Idle 状态至 Vaut 状态的动画过渡连线，在 Inspector 面板中单击 Conditions 下面的“+”按钮添加条件，在下拉列表中选择 jump 选项，如图 6-45 所示。同样的步骤，选择从 Walk 状态至 Vaut 状态的动画过渡连线添加条件，在下拉列表中选择 jump 选项，如图 6-46 所示。

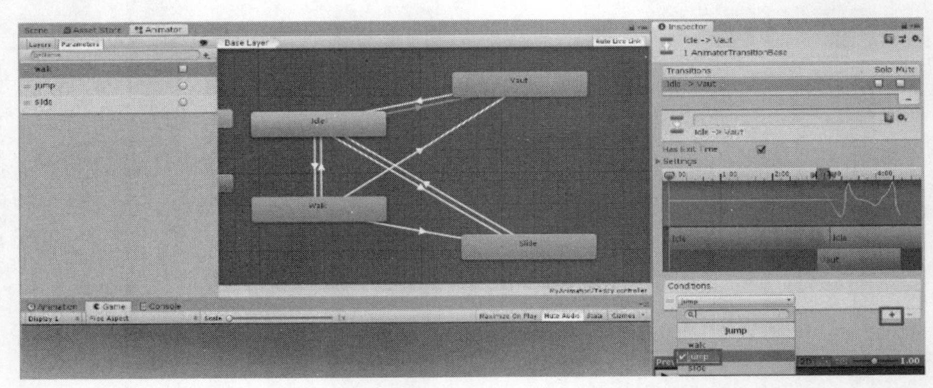

图 6-45　给从 Idle 状态至 Vaut 状态的动画过渡添加条件

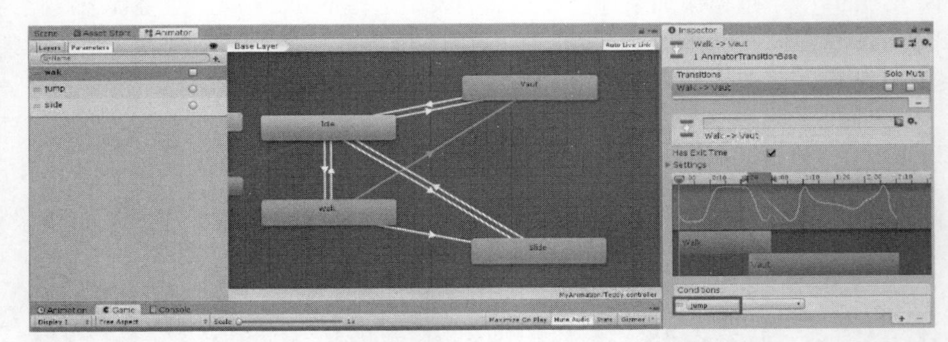

图 6-46　给从 Walk 状态至 Vaut 状态的动画过渡添加条件

【步骤 12】选择从 Idle 状态至 Slide 状态的动画过渡连线，在 Inspector 面板中单击 Conditions 下面的“+”按钮添加条件，右下拉列表中选择 slide 选项，如图 6-47 所示。同样的步骤，选择从 Walk 状态至 Slide 状态的动画过渡连线添加条件，在下拉列表中选择 slide 选项，如图 6-48 所示。

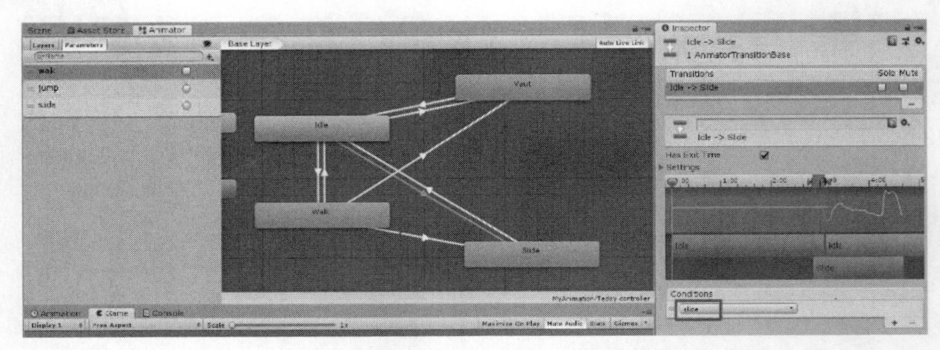

图 6-47　给从 Idle 状态至 Slide 状态的动画过渡添加条件

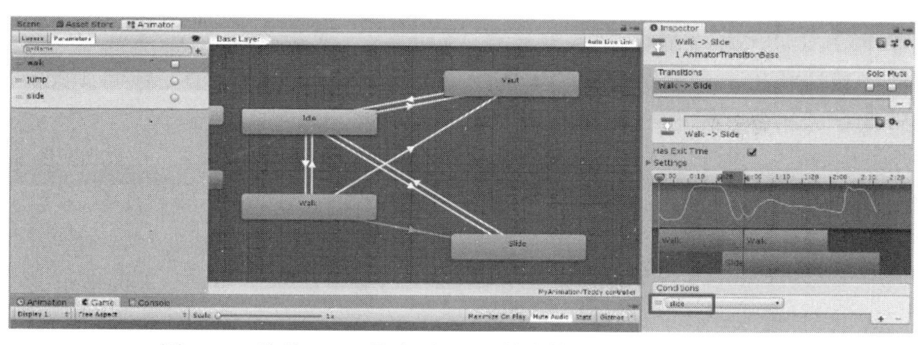

图 6-48　给从 Walk 状态至 Slide 状态的动画过渡添加条件

【步骤 13】在 Inspector 面板中分别将 Idle 状态至 Walk 状态、Vaut 状态、Slide 状态和 Walk 状态至 Idle 状态、Vaut 状态、Slide 状态这 6 个动画过渡属性中的 Has Exit Time 复选项取消勾选，如图 6-49 所示，这是为了让各个状态的动画切换可以立刻切换，而不用等到该动画播放完毕才切换。

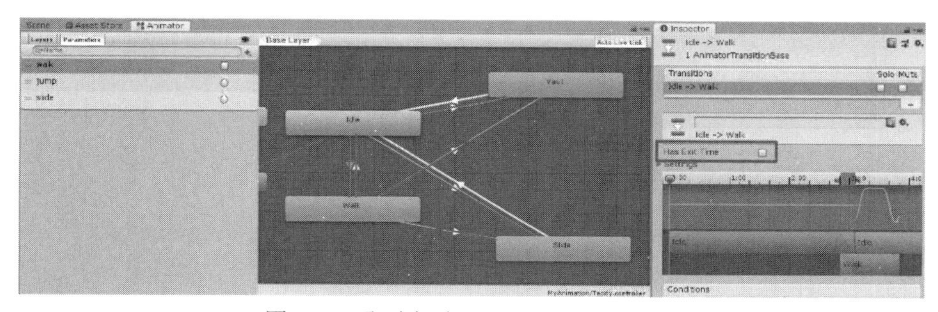

图 6-49　取消勾选 Has Exit Time 复选项

【步骤 14】在 Project 面板中新建一个文件夹，将其重命名为 MyScripts，在该文件夹内新建一个脚本，将其重命名为 TeddyControl，将该脚本挂载到 TeddyBear 对象上，如图 6-50 所示。

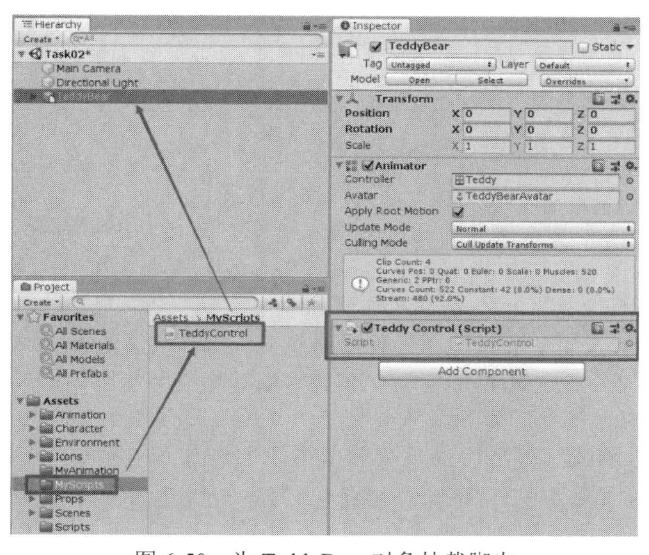

图 6-50　为 TeddyBear 对象挂载脚本

【步骤 15】在 TeddyControl 脚本中编写代码。当按住 W 键时角色向前走，松开 W 键后角色停下保持默认状态，当按空格键时角色起跳，按 Z 键时角色下蹲，代码如图 6-51 所示，编写完成后保存脚本。

```
TeddyControl.cs
Assembly-CSharp                         TeddyControl
1   using System.Collections;
2   using System.Collections.Generic;
3   using UnityEngine;
4   public class TeddyControl : MonoBehaviour
5   {
6       private Animator anim;
7       void Start()
8       {
9           anim = GetComponent<Animator>(); // 获取角色的Animator组件
10      }
11      void Update()
12      {
13          if(Input.GetKey(KeyCode.W))
14          {
15              anim.SetBool("walk", true); // 按住W键，角色向前走
16          }
17          else
18          {
19              anim.SetBool("walk", false); // 松开W键，角色停下保持默认状态
20          }
21          if(Input.GetKeyDown(KeyCode.Space))
22          {
23              anim.SetTrigger("jump"); // 按下空格键，角色跳跃一次
24          }
25          if(Input.GetKeyDown(KeyCode.Z))
26          {
27              anim.SetTrigger("slide"); //按下Z键，角色下蹲一次
28          }
29      }
30  }
128 %
```

图 6-51　TeddyControl 脚本中的代码

【步骤 16】为了方便观察角色动画情况，调整 Main Camera 对象的位置，如图 6-52 所示。

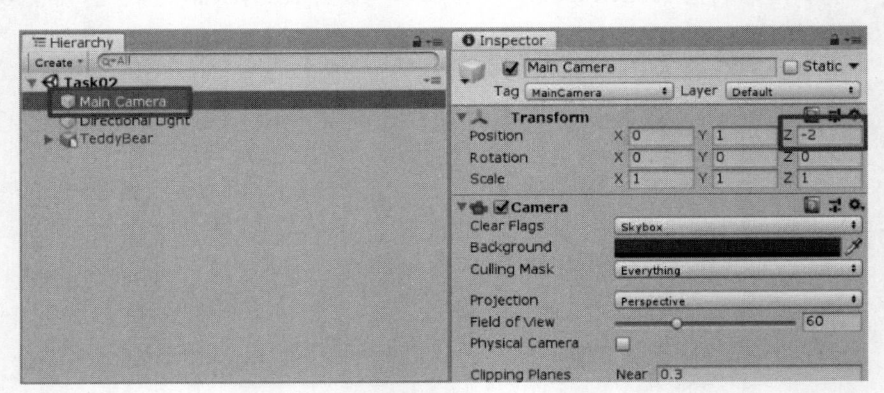

图 6-52　调整 Main Camera 对象的位置

【步骤 17】运行测试，单击运行游戏的按钮，当按住 W 键时角色向前走，松开 W 键后角色停下保持默认状态的动画，按下空格键角色跳跃一次，按下 Z 键角色下蹲一次，如图 6-53 所示。

图 6-53　运行测试

6.2.3　使用混合树创建动画

角色动画的强大之处在于混合树的混合方式，使用不同的混合方式和巧妙的参数设置，可以混合出丰富的动画效果。混合树主要分为两种类型：1D 和 2D，其中 1D 表示由一个参数控制的混合树，2D 表示由两个参数控制的混合树。

下面将通过具体操作实例来介绍 Mecanim 动画系统中混合树的创建和操作方法（以 1D 为例），具体步骤如下：

【步骤 1】在 Project 面板的 MyAnimation 文件夹中创建一个新的动画控制器，将其重命名为 NewTeddy 并拖曳到 TeddyBear 对象的 Controller 选项后，如图 6-54 所示。

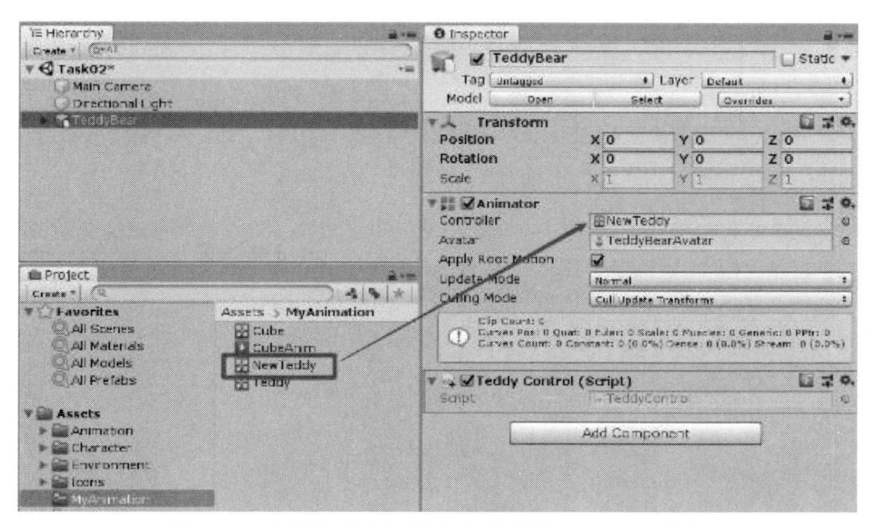

图 6-54　创建动画控制器文件并配置 Animator 组件

【步骤 2】打开 Animator 编辑器，选择 NewTeddy 动画控制器，在网格区域空白处右击并选择 Create State→From New Blend Tree 选项创建一个新的动画混合树，如图 6-55 所示。选择新创建的动画混合树，在 Inspector 面板中将其重命名为 Teddy，如图 6-56 所示。

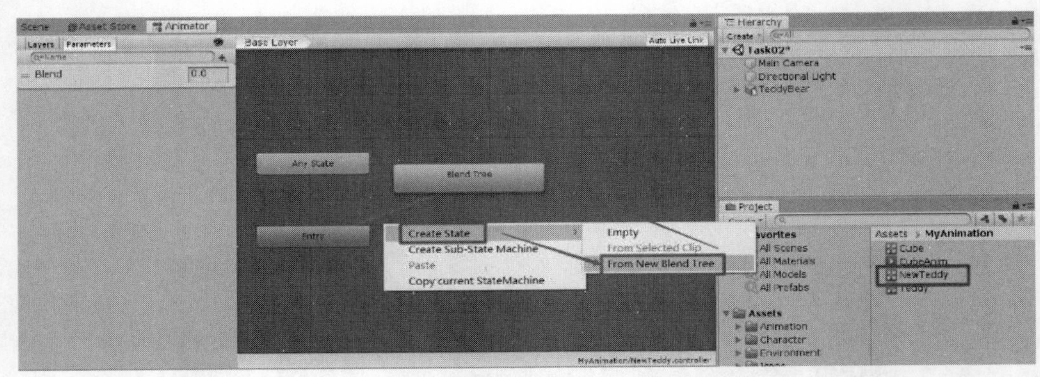

图 6-55　添加动画混合树

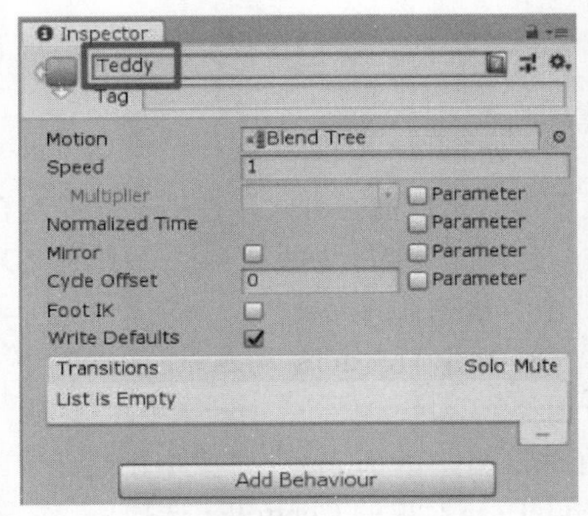

图 6-56　重命名动画混合树

【步骤 3】双击 Teddy 进入动画混合树，选择 Blend Tree，在 Inpector 面板中可以观察到其 Blend Type 默认为 1D。单击“+”按钮，在下拉列表中单击 Add Motion Field 选项添加新的动作，如图 6-57 所示。也可以直接在 Blend Tree 上右击并选择 Add Motion 选项来添加新动作，如图 6-58 所示。此处一共添加 3 个新动作，添加完成后效果如图 6-59 所示。

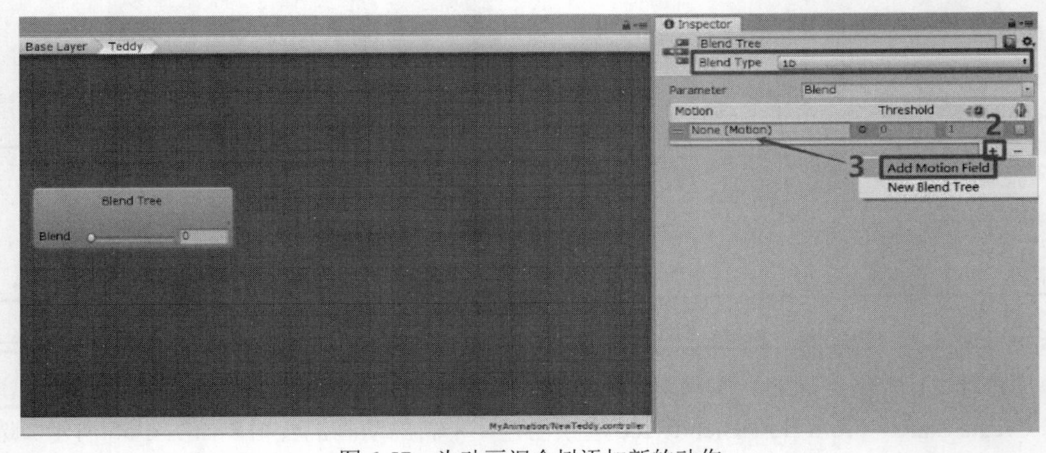

图 6-57　为动画混合树添加新的动作

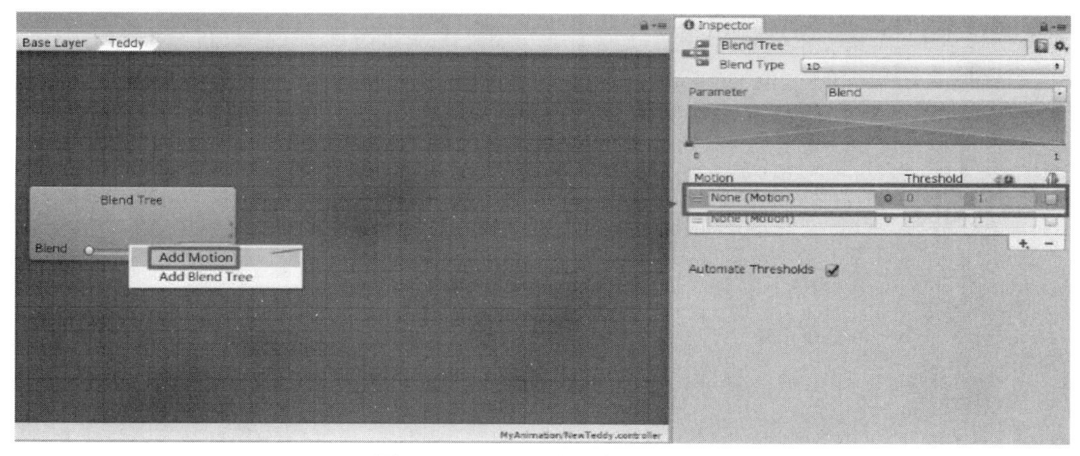

图 6-58 用另一种方法添加动作

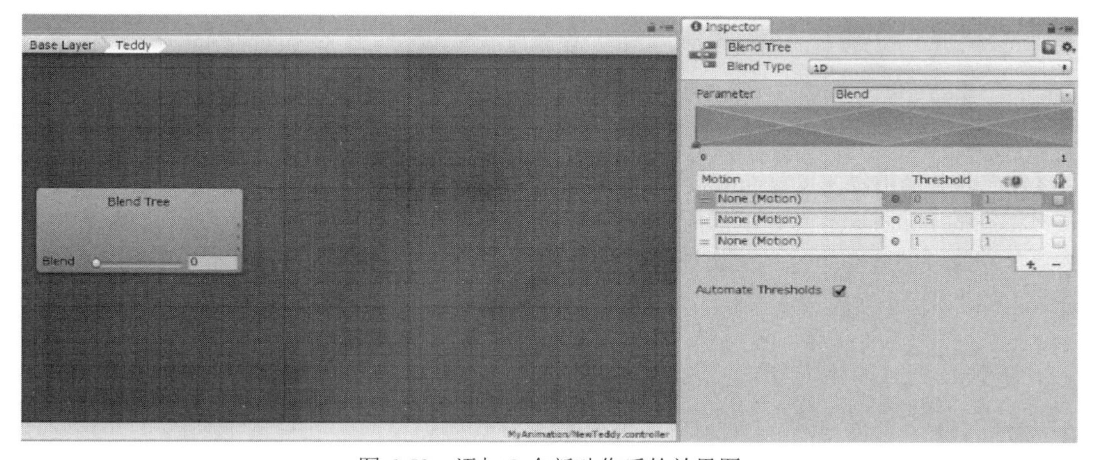

图 6-59 添加 3 个新动作后的效果图

【步骤 4】在 Inspector 面板 Parameter 选项下面的蓝色重叠区域可以观察到 3 个动作的混合效果，单击右侧的数字 1，将其修改为 2，可以观察到下面列表中的第二个动作的 Threshold 值同时从 0.5 变为 1，如图 6-60 所示。

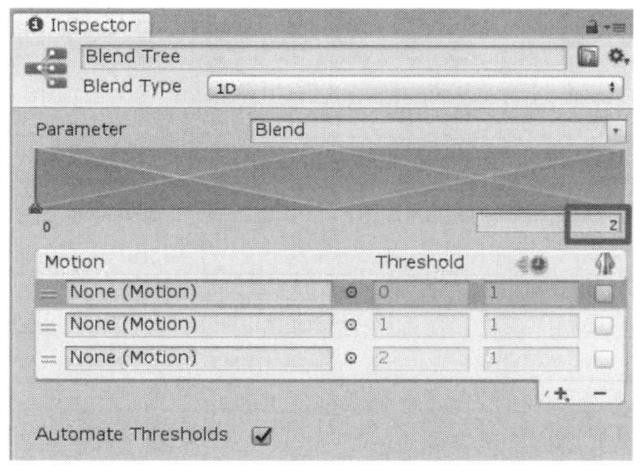

图 6-60 调整混合树设置

【步骤 5】单击动作列表中第一个动作后面的 ⊙ 按钮，在弹出的窗口的搜索框中搜索 Idle，选择搜索结果中的 Idle 动画剪辑文件。同样的步骤，给第二个动作添加 Walk 动画剪辑文件，给第三个动作添加 Run 动画剪辑文件，如图 6-61 所示。

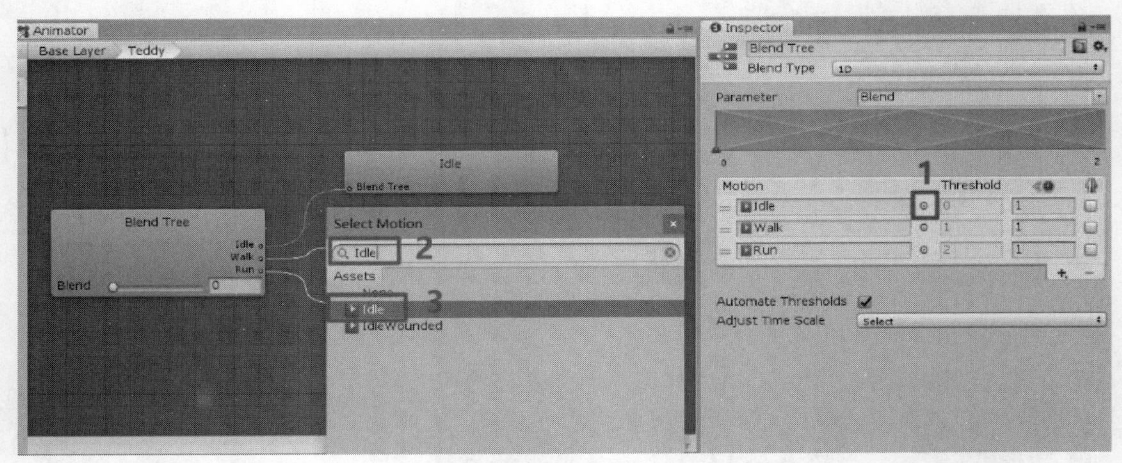

图 6-61　添加动画剪辑文件

【步骤 6】当滑动 Blend Tree 下方的 Blend 滑动条时，可以在 Inspector 面板中观察到，动画混合状态的 Parameter 值处于对应位置，即红色竖线的位置，如图 6-62 所示。Blend 的值与列表中 3 个动作后面的 Threshold 值相关，当 Blend 值刚好为 1 时，当前动画状态是 Walk，如果 Blend 值小于 1，则当前动画状态是介于 Idle 和 Walk 之间的动画。

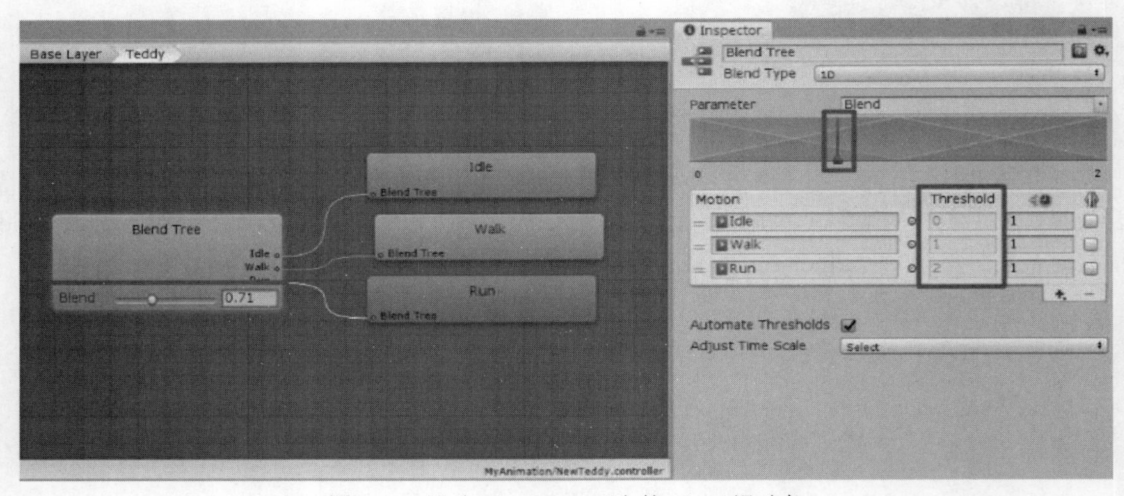

图 6-62　滑动 Blend Tree 下方的 Blend 滑动条

【步骤 7】选择 TeddyBear，将其 Inpector 面板中的 TeddyControl 脚本删除，在 Project 面板的 MyScripts 文件夹中创建一个新的脚本，并将其重命名为 NewTeddy，将该脚本挂载到 TeddyBear 上，如图 6-63 所示。

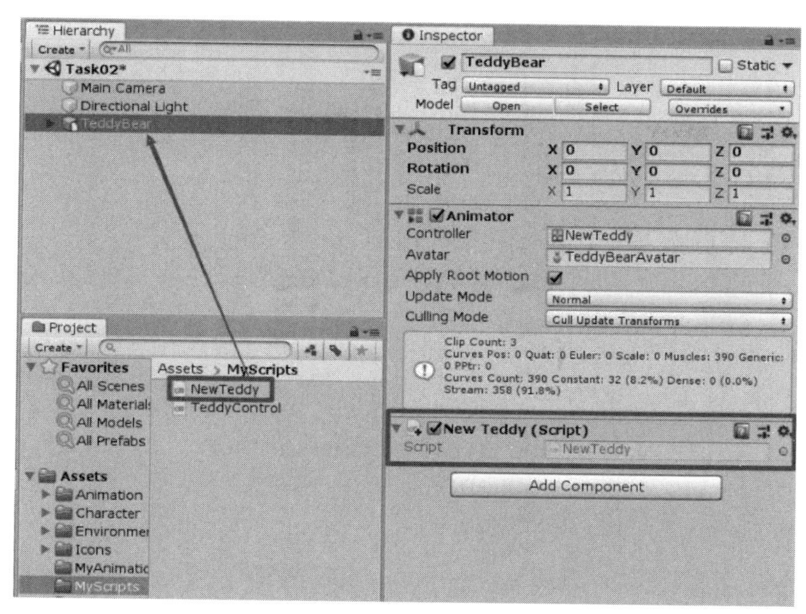

图 6-63　为 TeddyBear 挂载 NewTeddy 脚本

【步骤 8】双击打开该脚本，编写如下代码，编写完成后保存当前脚本。

```
using System.Collections;
using System.Collections.Generic;
using UnityEngine;
public class NewTeddy : MonoBehaviour
{
    private Animator anim;
    private bool run;      //run 判断角色是否是跑步状态
    void Start()
    {
        anim = GetComponent<Animator>();     //获取角色的 Animator 组件
        run = false;      //初始设置为 false
    }
    void Update()
    {
        if (Input.GetKey(KeyCode.LeftShift))
        {
            run = true;      //当按下左 Shift 键时 run 为 true
        }
        else
        {
            run = false;      //否则 run 为 false
        }
        if (Input.GetKey(KeyCode.W))
        {
            transform.forward = new Vector3(0, 0, 1);      //按下 W 键向前运动
```

```
            //Mathf.Lerp()函数可以让 Blend 的值慢慢变化
            //run ? 2:1 三元表达式，当 run 为 true 时，该表达式结果为 2，否则结果为 1
            anim.SetFloat("Blend", Mathf.Lerp(anim.GetFloat("Blend"), run ? 2 : 1, 0.25f));
        }
        else if(Input.GetKey(KeyCode.S))
        {
            transform.forward = new Vector3(0, 0, -1);//按下 S 键向后运动
            anim.SetFloat("Blend", Mathf.Lerp(anim.GetFloat("Blend"), run ? 2 : 1, 0.25f));
        }
        else if (Input.GetKey(KeyCode.A))
        {
            transform.forward = new Vector3(-1, 0, 0);//按下 A 键向左运动
            anim.SetFloat("Blend", Mathf.Lerp(anim.GetFloat("Blend"), run ? 2 : 1, 0.25f));
        }
        else if (Input.GetKey(KeyCode.D))
        {
            transform.forward = new Vector3(1, 0, 0);//按下 D 键向右运动
            anim.SetFloat("Blend", Mathf.Lerp(anim.GetFloat("Blend"), run ? 2 : 1, 0.25f));
        }
        else
        {
            //不做任何操作的时候角色停下，Blend 值为 0
            anim.SetFloat("Blend", Mathf.Lerp(anim.GetFloat("Blend"), 0, 0.25f));
        }
    }
}
```

【步骤 9】单击运行游戏的按钮进行测试，如图 6-64 所示，按下 W、S、A、D 键时，角色分别向前、后、左、右移动，同时按住左边的 Shift 键时，角色改为跑步状态，并且可以在 Animator 编辑器中观察到动画混合树中 Blend 值的变化，如图 6-65 所示。

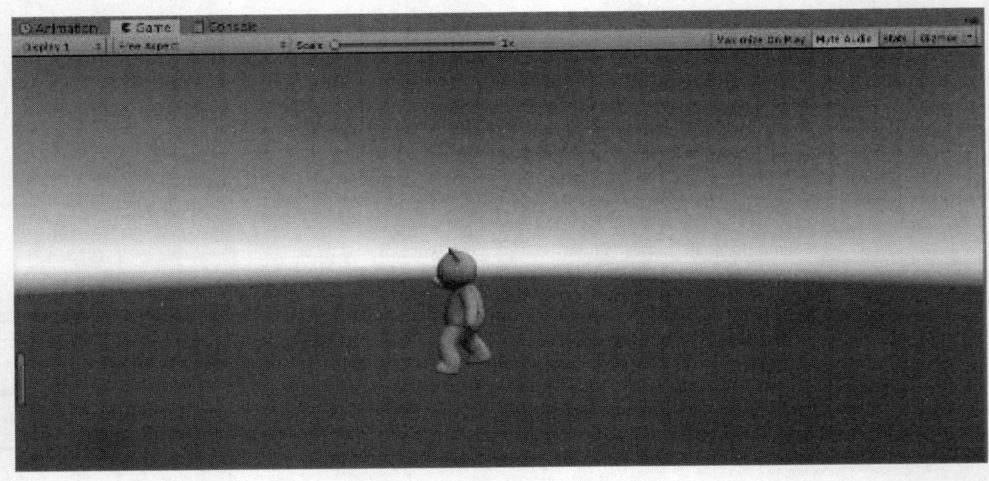

图 6-64　运行游戏进行测试

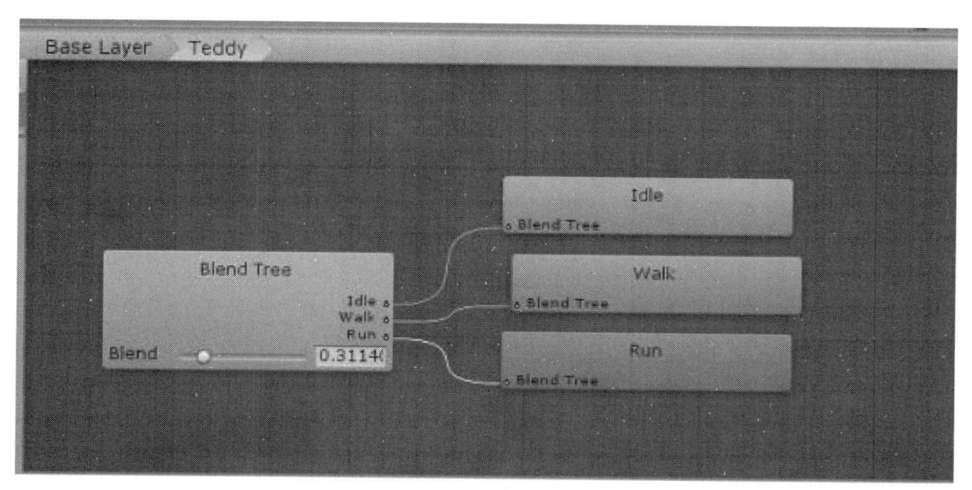

图 6-65 动画混合树中 Blend 值的变化

【步骤 10】单击 Animator 编辑器中的 Base Layer 按钮，切换到上一级动画状态，在 Project 面板中搜索 slide，将该动画剪辑拖曳到 Animator 编辑器中，如图 6-66 所示。分别添加两条动画过渡连线，从 Teddy 状态指向 Slide 状态、Slide 状态指向 Teddy 状态，如图 6-67 所示。

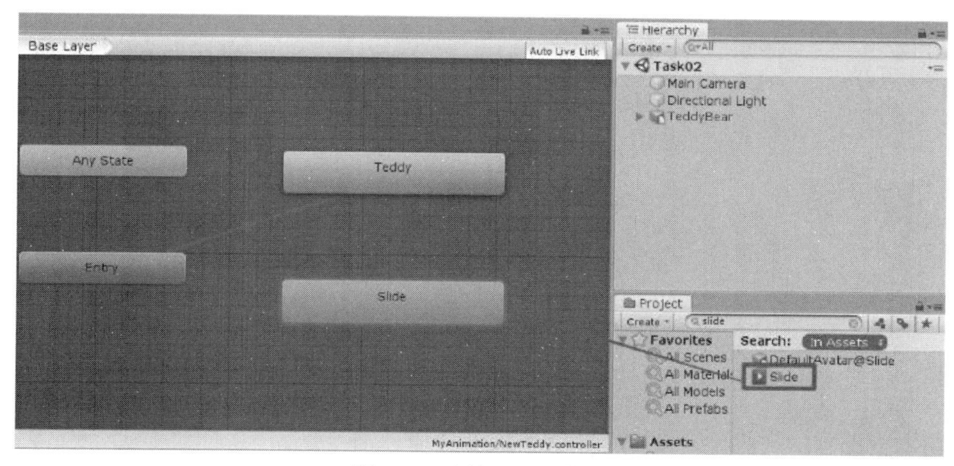

图 6-66 添加 Slide 状态

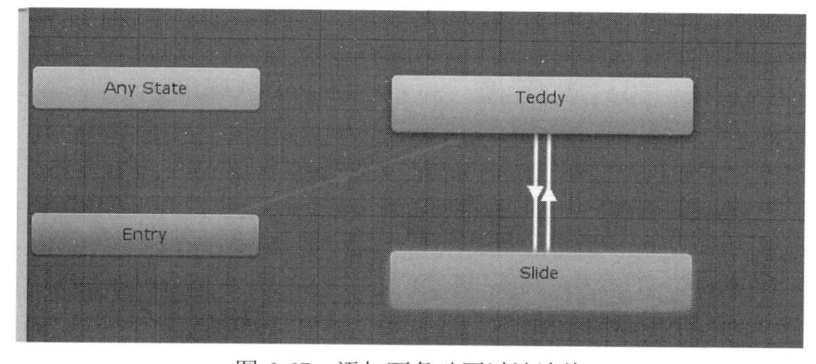

图 6-67 添加两条动画过渡连线

【步骤 11】在 Animator 编辑器左侧的 Parameters 面板中单击+按钮，添加一个 Trigger 类型的变量，并将其重命名为 slide，如图 6-68 所示。选择从 Teddy 状态至 Slide 状态的动画过渡连线，在 Inpector 面板中单击“+”按钮，添加条件，在下拉列表中选择 slide 选项，然后取消勾选 Has Exit Time 复选项，如图 6-69 所示。

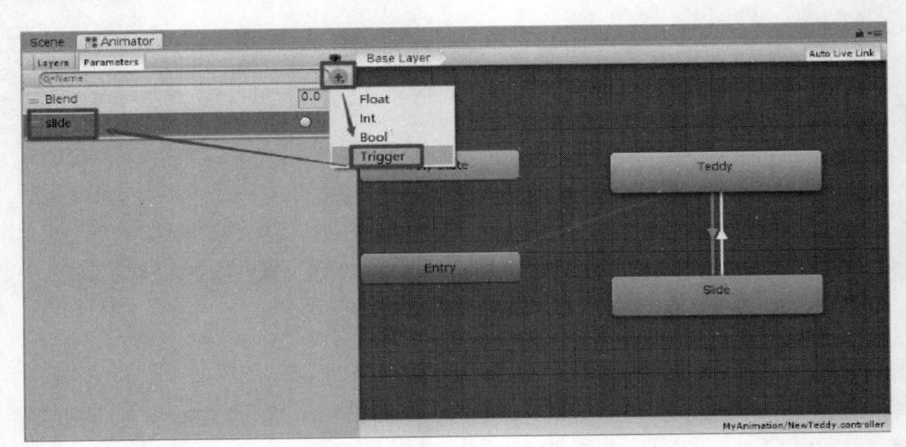

图 6-68　添加 Trigger 类型变量

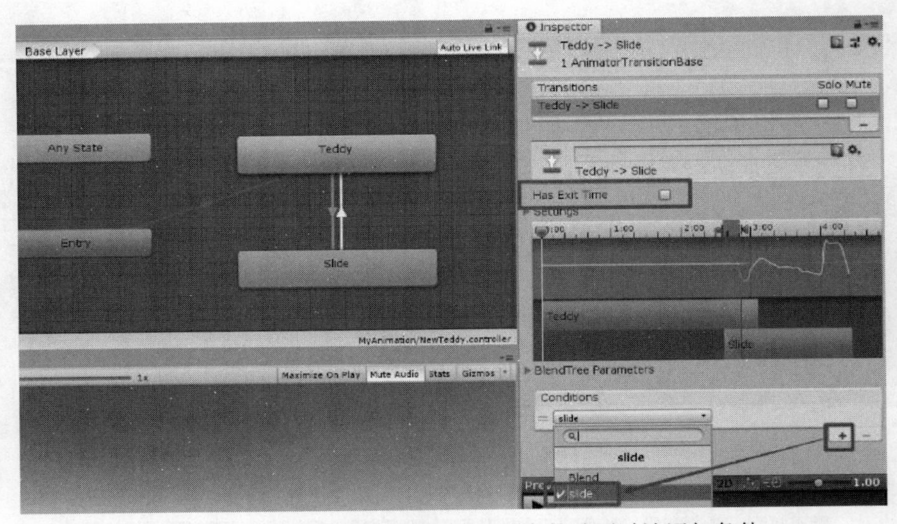

图 6-69　为从 Teddy 状态至 Slide 状态的动画过渡添加条件

【步骤 12】打开 NewTeddy 脚本，在 Update()函数中添加如下代码，编写完后保存当前脚本。

```
void Update()
    {
        if (Input.GetKey(KeyCode.Z))
        {
            anim.SetTrigger("slide");
        }
}
```

【步骤 13】运行测试，不管角色是处于静止、走路、跑步状态，只要按下 Z 键，角色就会下蹲，如图 6-70 所示。

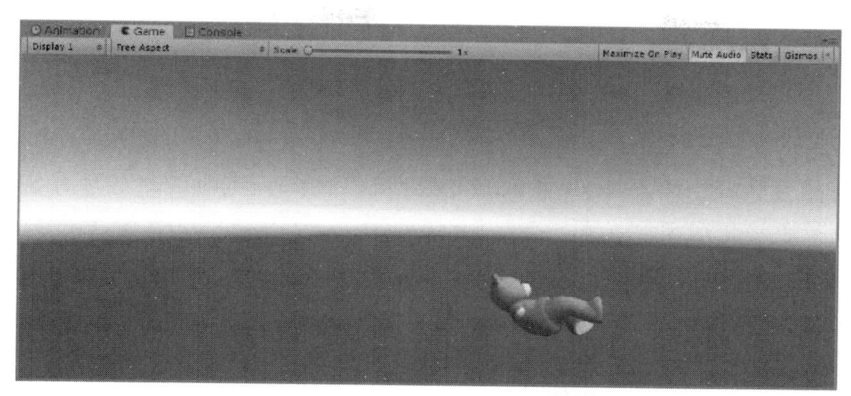

图 6-70　测试角色在任意状态下下蹲

本 章 小 结

本章详细介绍了 Unity3D 动画系统的基本概念，包括旧动画系统 Animation 和新动画系统 Mecanim，并通过简单动画剪辑的创建到角色动画的使用，以及动画混合树的应用逐步带领学生深入学习。通过对本章的学习，学生能够掌握在虚拟现实项目中使用动画系统增加场景体验感的方法。

课 后 习 题

课后习题解答

1．在导入项目的动画资源中，Animation Type 有 4 种类型，下列选项中（　　）表示人形动画，不支持非人形动画，可使用动画重定向功能。

A．Legacy　　B．Generic　　C．Humanoid

2．在（　　）面板中可以创建并修改动画剪辑。

A．Animator　　B．Animation　　C．Inspector

3．在 Animator 编辑器中切换到（　　）选项卡，可以为两个动画状态之间的过渡动画添加不同类型的条件，控制动画切换效果。

A．Layers　　B．Parameters　　C．Curves

4．动画控制器是 Unity3D 中一种单独配置的文件类型，其扩展名是（　　），使用动画控制器可以对多个动画进行整合，使用状态机可以实现动画的播放和切换。

A．.controller　　B．.anim　　C．.cs

5．创建完动画控制器以后，一般默认有 3 个状态，这些状态是 Unity3D 自动创建的，也无法删除。其中（　　）表示任意的状态，作用是其指向的状态在任意时刻都可以切换过去的状态。

A．Entry　　B．Any State　　C．Exit

第 7 章　虚拟现实中的粒子系统

在 3D 游戏中，大部分的场景元素（如角色、物件、碰撞体等）都属于网格模型，这类模型一般是利用第三方的建模工具（如 Maya、3ds Max、Blender 等）创建好后再导入到 Unity3D 中。若要在场景中模拟烟雾、火焰、云彩、水滴等效果，则需要用到粒子系统。本章主要介绍虚拟现实中的粒子系统，首先介绍 Unity3D 中粒子系统的常用工具与操作，包括粒子系统的初始化组件、生命周期特效控制组件、粒子自身特效控制组件、交互控制组件；其次通过两个小案例讲解如何创建和使用粒子系统。通过对本章的学习，学生能够了解 Unity3D 粒子系统的基本概念，并能够掌握粒子系统各个组件的功能及使用方法。

- 了解 Unity3D 粒子系统的功能。
- 熟悉粒子系统各个组件的功能。
- 掌握使用粒子系统制作特效实例的方法。

7.1　Unity3D 的粒子系统

7.1.1　Unity3D 粒子系统概述

粒子系统本质上是简单而微小的图片或网格，其采用组件化管理，个性化的粒子组件配合粒子曲线编辑器使得用户更容易创作出各种缤纷复杂的粒子效果。一般而言，若要实现粒子效果，粒子发射（Emission）和粒子渲染（Renderer）这两个组件是必须用到的。创建粒子系统有以下两种方法：

（1）单击 GameObject→Effects→Particle System 选项即可在场景中新建一个名为 Particle System 的粒子系统对象，如图 7-1 所示。

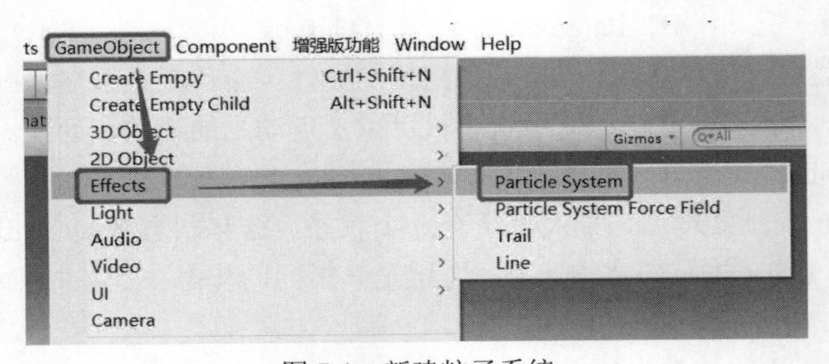

图 7-1　新建粒子系统

（2）单击 GameObject→Create Empty 选项建立一个空物体，然后单击 Component→Effect→Particle System 选项为空物体添加粒子系统。新建粒子系统的默认效果如图 7-2 所示。

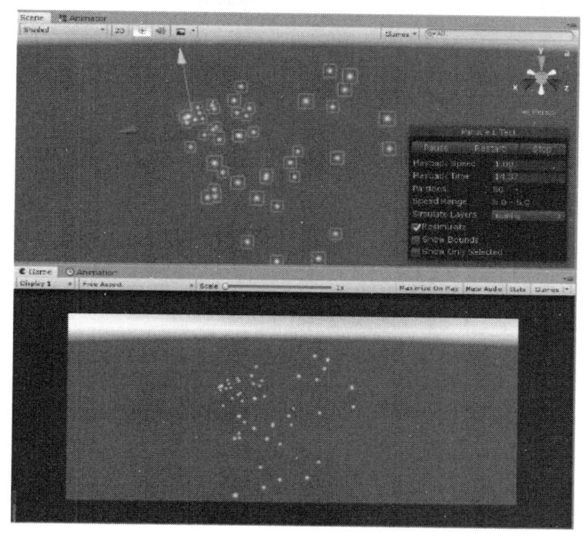

图 7-2　新建粒子系统的默认效果

7.1.2　Unity3D 粒子系统常用工具与操作

1．*初始化组件*

（1）粒子系统初始化组件。粒子系统初始化组件为其固有组件，无法删除或禁用。该组件定义了粒子初始化时的持续时间、循环方式、发射速度、大小等一系列基本属性，其参数面板如图 7-3 所示。

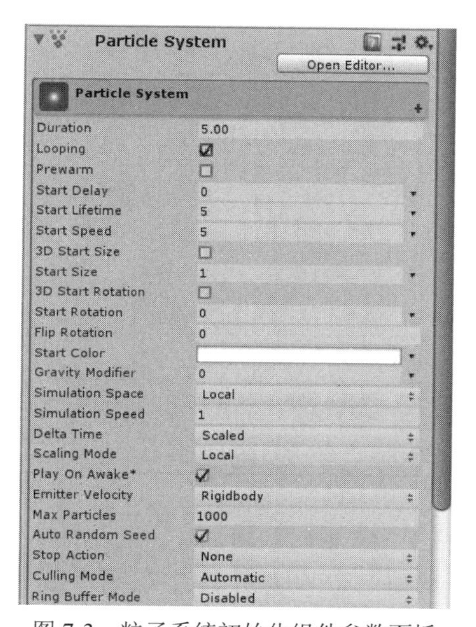

图 7-3　粒子系统初始化组件参数面板

主要选项与功能如表 7-1 所示。

表 7-1　粒子系统初始化组件的主要选项与功能

选项	功能
Duration	设置粒子系统发射粒子的持续时间（单位为秒）
Looping	设置粒子系统是否循环播放
Prewarm	预热模式，勾选 Looping 复选项时可用（第一时间显示最大粒子效果）
Start Delay	设置粒子系统开始发射之前的初始延迟，开启预热模式后无法使用
Start Lifetime	设置粒子的存活时间（单位为秒），生命周期为 0 时粒子消亡
Start Speed	设置粒子发射时的初始速度
3D Start Size	如果勾选，则可以分别控制粒子在 3 个轴方向的大小
Start Size	设置粒子发射时的初始大小。与 3D Start Size 二选一
3D Start Rotation	如果勾选，则可以分别控制粒子在 3 个轴方向的旋转
Start Rotation	设置粒子发射时的初始旋转角度。与 3D Start Rotation 二选一
Flip Rotation	设置翻转粒子方向，设置为 0～1，值越大，有越多的粒子会翻转
Start Color	设置粒子发射时的初始颜色
Gravity Modifier	重力修改器，预设值 0 代表粒子不受重力影响往上移动，数值增加时粒子发射后会往下掉
Simulation Space	模拟空间，相对于某个模拟空间的粒子进行运动，包括 Local、World、Custom 等空间
Simulation Speed	设置缩放粒子系统回放的速度，也即根据更新模拟的速度
Delta Time	时间增量，一般其值为 1，可根据时间管理器改变
Scaling Mode	调整 Scale 选项里面的参数来拉伸、缩小、扩大粒子本身
Play On Awake*	设置是否自动播放，勾选此复选项不会影响粒子初始延迟的效果
Emitter Velocity	设置修改粒子系统移动时使用何种方式计算速度
Max Particles	设置粒子系统可以同时存在的最大粒子数量。如果粒子数量超过最大值，粒子系统会销毁一部分粒子
Auto Random Seed	随机粒子，如果勾选，会生成完全不同不重复的粒子效果，如果不勾选，即为可重复
Stop Action	选择当粒子系统停止时将进行的操作
Culling Mode	剔除模式，选择当粒子在屏幕外时进行的操作
Ring Buffer Mode	选择当粒子的生命周期结束后进行的操作

（2）Emission 组件。在粒子的发射时间内，可在某个特定的时间生成大量粒子，这对于模拟爆炸等需要产生大量粒子的效果非常有用，其参数面板如图 7-4 所示。

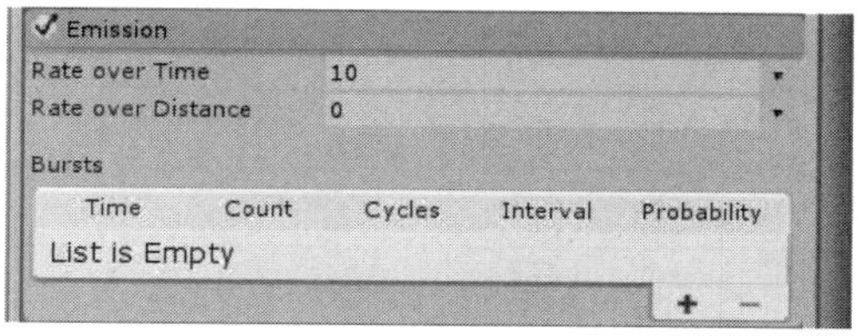

图 7-4　Emission 组件参数面板

主要选项与功能如表 7-2 所示。

表 7-2　Emission 组件的主要选项与功能

选项	功能
Rate over Time	设置单位时间内生成粒子的数量
Rate over Distance	设置随着移动距离产生的粒子的数量。只有当粒子系统移动时才发射粒子
Bursts	设置粒子在某一时刻发生“爆裂”： ① Time：从第几秒开始 ② Count：粒子数量范围 ③ Cycles：在一个周期中的循环次数 ④ Interval：两次循环的间隔时间 ⑤ Probability：可能性

（3）Shape 组件。Shape 组件定义了粒子发射器的形状，可为粒子提供沿着该形状表面法线或随机方向的初始力，并控制粒子的发射位置及方向，其参数面板如图 7-5 所示。

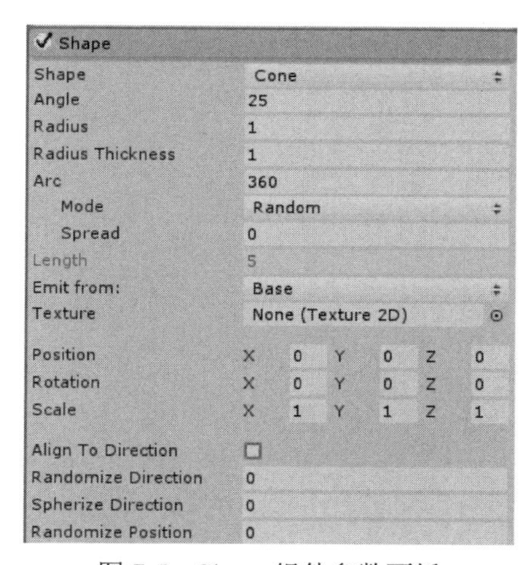

图 7-5　Shape 组件参数面板

主要选项与功能如表 7-3 所示。

表 7-3　Shape 组件的主要选项与功能

选项	功能
Shape	选择粒子发射器的形状
Angle	设置粒子发射器角度

续表

选项	功能
Radius	设置粒子发射器的半径
Radius Thickness	设置粒子发射形状的边缘厚度
Arc	设置圆形粒子发射形状的弧度
Length	粒子发射长度
Emit from	设置从哪里发射粒子
Texture	设置粒子初始颜色的纹理
Position/Rotation/Scale	设置粒子发射体的 Transform 属性
Align To Direction	若勾选，则根据粒子的初始行进方向对齐粒子
Randomize Direction	设置随机化粒子的起始方向
Spherize Direction	使粒子从起始点沿球面方向移动
Randomize Position	随机化粒子的起始位置

Shape 组件用于设置粒子发射器的形状。不同形状的发射器发射出的粒子的初始速度和方向均不同，每种发射器下面对应的参数也有相应的差别。单击右侧的下拉按钮可弹出发射器形状选项下拉列表，如图 7-6 所示。

（4）Renderer 组件。Renderer 组件的设置决定了粒子的图片或网格将如何被其他粒子替换、着色和绘制。即使此组件被添加或移除，也不影响粒子的其他属性。Renderer 组件参数面板如图 7-7 所示。

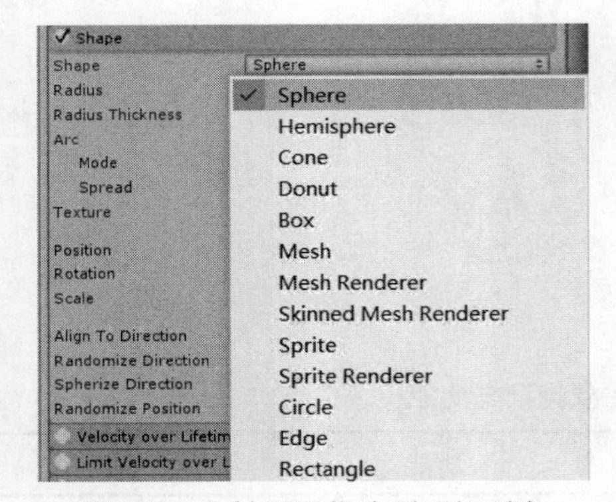

图 7-6　发射器形状选项下拉列表

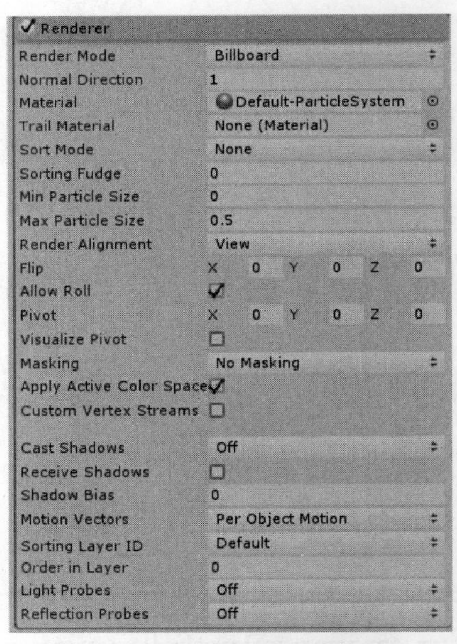

图 7-7　Renderer 组件参数面板

主要选项与功能如表 7-4 所示。

表 7-4　Renderer 组件的主要选项与功能

选项	功能
Render Mode	设置渲染粒子的模式： ① Billboard：粒子始终面向相机 ② Stretched Billboard：粒子面向相机并可以应用各种缩放 ③ Horizontal Billboard：粒子平面平行于 xz 底平面 ④ Vertical Billboard：粒子平面平行于世界坐标的 y 轴，但面向相机 ⑤ Mesh：从 3D 网格而非从纹理渲染粒子 ⑥ None：使用 Trails 组件时，如果只渲染轨迹并隐藏默认渲染，则可启用此属性
Normal Direction	设置粒子的法线偏移。值为 1 表示法线指向相机，值为 0 表示法线指向屏幕中心
Material	设置渲染粒子的材质
Sorting Fudge	设置排序容差，仅影响整个系统在场景中出现的位置。较低的值会增加粒子系统在其他透明对象上绘制的概率
Min Particle Size	最小粒子大小（仅当选择 Billboard 模式时可设置）
Max Particle Size	最大粒子大小（仅当选择 Billboard 模式时可设置）
Render Alignment	粒子公告牌面向的方向： ① View：粒子面向相机平面 ② World：粒子与世界轴对齐 ③ Local：粒子与游戏对象的变换组件对齐 ④ Facing：粒子面向相机游戏对象的直接位置

（5）Sub Emitters 组件。该组件主要作为粒子的子发射器来使用，可使粒子在出生、消亡、碰撞等多个时刻生成其他的粒子，其参数面板如图 7-8 所示。

图 7-8　Sub Emitters 组件参数面板

主要选项与功能如表 7-5 所示。

表 7-5　Sub Emitters 组件的主要选项与功能

选项	功能
Birth	选择子发射器的类型： ① Birth：在粒子系统的起始阶段创建子粒子系统 ② Collision：在粒子系统发生碰撞时创建子粒子系统 ③ Death：在粒子系统生命周期结束时创建子粒子系统 ④ Trigger：在粒子系统与触发器发生碰撞时创建子粒子系统 ⑤ Manual：在脚本中触发创建新的子粒子系统
Inherit	选择从父粒子系统中继承的属性
Emit Probability	设置粒子的发射概率

2. 生命周期特效控制组件

（1）Velocity over Lifetime 组件。该组件控制着生命周期内每个粒子的速度。对于那些物理行为复杂的粒子，该组件的作用非常明显；但对于那些具有简单视觉行为效果的粒子以及与物理世界几乎没有互动行为的粒子，该组件的作用就不明显了，其参数面板如图 7-9 所示。

Velocity over Lifetime
Linear X 0 Y 0 Z 0
Space Local
Orbital X 0 Y 0 Z 0
Offset X 0 Y 0 Z 0
Radial 0
Speed Modifier 1

图 7-9 Velocity over Lifetime 组件参数面板

主要选项与功能如表 7-6 所示。

表 7-6 Velocity over Lifetime 组件的主要选项与功能

选项	功能
Linear	改变粒子的线性速度
Space	修改坐标体系，可选择世界坐标或本地坐标
Orbital	修改粒子的轨道速度，修改此参数将使发射的粒子轨迹围绕粒子系统的中心进行旋转
Offset	修改旋转中心的偏移量
Radial	修改粒子的曲线速度
Speed Modifier	线性修改粒子基于生命周期的速度，不改变粒子的方向

（2）Limit Velocity over Lifetime 组件。该组件控制着粒子在生命周期内的速度限制及速度衰减，可以模拟类似拖动的效果。若粒子的速度超过设置的限定值，则粒子速度会被锁定到该限定值，其参数面板如图 7-10 所示。

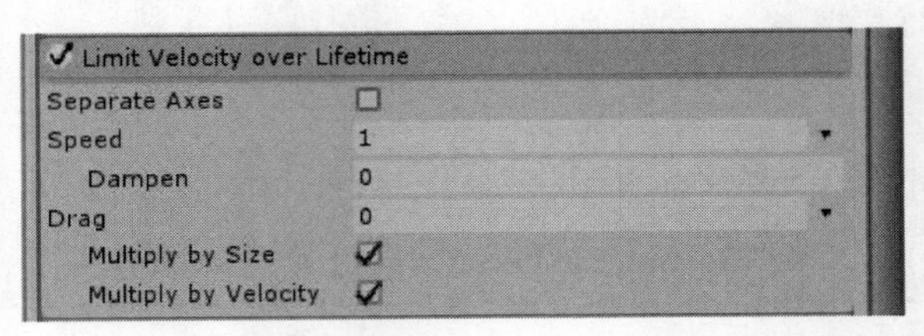

图 7-10 Limit Velocity over Lifetime 组件参数面板

主要选项与功能如表 7-7 所示。

表 7-7 Limit Velocity over Lifetime 组件的主要选项与功能

选项	功能
Separate Axes	若勾选此复选项，则可以从 3 个轴向单独进行速度限制
Speed	限制粒子的速度
Dampen	控制超过限制速度时应该减弱多少

续表

选项	功能
Drag	控制应用于粒子速度的阻力
Multiply by Size	若勾选此复选项，则根据粒子的尺寸调整粒子的阻力
Multiply by Velocity	若勾选此复选项，则根据粒子的速度调整粒子的阻力

（3）Force over Lifetime 组件。该组件控制着粒子在其生命周期内的受力情况，其参数面板如图 7-11 所示。

图 7-11　Force over Lifetime 组件参数面板

主要选项与功能如表 7-8 所示。

表 7-8　Force over Lifetime 组件的主要选项与功能

选项	功能
X/Y/Z	修改对各个轴向施加的力
Space	修改空间坐标系，可以是世界坐标或本地坐标
Randomize	若勾选此复选项，则进行随机优化

（4）Color over Lifetime 组件。该组件控制着每一个粒子在其生命周期内的颜色变化，用户可以通过 Color 选项来修改粒子颜色，梯度条的最左边的点表示粒子寿命的开始，梯度条的右侧表示粒子寿命的结束，其参数面板如图 7-12 所示。

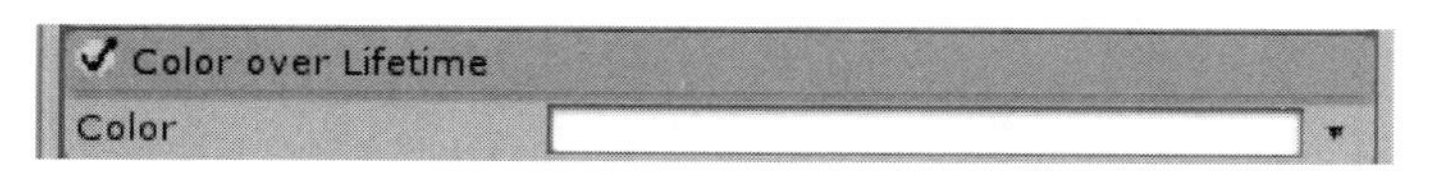

图 7-12　Color over Lifetime 组件参数面板

（5）Size over Lifetime 组件。该组件主要用于控制粒子在其生命周期内的尺寸变化。其中，Separate Axes 选项表示使用 3 个单独的轴向来修改粒子的尺寸，Size 选项表示修改粒子的尺寸，其参数面板如图 7-13 所示。

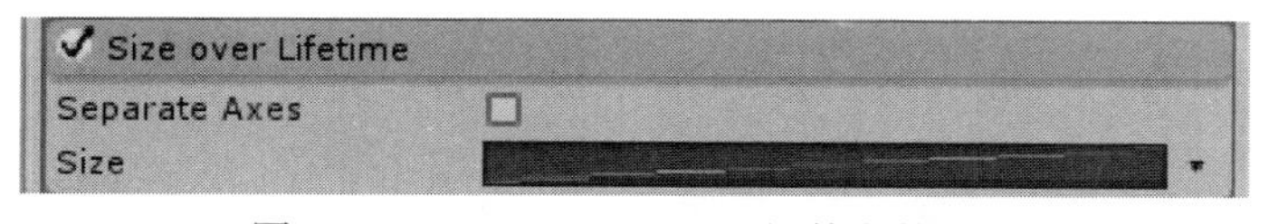

图 7-13　Size over Lifetime 组件参数面板

（6）Rotation over Lifetime 组件。该组件主要用于控制粒子在其生命周期内的旋转变化。其中，Separate Axes 选项表示使用 3 个单独的轴向来修改粒子的旋转角度，Angular Velocity 选项表示修改粒子的旋转角度，其参数面板如图 7-14 所示。

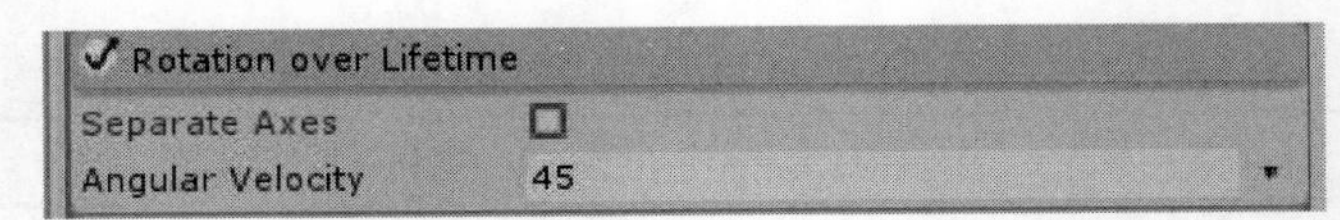

图 7-14　Rotation over Lifetime 组件参数面板

3. 粒子自身特效控制组件

（1）Color by Speed 组件。该组件主要用于根据速度改变粒子的颜色。其中，Color 选项表示修改粒子的颜色，Speed Range 选项表示修改速度的范围，其组件参数面板如图 7-15 所示。

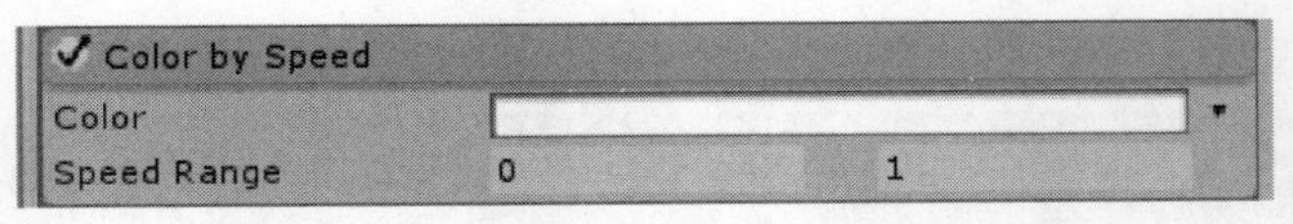

图 7-15　Color by Speed 组件参数面板

（2）Size by Speed 组件。该组件主要用于根据速度来修改粒子的尺寸。其中，Separate Axes 选项表示使用 3 个单独的轴向来修改粒子的尺寸，Size 选项表示修改粒子的尺寸，Speed Range 选项表示修改粒子速度变化的范围，其组件参数面板如图 7-16 所示。

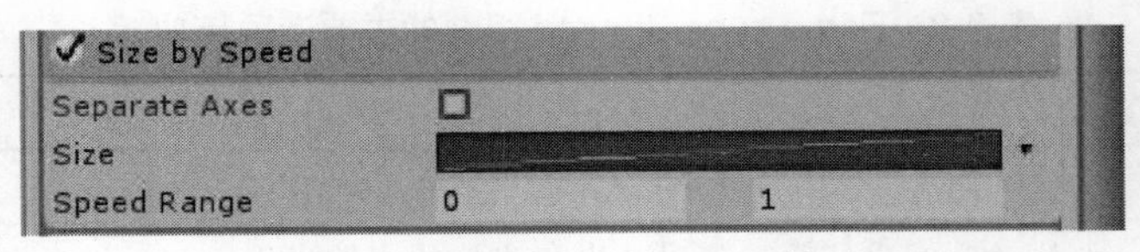

图 7-16　Size by Speed 组件参数面板

（3）Rotation by Speed 组件。该组件主要用于根据速度来修改粒子的旋转角度。其中，Separate Axes 选项表示使用 3 个单独的轴向来修改粒子的旋转角度，Angular Velocity 选项表示修改粒子的角度，Speed Range 选项表示修改粒子的速度范围，其组件参数面板如图 7-17 所示。

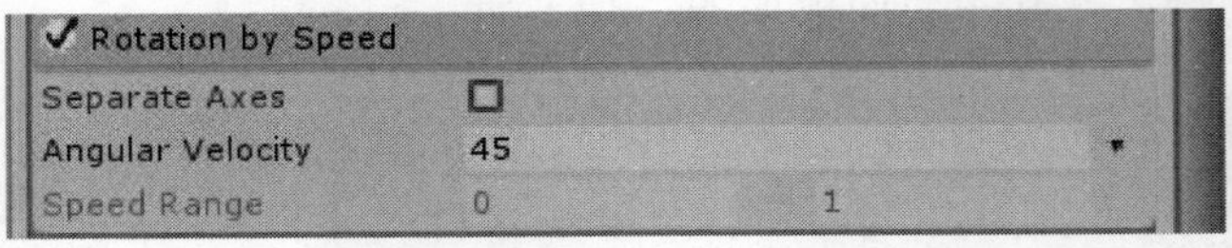

图 7-17　Rotation by Speed 组件参数面板

（4）Texture Sheet Animation 组件。该组件可对粒子在其生命周期内的 UV 坐标产生变化，生成粒子的 UV 动画。可以将纹理划分成网格，在每一格存放动画的每一帧；也可以将纹理划分为几行，每一行是一个独立的动画，其组件参数面板如图 7-18 所示。

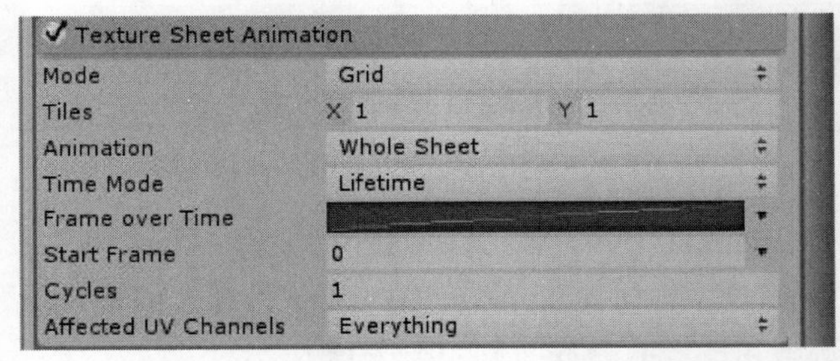

图 7-18　Texture Sheet Animation 组件参数面板

主要选项与功能如表 7-9 所示。

表 7-9 Texture Sheet Animation 组件的主要选项与功能

选项	功能
Mode	选择 Grid 或 Sprites 模式
Tiles（Grid 模式下可用）	定义纹理在 x、y 轴方向的平铺量
Animation（Grid 模式下可用）	设置动画模式（包括 Whole Sheet 和 Single Row 两个选项）
Time Mode	选择动画模式（包括生命周期、速度和 FPS 三个选项）
Frame over Time	动画帧随时间推移而增加的曲线
Start Frame	确定动画从哪一帧开始播放
Cycles	表示动画序列在粒子生命周期内重复的次数
Affected UV Channels	指定 UV 通道

（5）Trails 组件。该组件主要用于为粒子附加轨迹，其组件参数面板如图 7-19 所示。

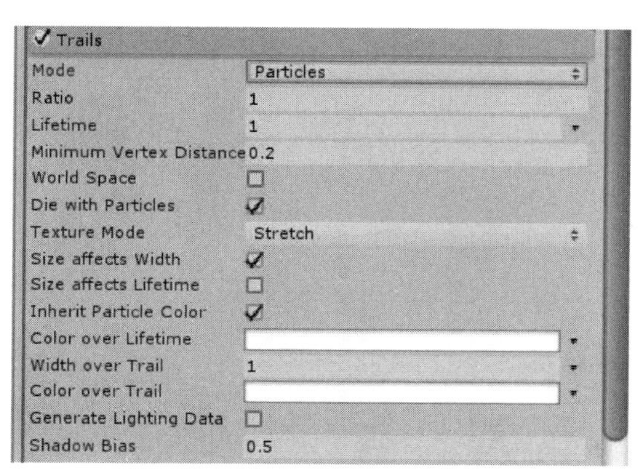

图 7-19 Trails 组件参数面板

主要选项与功能如表 7-10 所示。

表 7-10 Trails 组件的主要选项与功能

选项	功能
Mode	选择粒子系统生成路径（Particles 模式或 Ribbon 模式）
Ratio	粒子附加轨迹的比率，可以输入介于 0 和 1 之间的值
Lifetime	轨迹的生命周期，可以输入介于 0 和 1 之间的值
Minimum Vertex Distance	路径在添加新顶点之前的最小距离
World Space	若勾选此复选项，即使使用局部模拟空间，轨迹顶点也不会相对于粒子系统的游戏对象移动
Die With Particles	若勾选此复选项，轨迹将随着粒子的死亡而立即消失
Ribbon Count（Ribbon 模式下可用）	条带的数量
Split Sub Emitter Ribbons（Ribbon 模式下可用）	在用作子发射器的系统上启用时，从同一父系统粒子派生的粒子共享一个条带

续表

选项	功能
Attach Ribbons to Transform（Ribbon 模式下可用）	将每一个条带连接到 Transform 组件的 Position 上
Texture Mode	修改纹理模式
Size affects Width	若勾选此复选项，轨迹的宽度将由粒子的尺寸控制
Size affects Lifetime	若勾选此复选项，轨迹的生命周期将由粒子的尺寸控制
Inherit Particle Color	若勾选此复选项，轨迹的颜色将由粒子的颜色控制
Color over Lifetime	粒子生命周期中所附加的轨迹的颜色
Width over Trail	轨迹的宽度
Color over Trail	轨迹的颜色
Generate Lighting Data	若勾选此复选项，则建立包含法线和切线的路径几何
Shadow Bias	阴影误差

（6）Noise 组件。该组件主要用于对粒子的运动施加干扰，其组件参数面板如图 7-20 所示。

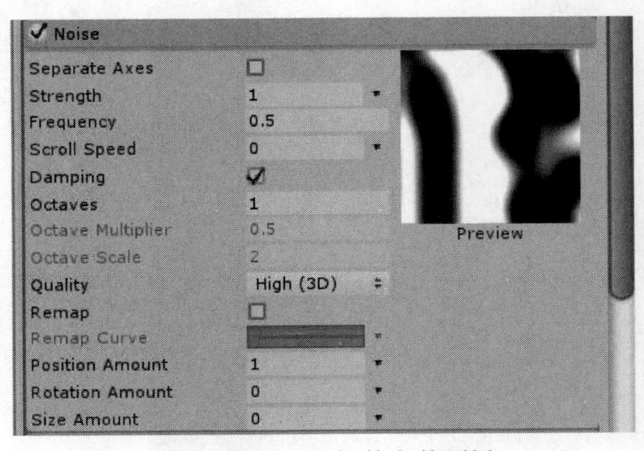

图 7-20　Noise 组件参数面板

主要选项与功能如表 7-11 所示。

表 7-11　Noise 组件的主要选项与功能

选项	功能
Separate Axes	若勾选此复选项，则使用 3 个单独的轴向进行控制
Strength	修改整体的干扰效果，数值越高粒子移动得越快
Frequency	修改干扰的频率
Scroll Speed	表示滚动干扰纹理
Damping	若勾选此复选项，则干扰强度与频率成一定比例
Octaves	产生最终干扰的干扰层数量
Octave Multiplier	组合每一个 Octave 时将乘以此数值
Octave Scale	组合每一个 Octave 时按此数值进行比例缩放
Quality	修改质量

续表

选项	功能
Remap	重新映射最终的干扰数值
Remap Curve	重映射曲线
Position Amount	干扰对粒子位置的影响程度
Rotation Amount	干扰对粒子旋转角度的影响程度
Size Amount	干扰对粒子尺寸的影响程度

4. 交互控制组件

（1）Inherit Velocity 组件。该组件主要用于将发射器的速度应用于粒子。其中，Mode 选项用于修改应用模式，可以选择 Current 模式或 Initial 模式；Multiplier 选项用于修改粒子继承的发射器速度的比例，其组件参数面板如图 7-21 所示。

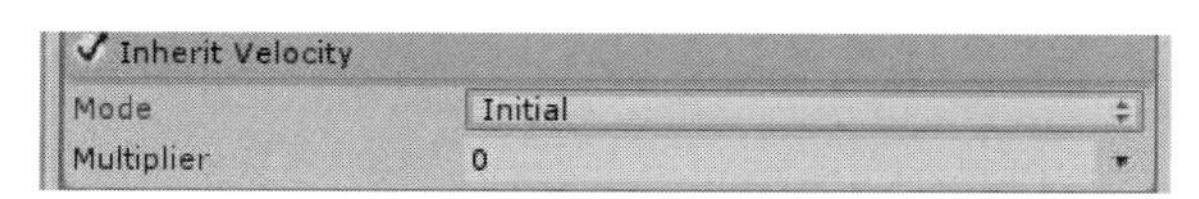

图 7-21　Inherit Velocity 组件参数面板

（2）External Forces 组件。该组件主要用于修改风域对粒子系统的影响，当启用此组件时，风域将对粒子系统产生作用，其组件参数面板如图 7-22 所示。其中，Multiplier 选项用于修改风域力量的比例，Influence Filter 选项用于修改作用于此粒子系统的游戏对象分类方式，Influence Mask 选项用于选择可以影响粒子系统的游戏对象层级。

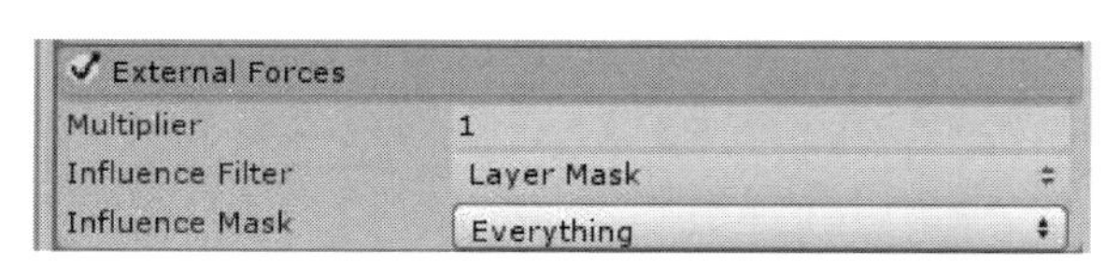

图 7-22　External Forces 组件参数面板

（3）Collision 组件。该组件用于控制粒子和场景中其他游戏对象进行碰撞。当设置 Type 为 Planes 时，粒子将与特定的游戏对象发生碰撞，此时其组件参数面板如图 7-23 所示。当设置 Type 为 World 时，粒子将与场景内所有游戏对象发生碰撞，此时其组件参数面板如图 7-24 所示。

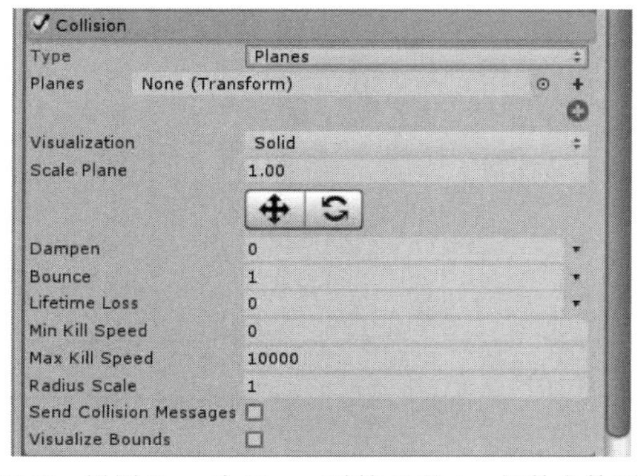

图 7-23　设置 Type 为 Planes 时的 Collision 组件参数面板

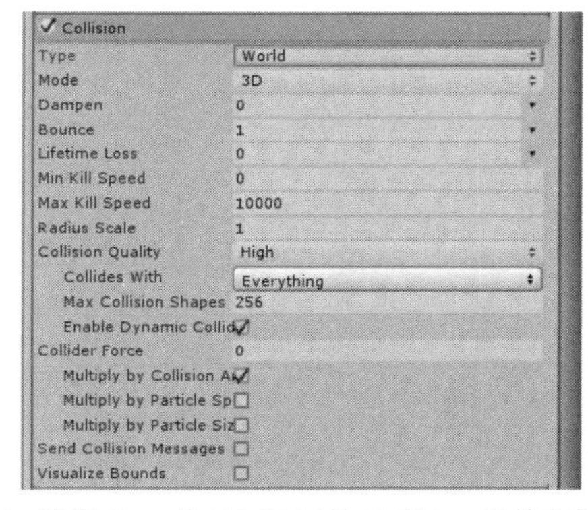

图 7-24　设置 Type 为 World 时的 Collision 组件参数面板

主要选项与功能如表 7-12 所示。

表 7-12　Collision 组件的主要选项与功能

选项	功能
Type	选择碰撞模式，包含 Planes 和 World 两种模式
Planes	与粒子发生碰撞的游戏对象列表
Mode（World 模式下可用）	选择 2D 或 3D 碰撞模式
Visualization	修改碰撞平面可视化的显示方式。Grid 表示以网格方式显示，Solid 表示以图形方式显示
Scale Plane	缩放可视化平面
Dampen	发生碰撞后由于摩擦造成的消耗，值为 0 时表示不消耗，值为 1 时表示粒子发生碰撞速度为 0
Bounce	碰撞后从表面反弹的粒子速度的一部分
Lifetime Loss	发生碰撞后对粒子生命周期的消耗，0 表示不消耗，1 表示完全消耗
Min Kill Speed	当粒子速度小于此值时立即消失
Max Kill Speed	当粒子速度大于此值时立即消失
Radius Scale	按此数值缩放粒子边界以获得更精确的碰撞
Collision Quality（World 模式下可用）	发生碰撞的品质，包含 High、Medium 和 Low 三个选项
Collider Force（World 模式下可用）	控制发生碰撞时粒子的力
Send Collision Messages	若勾选此复选项，则当发生碰撞时会发送消息调用脚本中的 OnParticleCollision()方法
Visualize Bounds	若勾选此复选项，则渲染粒子的碰撞边界

（4）Triggers 组件。该组件主要在 Collision 组件激活后作为碰撞体的触发器来使用，其组件参数面板如图 7-25 所示。

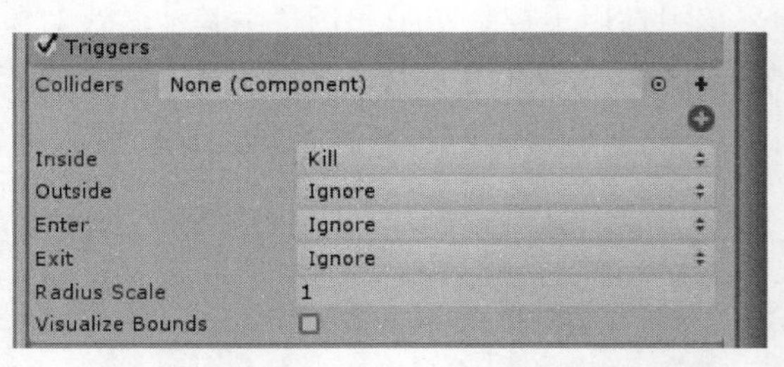

图 7-25　Triggers 组件参数面板

主要选项与功能如表 7-13 所示。

表 7-13　Triggers 组件的主要选项与功能

选项	功能
Colliders	用作触发器的碰撞器列表
Inside	当粒子在触发器内部时执行的操作

续表

选项	功能
Outside	当粒子在触发器外部时执行的操作
Enter	当粒子进入触发器时执行的操作
Exit	当粒子离开触发器时执行的操作
Radius Scale	按此数值缩放粒子边界以获得更精确的碰撞
Visualize Bounds	若勾选此复选项，则渲染粒子的碰撞边界

（5）Lights 组件。该组件主要用于控制附着在粒子上的光源，其组件参数面板如图 7-26 所示。

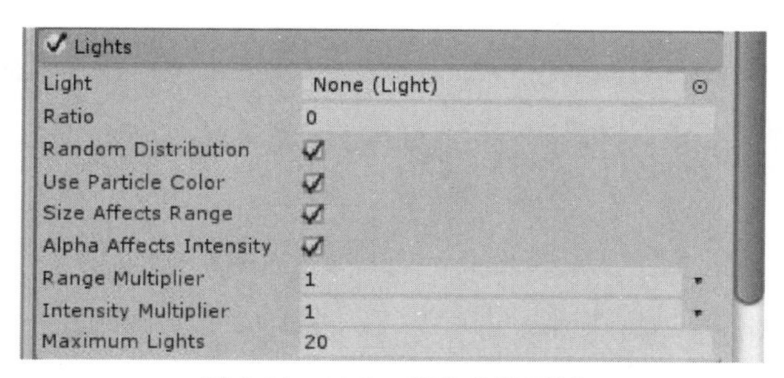

图 7-26 Lights 组件参数面板

主要选项与功能如表 7-14 所示。

表 7-14 Lights 组件的主要选项与功能

选项	功能
Light	指定光源
Ratio	表示附着光源信息的粒子的比例
Random Distribution	若勾选此复选项，灯光将随机分配到粒子
Use Particle Color	若勾选此复选项，光线的最终颜色将被其附着的粒子颜色调节
Size Affects Range	若勾选此复选项，Light 组件中指定的 Range 属性将乘以粒子的尺寸
Alpha Affects Intensity	若勾选此复选项，Light 组件中指定的 Intensity 属性将乘以粒子的阿尔法值
Range Multiplier	此值将乘以粒子生命周期中的灯光范围
Intensity Multiplier	此值将乘以粒子生命周期中的灯光强度
Maximum Lights	最大灯光数量

7.2 Unity3D 粒子元素交互

下雪特效案例

7.2.1 下雪特效案例

【步骤 1】创建平面。在新建的工程项目中，调整灯光位置参数如图 7-27 所示。在 Hierarchy

面板中右击并选择 3D Object→Plane 选项创建一个平面作为地面，调整参数如图 7-28 所示。

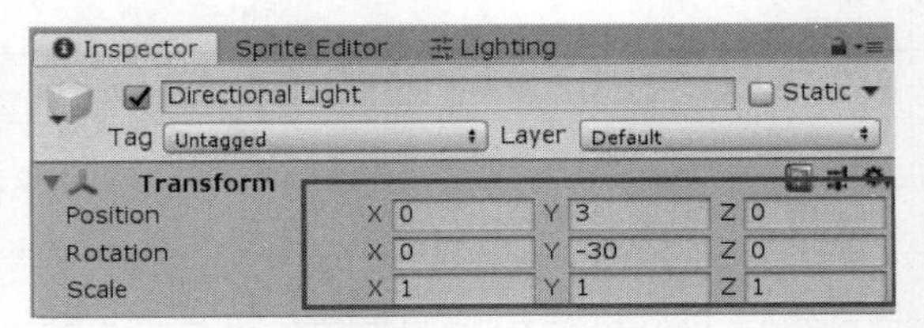

图 7-27 调整灯光位置参数

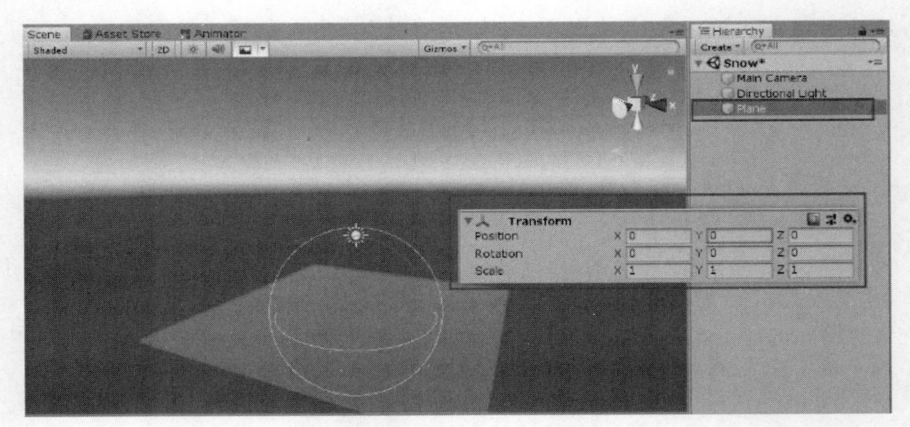

图 7-28 创建平面并调整参数

【步骤 2】创建粒子系统。在 Hierarchy 面板中右击并选择 Create Empty 选项创建一个空物体，将其重命名为 Snow，并修改其位置参数如图 7-29 所示。选择 Snow 对象，右击并选择 Effects→Particle System 选项创建一个粒子系统。

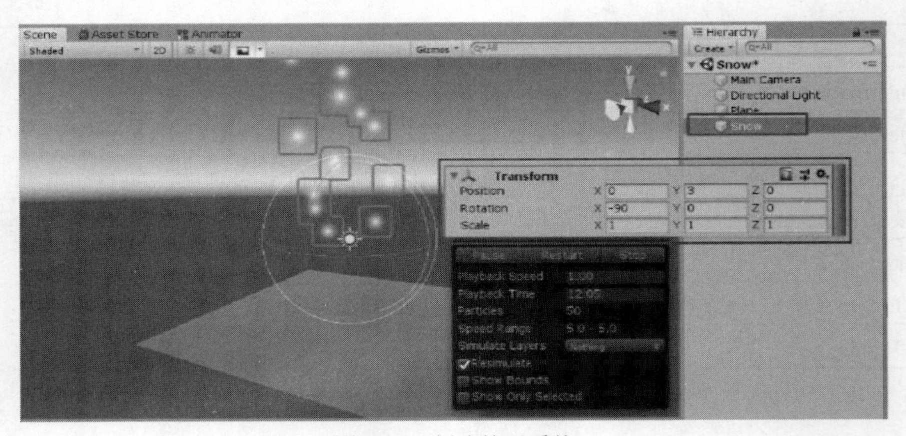

图 7-29 创建粒子系统

【步骤 3】修改初始化组件参数。选择 Snow 对象，在 Inspector 面板中修改初始化组件参数，将 Start Lifetime 设置为 10，将 Start Speed 设置为 0，修改 Start Size 类型为 Random Between Two Constants，并设置值为 0.1 和 0.4，最后修改 Simulation Space 的类型为 World，如图 7-30 所示。

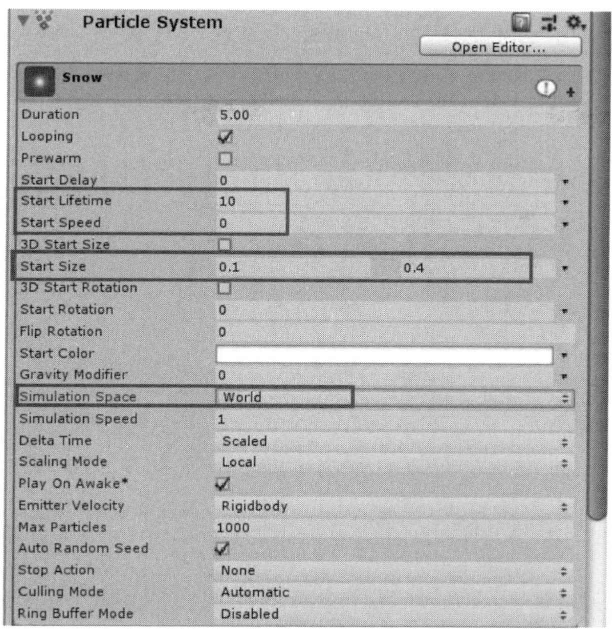

图 7-30　修改初始化组件参数

【步骤 4】修改 Shape 组件参数。选择 Snow 对象，在 Inspector 面板中勾选并展开 Shape 组件，然后修改粒子系统的 Shape 类型为 Box，设置 Scale 的值为（X：100，Y：100，Z：1），如图 7-31 所示。

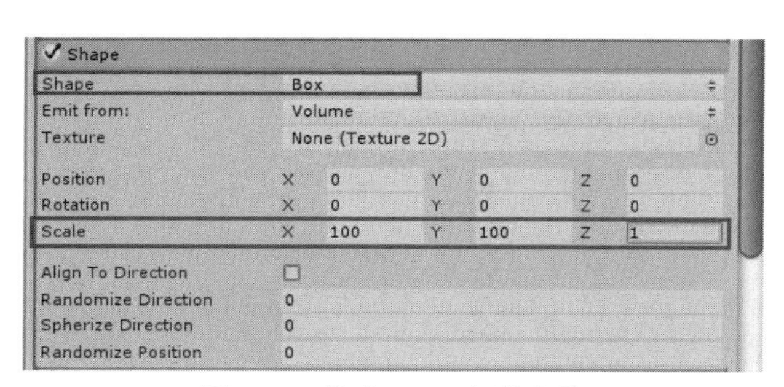

图 7-31　修改 Shape 组件参数

【步骤 5】修改 Emission 组件参数。选择 Snow 对象，在 Inspector 面板中勾选并展开 Emission 组件，将 Rate over Time 的值调整为 100，如图 7-32 所示。

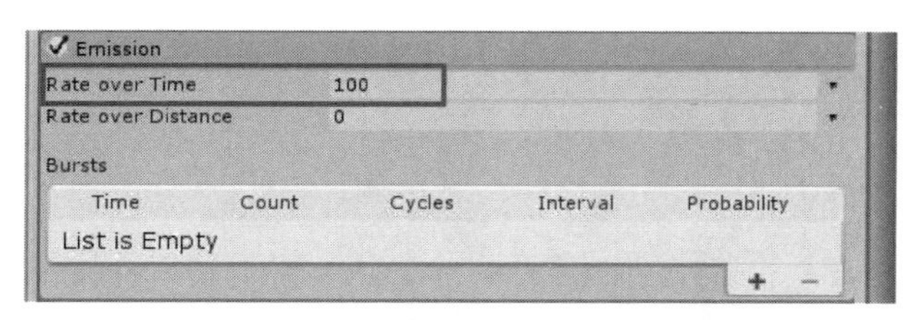

图 7-32　修改 Emission 组件参数

【步骤 6】修改 Velocity over Lifetime 组件参数。选择 Snow 对象，在 Inspector 面板中勾

选并展开 Velocity over Lifetime 组件，将 Linear 类型修改为 Random Between Two Constants，并设置值为（X：−1，1）、（Y：−1，−2）和（Z：−1，1），将 Space 类型修改为 World，如图 7-33 所示。

图 7-33　修改 Velocity over Lifetime 组件参数

【步骤 7】测试下雪特效。调整 Main Camera 对象的位置以便更好地观察效果，运行场景后，在 Scene 面板或 Game 面板中可以看到明显的下雪效果，如图 7-34 所示。

图 7-34　测试下雪特效

飞机喷射尾气特效案例

7.2.2　飞机喷射尾气特效案例

【步骤 1】资源导入。在资源商店中找到 Awesome Cartoon Airplanes 资源包，将其下载并导入到场景中，然后在 Project 面板的搜索框中搜索 Plane1，将其拖曳至 Hierarchy 面板中，调整位置参数如图 7-35 所示。

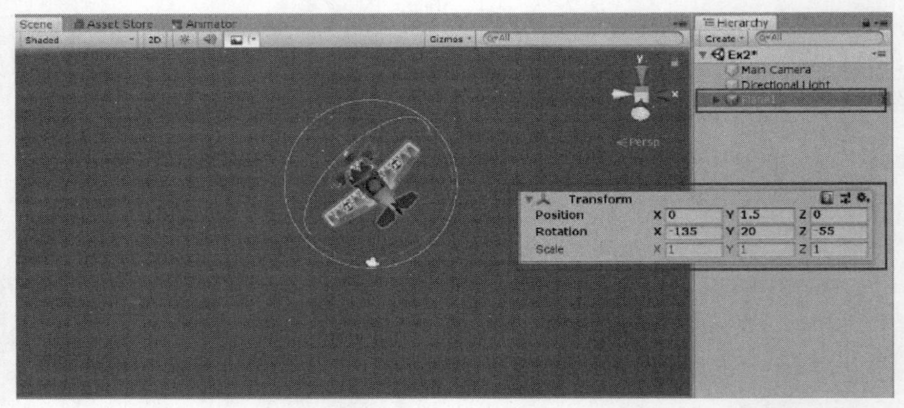

图 7-35　调整 Plane1 对象的位置参数

【步骤 2】创建材质球。将本书配套资源中提供的 Plane Tail 素材文件导入项目，然后创建一个新材质球，将其重命名为 Gas，修改 Shader 类型为 Mobile/Particles/Alpha Blended。将 Plane Tail 材质赋予材质球 Gas，效果如图 7-36 所示。

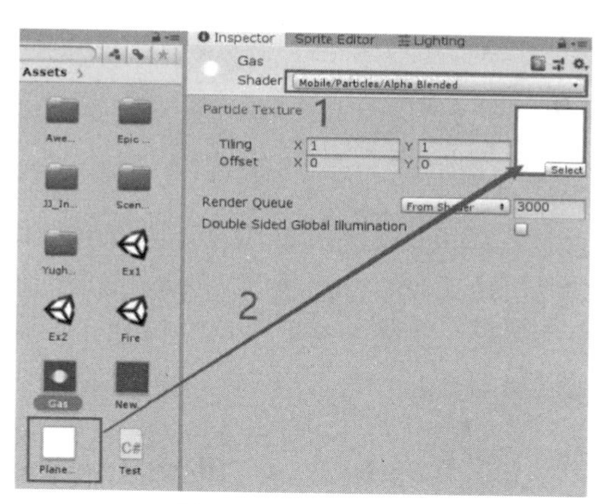

图 7-36 创建材质球

【步骤 3】关联粒子系统渲染材质。首先，在 Plane1 对象的子节点下创建粒子系统，调整其位置参数，如图 7-37 所示。然后，在 Hierarchy 面板中勾选并展开 Renderer 组件，再将材质球 Gas 与 Material 进行关联，如图 7-38 所示。

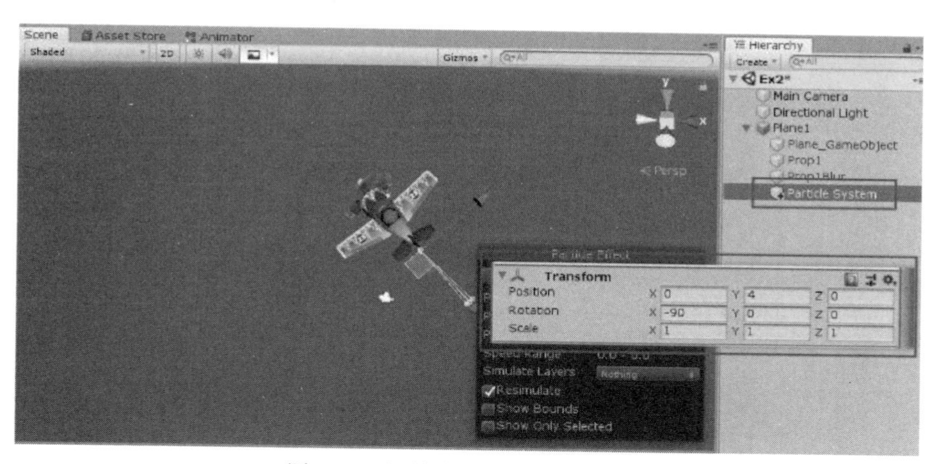

图 7-37 调整粒子系统的位置参数

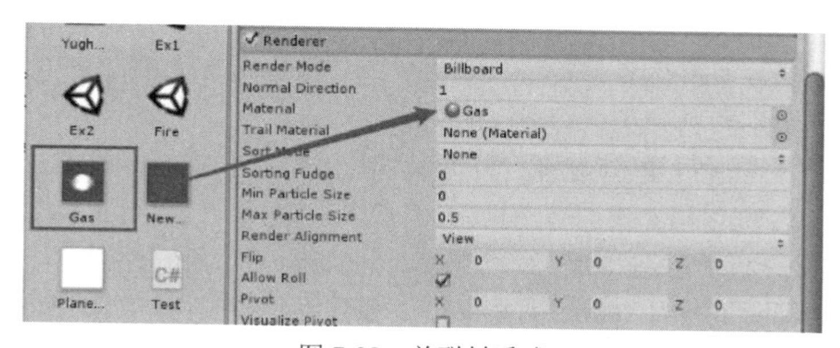

图 7-38 关联材质球

【步骤 4】设置 Shape 组件参数。选择 Particle System 对象，在 Inspector 面板中勾选并展开 Shape 组件，调整 Angle 的值为 2.8，Radius 的值为 0.0001，如图 7-39 所示。

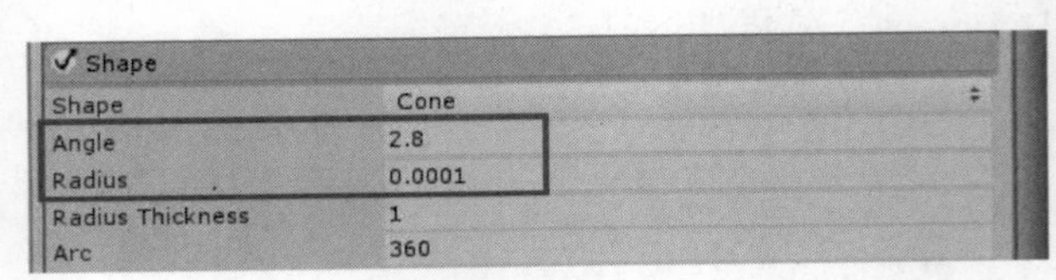

图 7-39　设置 Shape 组件参数

【步骤 5】设置 Color over Lifetime 组件参数。勾选并展开 Color over Lifetime 组件，将模式修改为 Random Between Two Gradients，分别调节 Color 选项的设置，使其中一个为从红色渐变为黑色，另一个为从黄色渐变为黑色，效果如图 7-40 所示。

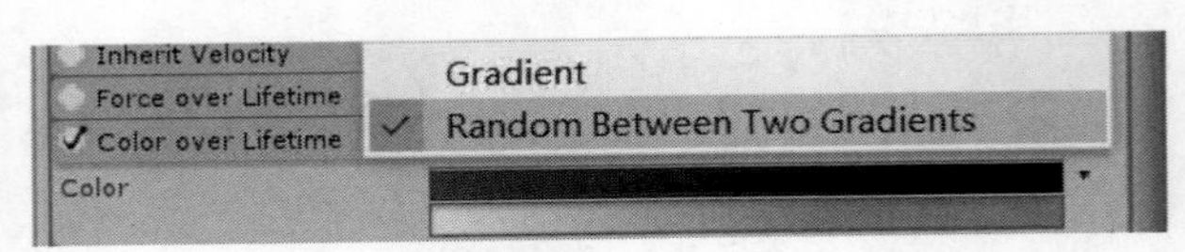

图 7-40　设置 Color over Lifetime 组件参数

【步骤 6】设置初始化组件参数。选择 Particle System 对象，在 Inspector 面板中调整其初始化组件参数，将 Start Lifetime、Start Speed、Start Size、Start Rotation 的类型都修改为 Random Between Two Constants，并分别设置参数为 0.6 和 1.4、7.25 和 12.5、1 和 2.5、0 和 3600，如图 7-41 所示。

Particle System

Open Editor...

Particle System

Duration	5.00	
Looping	✓	
Prewarm		
Start Delay	0	
Start Lifetime	0.6	1.4
Start Speed	7.25	12.5
3D Start Size		
Start Size	1	2.5
3D Start Rotation		
Start Rotation	0	3600
Flip Rotation	0	
Start Color		
Gravity Modifier	0	

图 7-41　设置初始化组件参数

【步骤 7】设置 Size over Lifetime 组件参数。选择 Particle System 对象，在 Inspector 面板中单击 Open Editor 按钮打开编辑器面板，勾选并展开 Size over Lifetime 组件，通过编辑曲线来控制粒子系统大小的变化，如图 7-42 所示。

【步骤 8】设置 Emission 组件参数。勾选并展开 Emission 组件，将 Rate over Time 的值设置为 120，如图 7-43 所示。

【步骤 9】测试飞机喷射尾气效果。调整 Main Camera 对象的位置以便更好地观察效果，运行场景后，在 Scene 面板或 Game 面板中可以观察到飞机喷射尾气的粒子效果，如图 7-44 所示。

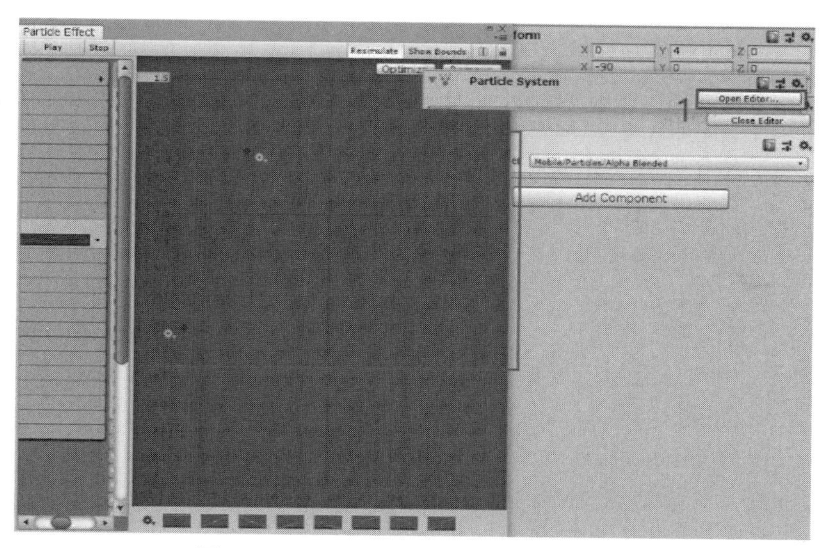

图 7-42　设置 Size over Lifetime 组件参数

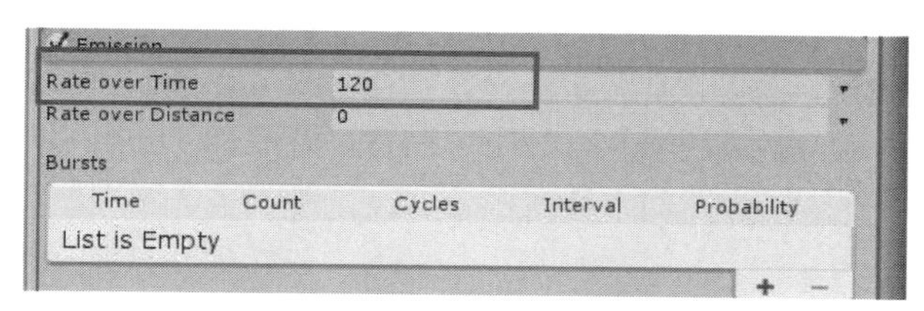

图 7-43　设置 Emission 组件参数

图 7-44　测试飞机喷射尾气粒子效果

本章小结

本章首先详细介绍了 Unity3D 粒子系统常用工具与操作，包括初始化组件、生命周期特效控制组件、粒子自身特效控制组件和交互控制组件；接着详细讲述了两个特效案例，即下雪特效和飞机喷射尾气特效的制作过程。通过对本章的学习，学生能够掌握在虚拟现实项目中使用粒子系统美化场景的方法。

课后习题解答

课 后 习 题

1．粒子系统初始化组件中，Duration 选项的单位是（　　）。

A．秒　　B．分钟　　C．小时　　D．天

2．在粒子系统中，初始化组件中的 Start Speed 选项表示（　　）。

A．粒子系统发射之前的延迟　　B．粒子系统存活时间

C．粒子系统的初始速度　　D．粒子系统的初始大小

3．在粒子系统中，想使粒子受重力影响，可以在初始化组件中使用（　　）。

A．Start Rotation 选项　　B．Start Color 选项

C．Gravity Modifier 选项　　D．Delta Time 选项

4．在粒子系统的初始化组件中，Auto Random Seed 选项的作用是（　　）。

A．粒子系统中可以存在的最大粒子数　　B．随机粒子

C．自动播放粒子效果　　D．调整粒子参数大小

5．在粒子系统的 Emission 组件中，Bursts 下的 Cycles 选项表示为（　　）。

A．从第几秒开始　　B．粒子数量范围

C．在一个周期中的循环次数　　D．可能性

第 8 章　虚拟现实中的物理系统

游戏对象受到力的影响是很常见的情景，比如赛车游戏，赛车受到推力、摩擦力、碰撞力等力的影响，从而产生运动。物理引擎是使游戏对象能够模拟物理受力的基础。本章主要介绍虚拟现实中的物理系统，首先介绍 Unity3D 物理系统的各个组件，包括 Rigidbody（刚体）组件、Collider（碰撞体）组件、Joint（关节）组件和 Cloth（布料）组件；其次通过两个简单案例来演示在不同情境下 Unity3D 物理系统各组件的使用方法。通过对本章的学习，学生能够了解并掌握 Unity3D 物理系统各组件的功能及用法。

- 了解 Unity3D 物理系统的功能。
- 熟悉物理系统各组件的功能。
- 掌握使用物理系统制作实例的方法。

8.1　Unity3D 的物理系统

8.1.1　Unity3D 物理系统概述

早期的游戏并没有使用物理引擎，当时无论是哪一种游戏都只通过简单的计算得出相应的结果就算完成了物理表现。当游戏进入三维时代后，物理表现效果的技术演变开始加速，三维呈现的方式拓宽了游戏的种类与可能性，也使游戏开始追求越来越好的物理表现效果。如何制作出逼真的物理表现效果，而又不需要花费大量时间去撰写物理公式，是物理引擎重点要解决的问题。

Unity3D的物理引擎使用了硬件加速的物理处理器 PhysX 专门负责物理方面的运算。因此，Unity3D 的物理引擎速度较快，还可以减轻 CPU 的负担。现在很多游戏在开发时都选择物理引擎来处理物理表现部分。在 Unity3D 中，物理引擎相关设计是游戏设计中最重要的环节，主要包含刚体、碰撞体、物理材质以及关节运动等的设计。

Unity3D 中内置了两种独立的物理引擎（3D 物理引擎和 2D 物理引擎），它们的使用方法基本相同，都是通过修改多个物理模拟的组件参数实现游戏对象的各种物理行为，但是需要使用不同的组件实现（如 Rigidbody 与 Rigidbody2D 组件）。物理系统中的组件不能单独创建，必须要在一个游戏对象上添加。本章以 3D 物理引擎为例介绍相关组件。

8.1.2 Unity3D 物理系统组件

Rigidbody（刚体）组件

1. Rigidbody（刚体）组件

为游戏对象添加 Rigidbody 组件可以帮助游戏对象实现在场景中的物理交互。任何游戏对象只有在添加 Rigidbody 组件后才会受到重力影响。当需要通过脚本为游戏对象添加作用力以及通过 NVIDIA 物理引擎与其他游戏对象发生互动的运算时都必须拥有 Rigidbody 组件。Rigidbody 组件的属性面板如图 8-1 所示。

Rigidbody
Mass 1
Drag 0
Angular Drag 0.05
Use Gravity
Is Kinematic
Interpolate None
Collision Detection Discrete
Constraints
Freeze Position X Y Z
Freeze Rotation X Y Z

图 8-1 Rigidbody 组件的属性面板

主要选项与功能如表 8-1 所示。

表 8-1 Rigidbody 组件的主要选项与功能

选项	功能
Mass	设置游戏对象的质量
Drag	当游戏对象受力运动时受到的空气阻力
Angular Drag	当游戏对象受扭矩力旋转时受到的控制阻力
Use Gravity	若勾选此复选项，游戏对象会受重力的影响
Is Kinematic	若勾选此复选项，游戏对象将不再受物理引擎的影响，从而只能通过 Transform 属性来对其进行操作
Interpolate	控制刚体运动的抖动情况，有 3 种模式可供选择：None、Interpolate 和 Extrapolate
Collision Detection	碰撞检测模式，控制避免高速运动的游戏对象穿过其他的对象而未发生碰撞，有 3 种模式可供选择：Discrete、Continuous 和 Continuous Dynamic
Constraints	控制对刚体运动的约束，其中 Freeze Position 选项用于约束位移，Freeze Rotation 选项用于约束旋转

下面通过具体实例来更直观地认识 Rigidbody 组件对对象的影响，具体步骤如下：

【步骤 1】创建平面。新建一个工程项目并将其打开，在 Hierarchy 面板中右击并选择 3D Object→Plane 选项创建一个平面作为地面，调整其参数如图 8-2 所示。

【步骤 2】创建游戏对象。在 Hierarchy 面板中右击并选择 3D Object→Cube 选项创建一个立方体，并将其重命名为 Cube1，调整其参数如图 8-3 所示。用同样的方法创建游戏对象 Cube2 和 Cube3，并调整它们的参数如图 8-4 和图 8-5 所示。

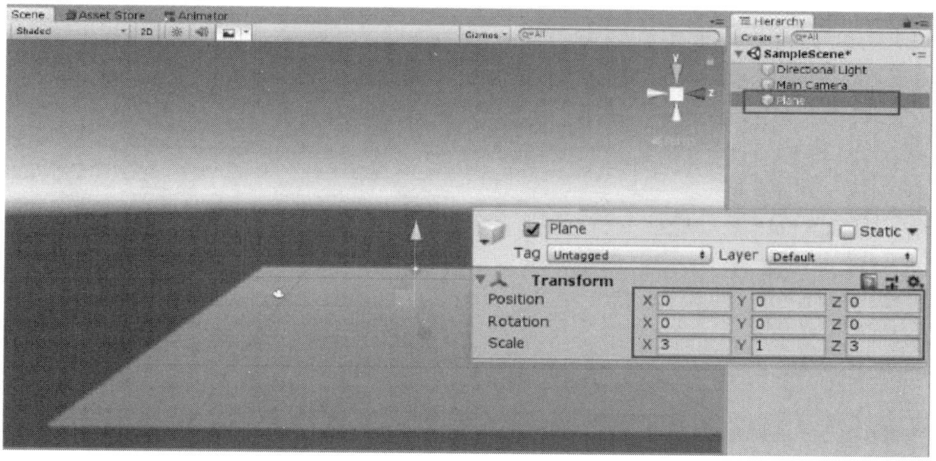

图 8-2　创建平面

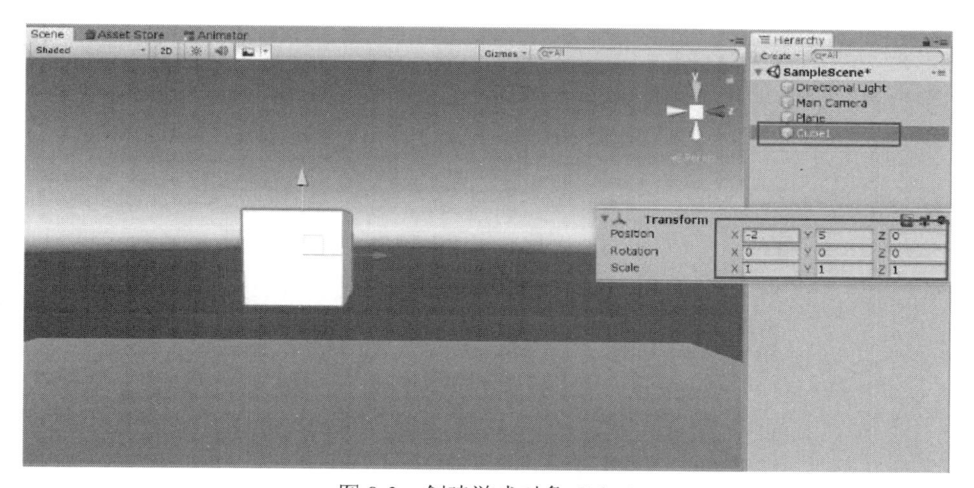

图 8-3　创建游戏对象 Cube1

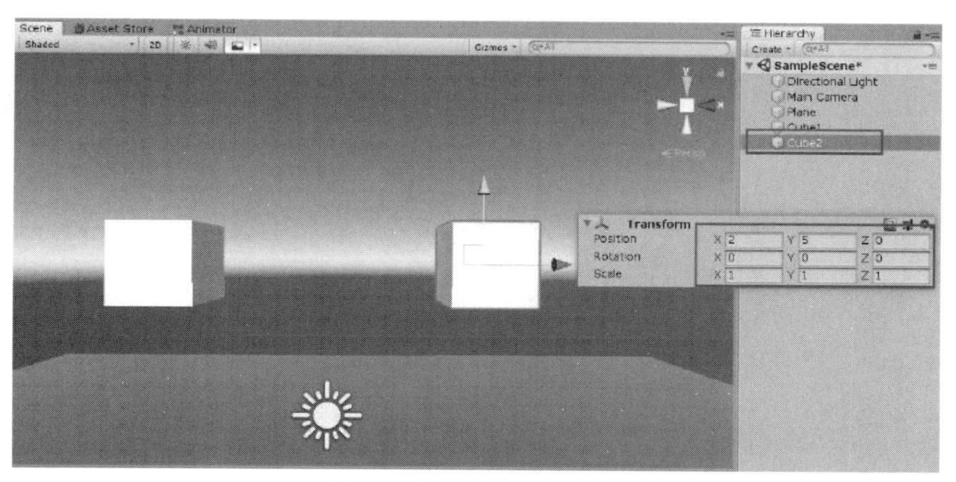

图 8-4　创建游戏对象 Cube2

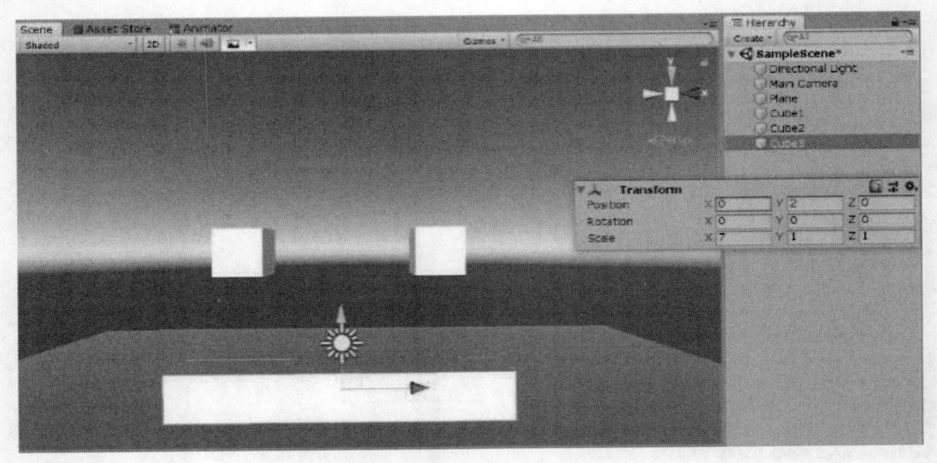

图 8-5　创建游戏对象 Cube3

【步骤 3】测试游戏对象受阻力影响的效果。首先分别为 Cube1 和 Cube2 添加 Rigidbody 组件，如图 8-6 所示；然后修改 Cube2 的 Drag 值为 10；最后运行项目进行测试，在 Game 面板中可以观察到 Cube2 的下落速度明显慢于 Cube1，说明 Cube2 受阻力影响减缓了下落速度，如图 8-7 所示。

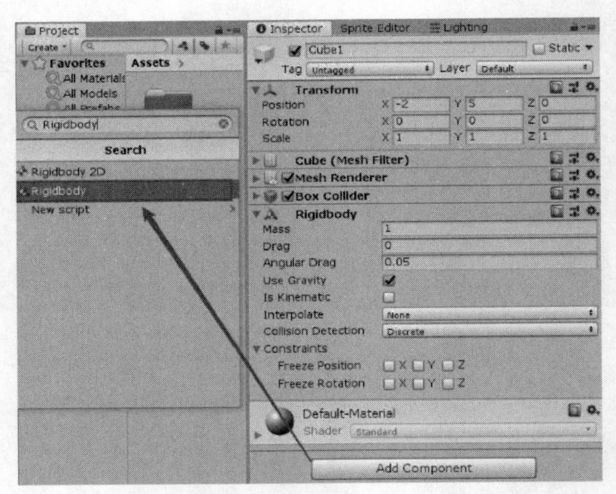

图 8-6　为游戏对象添加 Rigidbody 组件

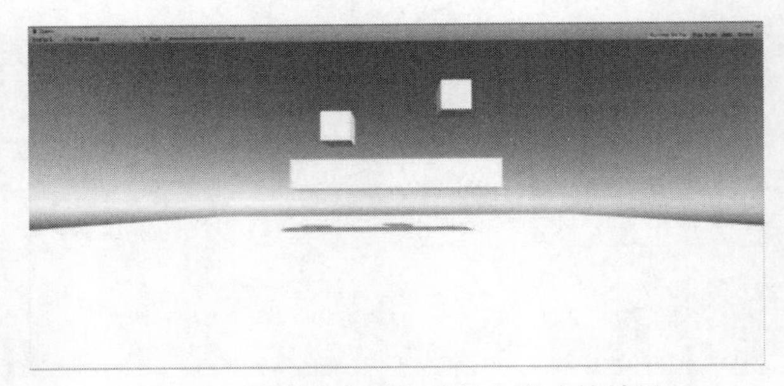

图 8-7　测试游戏对象受阻力影响的效果

【步骤 4】测试游戏对象受外力影响的效果。为 Cube3 添加 Rigidbody 组件，并取消勾选 Use Gravity 复选项，运行项目测试，在 Game 面板中可以观察到下落较快的 Cube1 碰到 Cube3 使 Cube3 产生了位置上的变化，如图 8-8 所示。

图 8-8 测试游戏对象受外力影响的效果

2. Collider（碰撞体）组件

Collider（碰撞体）组件

Collider 组件是物理组件中的一类，它要与 Rigidbody 组件一起被添加到游戏对象上才能触发碰撞。在物理模拟中，如果没有添加 Collider 组件，而只添加了 Rigidbody 组件，则游戏对象会相互穿过。在 Unity3D 中一共包含 6 种 Collider 组件，每当一个游戏物体被创建时，它会自动分配一个合适的 Collider 组件。例如，创建立方体会得到一个 Box Collider（立方体碰撞体）组件，创建球体会得到一个 Sphere Collider（球体碰撞体）组件等。下面分别对 6 种 Collider 组件进行介绍。

（1）Box Collider 组件：它是一个立方体外形的基本碰撞体组件，其属性面板如图 8-9 所示。该碰撞体可以调整为不同大小的长方体，可用作门、墙、平台等，也可用于布娃娃的角色躯干或汽车等交通工具的外壳，当然最适合用于盒子或箱子上。

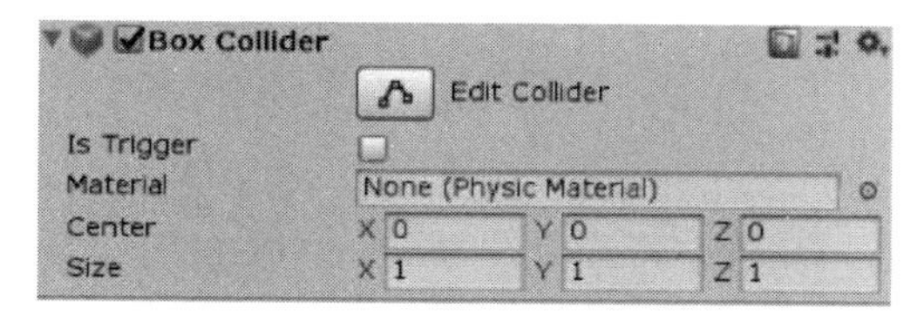

图 8-9 Box Collider 组件的属性面板

主要选项与功能如表 8-2 所示。

表 8-2 Box Collider 组件的主要选项与功能

选项	功能
Edit Collider	编辑碰撞体，单击按钮即可在 Scene 面板中编辑碰撞体
Is Trigger	若勾选此复选项，则碰撞体可用于触发事件，同时忽略物理碰撞
Material	设置材质，当采用不同的物理材质类型时，碰撞体与其他对象的交互形式会发生改变
Center	设置碰撞体在对象局部坐标中的位置
Size	设置碰撞体在 X、Y、Z 方向上的大小

（2）Sphere Collider 组件：它是一个球体的基本碰撞体组件，其属性面板如图 8-10 所示。

该碰撞体的三维大小可以均匀调节，但不能单独调节某个坐标轴方向的大小。该碰撞体适用于落石、乒乓球等游戏对象。

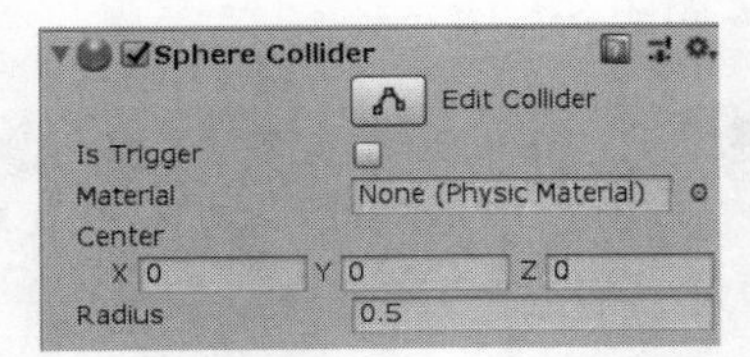

图 8-10　Sphere Collider 组件的属性面板

主要选项与功能如表 8-3 所示。

表 8-3　Sphere Collider 组件的主要选项与功能

选项	功能
Edit Collider	编辑碰撞体，单击该按钮即可在 Scene 面板中编辑碰撞体
Is Trigger	若勾选此复选项，则碰撞体可用于触发事件，同时忽略物理碰撞
Material	设置材质，当采用不同的物理材质类型时，碰撞体与其他对象的交互形式会发生改变
Center	设置碰撞体在对象局部坐标中的位置
Radius	设置球体碰撞体的半径

（3）Capsule Collider 组件：它是一个胶囊形状的基本碰撞体组件，其属性面板如图 8-11 所示。该碰撞体的半径和高度都可以单独调节，可用于角色控制器，或与其他不规则形状的碰撞体结合使用。

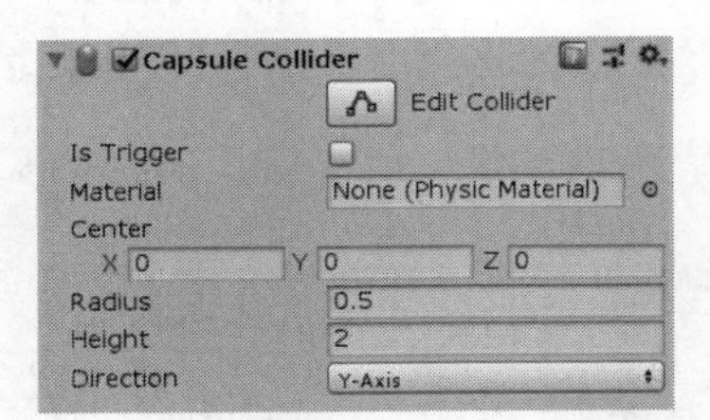

图 8-11　Capsule Collider 组件的属性面板

主要选项与功能如表 8-4 所示。

表 8-4　Capsule Collider 组件的主要选项与功能

选项	功能
Edit Collider	编辑碰撞体，单击该按钮即可在 Scene 面板中编辑碰撞体
Is Trigger	若勾选此复选项，则碰撞体可用于触发事件，同时忽略物理碰撞
Material	设置材质，当采用不同的物理材质类型时，碰撞体与其他对象的交互形式会发生改变
Center	设置碰撞体在对象局部坐标中的位置
Radius	设置碰撞体半圆的半径大小
Height	设置碰撞体中圆柱的高度
Direction	设置在对象的局部坐标中胶囊的纵向方向所对应的坐标轴

（4）Mesh Collider 组件：它是一个网格形状的基本碰撞体组件，其属性面板如图 8-12 所示。该碰撞体通常会占用较多的系统资源，勾选 Convex 复选项后网格碰撞体才可以与其他的网格碰撞体发生碰撞。

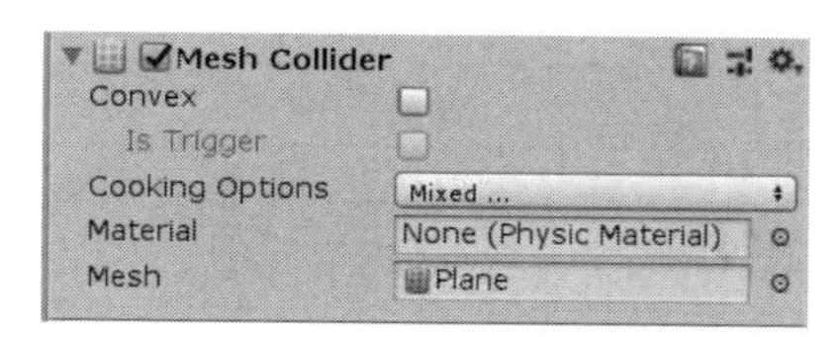

图 8-12　Mesh Collider 组件的属性面板

主要选项与功能如表 8-5 所示。

表 8-5　Mesh Collider 组件的主要选项与功能

选项	功能
Convex	若勾选此复选项，则网格碰撞体将会与其他的网格碰撞体发生碰撞
Is Trigger	若勾选此复选项，则碰撞体可用于触发事件，同时忽略物理碰撞（只在勾选 Convex 复选项时可用）
Material	设置材质，当采用不同的物理材质类型时，碰撞体与其他对象的交互形式会发生改变
Mesh	获取游戏对象的网格并将其作为碰撞体

（5）Wheel Collider 组件：它是一种针对地面车辆的特殊碰撞体组件，其属性面板如图 8-13 所示。该碰撞体有内置的碰撞检测、车轮物理系统及滑胎摩擦的参考体。除了车轮，该碰撞体也可用于其他的游戏对象。

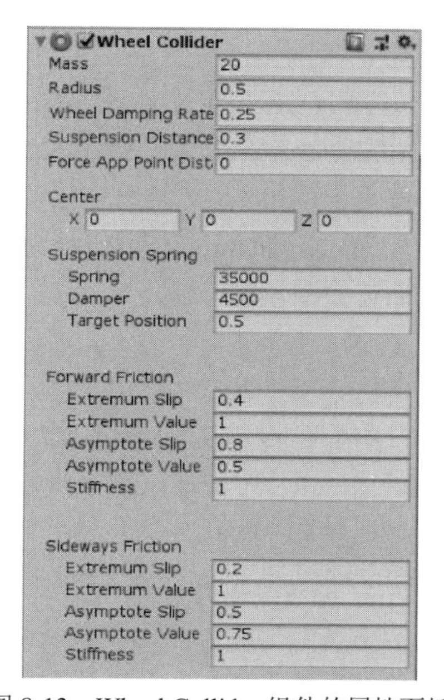

图 8-13　Wheel Collider 组件的属性面板

主要选项与功能如表 8-6 所示。

表 8-6　Wheel Collider 组件的主要选项与功能

选项	功能
Mass	设置车轮碰撞体的质量
Radius	设置车轮碰撞体的半径
Wheel Damping Rate	设置车轮的阻尼率
Suspension Distance	设置碰撞体悬挂最大伸长距离，按局部坐标来计算
Force App Point Distance	定义车轮力作用点与车轮水平最低点之间的距离
Center	设置车轮碰撞体在对象局部坐标的中心
Suspension Spring	设置车轮碰撞体通过添加弹簧和阻尼外力使得悬挂达到目标位置
Forward Friction	当轮胎向前滚动时的摩擦力属性
Sideways Friction	当轮胎侧向滚动时的摩擦力属性

（6）Terrain Collider 组件：它是基于地形构建的碰撞体组件，其属性面板如图 8-14 所示。

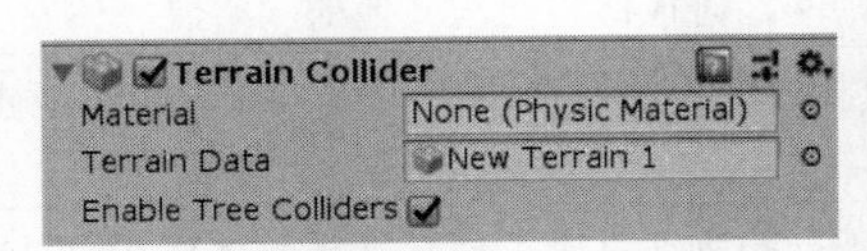

图 8-14　Terrain Collider 组件的属性面板

主要选项与功能如表 8-7 所示。

表 8-7　Terrain Collider 组件的主要选项与功能

选项	功能
Material	设置材质，当采用不同的物理材质类型时，碰撞体与其他对象的交互形式会发生改变
Terrain Data	设置不同的地形外观
Enable Tree Colliders	若勾选此复选项，将启用树的碰撞体

下面通过具体实例来更直观地认识 Collider 组件对物体的影响，具体步骤如下：

【步骤 1】创建平面。新建场景，在 Hierarchy 面板中右击并选择 3D Object→Plane 选项创建一个平面作为地面，调整其参数如图 8-15 所示。

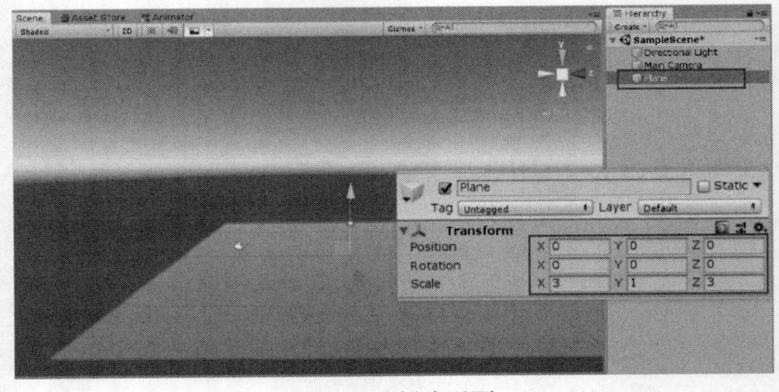

图 8-15　创建平面

【步骤 2】创建游戏对象。在 Hierarchy 面板中右击并选择 3D Object→Cube 选项创建一个球体，并将其重命名为 Sphere1，调整其参数如图 8-16 所示。用同样的方法创建游戏对象 Sphere2，并调整参数如图 8-17 所示。

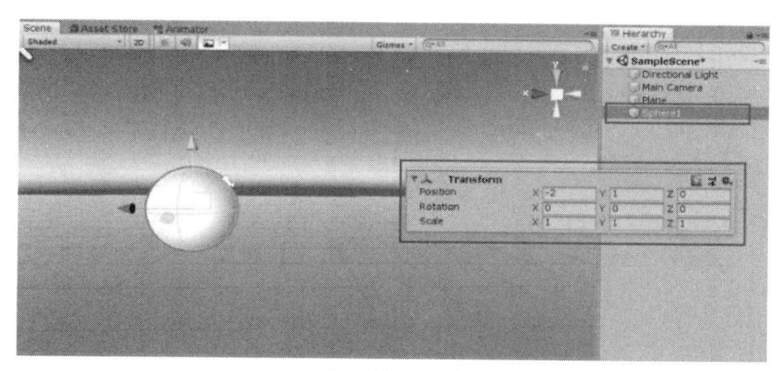

图 8-16　创建游戏对象 Sphere1

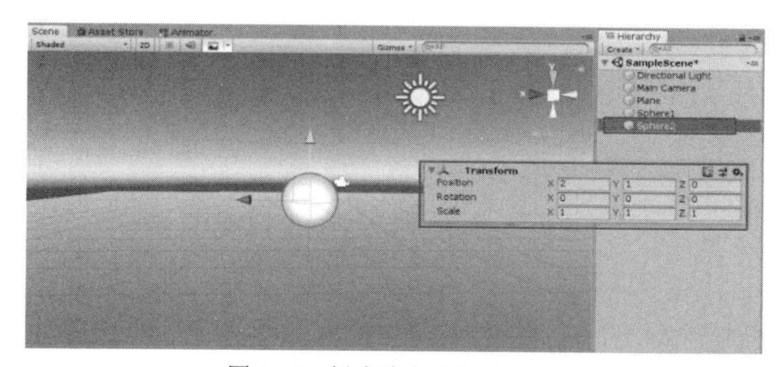

图 8-17　创建游戏对象 Sphere2

【步骤 3】测试碰撞效果。分别为 Sphere1 和 Sphere2 添加 Rigidbody 组件，取消勾选 Use Gravity 复选项，如图 8-18 所示。运行项目测试，在 Scenes 面板中拖曳游戏对象 Sphere1 与 Sphere2 相撞，可以观察到 Sphere2 被弹开，如图 8-19 所示。

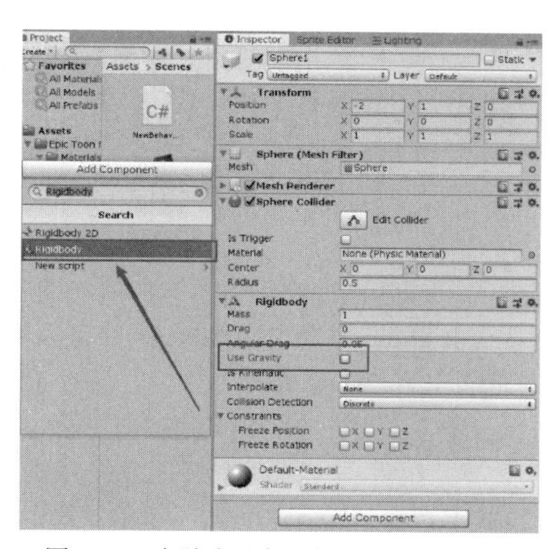

图 8-18　为游戏对象添加 Rigidbody 组件

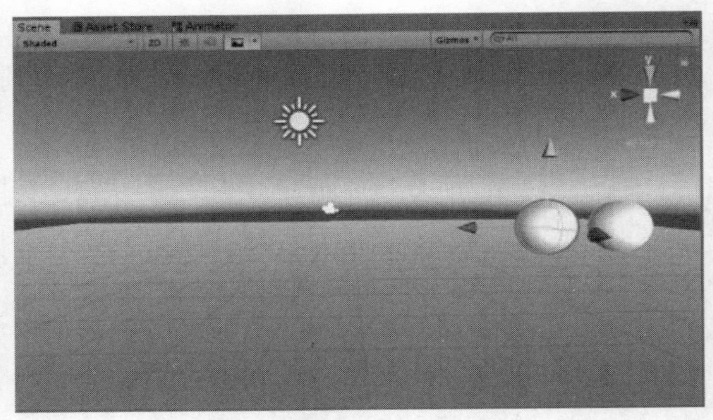

图 8-19　测试碰撞效果

【步骤 4】测试相互穿透效果。选择 Sphere2，在 Inspector 面板的 Sphere Collider 组件中勾选 Is Trigger 复选项，如图 8-20 所示。运行项目进行测试，在 Scenes 面板中拖曳 Sphere1 与 Sphere2 相撞，可以观察到 Sphere1 穿过 Sphere2，如图 8-21 所示。

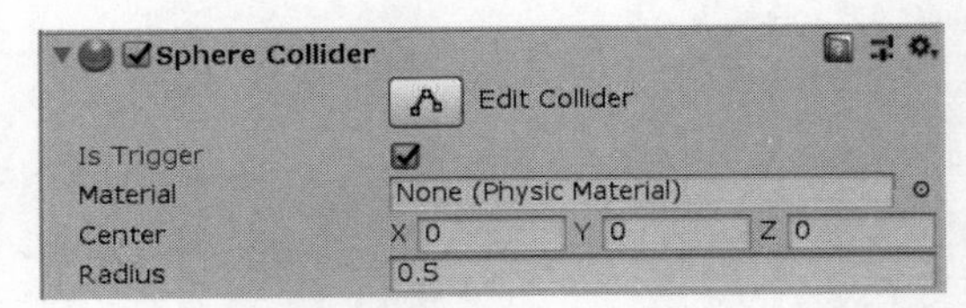

图 8-20　勾选 Is Trigger 复选项

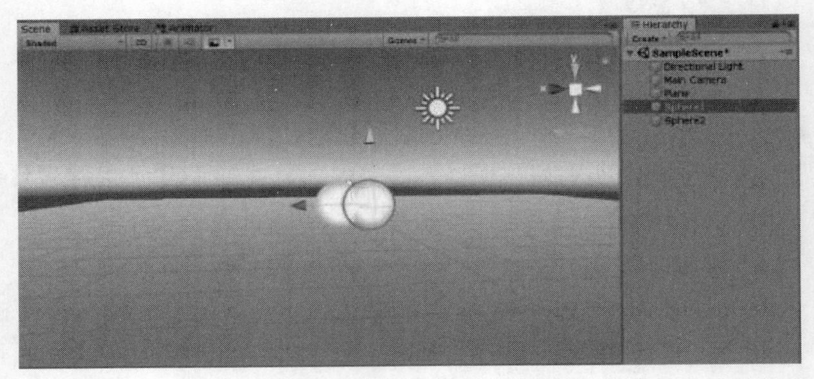

图 8-21　测试相互穿透效果

3. Joint（关节）组件

Joint（关节）组件

Joint 组件属于物理组件中的一部分，它模拟物体与物体之间的一种连接关系，该组件的使用必须依赖 Rigidbody 组件。Joint 组件可添加到多个游戏对象当中，分为 3D 类型的关节和 2D 类型的关节。下面对 3D 关节中包含的类型进行简单介绍。

（1）Hinge Joint（铰链关节）组件。它由两个刚体组成，该关节会对刚体进行约束，使得它们就好像被连接在一个铰链上那样运动，它非常适用于对门的模拟，也适用于模拟模型链及钟摆等物体。Hinge Joint 组件的属性面板如图 8-22 所示。

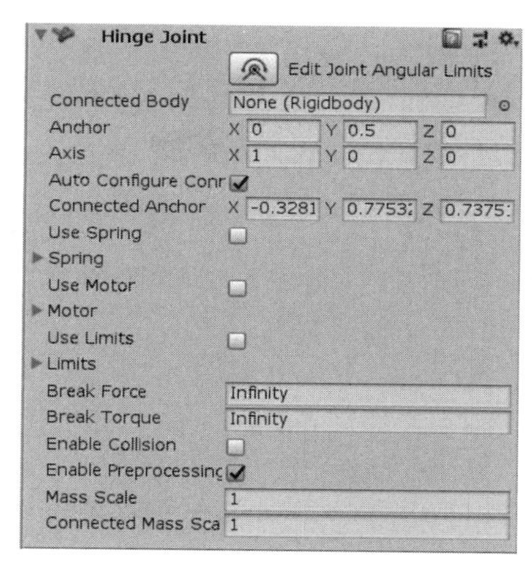

图 8-22　Hinge Joint 组件的属性面板

主要选项与功能如表 8-8 所示。

表 8-8　Hinge Joint 组件的主要选项与功能

选项	功能
Edit Joint Angular Limits	编辑关节角度限制或范围
Connected Body	为关节指定要连接的刚体，若不指定则该关节将与世界坐标系相连接
Anchor	刚体可围绕锚点进行摆动，这里可以设置锚点的位置，该选项应用于局部坐标系
Axis	定义刚体摆动的方向，该选项应用于局部坐标系
Auto Configure Connected Anchor	若勾选此复选项，连接锚点会自动设置
Connected Anchor	当勾选 Auto Configure Connected Anchor 复选项时，该选项会自动设置，若未勾选 Auto Configure Connected Anchor 复选项，可手动设置连接锚点
Use Spring	若勾选此复选项，则弹簧会使刚体与其连接的主体形成一个特定的角度
Spring	当勾选 Use Spring 复选项时，此选项有效
Use Motor	若勾选此复选项，会使对象发生旋转
Motor	当勾选 Use Motor 复选项时，此选项会被使用
Use Limits	若勾选此复选项，则铰链的角度将被限定在最大值和最小值之间
Limits	当勾选 Use Limits 复选项时，此选项将会被使用
Break Force	设置铰链关节断开的作用力
Break Torque	设置断开铰链关节所需要的转矩
Enable Collision	若勾选此复选项，则关节之间也会检测碰撞
Enable Preprocessing	若勾选此复选项，则启用预处理实现关节的稳定
Mass Scale	设置当前刚体的质量比例
Connected Mass Scale	设置连接刚体的质量比例

（2）Fixed Joint（固定关节）组件。它用于约束一个游戏对象对另一个游戏对象的运动。类似于对象的父子关系，但它是通过物理系统来实现，而不像父子关系那样是通过 Transform 选项来进行约束。Fixed Joint 组件的属性面板如图 8-23 所示。

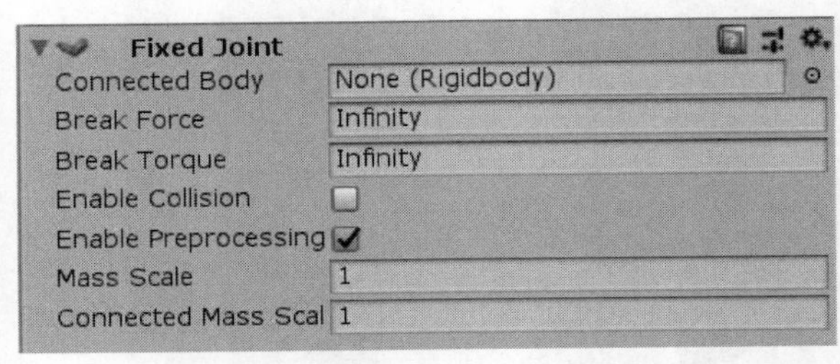

图 8-23　Fixed Joint 组件的属性面板

主要选项与功能如表 8-9 所示。

表 8-9　Fixed Joint 组件的主要选项与功能

选项	功能
Connected Body	为关节指定要连接的刚体，若不指定则该关节将与世界坐标系相连接
Break Force	设置关节断开的作用力
Break Torque	设置断开关节所需要的转矩
Enable Collision	若勾选此复选项，则关节之间也会检测碰撞
Enable Preprocessing	若勾选此复选项，则启用预处理实现关节的稳定
Mass Scale	设置当前刚体的质量比例
Connected Mass Scale	设置连接刚体的质量比例

（3）Spring Joint（弹簧关节）组件。它可将两个刚体连接在一起，使其像连接着的弹簧那样运动。Spring Joint 组件的属性面板如图 8-24 所示。

图 8-24　Spring Joint 组件的属性面板

主要选项与功能如表 8-10 所示。

表 8-10 Spring Joint 组件的主要选项与功能

选项	功能
Anchor	设置关节在对象局部坐标系中的位置
Spring	设置弹簧的强度，该值越大，弹簧的强度就越大
Damper	设置弹簧的阻尼系数，该值越大，弹簧强度减小的幅度越大
Min Distance	设置弹簧启用的最小距离值
Max Distance	设置弹簧启用的最大距离值
Tolerance	设置弹簧可拉伸长度

（4）Character Joint（角色关节）组件。它主要用于表现布娃娃效果，它是扩展的球关节，可用于限制关节在不同旋转轴下的旋转角度。Character Joint 组件的属性面板如图 8-25 所示。

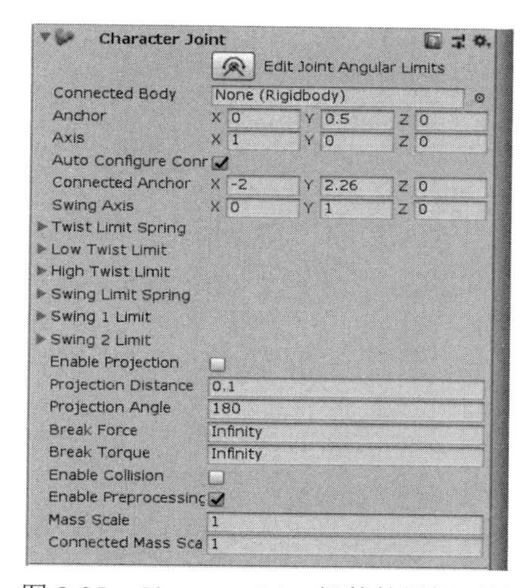

图 8-25 Character Joint 组件的属性面板

主要选项与功能如表 8-11 所示。

表 8-11 Character Joint 组件的主要选项与功能

选项	功能
Swing Axis	设置角色关节的摆动轴
Twist Limit Spring	设置弹簧的扭曲限制
Low Twist Limit	设置角色关节扭曲的下限
High Twist Limit	设置角色关节扭曲的上限
Swing Limit Spring	设置弹簧的摆动限制
Swing 1 Limit	摆动限制 1
Swing 2 Limit	摆动限制 2
Enable Projection	若勾选此复选项，则激活投影
Projection Distance	设置当对象与其连接刚体的距离超过投影距离时，该对象会回到适当的位置
Projection Angle	设置当对象与其连接刚体的角度超过投影角度时，该对象会回到适当的位置

（5）Configurable Joint（可配置关节）组件。它支持用户自定义关节，设置面板中开放了PhysX 引擎中所有与关节相关的选项，因此可像其他类型的关节那样来创造各种行为。Configurable Joint 组件的属性面板如图 8-26 所示。

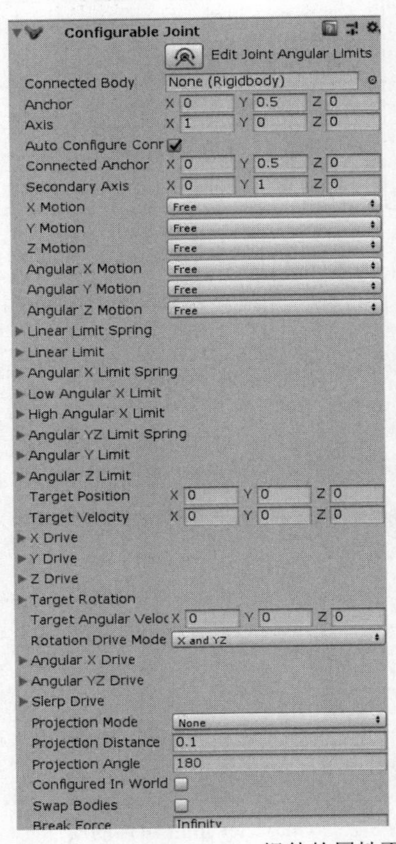

图 8-26　Configurable Joint 组件的属性面板

主要选项与功能如表 8-12 所示。

表 8-12　Configurable Joint 组件的主要选项与功能

选项	功能
Secondary Axis	设置副轴的坐标，与主轴共同决定关节的局部坐标
X/Y/Z Motion	设置游戏对象在 *x*/*y*/*z* 轴的移动形式
Angular X/Y/Z Motion	设置游戏对象围绕 *x*/*y*/*z* 轴的旋转形式
Linear Limit Spring	设置弹簧线性限制
Linear Limit	自关节原点的距离为基准，对其运动边界加以限定
Angular X Limit Spring	设置 *x* 轴旋转限制
Low/High Angular X Limit	设置 *x* 轴旋转下限和上限
Angular YZ Limit Spring	设置 *y* 轴和 *z* 轴旋转限制
Target Position/Velocity	设置目标位置和速度

续表

选项	功能
X/Y/Z Drive	设置对象沿局部坐标系 $x/y/z$ 轴的运动形式
Target Rotation	设置目标旋转，它是一个四元数，定义了关节应当旋转到的角度
Target Angular Velocity	目标旋转角速度，它是一个三维向量，定义了关节应当旋转到的角速度
Rotation Drive Mode	通过 x 轴和 yz 平面驱动或插值驱动来控制对象自身的旋转
Projection Mode	设置当对象离开其限定的位置过远时，让该对象回到其受限制的位置
Configured In World Space	若勾选此复选项，则所有与目标相关的值都会在世界坐标系中来计算
Swap Bodies	若勾选此复选项，则连接着的两个刚体会发生交换

下面通过 Hinge Joint 组件的具体应用实例来介绍 Joint 组件对物体的影响，具体步骤如下：

【步骤 1】创建平面。新建一个场景，在 Hierarchy 面板中右击并选择 3D Object→Plane 选项创建一个平面作为地面，调整其参数如图 8-27 所示。

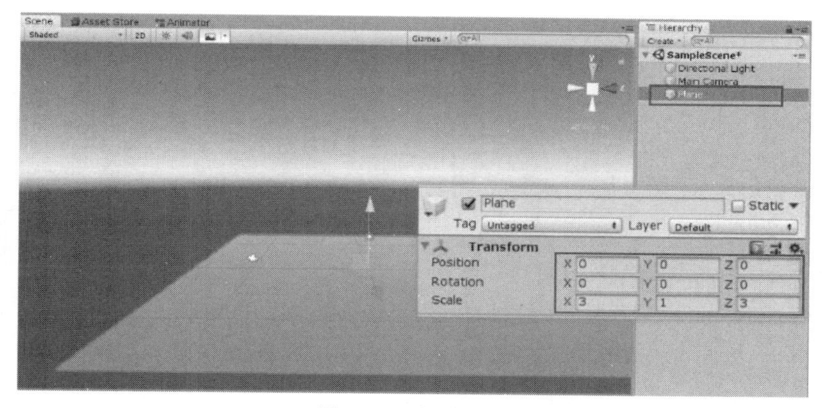

图 8-27 创建平面

【步骤 2】创建游戏对象。在 Hierarchy 面板中右击并选择→3D Object→Cube 选项创建一个立方体，并将其重命名为 Cube1，调整其参数如图 8-28 所示。用同样的方法创建游戏对象 Sphere1，调整其参数如图 8-29 所示。

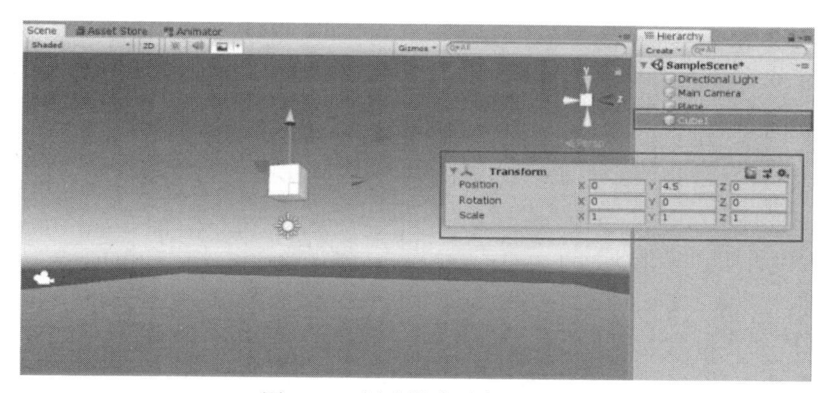

图 8-28 创建游戏对象 Cube1

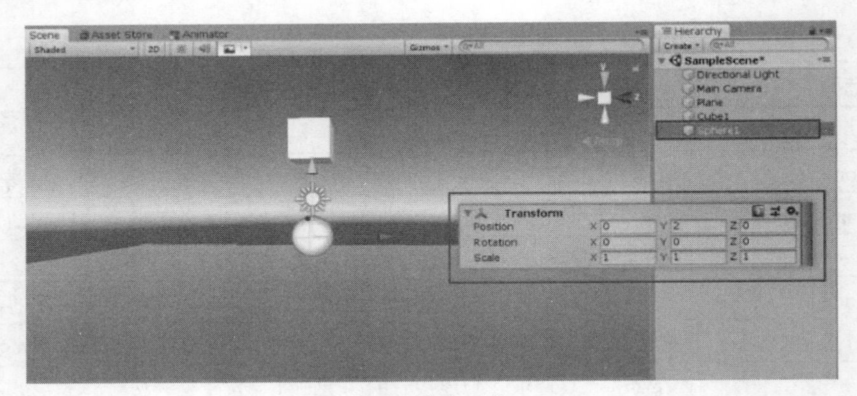

图 8-29　创建游戏对象 Sphere1

【步骤 3】添加 Rigidbody 组件。分别为 Cube1 和 Sphere1 添加 Rigidbody 组件，取消勾选 Cube1 中的 Use Gravity 复选项，然后勾选 Is Kinematic 复选项，使其不受外力影响，如图 8-30 所示。

【步骤 4】添加并关联 Hinge Joint 组件。为 Sphere1 添加 Hinge Joint 组件，并进行组件关联，如图 8-31 所示。

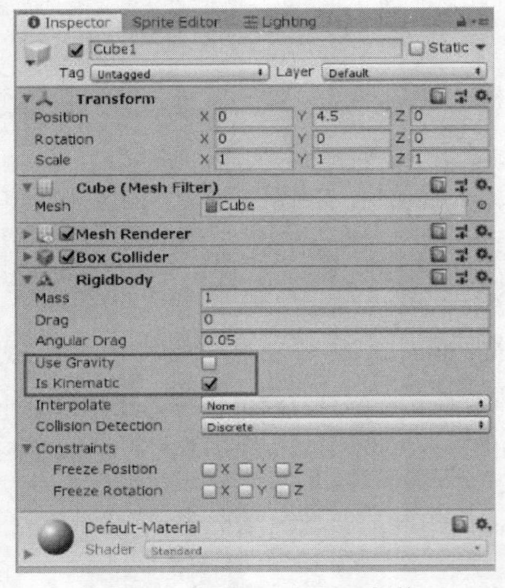

图 8-30　添加 Rigidbody 组件

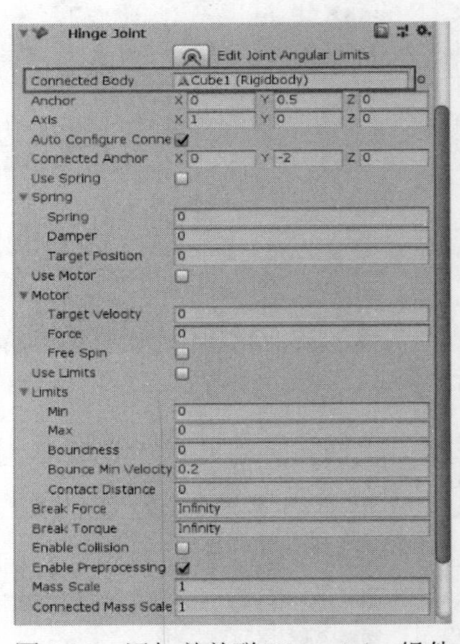

图 8-31　添加并关联 Hinge Joint 组件

【步骤 5】测试 Hinge Joint 组件的效果。运行游戏场景，在 Scene 面板中拖曳游戏对象 Sphere1 到一定位置后松开，在 Game 面板中观察到 Sphere1 可以自由摆动，如图 8-32 所示。

4. Cloth（布料）组件

使用 Cloth 组件可以模拟类似布料的行为状态，例如桌布、旗帜、窗帘等。想要实现布料效果，Skinned Mesh Renderer（蒙皮网格渲染器）组件和 Cloth 组件必须搭配使用，但这并不代表创建布料系统还必须在 3ds Max 中导出一个带有蒙皮信息的.fbx 文件，用户只需要在添加 Cloth 组件后赋予相应的布料 Mesh（网格体）即可。下面简单介绍这两个组件的用法。

Cloth（布料）组件

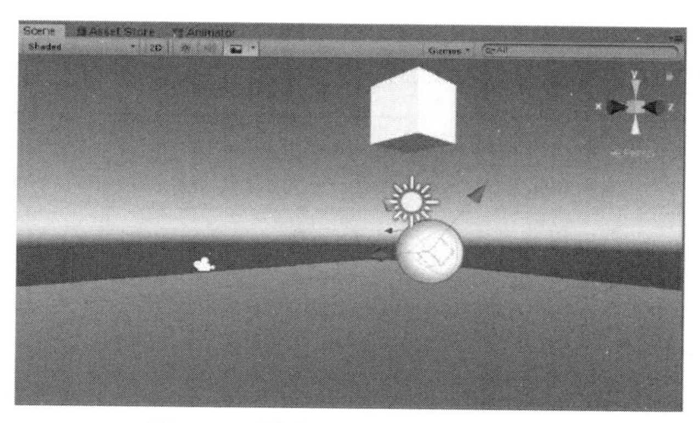

图 8-32 测试 Hinge Joint 组件效果

（1）Skinned Mesh Renderer 组件：属性面板如图 8-33 所示。

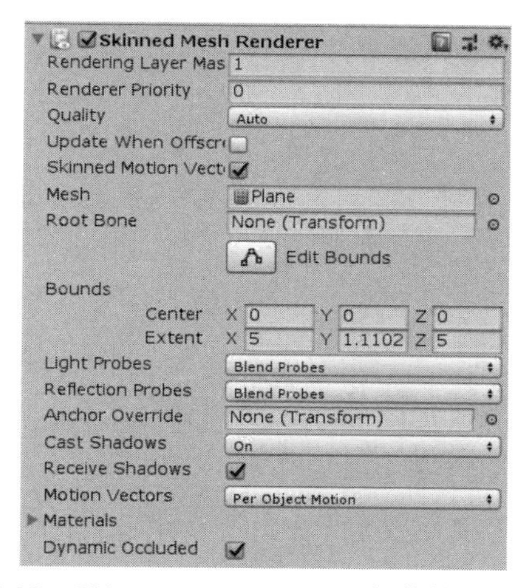

图 8-33 Skinned Mesh Renderer 组件的属性面板

主要选项与功能如表 8-13 所示。

表 8-13 Skinned Mesh Renderer 组件的主要选项与功能

选项	功能
Rendering Layer Mass	设置渲染层的质量，取值在 0 和 1 之间
Renderer Priority	设置渲染器优先级
Quality	设置品质，可以影响任何给定顶点的最大骨骼数量
Update When Offscreen	若勾选此复选项，蒙皮网格将会更新，即使它不在相机的渲染区域内也会更新
Skinned Motion Vectors	若勾选此复选项，将对网格蒙皮数据进行双重缓冲
Mesh	指定对象所使用的网格渲染器
Root Bone	指定骨骼的根节点
Bounds	设置网格的边界
Light Probes	指定光照探头类型
Reflection Probes	指定反射探头类型

续表

选项	功能
Anchor Override	确定反射点的位置
Cast Shadows	设置投射阴影类型
Receive Shadows	若勾选此复选项，则布料会接收阴影
Motion Vectors	指定运动向量类型
Materials	为布料选择材质
Dynamic Occluded	若勾选此复选项，则布料会进行动态遮挡

（2）Cloth 组件：属性面板如图 8-34 所示。

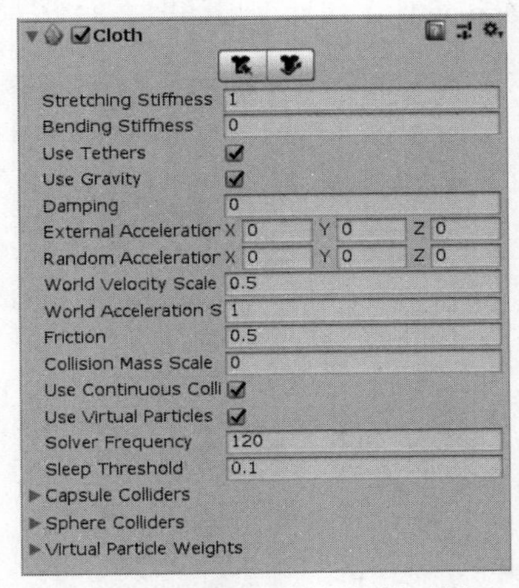

图 8-34　Cloth 组件的属性面板

主要选项与功能如表 8-14 所示。

表 8-14　Cloth 组件的主要选项与功能

选项	功能
	对布料进行约束
Stretching Stiffness	设置布料的抗拉伸程度，取值在 0 和 1 之间，值越大越不容易拉伸
Bending Stiffness	设置布料的抗弯曲程度，取值在 0 和 1 之间，值越大越不容易弯曲
Use Tethers	若勾选此复选项，则可以防止布料点延展过度
Use Gravity	若勾选此复选项，则布料会受到重力的影响
Damping	设置布料运动的阻尼
External Acceleration	设置一个常数，应用到布料上的外部加速度
Random Acceleration	设置一个随机数，应用到布料上的外部加速度
World Velocity Scale	设置角色在世界坐标系的运动对布料顶点的影响程度
World Acceleration Scale	设置角色在世界坐标系的加速度对布料顶点的影响程度
Friction	设置布料的摩擦系数，取值在 0 和 1 之间

续表

选项	功能
Collision Mass Scale	设置组成布料碰撞体的粒子质量的缩放系数
Use Continuous Collision	若勾选此复选项，则使用连续碰撞检测来达到布料碰撞的稳定性
Use Virtual Particles	若勾选此复选项，则使用虚拟粒子来达到布料碰撞的稳定性
Slover Frequency	设置解算器频率
Sleep Threshold	设置睡眠阈值
Capsule Colliders	胶囊碰撞体数组，用以固定布料
Sphere Colliders	球形碰撞体数组，用以固定布料
Virtual Particle Weights	设置虚拟粒子的权重值

下面通过实例来更直观地认识 Cloth 组件对物体的影响，具体步骤如下：

【步骤 1】创建平面。新建一个场景，在 Hierarchy 面板中右击并选择→3D Object→Plane 选项创建一个平面作为地面，调整其参数如图 8-35 所示。

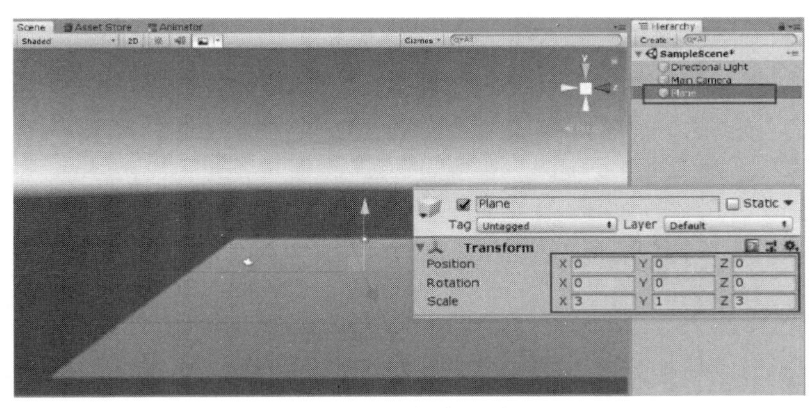

图 8-35 创建平面

【步骤 2】创建布料游戏对象。在 Hierarchy 面板中右击并选择 3D Object→Plane 选项再创建一个平面，并将其重命名为 Curtain，调整其参数如图 8-36 所示。

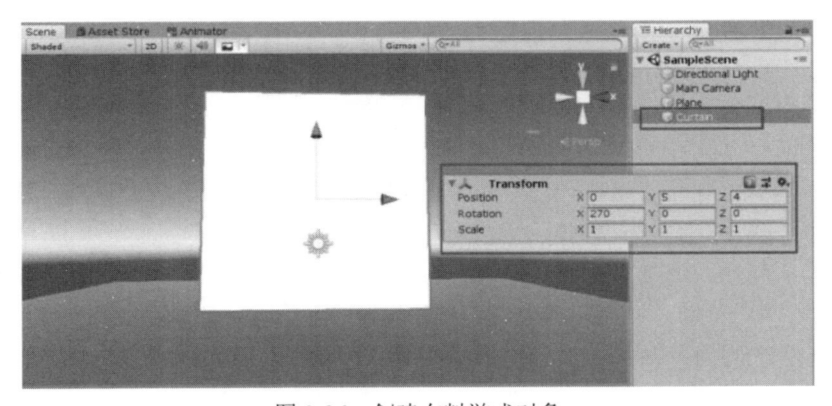

图 8-36 创建布料游戏对象

【步骤 3】为布料游戏对象添加材质。在资源商店中搜索资源包 Yughues Free Fabric Materials，如图 8-37 所示。下载并导入该资源包，在 Project 面板中找到 Carpet pattern 06 素材文件并将其赋予游戏对象 Curtain，如图 8-38 所示。

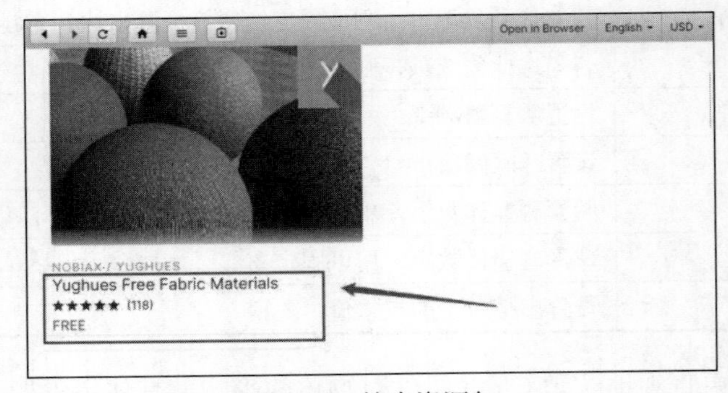

图 8-37 搜索资源包

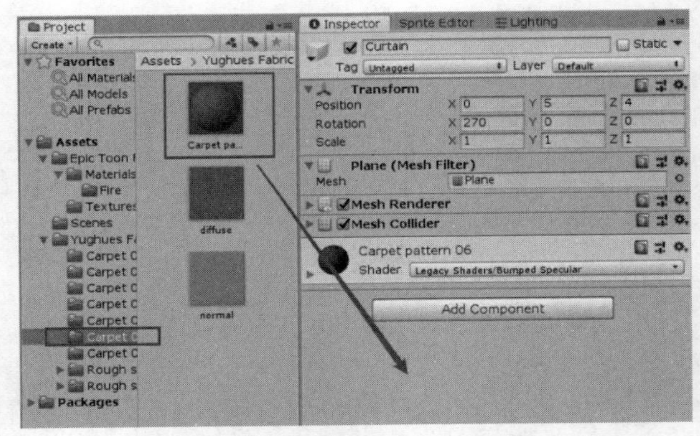

图 8-38 为布料游戏对象添加材质

【步骤 4】为布料游戏对象添加组件。选择游戏对象 Curtain，在 Inspector 面板中单击 Add Component 按钮，搜索并添加 Cloth 组件，如图 8-39 所示。

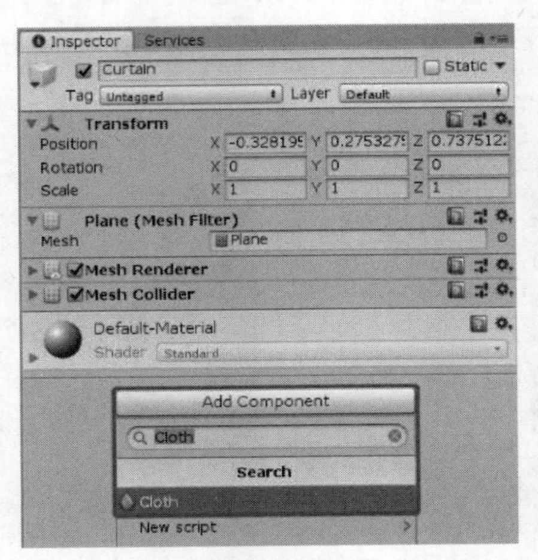

图 8-39 为布料游戏对象添加组件

【步骤 5】编辑 Cloth 组件。选择 Curtain，在 Inspector 面板中单击按钮打开 Cloth Constrains 面板（在 Scene 面板中），如图 8-40 所示。单击 Paint 按钮，调整 Max Distance 的值为 100，Brush Radius 的值为 1。在 Scene 面板中选择游戏对象 Curtain 最上部的两排黑点（选中后为绿色），如图 8-41 所示。

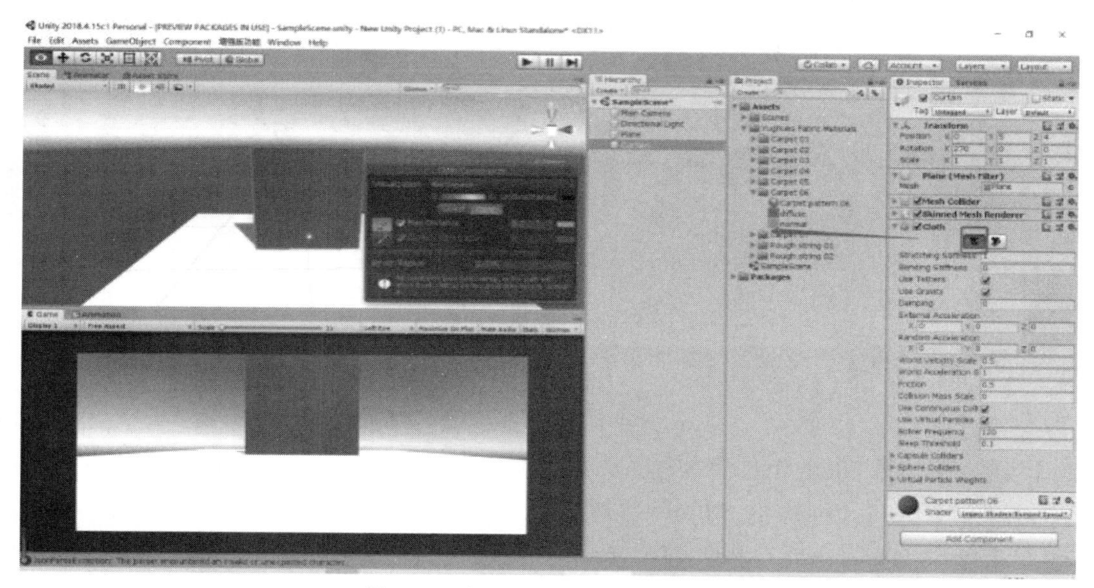

图 8-40　打开 Cloth Constrains 面板

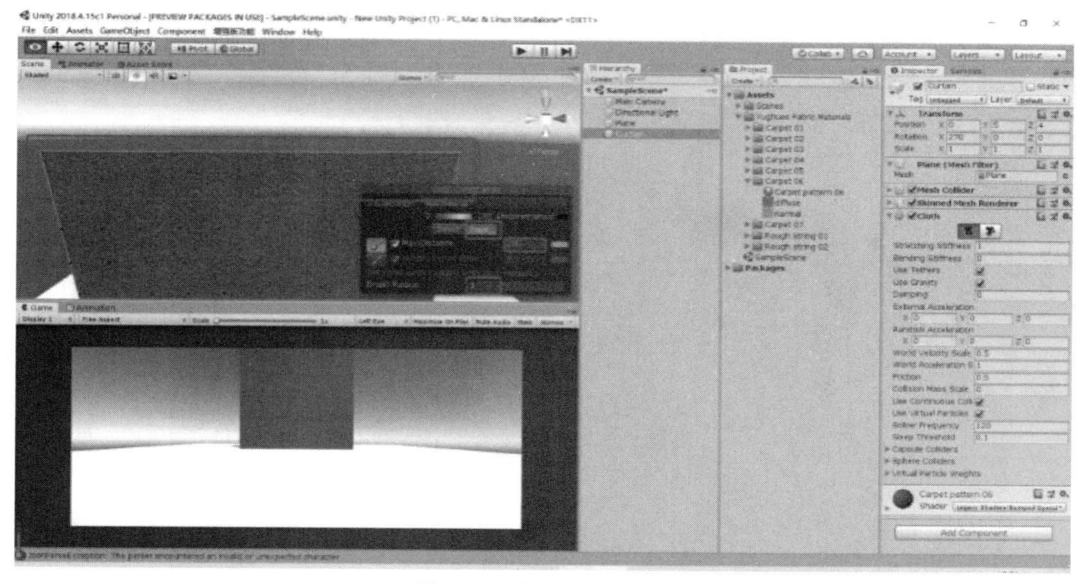

图 8-41　编辑 Cloth 组件

【步骤 6】创建测试游戏对象。在 Hierarchy 面板中右击并选择 3D Object→Capsule 选项创建一个胶囊体，首先为其添加 Rigidbody 组件，然后调整 Transform 选项中的 Position 值为（X：0，Y：5，Z：4），如图 8-42 所示。

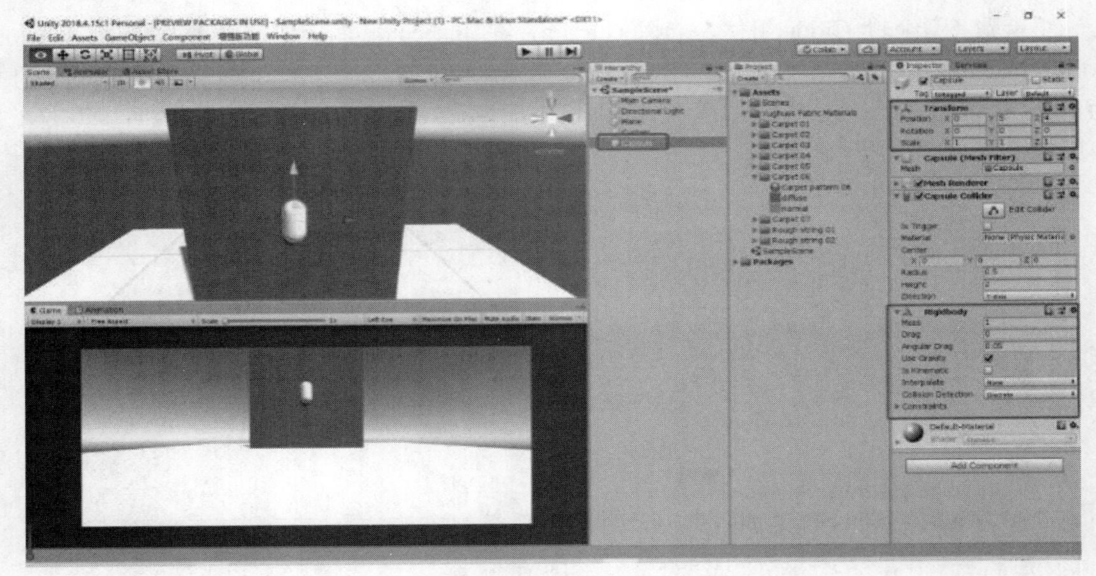

图 8-42　创建测试游戏对象

【步骤 7】修改 Cloth 组件的参数。选择游戏对象 Curtain，在 Inspector 面板中修改 Cloth 组件的参数。首先将 Stretching Stiffness 的值修改为 0.5，然后将 Capsule Colliders 中 Size 的值修改为 1，并将 Capsule 关联到 Element 0 中，最后取消勾选 Use Gravity 复选项，如图 8-43 所示。

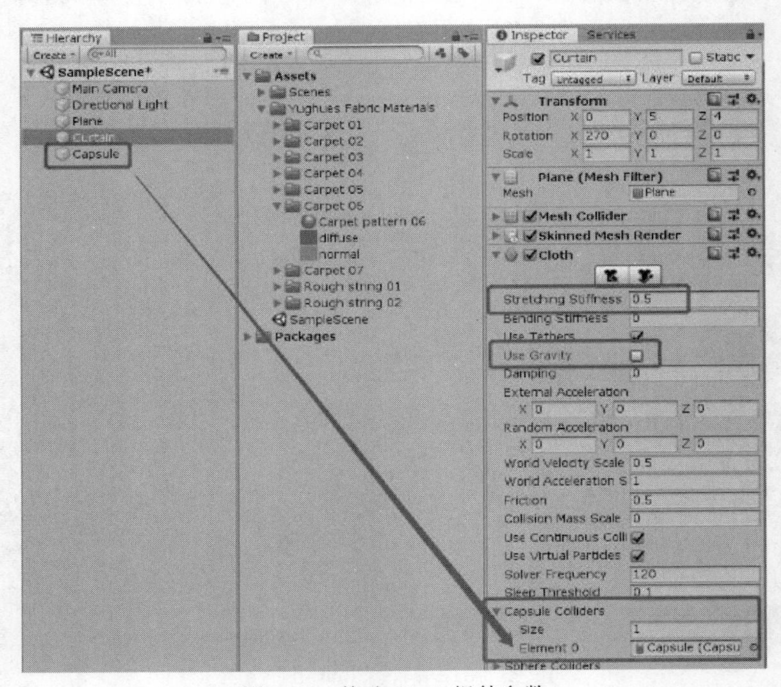

图 8-43　修改 Cloth 组件参数

【步骤 8】测试 Cloth 组件的效果。运行项目测试，在 Game 面板中可以观察到游戏对象 Curtain 发生形状改变，说明其受到 Capsule 的影响后模拟了布料的物理效果，如图 8-44 所示。

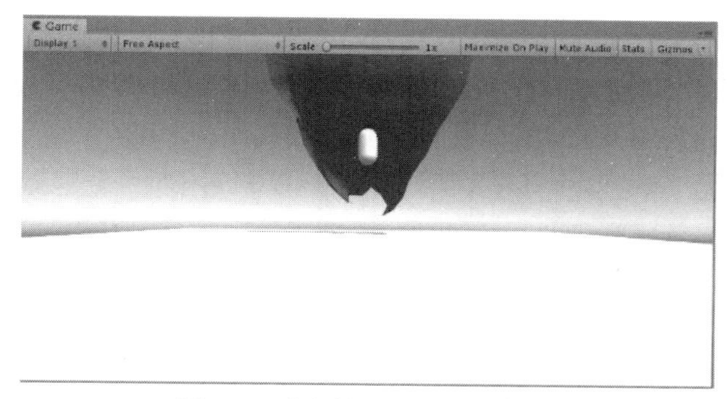

图 8-44　测试 Cloth 组件的效果

8.2　Unity3D 物理元素交互

《Open The Door》案例

8.2.1　《Open The Door》案例

下面通过具体操作实例来介绍物理系统中刚体和碰撞体的组合使用方法，具体步骤如下：

【步骤 1】创建平面。在新建的工程项目中右击并选择 3D Object→Plane 选项创建一个平面作为地面，调整参数如图 8-45 所示，并为其赋予资源包 Yughues Free Fabric Materials 中的材质，如图 8-46 所示。

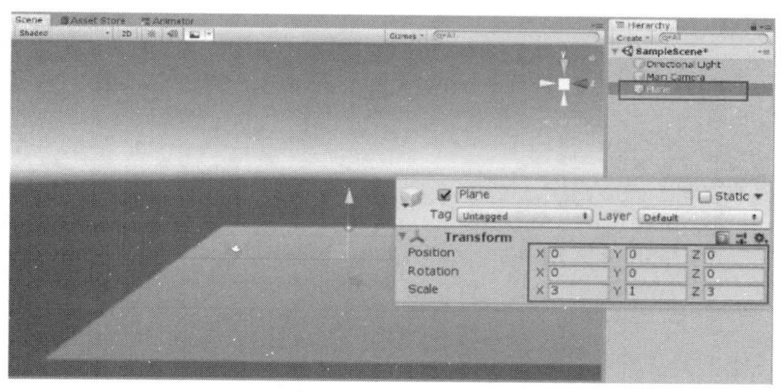

图 8-45　创建平面

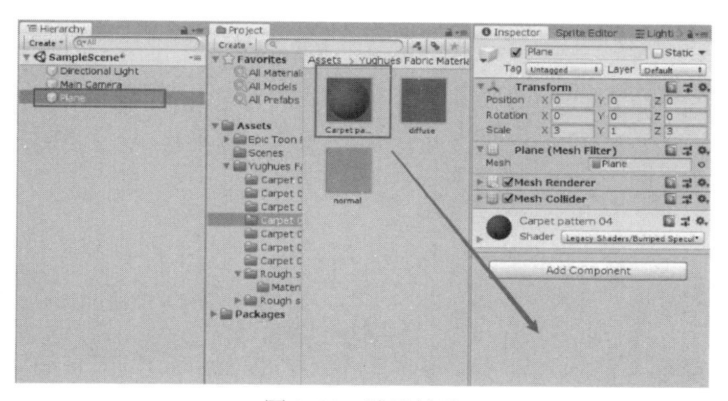

图 8-46　赋予材质

【步骤 2】创建交互游戏对象。首先，在资源商店中下载并导入资源包 Classic Interior Door Pack 1，如图 8-47 所示。其次，将 jj_door_2_white 模型拖曳到 Hierarchy 面板中，参数设置如图 8-48 所示，并为其添加 Box Collider 组件，参数设置如图 8-49 所示。最后，在 Hierarchy 面板中右击并选择 3D Object→Capsule 选项创建一个胶囊体，调整参数如图 8-50 所示，将其作为触发对象。

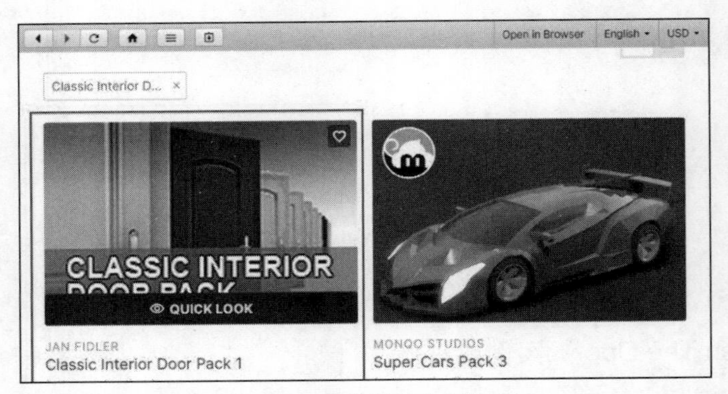

图 8-47　下载并导入资源包

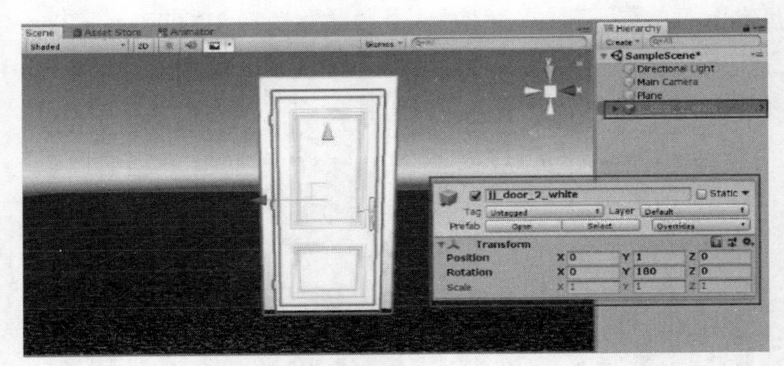

图 8-48　添加模型并修改参数

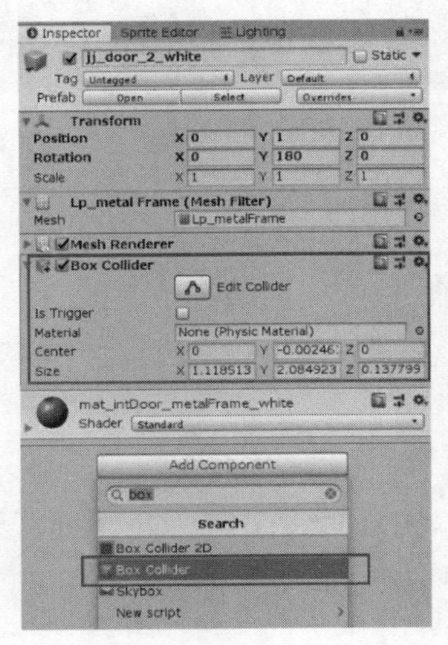

图 8-49　添加 Box Collider 组件

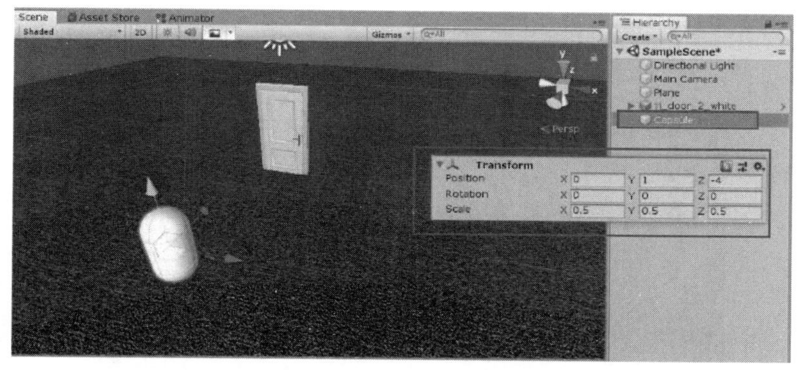

图 8-50 创建交互游戏对象

【步骤 3】为游戏对象 Capsule 添加 Rigidbody 组件。选择 Capsule，在 Inspector 面板中为其添加 Rigidbody 组件，并调整组件参数如图 8-51 所示，使其不受重力影响。

Rigidbody	
Mass	1
Drag	0
Angular Drag	0.05
Use Gravity	☐
Is Kinematic	☐
Interpolate	None
Collision Detection	Discrete
Constraints	
Freeze Position	☐X ☐Y ☐Z
Freeze Rotation	☐X ☐Y ☐Z

图 8-51 为游戏对象 Capsule 添加 Rigidbody 组件

【步骤 4】编写碰撞体脚本。在 Project 面板中右击并选择 Create→C# Script 选项新建脚本，并将其命名为 Test。双击打开 Test 脚本，完成以下内容：

```
using System.Collections;
using System.Collections.Generic;
using UnityEngine;
public class Test : MonoBehaviour
{
    private void OnCollisionEnter(Collision collision)
    {
        Debug.Log("碰撞体进入");
    }
    private void OnCollisionExit(Collision collision)
    {
        Debug.Log("碰撞体退出");
    }
    private void OnCollisionStay(Collision collision)
    {
        Debug.Log("碰撞体保持");
    }
}
```

【步骤 5】测试碰撞体脚本。脚本编写完成之后，以拖曳的形式将其挂载在游戏对象 Capsule

上，运行项目，在 Scenes 面板中拖曳 Capsule 撞向门，观察控制台中输出的信息，如图 8-52 和图 8-53 所示。

图 8-52　测试 Capsule 与门碰撞

图 8-53　控制台输出的信息

【步骤 6】测试触发器脚本。双击打开 Test 脚本，修改为以下内容：

```
using System.Collections;
using System.Collections.Generic;
using UnityEngine;
public class Test : MonoBehaviour
{
    private void OnTriggerEnter(Collider other)
    {
        Debug.Log("触发器进入");
    }
    private void OnTriggerExit(Collider other)
    {
        Debug.Log("触发器退出");
    }
    private void OnTriggerStay(Collider other)
```

```
        {
            Debug.Log("触发器保持");
        }
    }
```

【步骤 7】测试触发器脚本。选择对象 jj_door_2_white，在 Inspector 面板的 Box Collider 组件中勾选 Is Trigger 复选项，如图 8-54 所示。运行项目，在 Scenes 面板中拖曳 Capsule 撞向门，观察控制台输出的信息，如图 8-55 所示（注意，在没有勾选 Is Trigger 复选项的情况下，Capsule 是无法穿过门的）。

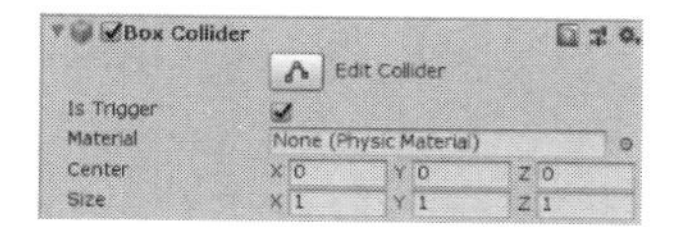

图 8-54 勾选 Is Trigger 复选项

图 8-55 控制台输出的信息

8.2.2 《公园一角》案例

《公园一角》案例

下面通过具体操作实例来介绍物理系统中不同组件的组合使用方法，具体步骤如下：

【步骤 1】导入场景。将本书配套的资源文件 Physical Systems Park 导入新建的项目中，将 Prefab 对象拖曳到场景中，删除场景中自带的 Main Camera 对象，如图 8-56 所示。

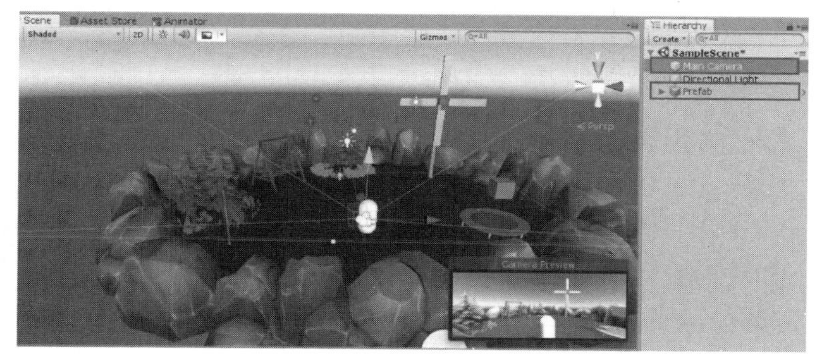

图 8-56 导入场景

【步骤 2】为游戏对象 Capsule 添加移动脚本。在 Project 面板中新建一个文件夹用来存放脚本文件，并将其重命名为 Scripts。在 Scripts 文件夹中新建 C#脚本，并将其重命名为 Move。双击打开 Move 脚本，完成以下内容，保存后挂载给场景中的游戏对象 Capsule，如图 8-57 所示：

```
using System.Collections;
using System.Collections.Generic;
using UnityEngine;
public class Move : MonoBehaviour
{
    private Transform m_Transform;
    void Start()
    {
        m_Transform = gameObject.GetComponent<Transform>();
    }
    void Update()
    {
        MoveControl();
    }
    void MoveControl()
    {
        if (Input.GetKey(KeyCode.W))
        {
            m_Transform.Translate(Vector3.forward * 0.1f, Space.Self);
        }
        if (Input.GetKey(KeyCode.S))
        {
            m_Transform.Translate(Vector3.back * 0.1f, Space.Self);
        }
        if (Input.GetKey(KeyCode.A))
        {
            m_Transform.Translate(Vector3.left * 0.1f, Space.Self);
        }
        if (Input.GetKey(KeyCode.D))
        {
            m_Transform.Translate(Vector3.right * 0.1f, Space.Self);
        }
        if (Input.GetKey(KeyCode.Q))
        {
            m_Transform.Rotate(Vector3.up, -1.0f);
        }
        if (Input.GetKey(KeyCode.E))
        {
            m_Transform.Rotate(Vector3.up, 1.0f);
        }
    }
}
```

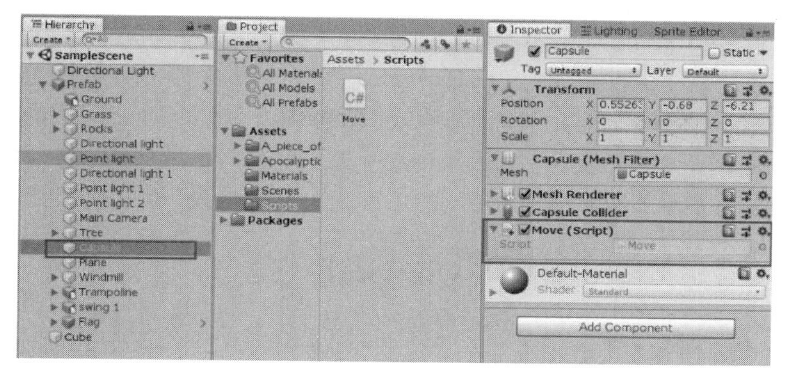

图 8-57 为游戏对象 Capsule 添加移动脚本

【步骤 3】为游戏对象 Capsule 添加 Rigidbody 组件。在 Hierarchy 面板中选择 Capsule，为其添加 Rigidbody 组件，并锁定相关旋转轴与移动轴，如图 8-58 所示。

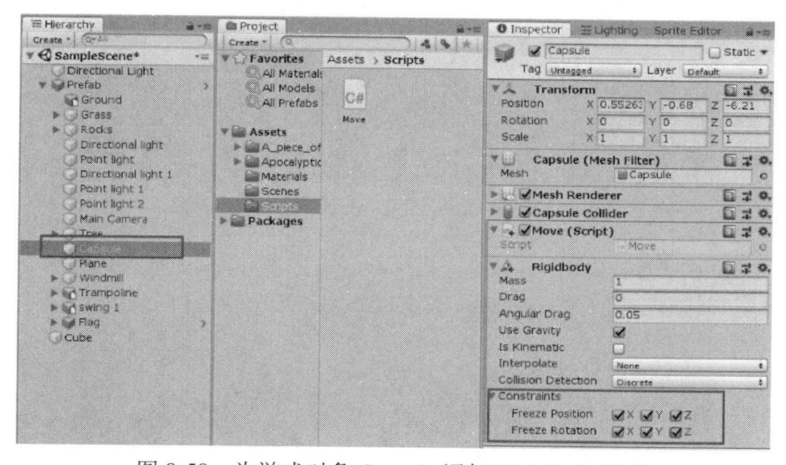

图 8-58 为游戏对象 Capsule 添加 Rigidbody 组件

【步骤 4】为游戏对象 Flag 添加 Cloth 组件。在 Hierarchy 面板中选择 Flag 下的 Area 子物体，为其添加 Cloth 组件，设置基础参数如图 8-59 所示。

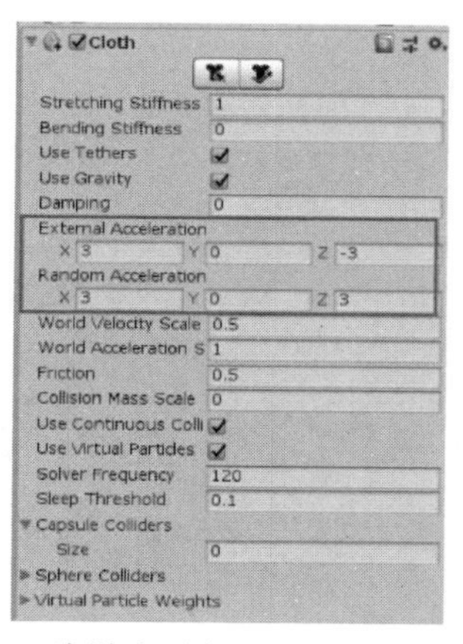

图 8-59 为游戏对象 Flag 添加 Cloth 组件

【步骤 5】设置 Area 的 Cloth 组件关键点。在 Cloth 组件上单击编辑器按钮，如图 8-60 所示。在弹出的编辑器中，首先设置 Max Distance 值为 0，选中旗面与旗杆连接处的黑点不允许移动，如图 8-61 所示；其次设置 Max Distance 值为 0.1，随意选中旗面上的几个点，此时选中点为绿色，如图 8-62 所示；最后将 Max Distance 值设置为 0.2，随意选上的旗面上的几个点，此时选中点为绿色（Max Distance 值为 0.1 的点变为粉色），如图 8-63 所示。

图 8-60　编辑器按钮

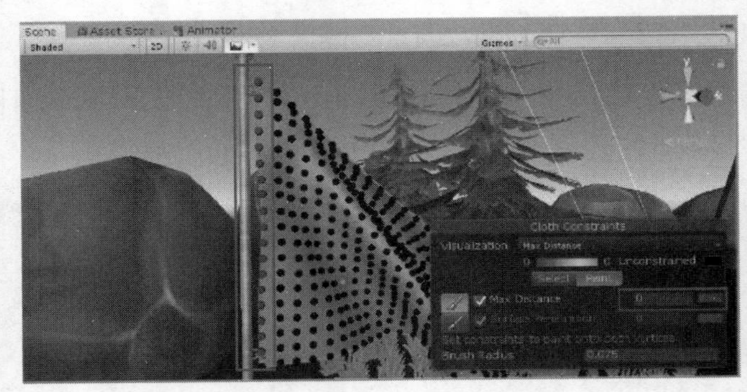

图 8-61　设置 Area 的 Cloth 组件关键点（1）

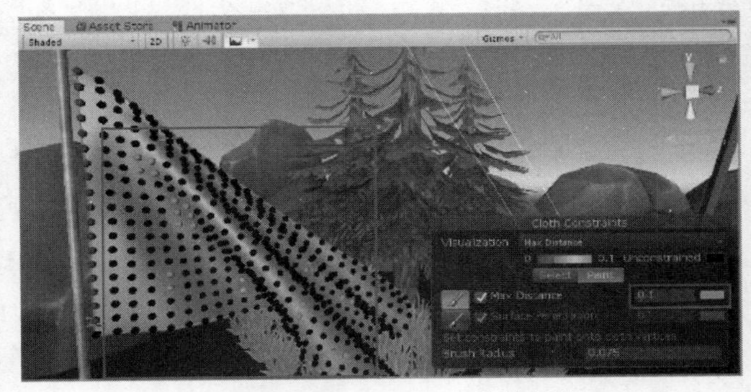

图 8-62　设置 Area 的 Cloth 组件关键点（2）

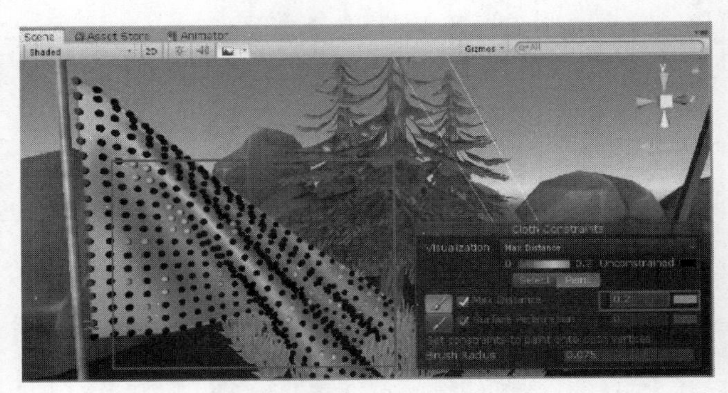

图 8-63　设置 Area 的 Cloth 组件关键点（3）

【步骤 6】为摇椅添加 Rigidbody 组件。在 Hierarchy 面板中选择对象 Swing，展开下拉列表并找到子物体 Wooden Frame 中的 arch22_024_00，为其添加 Rigidbody 组件，设置参数如图 8-64 所示。

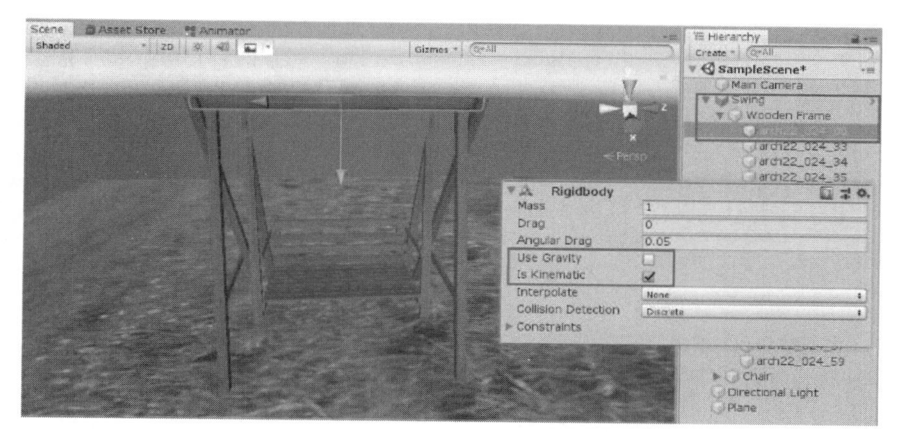

图 8-64　为摇椅添加 Rigidbody 组件

【步骤 7】为摇椅添加组件。在 Hierarchy 面板中选择对象 Swing，展开下拉列表并找到子物体 Chair，为其添加 Hinge Joint 组件，然后与 arch22_024_00 进行关联，设置参数如图 8-65 所示。继续为摇椅添加 Box Collider 组件，调整参数如图 8-66 所示。

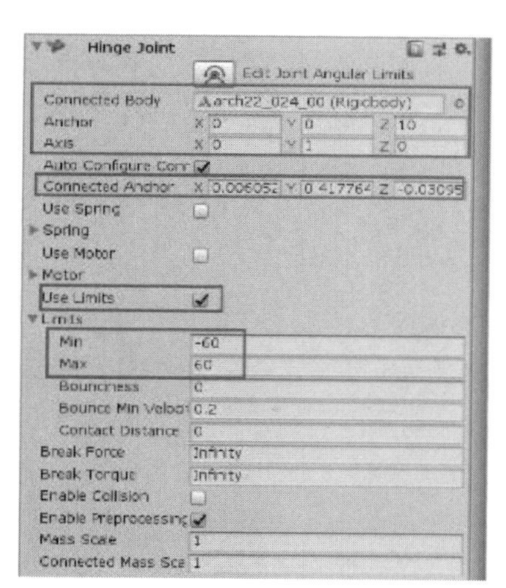

图 8-65　为摇椅添加 Hinge Joint 组件

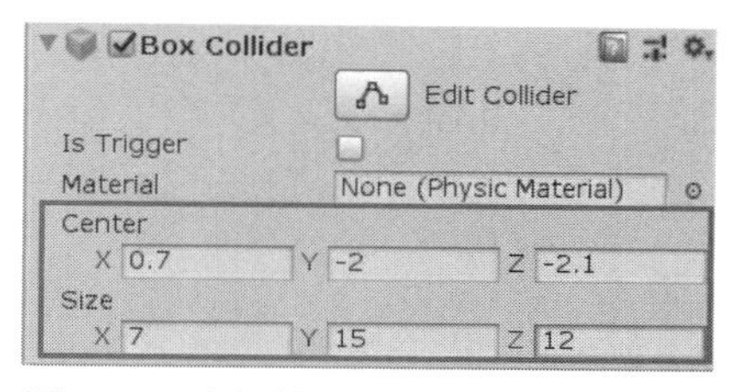

图 8-66　为摇椅添加 Box Collider 组件

【步骤 8】为风车添加组件。在 Hierarchy 面板中选择对象 Windmill，展开下拉列表并找到子物体 Hinge，为其添加 Rigidbody 组件，设置参数如图 8-67 所示。继续为风车添加 4 个 Fixed Joint 组件，如图 8-68 所示。

【步骤 9】将风车组件进行关联。在 Hierarchy 面板中选择对象 Windmill，展开下拉列表并找到子物体 Leaf Blade1，为其添加 Rigidbody 组件，设置参数如图 8-69 所示。用同样的方法为 LeafBlade2、LeafBlade3、LeafBlade4 添加 Rigidbody 组件。选择对象 Hinge，在 Inspector 面板中分别将 Fixed Joint 组件进行关联，如图 8-70 所示。

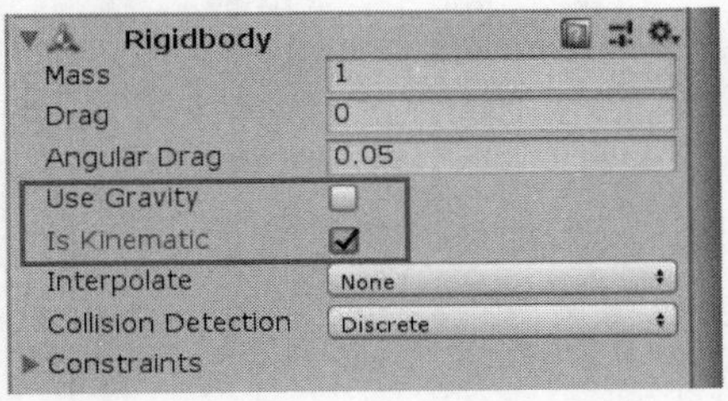

Rigidbody
Mass 1
Drag 0
Angular Drag 0.05
Use Gravity ☐
Is Kinematic ☑
Interpolate None
Collision Detection Discrete
Constraints

图 8-67 为风车添加 Rigidbody 组件

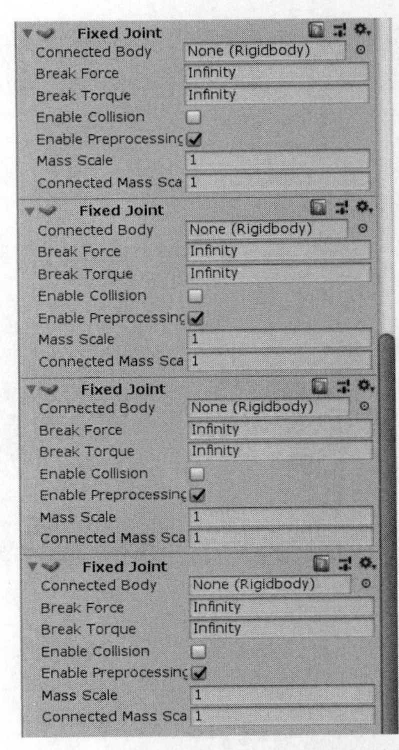

图 8-68 为风车添加 4 个 Fixed Joint 组件

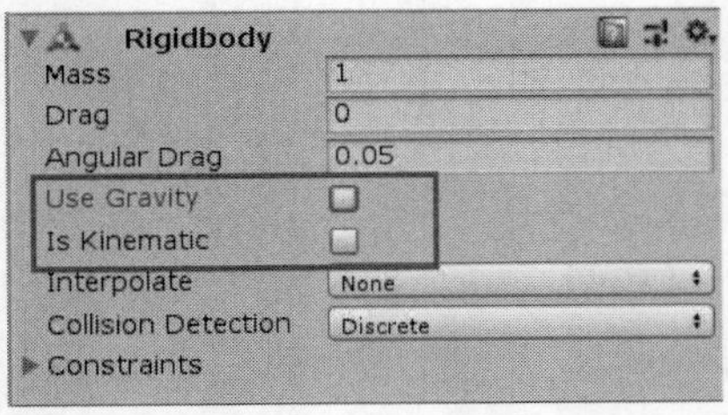

Rigidbody
Mass 1
Drag 0
Angular Drag 0.05
Use Gravity ☐
Is Kinematic ☐
Interpolate None
Collision Detection Discrete
Constraints

图 8-69 为子物体 LeafBlade1 添加 Rigidbody 组件

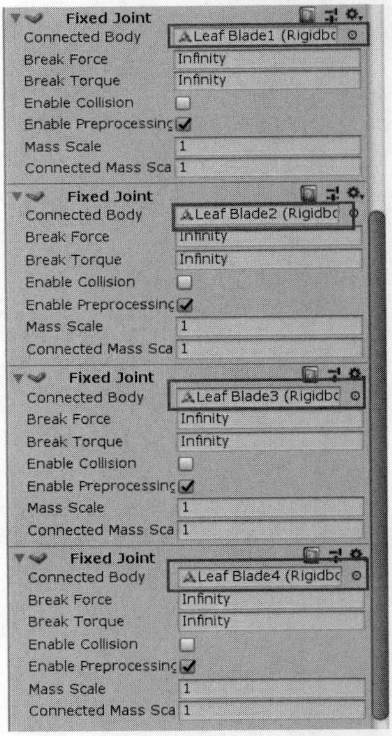

Fixed Joint
Connected Body: Leaf Blade1 (Rigidbc
Break Force: Infinity
Break Torque: Infinity
Enable Collision ☐
Enable Preprocessinc ☑
Mass Scale: 1
Connected Mass Sca: 1

Fixed Joint
Connected Body: Leaf Blade2 (Rigidbc
Break Force: Infinity
Break Torque: Infinity
Enable Collision ☐
Enable Preprocessinc ☑
Mass Scale: 1
Connected Mass Sca: 1

Fixed Joint
Connected Body: Leaf Blade3 (Rigidbc
Break Force: Infinity
Break Torque: Infinity
Enable Collision ☐
Enable Preprocessinc ☑
Mass Scale: 1
Connected Mass Sca: 1

Fixed Joint
Connected Body: Leaf Blade4 (Rigidbc
Break Force: Infinity
Break Torque: Infinity
Enable Collision ☐
Enable Preprocessinc ☑
Mass Scale: 1
Connected Mass Sca: 1

图 8-70 将风车组件进行关联

【步骤 10】完成风车转动脚本。在 Scripts 文件夹下新建 C#脚本，并将其重命名为 Rotation。双击打开 Rotation 脚本完成以下内容，最后将 Rotation 脚本赋予对象 Hinge，设置风车转动角度，如图 8-71 所示：

```
using System.Collections;
using System.Collections.Generic;
using UnityEngine;
public class Rotation : MonoBehaviour
{
    public float Angle;
    void Update()
    {
        transform.Rotate(Vector3.forward, Angle);
    }
}
```

【步骤 11】为蹦床添加相关组件。在 Hierarchy 面板中选择对象 Trampoline，展开下拉列表并找到子物体 Play plane，为其添加 Rigidbody 和 Spring Joint 组件，设置参数如图 8-72 所示。

【步骤 12】关联蹦床组件。在 Hierarchy 面板中选择对象 Trampoline，展开下拉列表并找到子物体 Cube，为其添加 Rigidbody 组件，将 Cube 与 Play plane 进行关联（关联之后某些参数会自动调整），如图 8-73 所示。

图 8-71 设置风车转动角度

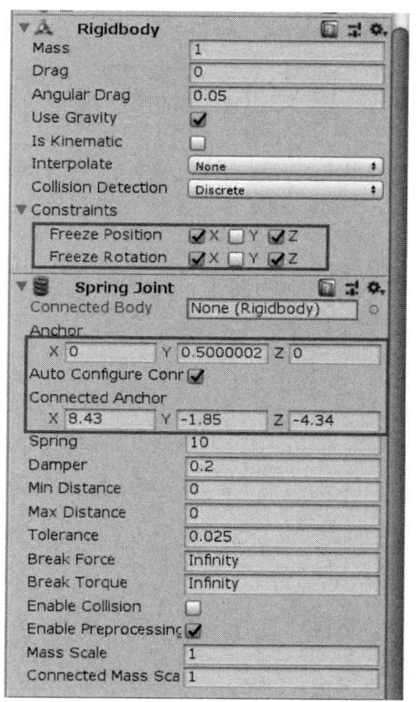

图 8-72 为蹦床添加相关组件

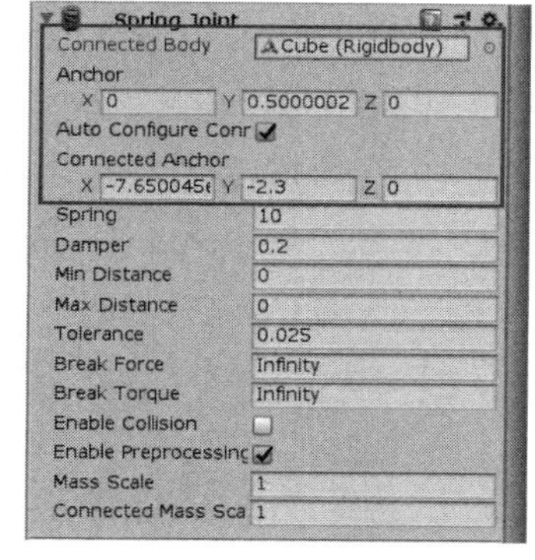

图 8-73 关联蹦床组件

【步骤 13】测试游戏场景运行效果。运行项目，通过第三人称视角可以看到场景中的旗帜在飘动、风车在转动、蹦床上的方块在进行弹跳拉伸，通过键盘控制游戏对象 Capsule 与摇椅碰撞，摇椅自由摆动，效果如图 8-74 所示。

图 8-74 测试游戏场景运行效果

本 章 小 结

本章首先详细介绍了 Unity3D 物理系统不同组件的功能，包括 Rigidbody 组件、Collider 组件、Joint 组件和 Cloth 组件；其次详细讲述了两个具体案例：《Open The Door》案例和《公园一角》案例的制作过程。通过对本章的学习，学生能够掌握在虚拟现实项目中使用物理系统模拟现实世界中物理效果的方法。

课后习题解答

课 后 习 题

1. 在 Unity3D 物理系统的 Rigidbody 组件中，要想使物体受空气阻力影响，应该给（ ）赋予一定的值。

A．Mass　B．Drag　C．Angular Drag　D．Use Gravity

2. 在 Unity3D 物理系统的 Rigidbody 组件中，Is Kinematic 的作用是（ ）。

A．游戏对象是否遵循运动学物理定律　B．物体运动插值模式

C．碰撞检测模式　D．对刚体运动的约束

3. 在 Unity3D 物理系统的 Cloth 组件中，（ ）可以设定布料的抗拉伸程度。

A．Stretching Stiffness　B．Bending Stiffness

C．Use Tethers　D．Use Gravity

4. 在 Unity3D 物理系统的 Cloth 组件中，（ ）可以设置增加的碰撞粒子质量的多少。

A．Friction　B．Collision Mass Scale

C．Use Continuous Collision　D．Use Virtual Particles

5. 在 Unity3D 物理系统的 Joint 组件中，除了 Connected Anchor 外，（ ）还可以自动计算连接的锚点位置和手动配置连接的锚点位置。

A．Auto Configure Connected　B．Use Limits

C．Use Spring　D．Use Motor

第 9 章　虚拟现实中的光照系统

光照系统的作用就是给场景带来光源，照亮场景。一个五彩缤纷的游戏场景肯定比一个漆黑一片的游戏场景更具吸引力，想让游戏场景变得更漂亮，光照系统是必不可少的。本章主要介绍虚拟现实中的光照系统，首先介绍 Unity3D 光照系统中的点光源、方向光源、聚光灯、区域光这 4 种类型光源的概念及其功能，其次对光照系统中实时光照和烘焙光照贴图这两种光照模型的优缺点及用法进行详细介绍。通过对本章的学习，学生能够对 Unity3D 光照系统有初步的认识。

- 了解 Unity3D 光照系统的功能。
- 熟悉光照系统各个组件的功能。
- 熟悉实时光照和烘焙光照贴图的应用方法。

9.1　Unity3D 的光照系统

9.1.1　Unity3D 光照系统概述

Unity3D 使用的是预计算实时全局光照，即“实时（直接光照）+ 预计算（直接光照和间接光照）”来模拟光照。实时光照没办法模拟光线多次反射的效果，所以加了预计算光照。预计算光照效果既有直接光照，又有间接光照。这样在运行时，只要光源位置不变，这些信息就一直有效，不需要实时更新。Unity3D 的 Unity Enlighten 光照系统提供了两种技术：烘焙全局光照（Baked Global Illumination）和预计算实时全局光照（Precomputed Realtime Global Illumination）。Unity3D 可通过各种不同的方式计算复杂的高级光照效果，每种方式适合不同的情况。

默认情况下，Unity3D 中的光源（点光源、方向光源和聚光灯）是实时的。这意味着它们为场景提供直射光并每帧都更新。如果光源和游戏对象在场景中发生移动，光照效果也会随之更新。Unity3D 可以计算复杂的静态光照效果，并将它们存储在称为光照贴图的纹理贴图中作为参考。这一计算过程被称为“烘焙”。对光照贴图进行烘焙时，会计算光源对场景中静态对象的影响，并将结果写入纹理中，这些纹理覆盖在场景几何体上以营造出光照效果。使用烘焙光照时，这些光照贴图在游戏过程中无法改变，因此称为“静态”。实时光源可以重叠，并可在光照贴图场景上叠加使用，但不能实时改变光照贴图本身。通过这种方法，用户可在游戏中移动光照，通过降低实时光计算量潜在地提高性能，从而适应性能较低的硬件（如移动平台）。

虽然静态光照贴图无法对场景中的光照条件变化作出反应，但预计算实时全局光照确实为用户提供了一种可以实时更新复杂场景光照的技术。通过这种方法，可创建具有丰富全局光照和反射光的光照环境，能够实时响应光照变化。这方面的一个典型例子是一天的时间系统，光源的位置和颜色随时间变化，如果使用传统的烘焙光照，这是无法实现的。预计算负责将计算复杂光照行为所产生的负担从游戏运行过程中转移到有宽松的时间进行计算的时候。此过程被称为“离线”过程。

虽然在 Unity3D 中可以同时使用烘焙全局光照和预计算实时全局光照，但是要注意，同时渲染两个系统的性能开销是各自开销的总和。此时不仅需要在视频内存中存储两组光照贴图，而且还要在着色器中进行解码处理。因此，在使用 Unity3D 的光照系统时，必须根据特定项目和目标平台来决定采用哪种方法。

9.1.2 Unity3D 光照系统组件

Unity3D 光照系统组件

1. Point Light（点光源）组件

点光源位于空间中的某个点，它均匀地向所有方向发出光。入射到对象表面的光的方向是从接触点到光源中心的连线。点光源的强度随着与对象光距离的增大而减小，在指定范围内达到零，类似于光在现实世界中的物理特征。在 Hierarchy 面板中依次单击 Create→Light→Point Light 选项即可创建一个 Point Light 组件，如图 9-1 所示，其设置面板如图 9-2 所示。

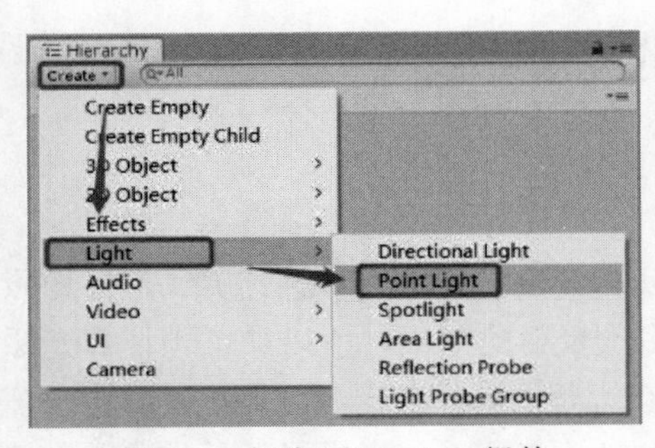

图 9-1　创建 Point Light 组件

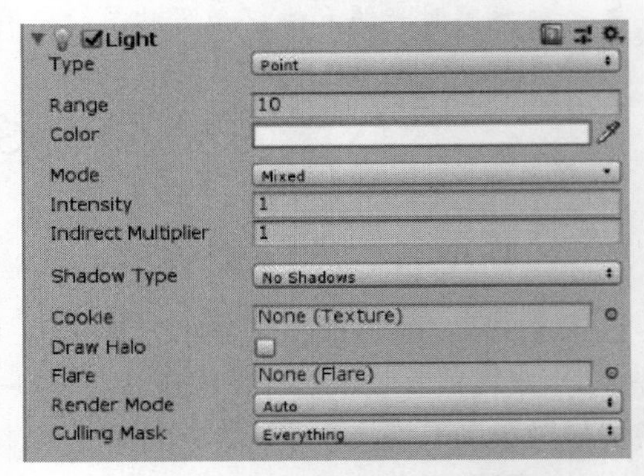

图 9-2　Point Light 组件的设置面板

Point Light 组件的主要选项与功能如下：

（1）Type：当前的光源类型为 Point，在此选项中可以对灯光的种类进行设置。

（2）Range：控制从对象中心发出的光的距离。

（3）Color：设置灯光的颜色。可以选择灯光的颜色，包含 R、G、B、A 这 4 种属性。

（4）Mode：设置光照模型。共有 3 种光照模型可以选择：Realtime、Baked、Mixed。

（5）Intensity：设置光源的亮度。

（6）Indirect Multiplier：使用此值可改变间接光的强度。

（7）Shadow Type：决定此光源投射的阴影类型，共有 3 种类型：No Shadows、Hard Shadows 和 Soft Shadows。

（8）Cookie：指定用于投射阴影的纹理遮罩。

（9）Draw Halo：勾选此复选项后可绘制直径等于 Range 值的光源的球形光环。

（10）Flare：设置光晕在光源位置渲染。

（11）Render Mode：设置所选光源的渲染优先级，这会影响光照的保真度和性能。

（12）Culling Mask：剔除遮罩，通过设置物体的层，使得该层的物体接受或不接受光照。

下面通过具体实例来更直观地认识 Point Light 组件的功能及使用方法，具体步骤如下：

【步骤 1】导入新资源。在 Unity3D 的资源商店中搜索资源包 LowPoly Environment Pack，如图 9-3 所示，将该资源包导入到项目中。

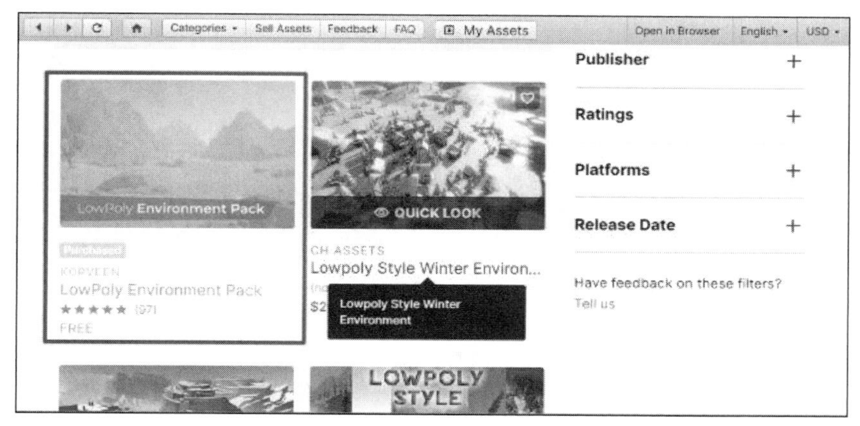

图 9-3　在资源商店中搜索资源包

【步骤 2】搭建并调整场景。在 Project 面板中依次单击 LowPoly Environment Pack 文件夹→Prefabs 文件夹，将 Terrain_2、Tree_1、Tree_2 和 Tree_3 这 4 个预制体拖曳到 Hierarchy 面板中，分别调整它们的位置和大小，调整后的效果如图 9-4 所示。

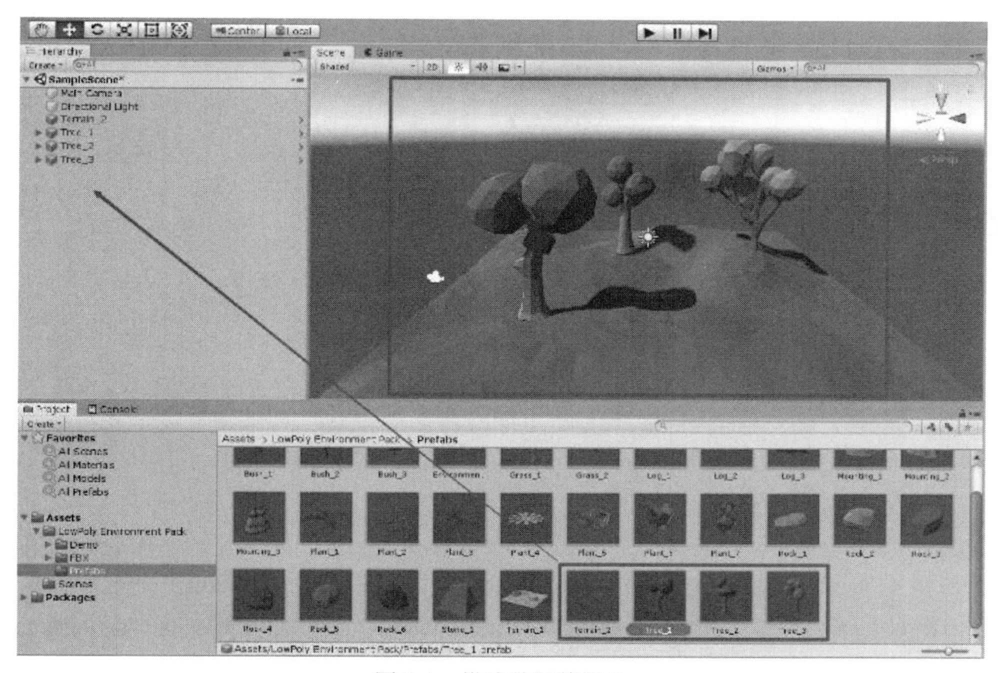

图 9-4　搭建并调整场景

【步骤 3】添加并调整点光源。在 Hierarchy 面板中右击并选择 Light→Point Light 选项添加点光源，调整该组件的位置，使其位于地形上方，将场景中原本的 Directional Light 删除，可以观察到地形中的光照效果，如图 9-5 所示。

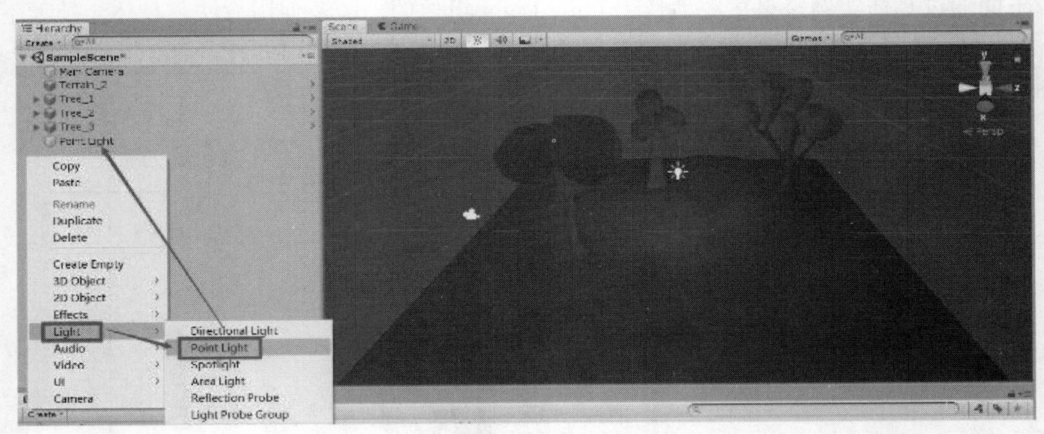

图 9-5　添加并调整 Point Light 组件

【步骤 4】调节点光源的属性参数。在 Inspector 面板中对点光源中的某些参数进行调整，更改点光源的范围、颜色、光照模式、光照强度以及阴影类型，可以在 Scene 面板中观察到相应的变化，如图 9-6 所示。

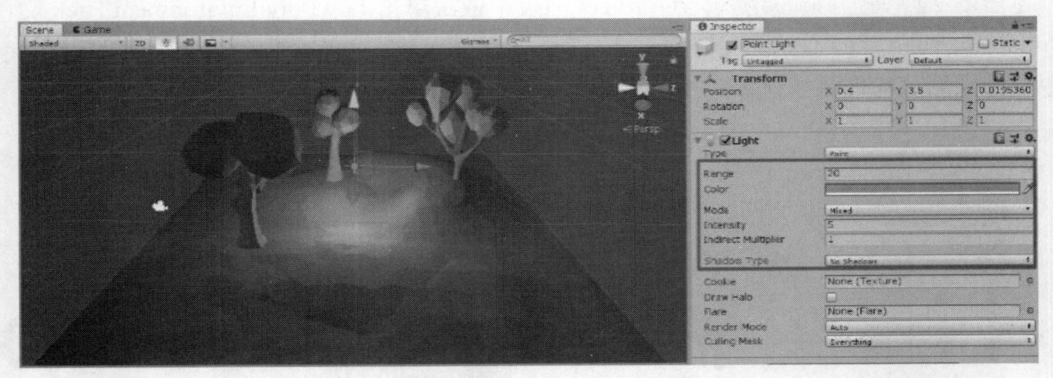

图 9-6　调整 Point Light 组件参数

2. Directional Light（方向光源）组件

方向光源对于在场景中创建诸如阳光的效果时非常有用。方向光源在许多方面的表现很像太阳光，可视为存在于无限远处的光源。方向光源没有任何可识别的光源位置，因此光源对象可以放置在场景中的任何位置。场景中的所有对象都被照亮，就像光线始终来自同一方向一样。光源与目标对象的距离是未定义的，因此光线不会减弱。方向光源代表来自游戏世界范围之外的大型远处光源。在逼真的场景中，方向光源可用于模拟太阳或月亮。在抽象的游戏世界中，要为对象添加令人信服的阴影而无须精确指定光源的来源时，方向光源是一种很有用的方法。在 Hierarchy 面板中单击 Create→Light→Directional Light 选项即可创建一个方向光源，如图 9-7 所示，其设置面板如图 9-8 所示。

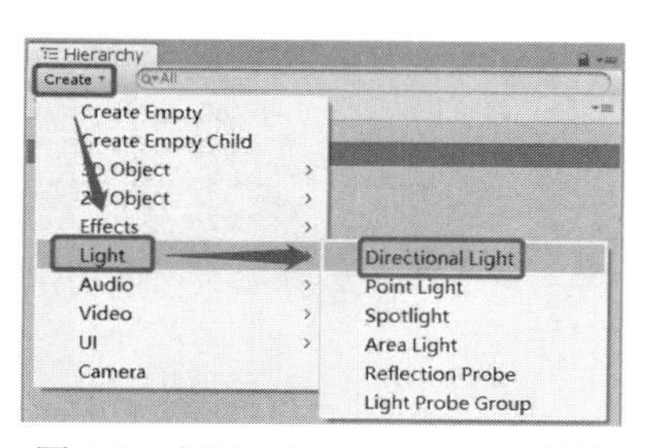

图 9-7　创建 Directional Light 组件

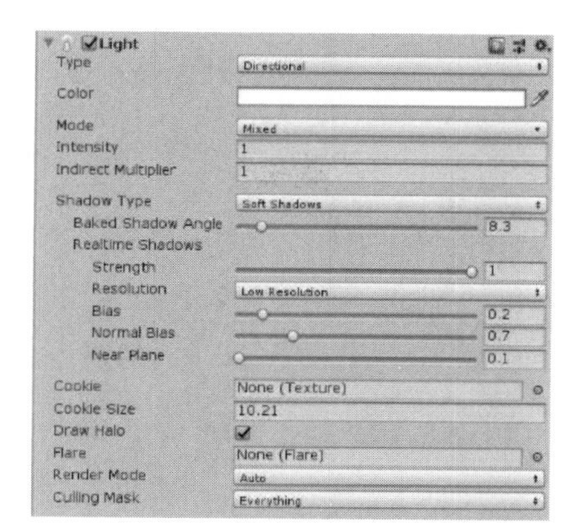

图 9-8　Directional Light 组件的设置面板

Directional Light 与 Point Light 组件中的某些选项相同，因此这里只介绍前面没有提到的选项。

（1）Strength：控制此光源所投射阴影的强度。

（2）Resolution：控制阴影贴图的渲染分辨率，共有 5 种模式。

（3）Bias：控制阴影被推离光源的距离。

（4）Normal Bias：控制阴影投射面沿着表面法线收缩的距离。

（5）Near Plane：控制渲染阴影时近裁剪面的值。

（6）Cookie Size：投射阴影的纹理遮罩的大小。

（7）Baked Shadow Angle：当 Shadow Type 设置为 Soft Shadows 时，此选项将为阴影边缘添加一些人工柔化，使其看起来更自然。

下面通过具体实例来更直观地认识 Directional Light 组件的功能及使用方法，具体步骤如下：

【步骤 1】创建方向光源。先将上一节中创建的 Point Light 隐藏，再在 Hierarchy 面板中右击并选择 Light→Directional Light 选项创建方向光源，如图 9-9 所示。

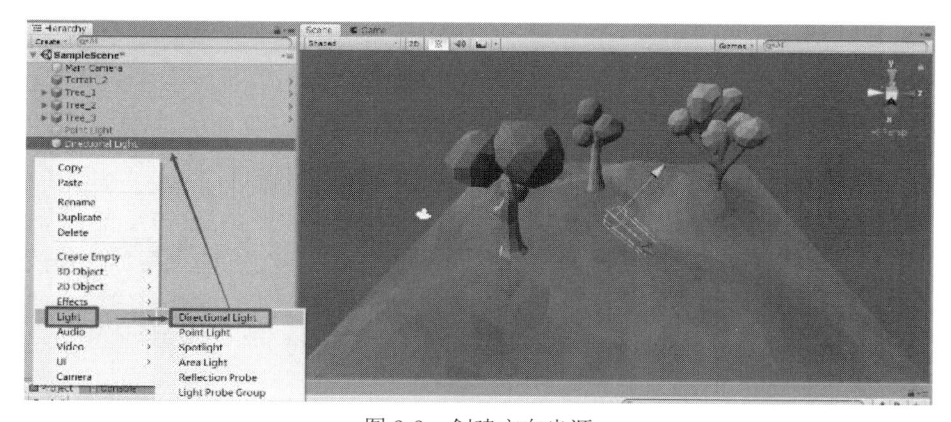

图 9-9　创建方向光源

【步骤 2】调节方向光源的阴影。选择 Directional Light 组件，在 Inspector 面板中将 Light 中的 Shadow Type 修改为 Soft Shadows，然后将 Resolution 修改为 Low Resolution，调节完毕后的效果如图 9-10 所示。

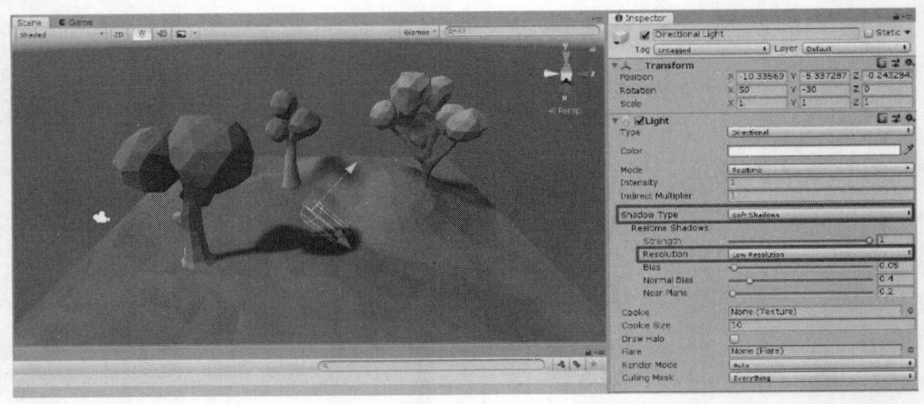

图 9-10　调节方向光源中的阴影

【步骤 3】调整方向光源的贴图。选择 Directional Light，在 Inspector 面板中将 Light 中的 Cookie 修改为 Background，然后调节 Cookie Size 的值，可以在 Scene 面板中观察到变化，如图 9-11 所示。

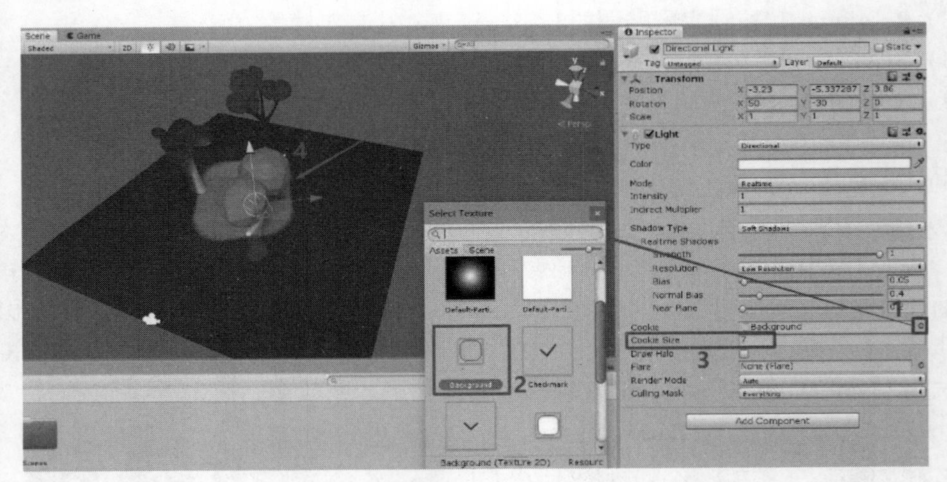

图 9-11　调整 Directional Light 组件的贴图

3. Spot Light（聚光灯）组件

聚光灯类似于点光源，聚光灯具有指定的位置和光线衰减范围。与点光源不同的是，聚光灯有一个角度约束，形成锥形的光照区域。锥体的中心指向光源对象的发光（z 轴）方向。聚光灯锥体边缘的光线也会减弱。加宽该角度会增加锥体的宽度，并随之增加这种淡化影响的大小，这称为“半影”。聚光灯是由一个点沿一个方向发射的束状光线，与生活中的手电筒类似。在 Hierarchy 面板中单击 Create→Light→Spotlight 选项即可创建一个聚光灯，如图 9-12 所示，其设置面板如图 9-13 所示。

下面通过具体实例来更加直观地介绍 Spotlight 组件的功能及使用方法，具体步骤如下：

【步骤 1】创建并调整聚光灯。将上一节中创建的 Directional Light 隐藏，然后在 Hierarchy 面板中右击并选择 Light→Spotlight 选项创建一个聚光灯，调节聚光的位置在地形上方，如图 9-14 所示。

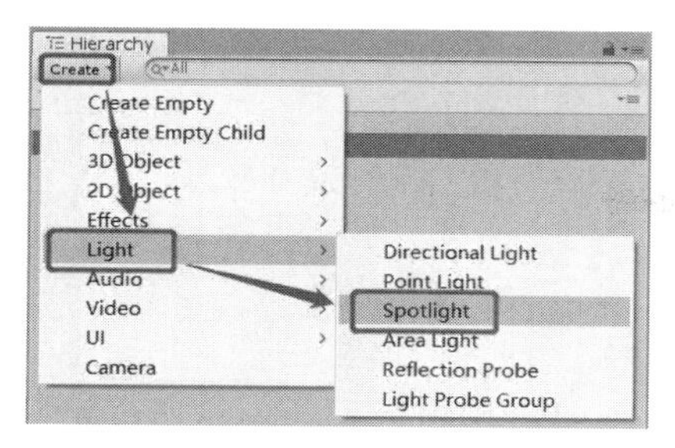

图 9-12 创建 Spot Light 组件

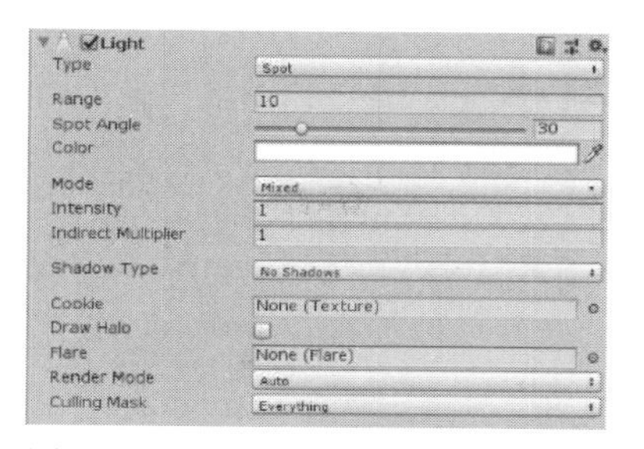

图 9-13 Spot Light 组件的设置面板

图 9-14 创新并调整 Spot Light 组件

【步骤 2】调节聚光灯的参数。选择 Spot Light，在 Inspector 面板中对 Light 中的参数进行调节，观察 Scene 面板中的变化，调整完毕后的效果如图 9-15 所示。

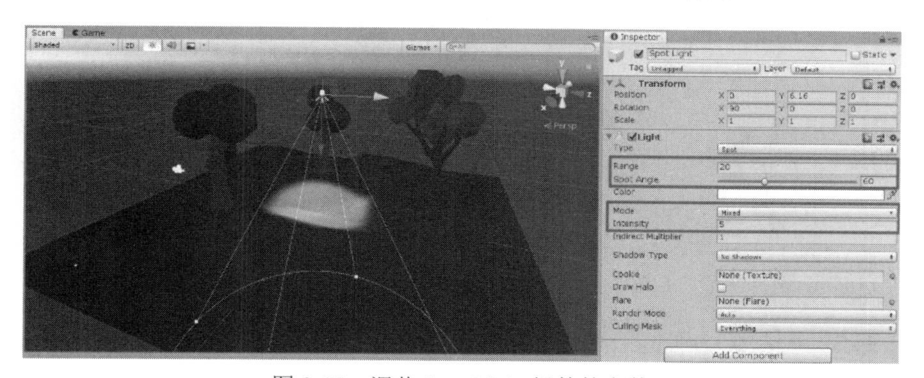

图 9-15 调节 Spot Light 组件的参数

4. Area Light（区域光）组件

区域光是通过空间中的矩形来定义的。光线在表面区域上均匀地向所有方向上发射，但仅从矩形所在的面发射。无法手动控制面光源的范围。当对象远离光源时，强度将按照距离的平方呈反比衰减。由于光照计算对处理器性能消耗较大，因此面光源不可实时处理，只能烘焙到光照贴图中。可以使用这种光源来创建逼真的路灯或一排灯光。在 Hierarchy 面板中单击 Create→Light→Area Light 选项即可创建一个区域光，如图 9-16 所示，其设置面板如图 9-17 所示。

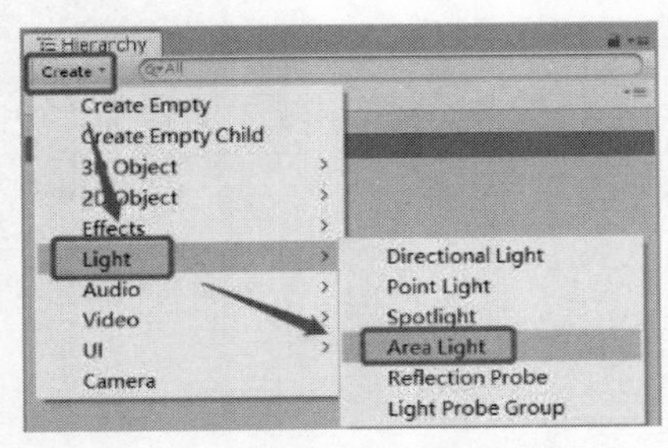

图 9-16 创建 Area Light 组件

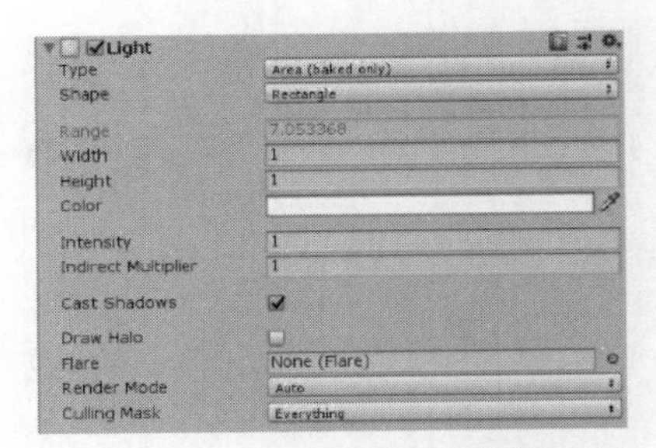

图 9-17 Area Light 组件的设置面板

Area Light 与 Point Light 组件的某些选项相同，因此这里只介绍前面没有提到的选项。

（1）Shape：调节区域光的形状，包括 Rectangle 和 Disc。

（2）Width：当 Shape 设置为 Rectangle 时，调节矩形的宽。

（3）Height：当 Shape 设置为 Rectangle 时，调节矩形的长。

（4）Radius：当 Shape 设置为 Disc 时，调节圆形的半径。

下面通过具体实例来更加直观地认识 Area Light 组件的功能及使用方法，具体步骤如下：

【步骤 1】创建并调整区域光。先将上一节中创建的 Spotlight 隐藏，然后在 Hierarchy 面板中右击并选择→Light→Area Light 选项创建一个区域光，调节区域光的位置在地形上方，如图 9-18 所示。

图 9-18 创建并调整 Area Light 组件

【步骤 2】设置地面为静态。区域光和前面讲过的 3 种组件不一样，需要将被照射的对象设置为静态才可以看到区域光的光照效果。选择游戏对象 Terrain_2，在 Inspector 面板中勾选 Static 复选项，如图 9-19 所示。

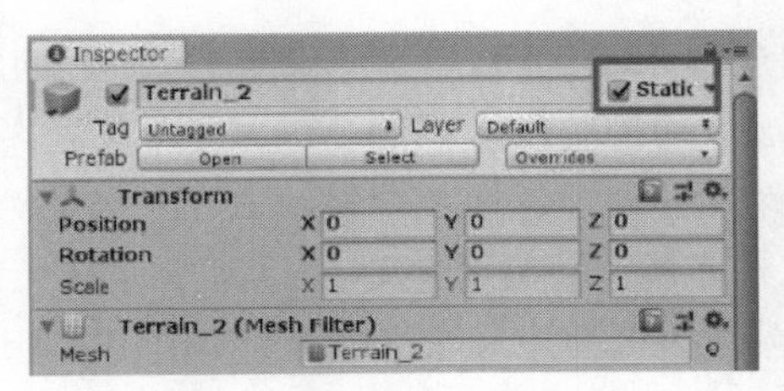

图 9-19 将地面设置为静态

【步骤3】调整 Area Light 组件的参数。选择 Area Light，在 Inspector 面板中调整区域光的长宽以及光照强度，观察区域光的变化，调整完毕后的效果如图 9-20 所示。

图 9-20　调整 Area Light 组件的参数

9.2　Unity3D 光照元素交互

9.2.1　Unity3D 实时光照

1．光照系统的分类

Unity3D 光照系统可以分为全局光照（Global Illumination，GI）、直接光照、间接光照、环境光照、反射光照。

（1）全局光照：是指能够计算直接光、间接光、环境光和反射光的光照系统。通过全局光照算法可以使渲染出来的光照效果更加丰富、真实。

（2）直接光照：指的是从光源直接发出的光，通过光照系统的组件实现，在 9.1.2 节中介绍的 Point Light、Directional Light、Spot Light、Area Light 这 4 种光照组件都属于直接光照。

（3）间接光照：指的是物体表面在接受光照后反射出来的光。

（4）环境光照：指的是作用于场景内所有物体的光照。单击 Window→Rendering→Lighting Settings 选项打开进行光照设置的 Lighting 面板，如图 9-21 所示。

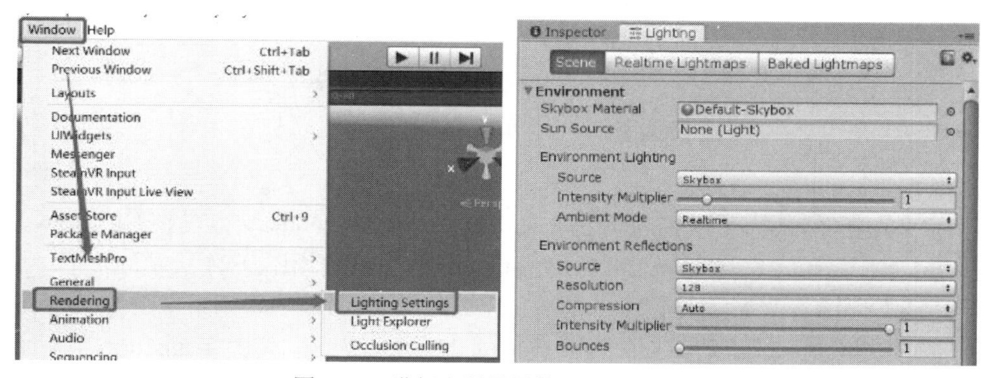

图 9-21　进行光照设置的 Lighting 面板

在 Light 面板中，Environment Lighting 选项组中的 3 个选项的功能如下：

- Source：环境光源，可以设置为 Skybox、Gradient、Color。
- Intensity Multiplier：调节环境光的照射强度。
- Ambient Mode：可以设置为 Realtime 或 Backed。

（5）反射光照：指的是根据天空盒或者立方体贴图计算的作用于所有物体的反射效果。在 Light 面板中，Environment Reflections 选项组中选项的功能如下：

- Source：反射源，当设置为 Skybox 时，可以在下面调节分辨率（即 Resolution）的值；当设置为 Custom 时，可以设置相应的立方体贴图。
- Compression：是否压缩或者自动调节。
- Intensity Multiplier：调节反射光的照射强度。
- Bounces：调节光照的反射次数。

实时光照用法示例

2. 实时光照用法示例

实时光照会在程序运行时实时计算光影效果。Unity3D 中创建出来的点光源、方向光、聚光灯都属于实时光照。当光源或物体移动时，可以在 Scene 和 Game 面板中实时看到光影的变化。下面通过具体操作案例来演示实时光照的效果及其优缺点。

【步骤 1】新建场景并导入资源。新建一个场景，将其重命名为 Task02，打开本书附带的资源文件，如图 9-22 所示，将资源包 Unit4 Resource 和 LowPoly Environment Pack 导入到项目中的 Assets 文件夹，导入资源后项目结构如图 9-23 所示。

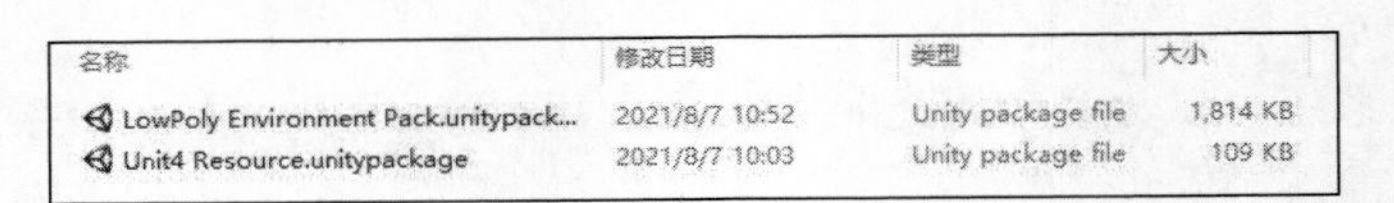

名称	修改日期	类型	大小
LowPoly Environment Pack.unitypack...	2021/8/7 10:52	Unity package file	1,814 KB
Unit4 Resource.unitypackage	2021/8/7 10:03	Unity package file	109 KB

图 9-22 资源文件

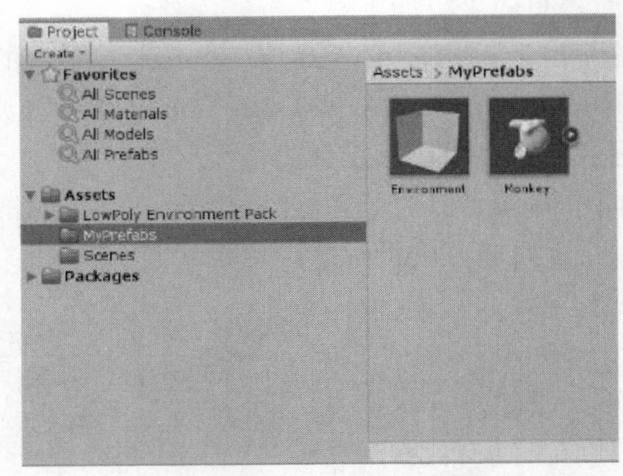

图 9-23 导入资源后的项目结构

【步骤 2】搭建游戏场景。将资源包中的 Environment、Monkey 拖曳到 Hierarchy 面板中，Environment 不作修改，将 Monkey1 组件的 Transform 值修改为图 9-24 所示的数值。

【步骤 3】删除方向光源并创建点光源。在 Hierarchy 面板中将场景中的 Directional Light 删除，然后右击并选择 Light→Point Light 选项创建一个点光源，修改 Transform 值，如图 9-25 所示。

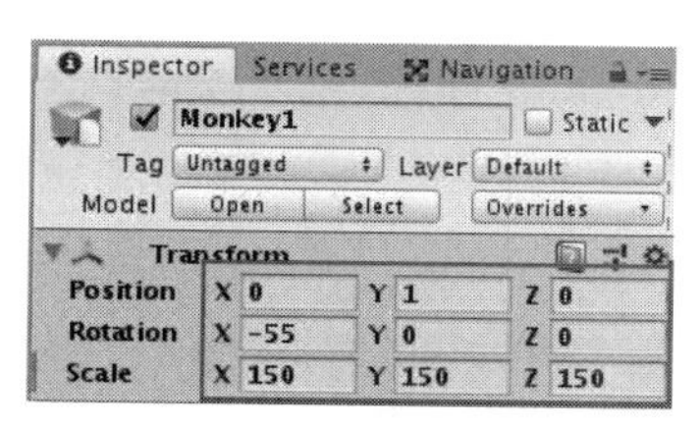

图 9-24 修改 Monkey1 组件的 Transform 值

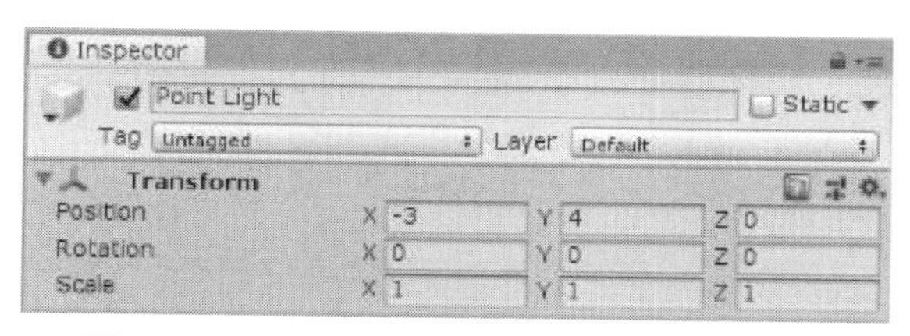

图 9-25 修改 Point Light 组件的 Transform 值

【步骤 4】更改点光源的阴影类型。选择 Point Light 组件，在 Inspector 面板中修改 Light 的 Color 值为（R：255，G：95，B：95，A：255），Shadow Type 类型为 Soft Shadows，如图 9-26 所示。

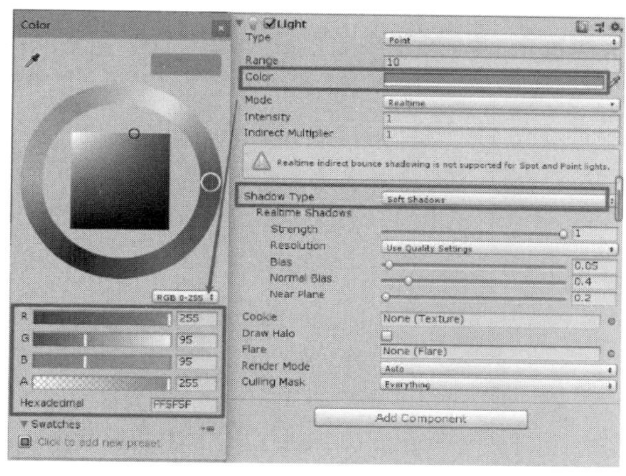

图 9-26 修改 Point Light 组件的 Light 值

【步骤 5】创建并调整聚光灯。在 Hierarchy 面板中右击并选择 Light→Spotlight 选项创建一个聚光灯，修改其 Transform 值，如图 9-27 所示。

【步骤 6】调节聚光灯各项参数。选择 Spot Light 组件，在 Inspector 面板中修改其 Light 下的 Range 值为 20，Color 值为（R：124，G：255，B：93，A：255），Shadow Type 类型为 Soft Shadows，如图 9-28 所示。

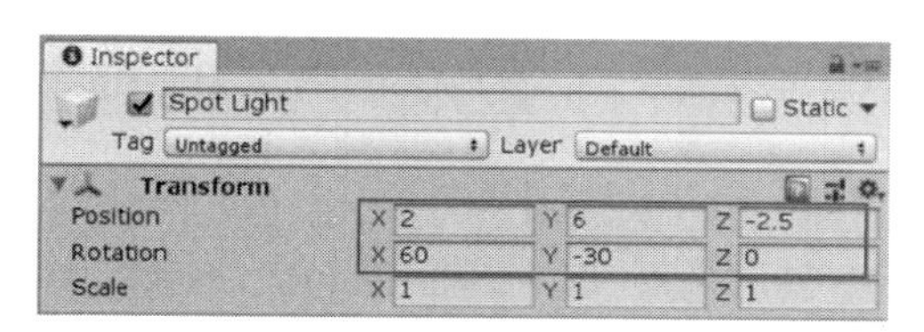

图 9-27 修改 Spotlight 组件的 Transform 值

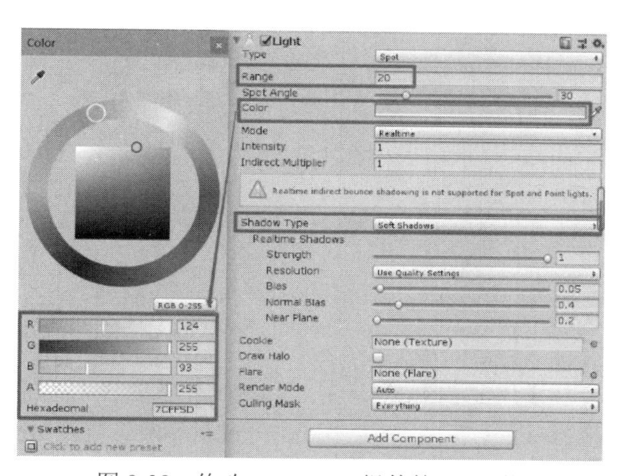

图 9-28 修改 Spot Light 组件的 Light 值

【步骤 7】调整相机位置。在 Scene 面板中调整合适的视角，如图 9-29 所示，然后在 Hierarchy 面板中选择 Main Camera 对象，单击 GameObject→Align With View 选项使 Game 面板的视角和 Scene 面板的视角保持一致。

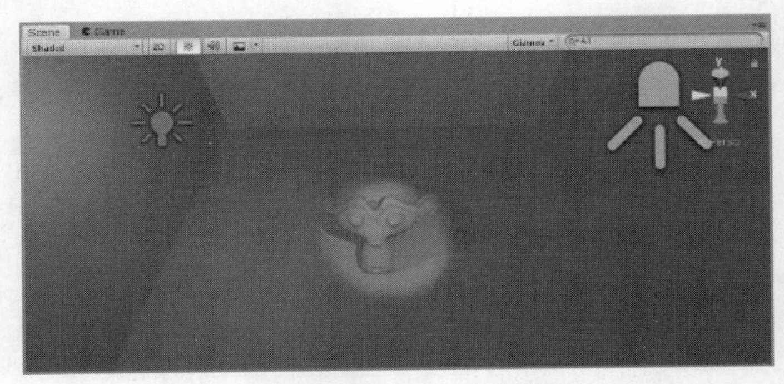

图 9-29　在 Scene 面板中调整视角

【步骤 8】在 Lighting 面板中设置烘焙参数。单击 Window→Rendering→Lighting Settings 选项打开 Lighting 面板，取消勾选 Auto Generate 和 Baked Global Illumination 复选项，确保勾选了 Realtime Global Illumination 复选项，其他参数保持不变，如图 9-30 所示。

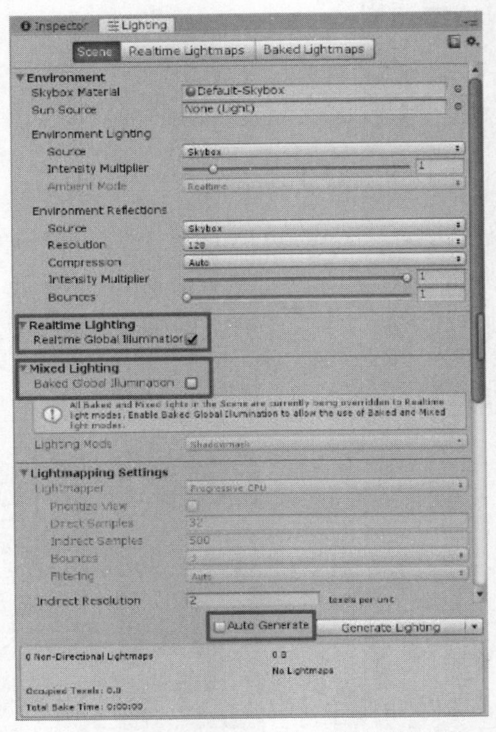

图 9-30　在 Lighting 面板中设置烘焙参数

【步骤 9】将场景中的游戏对象设置为静态。在 Hierarchy 面板中同时选择 Environment 和 Monkey 对象，然后在 Inspector 面板中勾选 Static 复选项，在弹出的对话框中单击 Yes, change children 按钮，如图 9-31 所示。

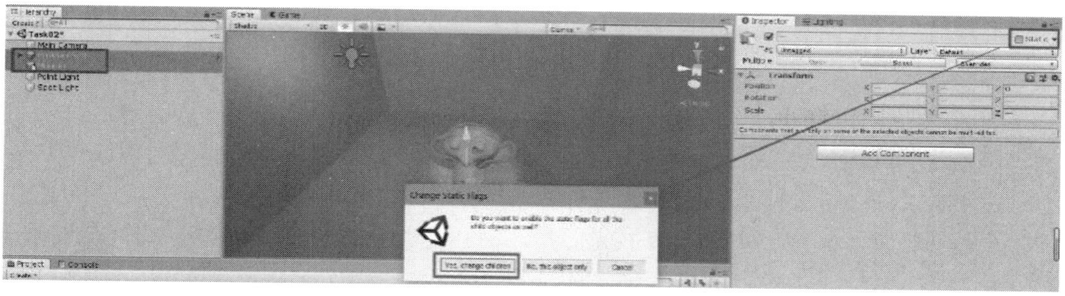

图 9-31 设置游戏对象为静态

【步骤 10】烘焙光照。单击 Lighting 面板右下角的 Generate Lighting 按钮，如图 9-32 所示。

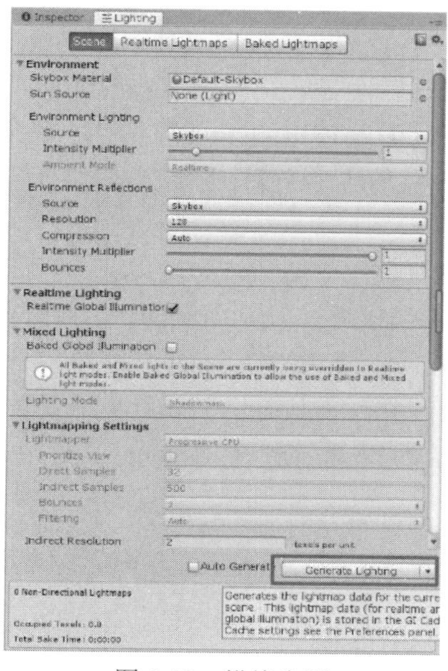

图 9-32 烘焙光照

【步骤 11】观察灯光效果。待灯光渲染好后，可以在 Scene 面板中观察到图 9-33 所示的效果。箭头指向的位置原本是黑色阴影，现在阴影不是纯黑色而是增加了环境中红色光的反射效果，这样的灯光效果比图 9-29 看起来更柔和。

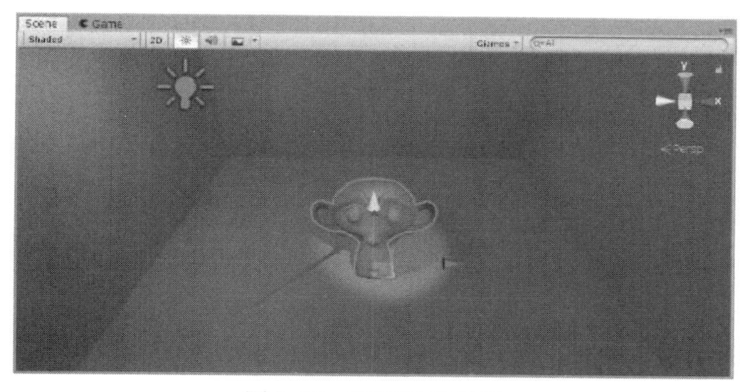

图 9-33 观察灯光效果

9.2.2 Unity3D 烘焙光照贴图

1. 烘焙光照贴图概述

一般来说，Unity3D 中的光照可以分为 Realtime（实时）和 Precomputed（预计算）两种，并且这两种技术可以结合使用以创建逼真的场景光影。

实时光照即游戏运行中实时计算的光照技术。由于是实时计算，对硬件的性能要求就比较高。预计算照明能让场景中的光影更逼真，共包括两种方案：Baked Lightmaps（烘焙光照贴图）和 Precomputed Realtime Global Illumination（预计算实时全局光照）。

烘焙光照贴图是将场景的光影信息提前计算，将计算的结果写入光照贴图中。这个计算是在游戏发布前进行的，在游戏运行时的光影信息通过一张或多张光照贴图直接读取，除了贴图占用的内存外，几乎不消耗计算资源。烘焙光照贴图还有一个优点是支持间接光照（从其他物体表面反射的光）。其缺点也比较明显，由于没有实时光照，当运行游戏时改变光源的属性（颜色、强度、位置、旋转等），游戏窗口的光照不会实时更新。相对于实时光照，光照贴图中包含更多的光照细节信息，会占用更多空间，因此会增加打包文件的大小和运行时候的内存占用。

2. 烘焙光照贴图用法示例

烘焙光照贴图用法示例

下面通过具体操作实例来介绍烘焙光照贴图的流程，具体步骤如下：

【步骤 1】保存新场景。依次单击 Assets 文件夹→LowPoly Environment Pack 文件夹→Demo 文件夹，打开 Demo 2 场景文件，单击 File→Save As 选项，在弹出的对话框中选择 Scenes 文件夹保存文件，将文件名重命名为 Task2.2，如图 9-34 所示。

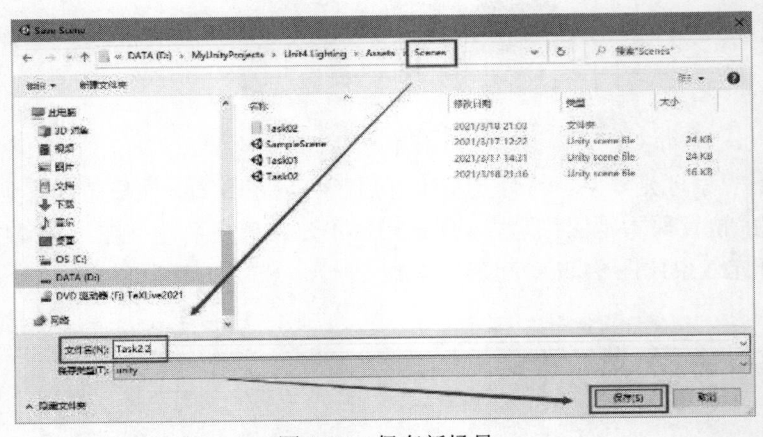

图 9-34 保存新场景

【步骤 2】打开场景光照设置面板。在进行每个光源设置之前，需要对场景的总体环境光进行设置。单击 Window→Rendering→Lighting Settings 选项打开 Lighting 面板，如图 9-35 所示。

【步骤 3】调整环境光设置。在 Lighting 面板中将 Environment Lighting 中的 Source 修改为 Skybox，在 Realtime Lighting 中勾选 Realtime Global Illumination 复选项，如图 9-36 所示。

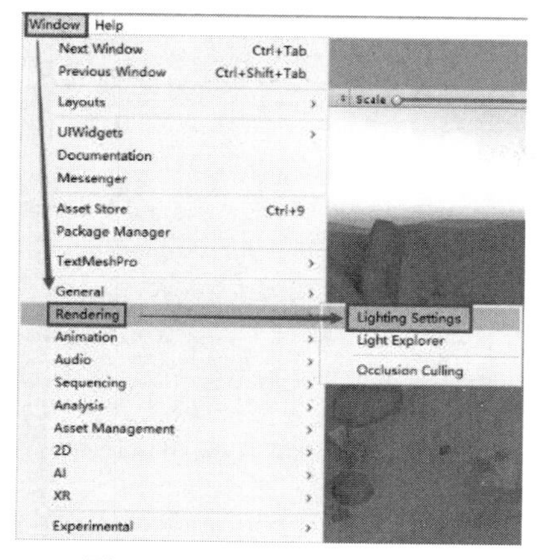

图 9-35 打开 Lighting 面板

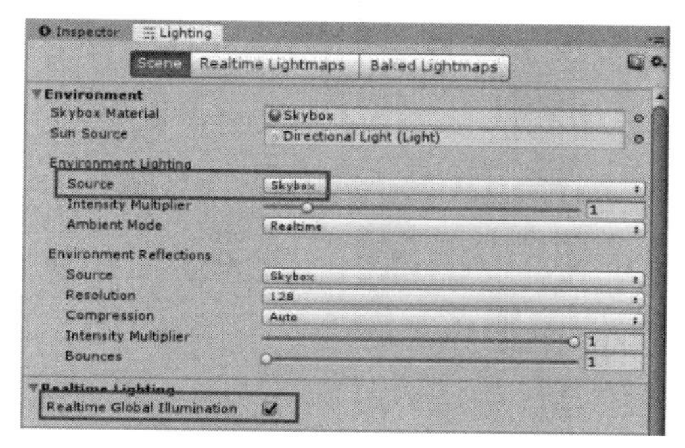

图 9-36 调整环境光设置

【步骤 4】创建点光源并调整参数。在 Hierarchy 面板中右击并选择 Light→Point Light 选项新建一个点光源，修改其 Transform 值如图 9-37 所示，更改其 Light 组件中的 Color 为红色，Mode 为 Baked，Shadow Type 为 Soft Shadows，如图 9-38 所示。

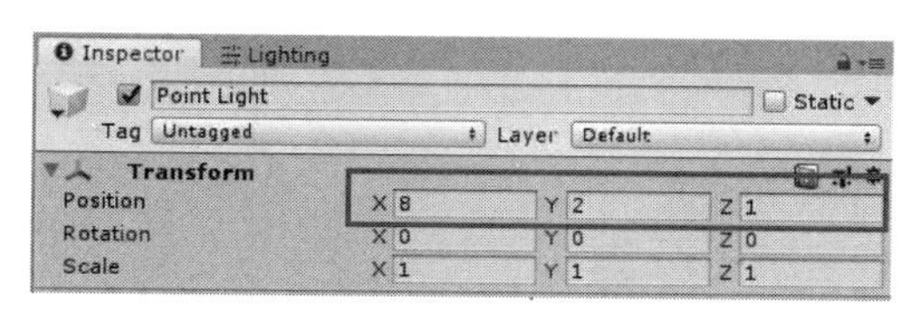

图 9-37 修改 Transform 值

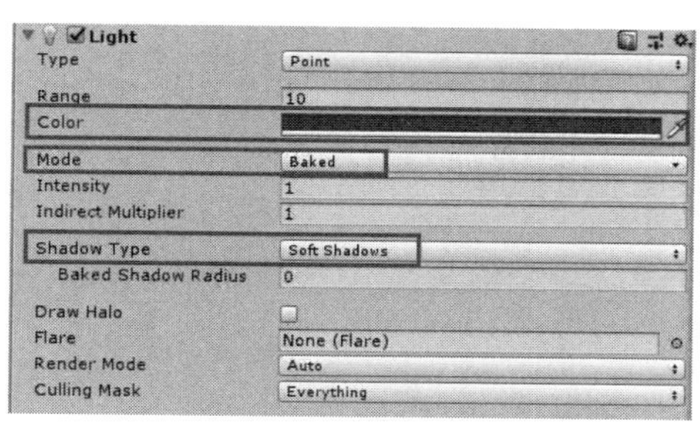

图 9-38 更改 Light 组件设置

【步骤 5】创建聚光灯并调整参数。在 Hierarchy 面板中右击并选择 Light→Spotlight 选项新建一个聚光灯，修改其 Transform 值如图 9-39 所示，更改其 Light 组件中 Range 为 30，Spot Angle 为 50，Color 为蓝色，Mode 为 Baked，Shadow Type 为 Soft Shadows，如图 9-40 所示。

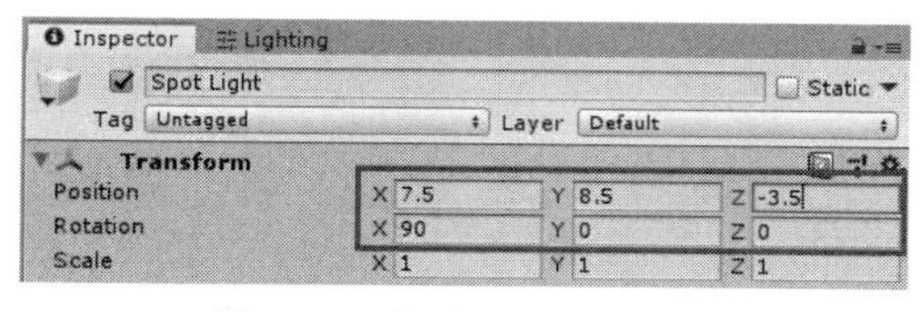

图 9-39 修改 Transform 值

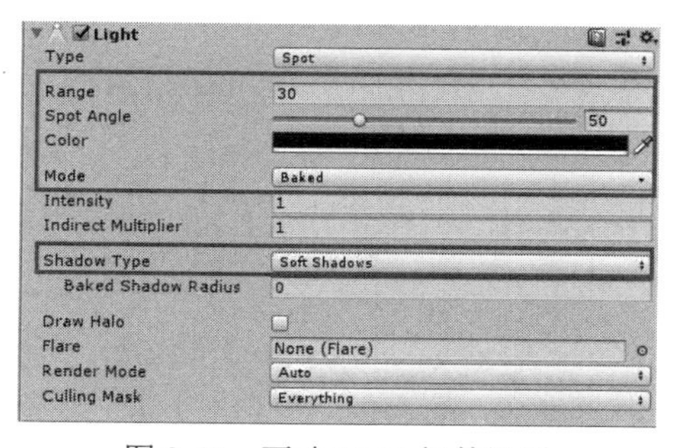

图 9-40 更改 Light 组件设置

【步骤 6】创建区域光并调整参数。在 Hierarchy 面板中右击并选择 Light→Area Light 选项新建一个区域光，修改其 Transform 值如图 9-41 所示，更改其 Light 组件中 Width 为 1，Height 为 10，Color 为绿色，如图 9-42 所示。

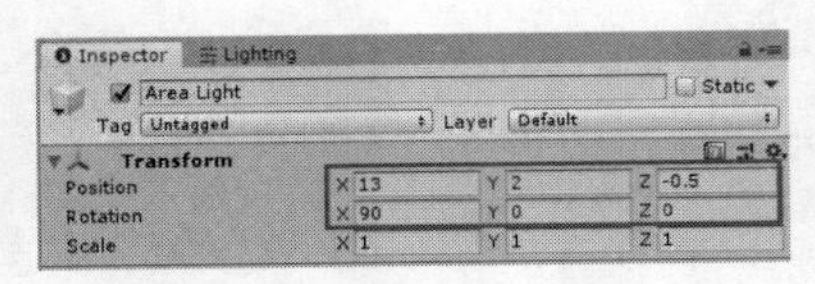

图 9-41 修改 Transform 值

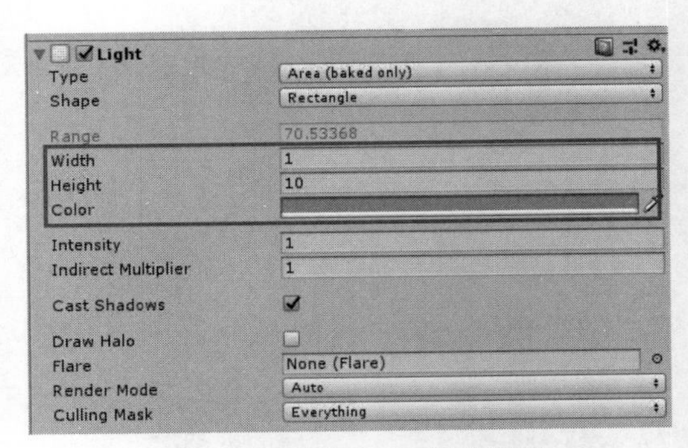

图 9-42 更改 Light 组件设置

【步骤 7】调整直接光照的设置。选择 Hierarchy 面板中的 Directional Light 组件，将其 Light 组件中的 Color 改为黄色，Intensity 改为 0.2，Shadow Type 改为 Soft Shadows，如图 9-43 所示。

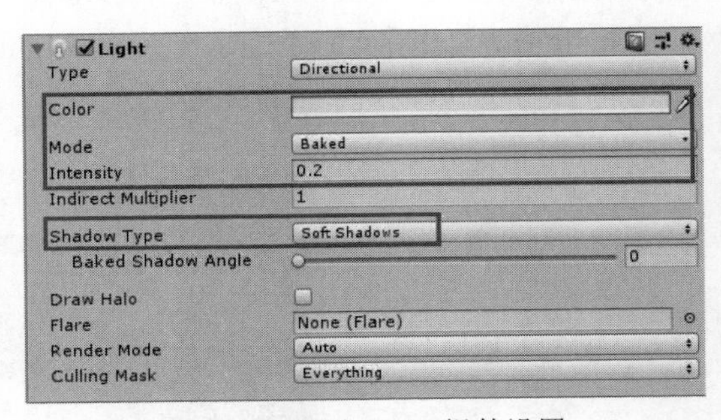

图 9-43 更改 Light 组件设置

【步骤 8】设置场景中的对象为静态。本节内容中所有光源的光照模式都是 Baked 模式，调整完各个类型光照后，需要设置静态物体的 Lightmaps Static 标签。同时选择 Hierarchy 面板中的 Environment、Grasses、Rocks、Plants、Stones 对象，在 Inspector 面板中勾选 Static 复选项，如图 9-44 所示。

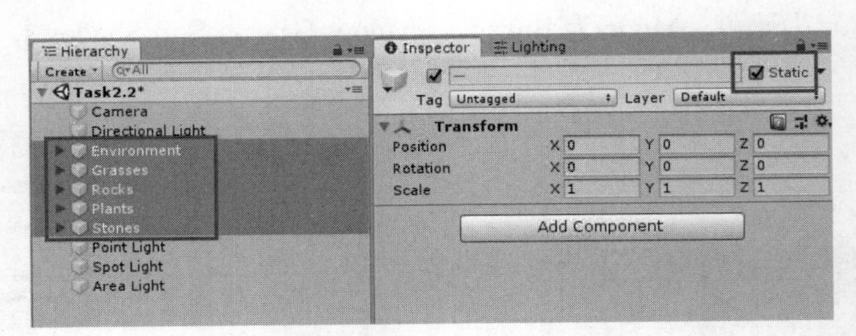

图 9-44 设置场景中的对象为静态

【步骤 9】设置烘焙参数。在 Lighting 面板中取消勾选 Auto Generate 复选项，在 Mixed Lighting 中勾选 Baked Global Illumination 复选项，在 Lightmapping Settings 中修改各项参数如图 9-45 所示。

【步骤 10】烘焙光照。调整完毕后单击 Generate Lighting 按钮开始烘焙光照贴图，烘焙过程中可以观察到烘焙进度，如图 9-46 所示。

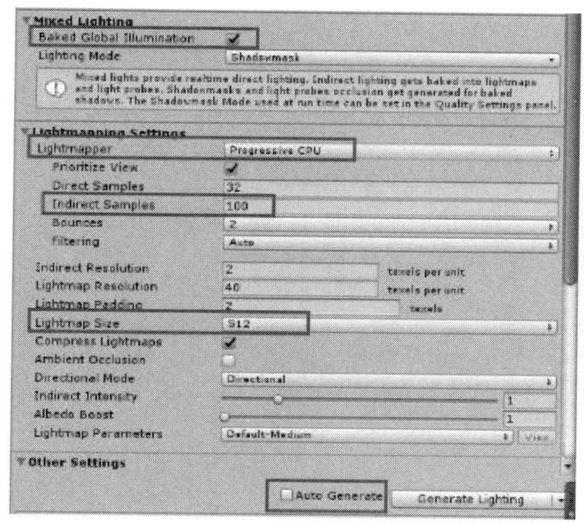

图 9-45 设置烘焙参数

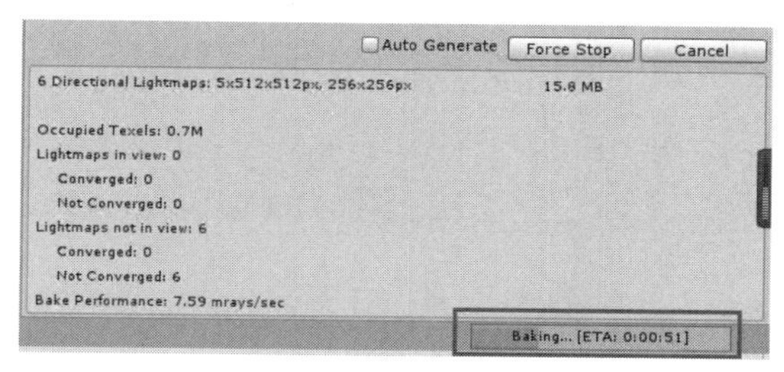

图 9-46 烘焙光照

【步骤 11】观察灯光效果。烘焙结束后可以在 Scene 面板中观察到灯光效果，如图 9-47 所示，在 Lighting 面板的 Baked Lightmaps 选项卡下可以观察到烘焙的贴图，如图 9-48 所示。

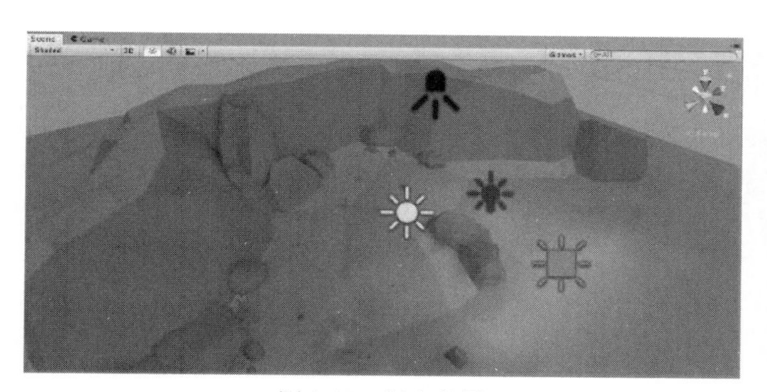

图 9-47 灯光效果

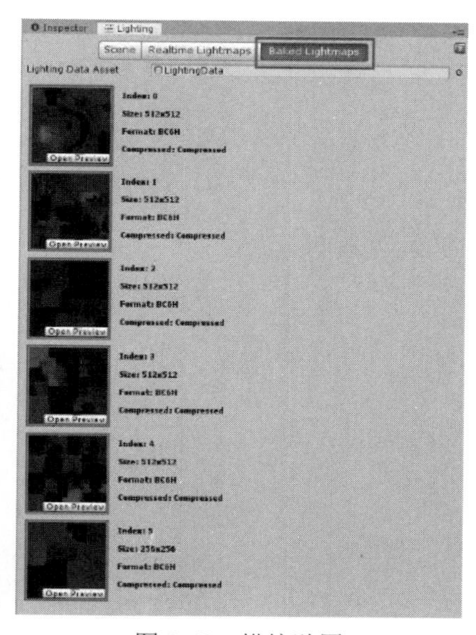

图 9-48 烘焙贴图

【步骤 12】调整点光源的颜色为蓝色。选择 Hierarchy 面板中的 Point Light 组件，将其 Light 组件中的 Color 改为蓝色，如图 9-49 所示。

【步骤 13】观察 Scene 面板中的灯光效果。Scene 面板中点光源的图标颜色变成了蓝色，但是场景中的灯光效果依然是原来的红色灯光，如图 9-50 所示。

【步骤 14】再次烘焙光照。由于点光源光照模式为 Baked，因此将点光源颜色改为蓝色时，场景中的灯光效果并不会实时改变。在 Lighting 面板中的 Scene 选项卡下单击 Generate Lighting 按钮重新烘焙灯光效果，烘焙完后观察 Scene 面板中的灯光效果变为蓝色，如图 9-51 所示。

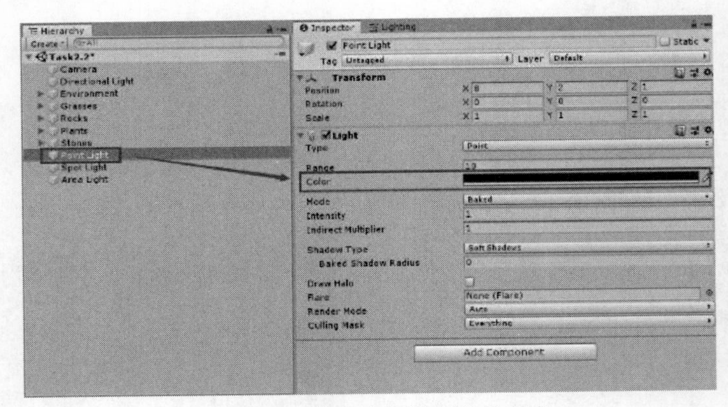

图 9-49　调整点光源的颜色为蓝色

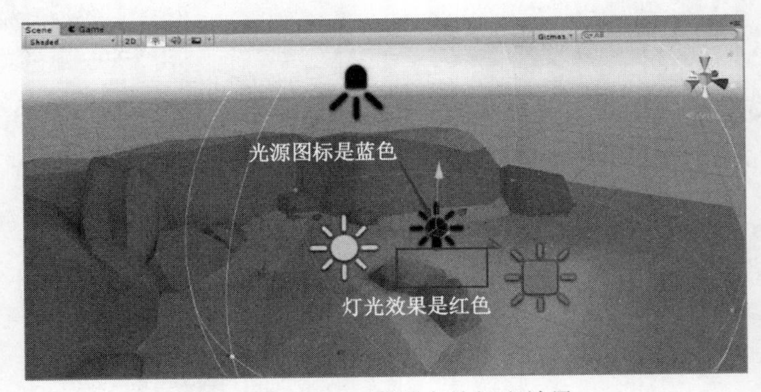

图 9-50　Scene 面板中的灯光效果

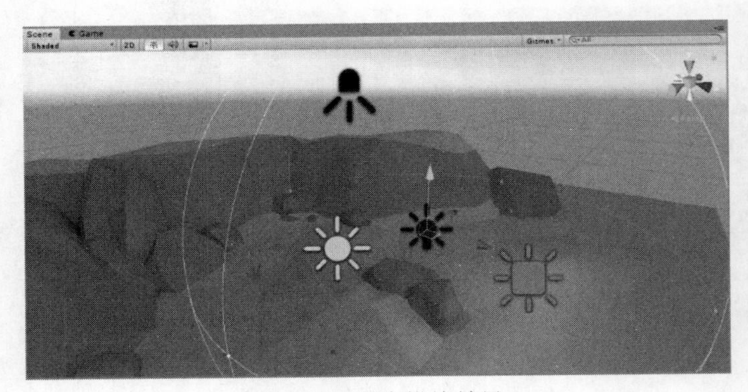

图 9-51　观察烘焙效果

本 章 小 结

本章首先对 Unity3D 光照系统中的点光源、方向光源、聚光灯、区域光这 4 种光源的概念及其组件的功能进行了介绍，然后对光照系统中实时光照和烘焙光照贴图这两种光照模型的优缺点及用法进行详细介绍。通过对本章的学习，学生能够对 Unity3D 光照系统的概念和用法有初步的认识。

课后习题解答

课后习题

1．Unity3D 光照系统中，点光源的 Light 组件的参数中，Range 的作用是（　　）。

A．指定用于投射阴影的纹理遮罩

B．控制从对象中心发出的光的距离

C．设置光源的亮度

2．Unity3D 光照系统中，点光源的 Light 组件的参数中，Indirect Multiplier 的作用是（　　）。

A．设置灯光的颜色

B．对灯光的种类进行设置

C．使用此值可改变间接光的强度

3．Unity3D 光照系统中，方向光源的组件中，Strength 的作用是（　　）。

A．控制此光源所投射阴影的强度

B．控制阴影被推离光源的距离

C．控制阴影投射面沿着表面法线收缩的距离

4．Unity3D 光照系统中，方向光源的组件中，Resolution 的作用是（　　）。

A．控制此光源所投射阴影的强度

B．控制渲染阴影时近裁剪面的值

C．投射阴影的纹理遮罩的大小

5．Unity3D 光照系统中，Light 组件中，Compress 的作用是调节反射光的照射强度，这个说法（　　）。

A．正确

B．错误

第 10 章　虚拟现实《射柳》原型开发实例

本章主要介绍如何搭建《射柳》的项目场景，并详细介绍如何应用 SteamVR Plugin 插件和 Unity3D 不同系统完成《射柳》项目中不同的交互功能，包括场景中的瞬移功能、弓箭的抓取实现、柳枝浮动效果、游戏界面 UI 跳转等。项目的最终效果如图 10-1 所示。

图 10-1　最终效果图

- 熟练搭建虚拟现实项目运行环境。
- 熟练创建虚拟现实项目场景。
- 掌握 SteamVR 自定义操作按键的方法。
- 掌握项目优化和打包输出的方法。

10.1　搭建项目运行环境

搭建项目运行环境

10.1.1　新建 3D 工程项目

【步骤 1】新建项目。启动 Unity Hub，单击 New 按钮新建一个工程项目，如图 10-2 所示。

【步骤 2】设置项目属性。将项目命名为 Shotting Master，选择项目模板为 3D，然后设置项目的路径，单击 CREATE 按钮创建新的项目，如图 10-3 所示。

【步骤 3】开启虚拟现实支持。打开项目之后，如遇图 10-4 所示的 JSON 报错提示，是 Unity3D 版本问题导致的，不影响项目开发和打包输出，可以忽略。单击 Edit→Project Setting 选项，在弹出的 Project Setting 窗口中单击 Player 选项，选择相应面板中的 XR Setting 选项，在列表中勾选 Virtual Reality Supported 复选项，添加 OpenVR 选项，开启虚拟现实支持，取消勾选 Oculus 复选项，如图 10-5 所示。

图 10-2　新建项目

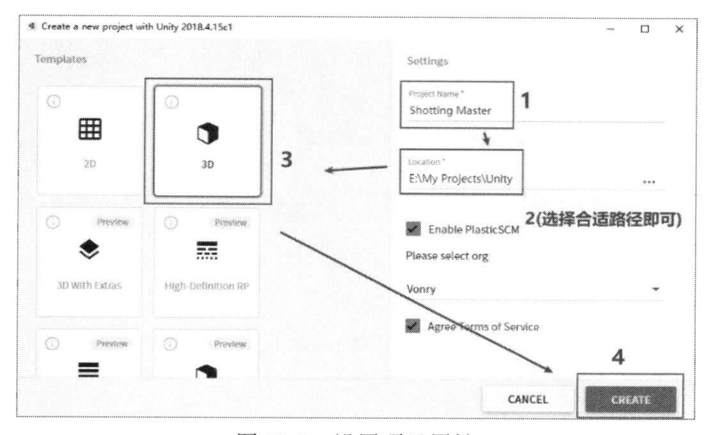

图 10-3　设置项目属性

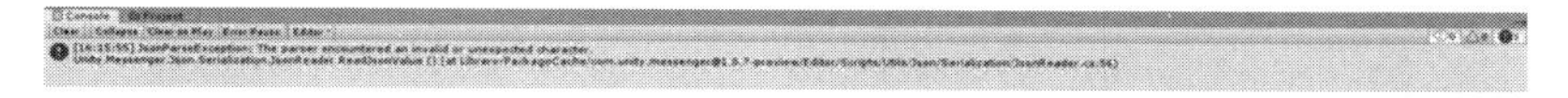

图 10-4　JSON 报错提示

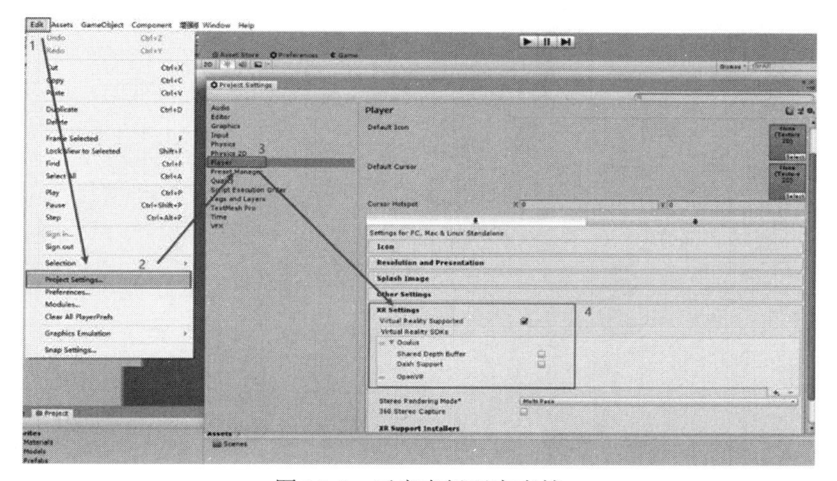

图 10-5　开启虚拟现实支持

10.1.2　导入 Steam VR 插件包

【步骤 1】开启 Steam VR。在虚拟现实项目开发中，经常会自定义按键功能，为了避免 Unity3D 测试时出现问题，可以提前打开 Steam 中的 Steam VR。启动 Steam，单击右上角的 VR 按钮，提前打开 Steam VR，如图 10-6 所示。

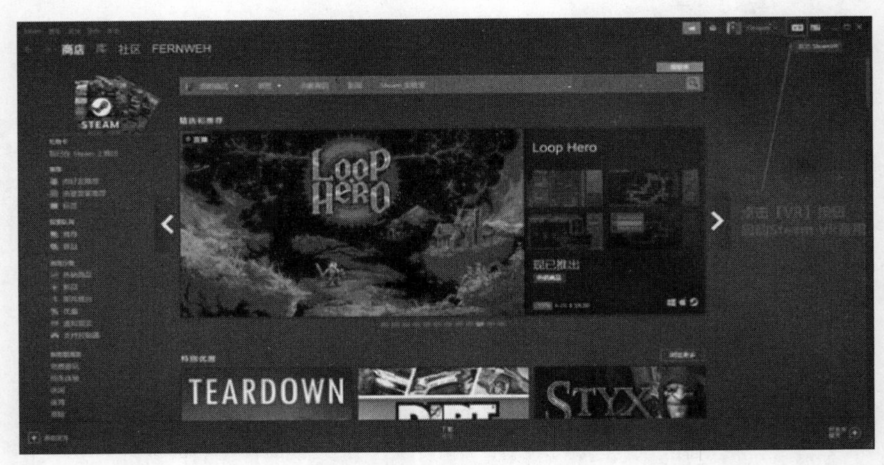

图 10-6　开启 Steam VR

【步骤 2】导入 Steam VR 插件包。将本书提供的 steamvr_2_5_0__1_8_19.unitypackage 文件导入项目。在 Project 面板中右击 Asset 文件夹并选择 Import Package→Custom Package→steamvr_2_5_0__1_8_19.unitypackage，然后单击“打开”按钮，等候一段时间，在弹出的面板中单击 All→Import 按钮将其导入到工程文件中，如图 10-7 所示。

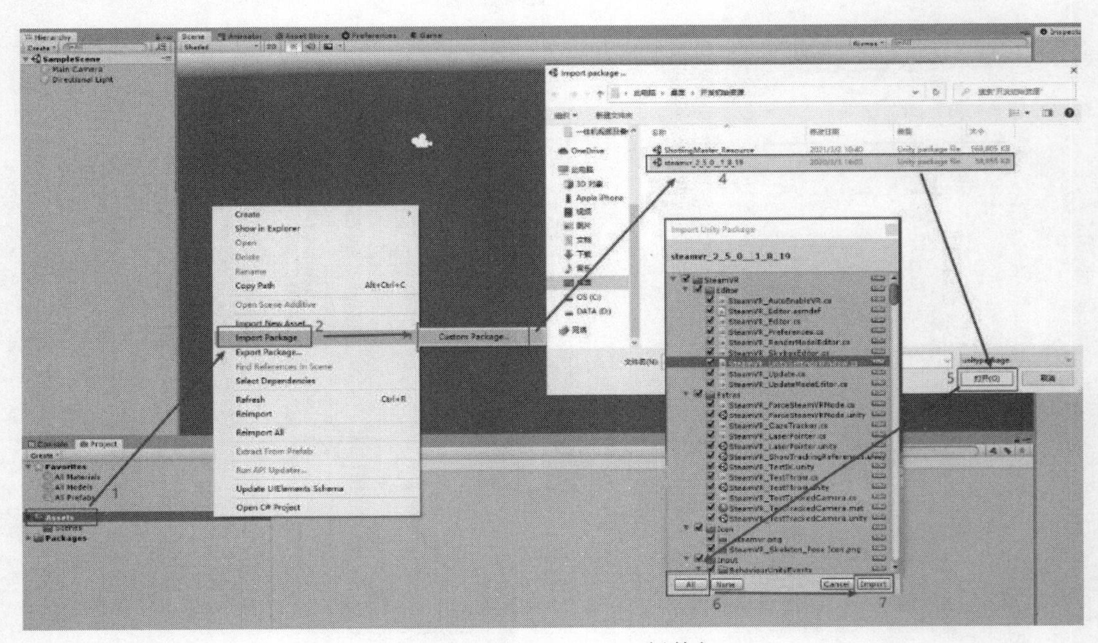

图 10-7　导入 Steam VR 插件包

【步骤 3】设置 Steam VR 环境。当 Steam VR 插件包导入完成后，单击 Accept All 按钮完成 Steam VR 环境的设置，如图 10-8 所示。

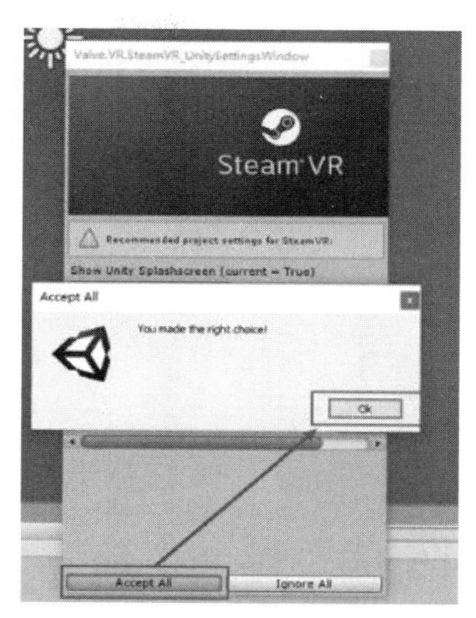

图 10-8　设置 Steam VR 环境

【步骤 4】生成默认动作集。单击 Unity3D 上方的 Window→SteamVR Input 选项，在弹出的对话框中单击 Yes 按钮，在 Steam VR 的 Input 界面中单击 Save and Generate 按钮生成默认的动作集，如图 10-9 所示。查看 Asset 文件夹下是否生成了相应的 SteamVR_Input 文件夹，如图 10-10 所示。

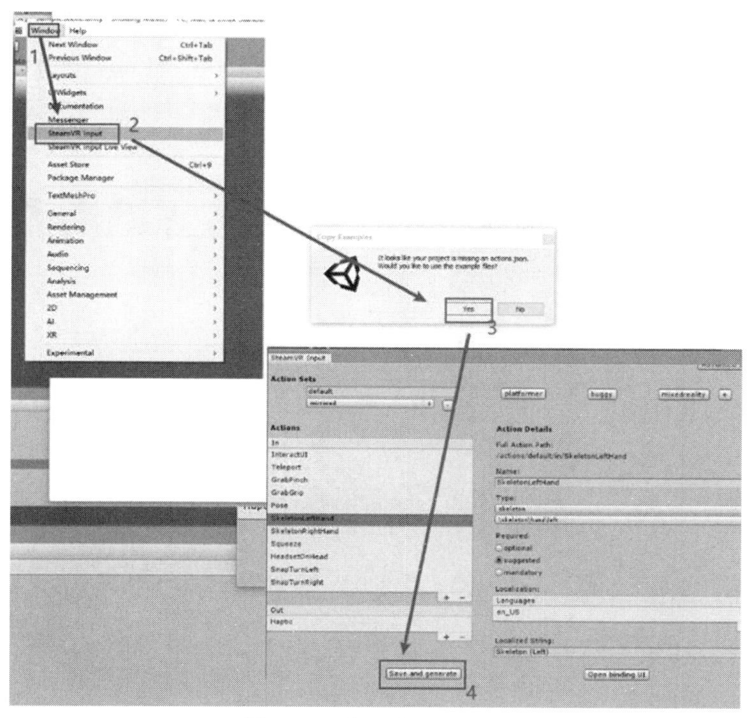

图 10-9　生成默认动作集

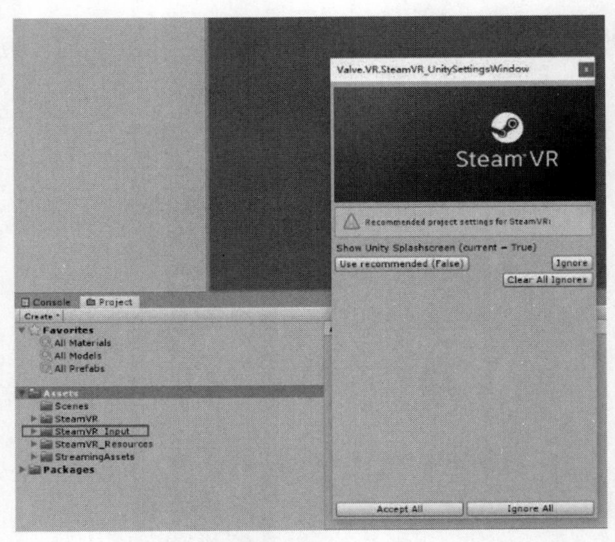

图 10-10　生成 SteamVR_Input 文件夹

10.2　搭建初始场景并实现交互

初始设置、搭建 UI

10.2.1　初始设置

【步骤 1】导入案例素材资源包。在 Project 面板中右击 Asset 文件夹并选择 Import Package→Custom Package 选项。将本书提供的 ShottingMaster_Resource.unitypackage 素材包选中，单击“打开”和 Import 按钮将其导入，如图 10-11 所示。按照同样的方式将 fire 素材包和 muchaidui 素材包导入到场景中。通过拖曳的方式将场景选择文件夹和鼓声音频文件导入到项目中，如图 10-12 所示。

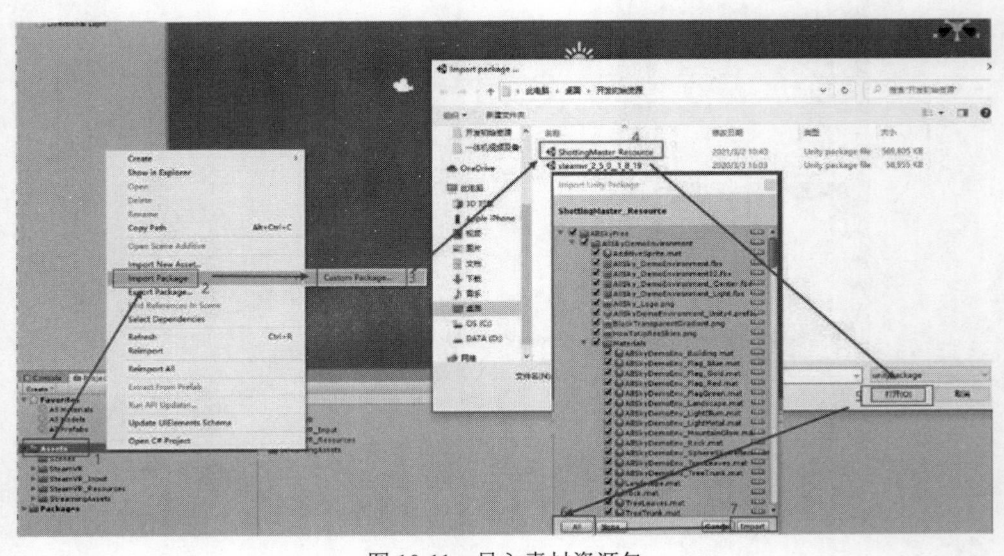

图 10-11　导入素材资源包

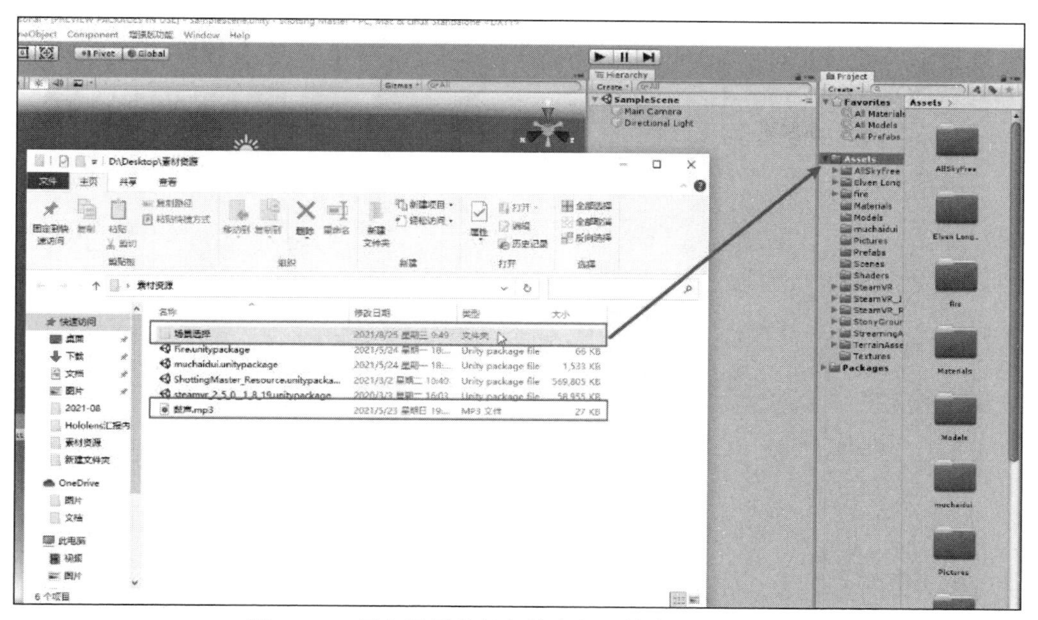

图 10-12　导入场景选择文件夹和“鼓声”音频文件

【步骤 2】重命名场景。在 Scenes 文件夹中右击 SampleScene 并选择 Rename 选项，将其名字修改为 Start，如图 10-13 所示，双击打开场景。

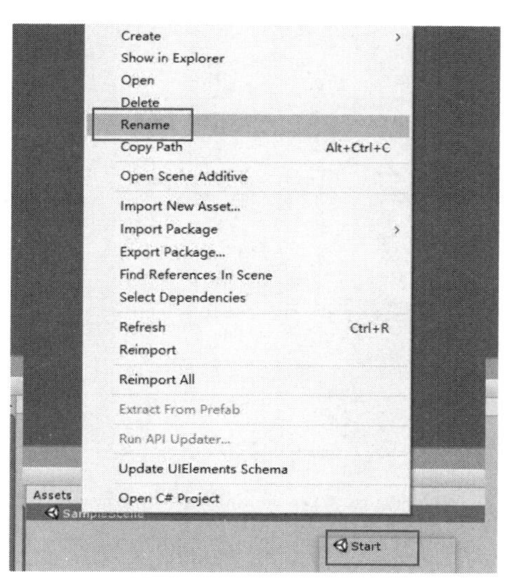

图 10-13　重命名场景

【步骤 3】添加 Steam VR 摄像机。在 Project 面板的搜索框中输入 CameraRig，将预制体拖曳至场景中。右击 Main Camera 并选择单击 Delete 选项删除场景中原先的主相机，按 Ctrl+S 组合键保存场景，如图 10-14 所示。

【步骤 4】设置天空盒材质。选择 Window→Rendering→Lighting Settings 选项，单击 Skybox Material 对象右侧的设置按钮，并在搜索框内输入 Cold Sunset，将其天空盒材质替换为 Cold Sunset，如图 10-15 所示。

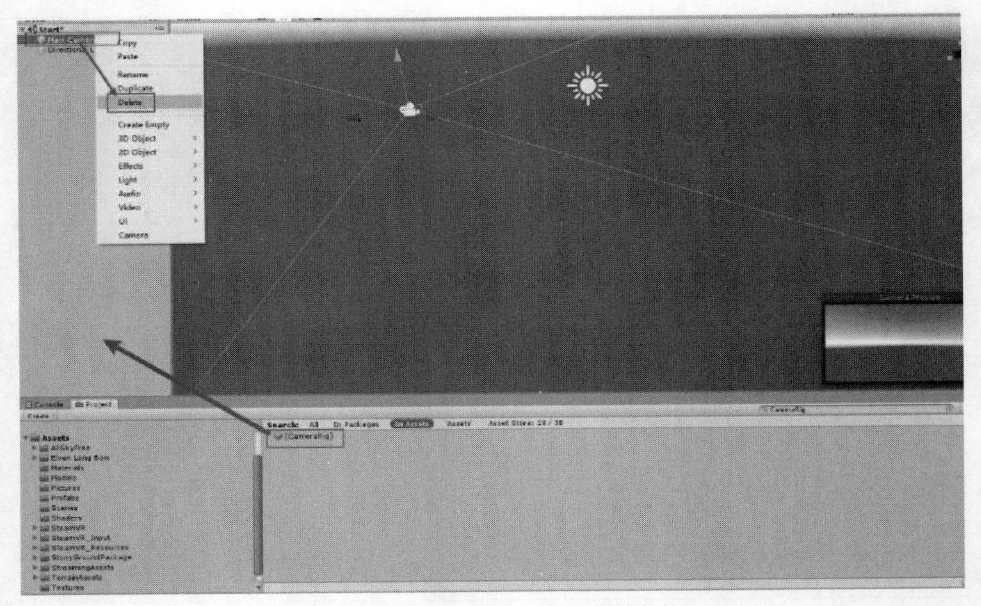

图 10-14　添加 Steam VR 摄像机

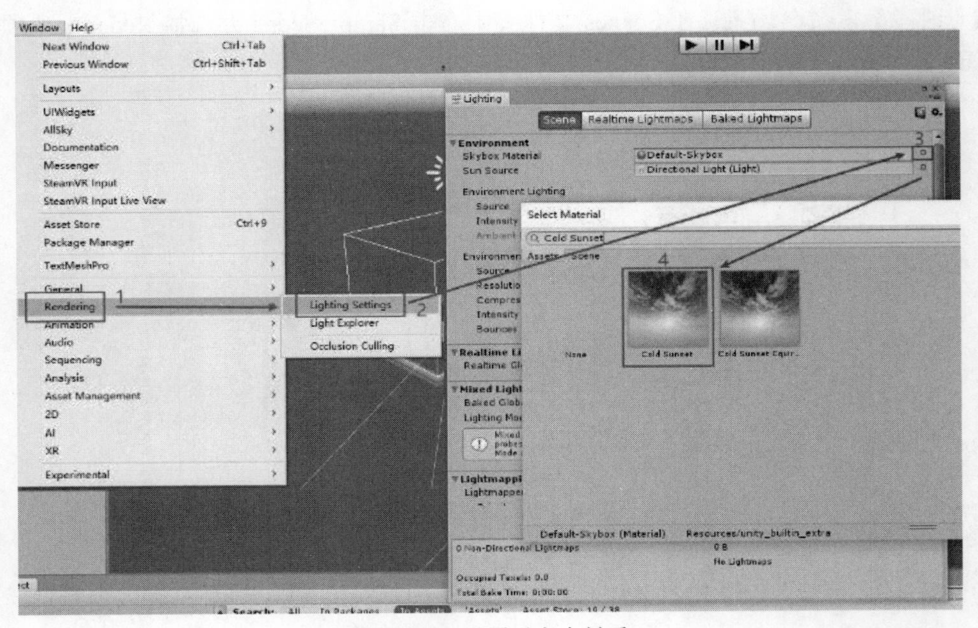

图 10-15　设置天空盒材质

【步骤 5】复制生成其他场景。选择 Scenes 文件夹中的 Start 场景，按 Ctrl+D 组合键复制两个类似场景，按 F2 键，将其分别重命名为 Roam 和 PlayDay。

10.2.2　搭建 UI

【步骤 1】创建 MenuPanel 对象。在 Hierarchy 面板的空白处右击并选择 UI→Image 选项创建一个名为 MenuPanel 的 Image 组件，如图 10-16 所示。

【步骤 2】修改 Canvas 对象设置。选择 Hierarchy 面板中的 Canvas 对象，在它的设置面板中修改下列参数：Pos(X, Y, Z)= (320, -120, 750)，Width=1920，Height=1080，Rotation (X, Y, Z) =(0, 20, 0)，Scale(X, Y, Z)=(0.5, 0.5, 1)。将 Canvas 对象的渲染模式修改为 World Space，并将其 Event Camera 定义为[CameraRig]的 Camera，如图 10-17 所示。修改完成后，选择子物体 MenuPanel，将其填充模式调整为 stretch-stretch，并将图片素材 GameInitial_Background 拖曳到相应的位置，如图 10-18 所示。

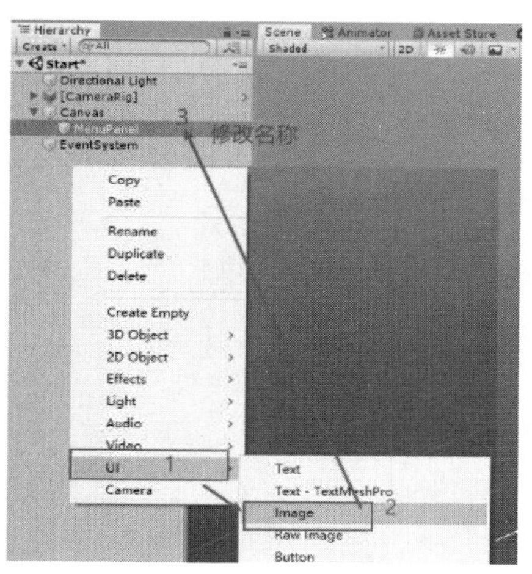

图 10-16　创建 MenuPanel 对象

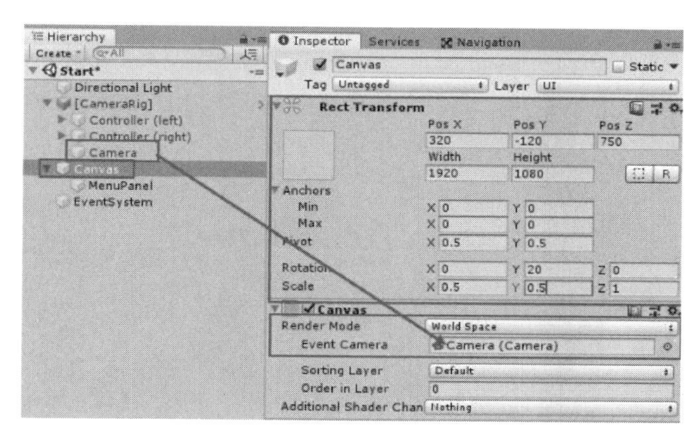

图 10-17　修改 Canvas 对象设置

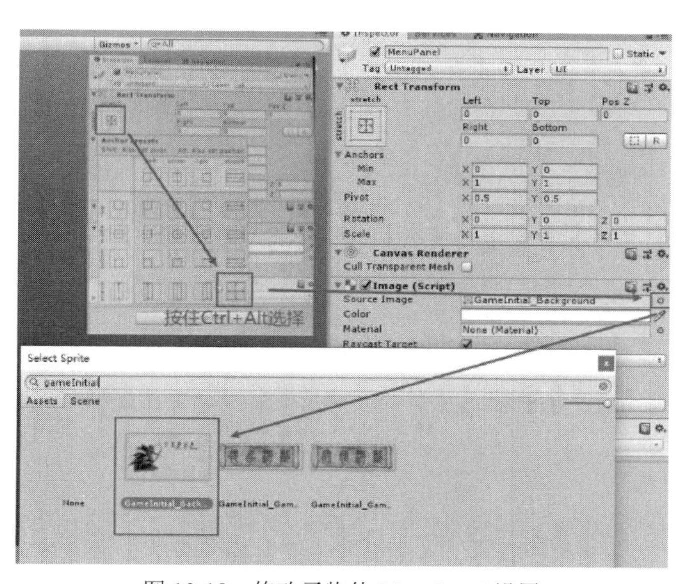

图 10-18　修改子物体 MenuPanel 设置

【步骤 3】创建 Button 对象。选择子物体 MenuPanel，右击并选择 UI→Button 选项创建一个名为 StartBtn 的按钮，如图 10-19 所示，删除 StartBtn 下的 Text 组件。选择 StartBtn，修改它的设置如图 10-20 所示。调整完成后，选择 StartBtn，按 Ctrl+D 组合键复制一个，并将其重命名为 ExitBtn，修改其设置如图 10-21 所示。

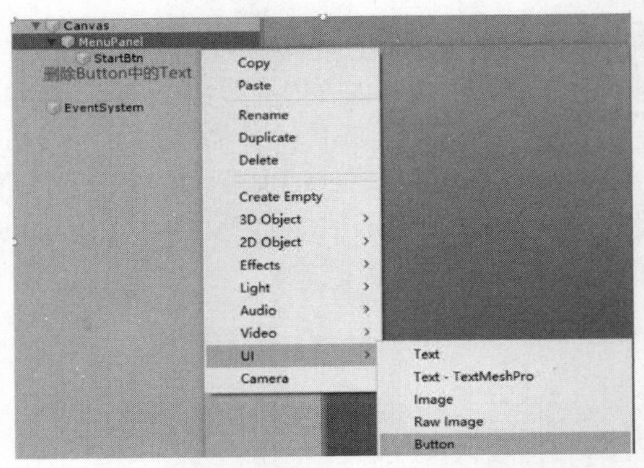

图 10-19　创建 StartBtn 按钮

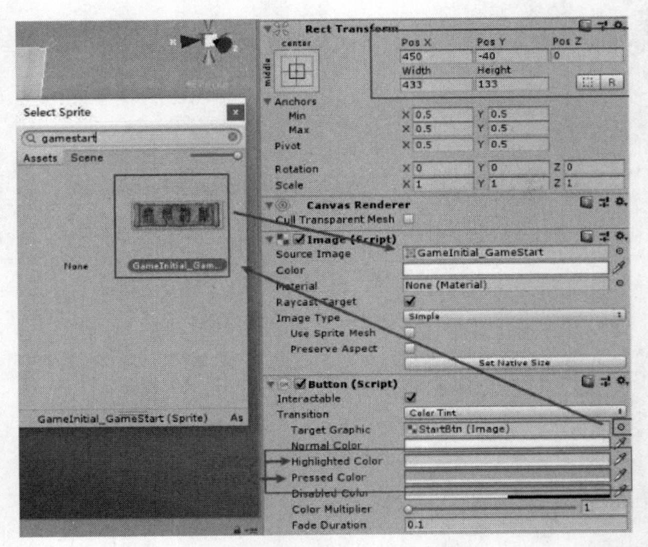

图 10-20　修改 StartBtn 设置

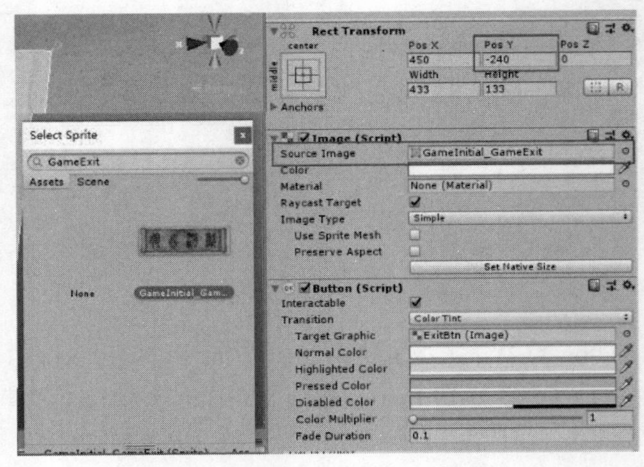

图 10-21　修改 ExitBtn 设置

10.2.3 实现 UI 交互

实现 UI 交互、自定义 Steam VR 操作按键

【步骤 1】创建交互脚本 ScenesSelect。右击 Asset 文件夹并选择 Create→Folder 选项创建一个名为 Scripts 的文件夹，在该文件夹下右击并选择 Create→C# Script 选项创建一个名为 ScenesSelect 的 C#脚本，如图 10-22 所示。将其挂载在画布上，在 Visual Studio 中对脚本进行编辑，编辑完成后按 Ctrl+S 组合键保存修改。

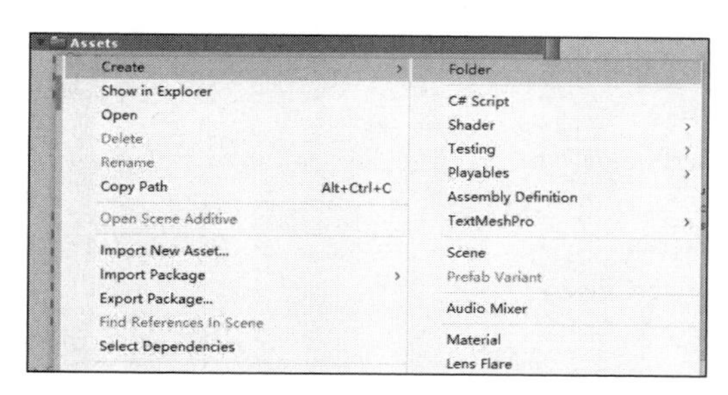

图 10-22 创建 ScenesSelect 脚本

```
using System.Collections;
using System.Collections.Generic;
using UnityEngine;
using UnityEngine.UI;
using UnityEngine.SceneManagement;
public class ScenesSelect : MonoBehaviour
{
    public void gotoRoam()
    {
        SceneManager.LoadScene("Roam");
    }
    public void ExitGame()
    {
        Application.Quit();
    }
}
```

【步骤 2】新建 LaserPointerInteractUI 脚本，给开始场景的左右手柄添加射线脚本。在 Scripts 文件夹中创建一个新的脚本文件 LaserPointerInteractUI，将其挂载到左右手控制器上，在 Visual Studio 中对脚本进行编辑。编辑完成后，选择 Camera Rig 的子物体 Controller（left）和 Controller（right），单击 Add Component 按钮，在搜索框中输入 Laser，将射线脚本 Laser Pointer Interact UI.cs 挂载到这两个子物体上，如图 10-23 所示。

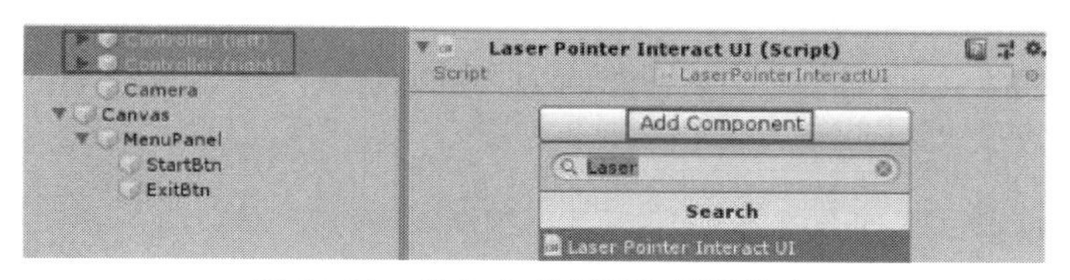

图 10-23 为左右手柄添加射线脚本

```
using System.Collections;
using System.Collections.Generic;
using UnityEngine;
using UnityEngine.UI;
using Valve.VR.Extras;
[RequireComponent(typeof(SteamVR_LaserPointer))]
public class LaserPointerInteractUI : MonoBehaviour
{
    private SteamVR_LaserPointer laserPointer;

    private void Awake()
    {
        laserPointer = GetComponent<SteamVR_LaserPointer>();
        laserPointer.PointerIn += LaserPointer_PointerIn;
        laserPointer.PointerOut += LaserPointer_PointerOut;
        laserPointer.PointerClick += LaserPointer_PointerClick;

    }
    private void LaserPointer_PointerClick(object sender, PointerEventArgs e)
    {
        if (e.target != null && e.target.GetComponent<Button>() != null)
        {
            e.target.GetComponent<Button>().image.color
 = e.target.GetComponent<Button>().colors.pressedColor;
            e.target.GetComponent<Button>().onClick.Invoke();
        }
        //删除原有内容，将其改为“当按压颜色为 pressedColor”
    }

    private void LaserPointer_PointerOut(object sender, PointerEventArgs e)
    {
        if (e.target != null && e.target.GetComponent<Button>() != null)
        {
            e.target.GetComponent<Button>().image.color
 = e.target.GetComponent<Button>().colors.normalColor;
        }
        //删除原有内容，将其改为“当离开颜色为 normalColor”
    }

    private void LaserPointer_PointerIn(object sender, PointerEventArgs e)
    {
        if (e.target != null && e.target.GetComponent<Button>() != null)
        {
            e.target.GetComponent<Button>().image.color
 = e.target.GetComponent<Button>().colors.highlightedColor;
        }
        //删除原有内容，将其改为“当接触颜色为 highlightedColor”
    }
}
```

【步骤 3】为 StartBtn 和 ExitBtn 对象添加 Box Collider 组件。选择 StartBtn 对象，单击 Add Component 按钮，在搜索框中输入 box，选择 Box Collider 组件，按照图 10-24 所示设置其尺寸。使用同样的方式调整 ExitBtn 对象的相关设置。

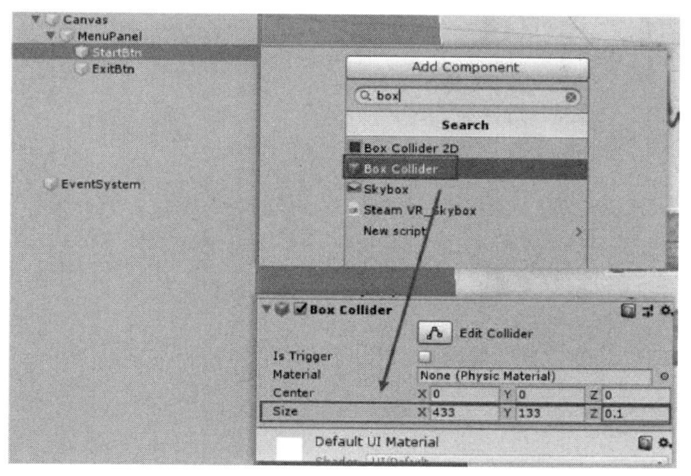

图 10-24　为 StartBtn 对象添加并设置 BoxCollider 组件

【步骤 4】赋值后测试。分别为 StartBtn 和 ExitBtn 对象添加响应事件：选择 StartBtn 对象，在 Project 面板中单击 On Click 组件中的“+”按钮。把 Canvas 拖曳到指定位置后，单击组件中的 No Function 按钮打开下拉列表，选择 ScenesSelect 中的 gotoRoam()函数，为其添加响应事件，如图 10-25 所示。使用同样的方法为 ExitBtn 对象添加 ExitGame()函数，如图 10-26 所示。

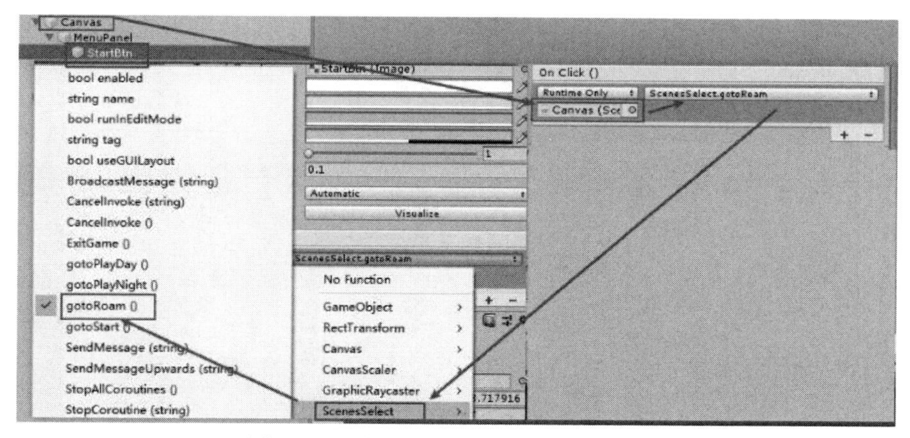

图 10-25　为 StartBtn 对象添加响应事件

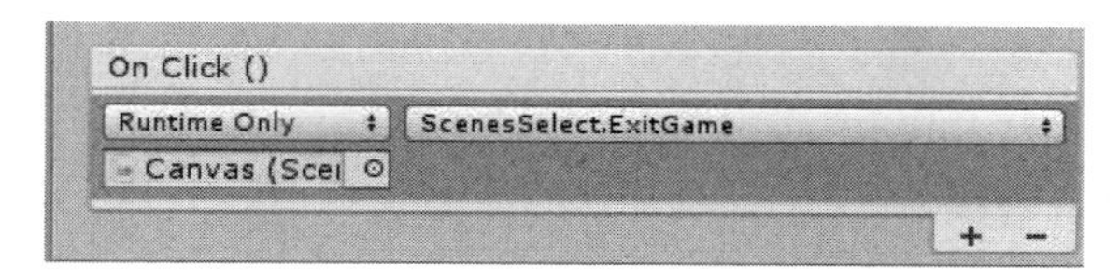

图 10-26　为 ExitBtn 对象添加响应事件

【步骤 5】添加场景。单击 File→Build Settings 选项分别打开 Start、Roam、PlayDay 场景并单击 Add Open Scene 按钮，如图 10-27 所示。完成后，关闭 Build Settings 窗口。

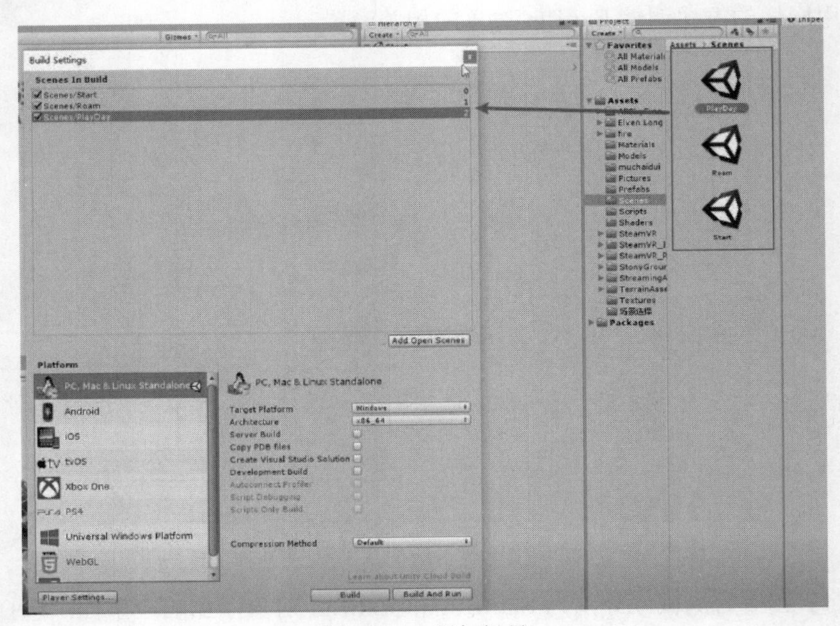

图 10-27　添加场景

10.2.4　自定义 Steam VR 操作按键

【步骤 1】添加操作按键，修改按键功能。在 Unity3D 中单击 Window→SteamVR Input 选项，再单击“+”按钮添加一个 Bool 类型值，将其命名为 ActivePointer，调整相关设置，完成后单击 Save and generate→Open binding UI 按钮，编辑动作集，将左手柄的动作做以下修改，过程如图 10-28 所示，相关设置如图 10-29 所示。

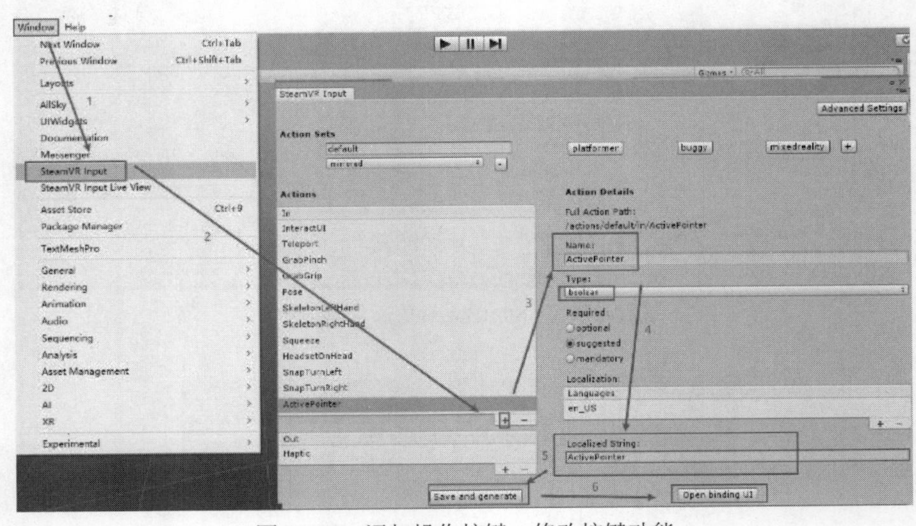

图 10-28　添加操作按键，修改按键功能

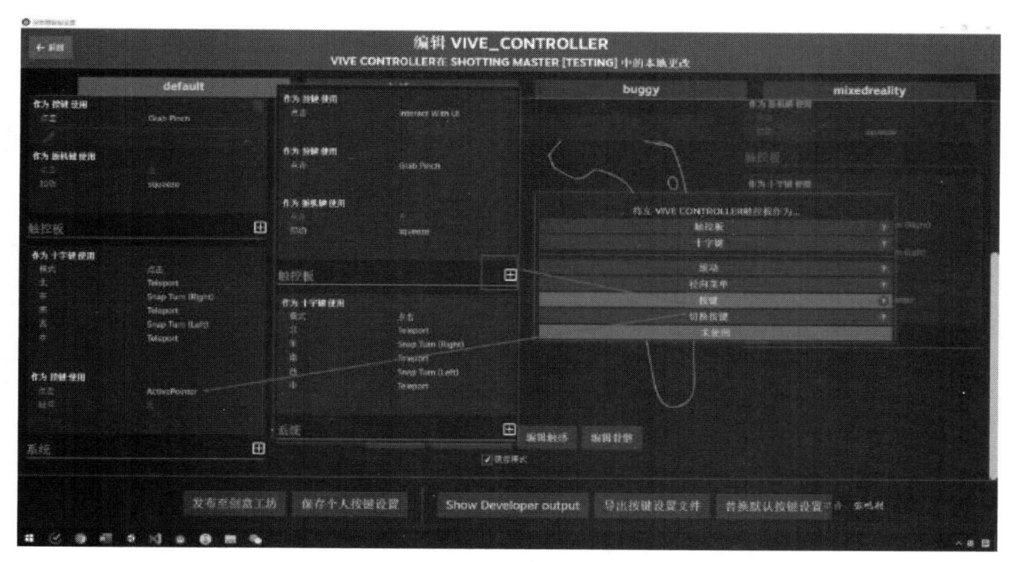

图 10-29 自定义的 ActivePointer 动作

【步骤 2】修改 Steam VR_Laser Pointer.csC#脚本。在 Project 面板中搜索 Steam VR_Laser Pointer.csC#脚本，在 Visual Studio 中对脚本进行以下调整：

```
using UnityEngine;
using System.Collections;
namespace Valve.VR.Extras
{
    public class SteamVR_LaserPointer : MonoBehaviour
    {
        public SteamVR_Behaviour_Pose pose;
        public SteamVR_Action_Boolean interactWithUI= SteamVR_Input.GetBooleanAction("InteractUI");
        public SteamVR_Action_Boolean activePointer
                = SteamVR_Input.GetBooleanAction("ActivePointer");
        public bool isDefaultActivePointer = true;
        public bool isActive = false;
        public bool IsActive
        {
            get
            {
                return isActive;
            }
            set
            {
                isActive = value;
                if (value)
                    pointer.SetActive(true);
                else
                {
                    pointer.SetActive(false);
```

```
                PointerEventArgs args = new PointerEventArgs();
                args.fromInputSource = pose.inputSource;
                args.distance = 0f;
                args.flags = 0;
                args.target = previousContact;
                OnPointerOut(args);
                previousContact = null;
            }
        }
    }
    public Color color;
    public float thickness = 0.002f;
    public Color clickColor = Color.green;
    public GameObject holder;
    public GameObject pointer;
    public bool addRigidBody = false;
    public Transform reference;
    public event PointerEventHandler PointerIn;
    public event PointerEventHandler PointerOut;
    public event PointerEventHandler PointerClick;
    Transform previousContact = null;
    private void Start()
    {
        if (pose == null)
            pose = this.GetComponent<SteamVR_Behaviour_Pose>();
        if (pose == null)
            Debug.LogError("No SteamVR_Behaviour_Pose component found on this object", this);
        if (interactWithUI == null)
            Debug.LogError("No ui interaction action has been set on this component.", this);
        holder = new GameObject();
        holder.transform.parent = this.transform;
        holder.transform.localPosition = Vector3.zero;
        holder.transform.localRotation = Quaternion.identity;
        pointer = GameObject.CreatePrimitive(PrimitiveType.Cube);
        pointer.transform.parent = holder.transform;
        pointer.transform.localScale = new Vector3(thickness, thickness, 100f);
        pointer.transform.localPosition = new Vector3(0f, 0f, 50f);
        pointer.transform.localRotation = Quaternion.identity;
        BoxCollider collider = pointer.GetComponent<BoxCollider>();
        if (addRigidBody)
        {
            if (collider)
            {
                collider.isTrigger = true;
            }
            Rigidbody rigidBody = pointer.AddComponent<Rigidbody>();
            rigidBody.isKinematic = true;
```

```
            }
            else
            {
                if (collider)
                {
                    Object.Destroy(collider);
                }
            }
            Material newMaterial = new Material(Shader.Find("Unlit/Color"));
            newMaterial.SetColor("_Color", color);
            pointer.GetComponent<MeshRenderer>().material = newMaterial;
            if (!isActive)
            {
                pointer.SetActive(false);
            }
        }
        public virtual void OnPointerIn(PointerEventArgs e)
        {
            if (PointerIn != null)
                PointerIn(this, e);
        }
        public virtual void OnPointerClick(PointerEventArgs e)
        {
            if (PointerClick != null)
                PointerClick(this, e);
        }
        public virtual void OnPointerOut(PointerEventArgs e)
        {
            if (PointerOut != null)
                PointerOut(this, e);
        }
        private void Update()
        {
            if (!isDefaultActivePointer) return;
                if (activePointer.GetStateDown(pose.inputSource))
            {
                IsActive = true;
            }
            if (activePointer.GetStateUp(pose.inputSource))
            {
                IsActive = false;
            }
            if (!isActive)
            {
                return;
            }
            float dist = 100f;
```

```
Ray raycast = new Ray(transform.position, transform.forward);
RaycastHit hit;
bool bHit = Physics.Raycast(raycast, out hit);
if (previousContact && previousContact != hit.transform)
{
    PointerEventArgs args = new PointerEventArgs();
    args.fromInputSource = pose.inputSource;
    args.distance = 0f;
    args.flags = 0;
    args.target = previousContact;
    OnPointerOut(args);
    previousContact = null;
}
if (bHit && previousContact != hit.transform)
{
    PointerEventArgs argsIn = new PointerEventArgs();
    argsIn.fromInputSource = pose.inputSource;
    argsIn.distance = hit.distance;
    argsIn.flags = 0;
    argsIn.target = hit.transform;
    OnPointerIn(argsIn);
    previousContact = hit.transform;
}
if (!bHit)
{
    previousContact = null;
}
if (bHit && hit.distance < 100f)
{
    dist = hit.distance;
}
if (bHit && interactWithUI.GetStateUp(pose.inputSource))
{
    PointerEventArgs argsClick = new PointerEventArgs();
    argsClick.fromInputSource = pose.inputSource;
    argsClick.distance = hit.distance;
    argsClick.flags = 0;
    argsClick.target = hit.transform;
    OnPointerClick(argsClick);
}
if (interactWithUI != null && interactWithUI.GetState(pose.inputSource))
{
    pointer.transform.localScale = new Vector3(thickness * 5f, thickness * 5f, dist);
    pointer.GetComponent<MeshRenderer>().material.color = clickColor;
}
else
{
```

```
                pointer.transform.localScale = new Vector3(thickness, thickness, dist);
                pointer.GetComponent<MeshRenderer>().material.color = color;
            }
            pointer.transform.localPosition = new Vector3(0f, 0f, dist / 2f);
        }
    }
    public struct PointerEventArgs
    {
        public SteamVR_Input_Sources fromInputSource;
        public uint flags;
        public float distance;
        public Transform target;
    }
    public delegate void PointerEventHandler(object sender, PointerEventArgs e);
}
```

10.3 搭建漫游场景并实现交互

搭建漫游场景、实现瞬移功能

10.3.1 搭建漫游场景

【步骤 1】设置场景天空盒。打开 Roam 场景，选择 Window→Rendering→Lighting Settings→Sybox Material 选项，将其重命名为 Cold Sunset，如图 10-30 所示。

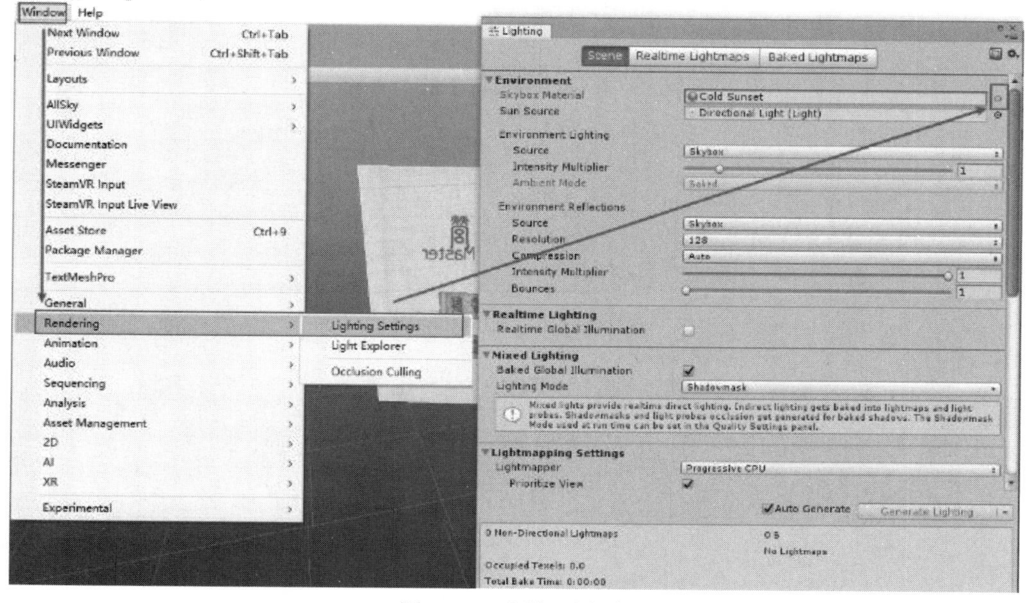

图 10-30 添加天空盒

【步骤 2】删除[CameraRig]对象，添加 Player 对象。在 Hierarchy 面板中选择[CameraRig]对象，按 Delete 键将其删除。在 Project 面板中搜索 Player，将 SteamVR 的 Player 预制体拖曳

到场景中，并调整其参数，取消勾选其子物体[SteamVR]下的 Do Not Destory 复选项，按 Ctrl+S 组合键保存，如图 10-31 至图 10-33 所示。

图 10-31　添加 Player 对象

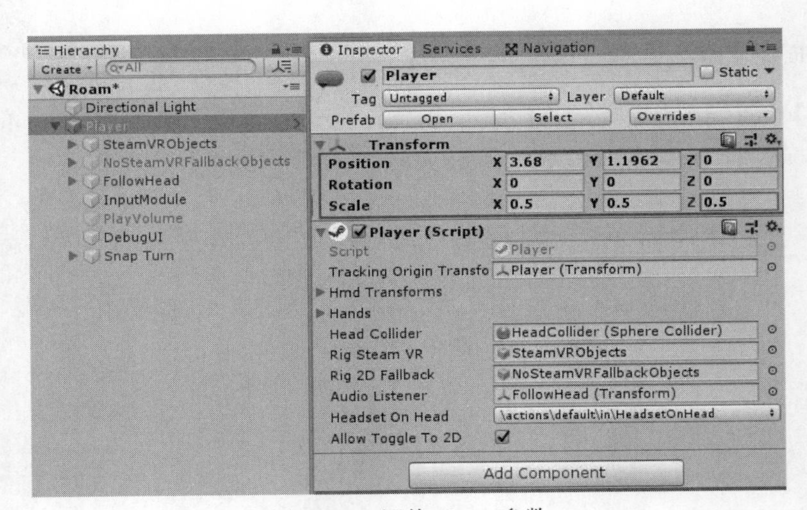

图 10-32　调整 Player 参数

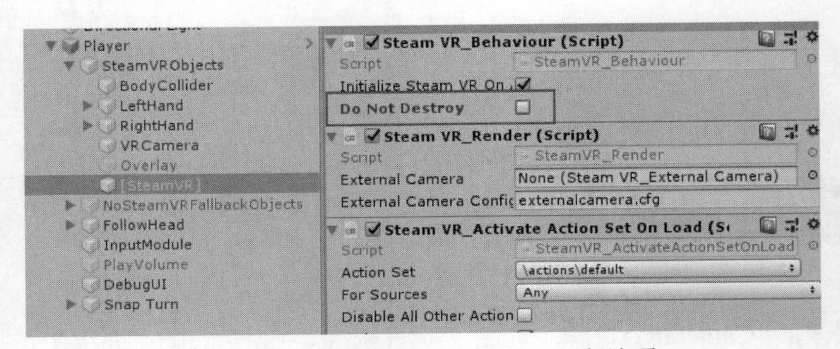

图 10-33　取消勾选 Do Not Destroy 复选项

【步骤 3】场景搭建。在 Project 面板中搜索 StonyGrounbd1 文件并将其拖曳到场景中，全选所有对象进行复制，然后分别拖曳不同对象使其散开，拖曳的同时按住 V 键保证对象的边缘对齐，完成后的效果如图 10-34 所示。按照图 10-35 所示精确调整其位置。

图 10-34　场景搭建

Transform			
Position	X 0	Y 0.13	Z 0
Rotation	X 0	Y 0	Z 0
Scale	X 3	Y 1	Z 3

图 10-35　调整对象位置

【步骤 4】在 Project 面板中搜索 BiWuChang 预制体并将其拖曳到场景中，为其添加 Rigidbody 组件和 Mesh Renderer 组件，调整其位置如图 10-36 所示。

【步骤 5】重复上述步骤，搜索 Table 预制体并将其拖曳到场景中，完成后调整其位置。在 Project 面板中搜索 Wooden 材质，将其拖曳到 Table 预制体上，如图 10-37 所示。

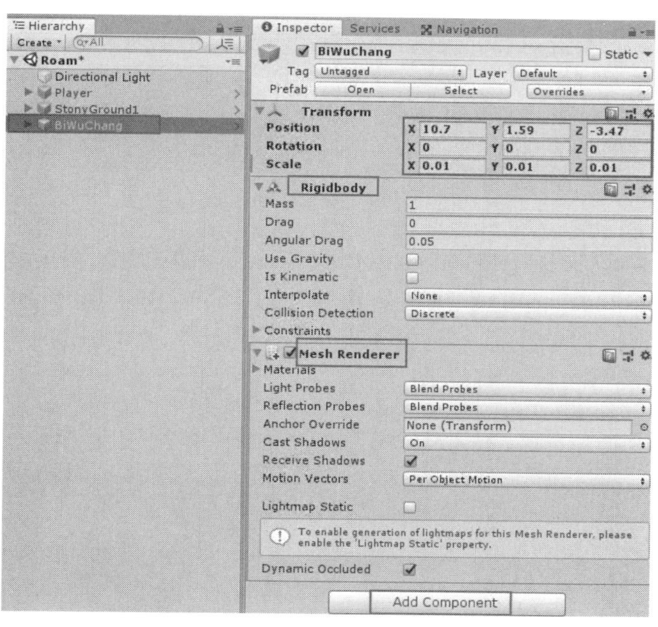

图 10-36　为预制体添加组件并调整其位置

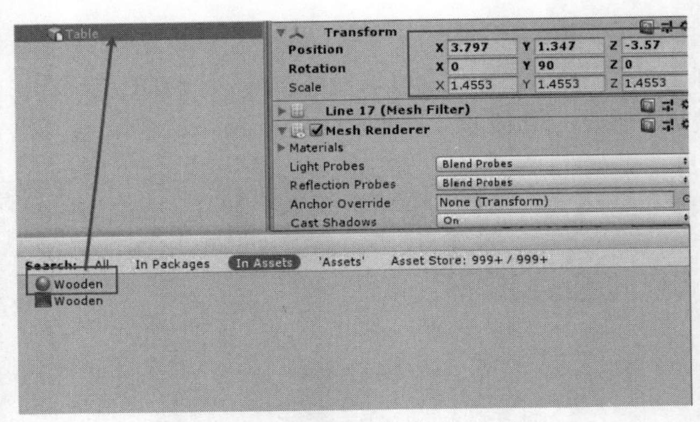

图 10-37　调整预制体位置和材质

10.3.2　实现瞬移功能

【步骤 1】添加一个空物体，并将其命名为 RoamManager。在 Hierarchy 面板中右击并选择 Create Empty 选项，单击 Transform 组件的设置按钮，再单击 Reset Position 选项，如图 10-38 所示，将其坐标归零。

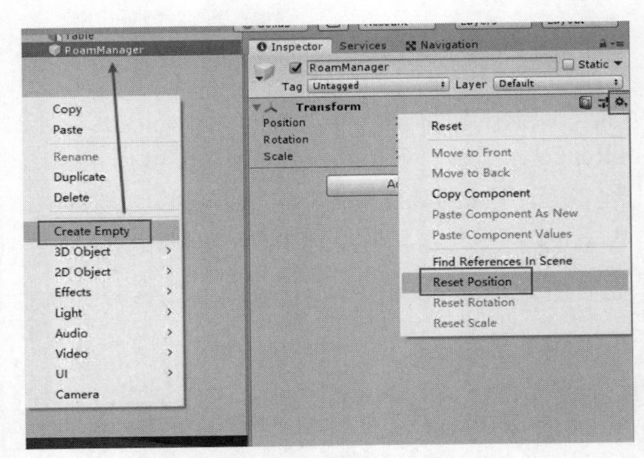

图 10-38　创建 RoamManager 对象

【步骤 2】在 Project 面板中搜索 TelePorting，将其下的 Teleporting 预制体拖曳到场景中，并将其设置为 RoamManager 的子物体。重复上述操作，将 TeleportPoint 预制体设置为 RoamManager 的子物体，按 Ctrl+D 组合键 4 次复制 4 组对象，按 Ctrl+S 组合键保存，如图 10-39 所示。调整复制对象的位置信息如图 10-40 所示。

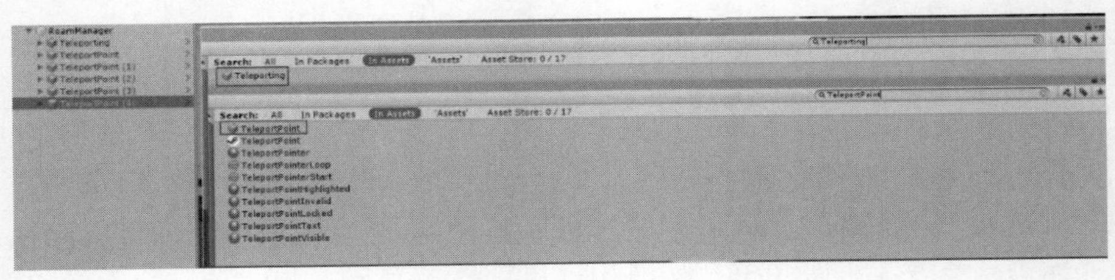

图 10-39　添加子物体

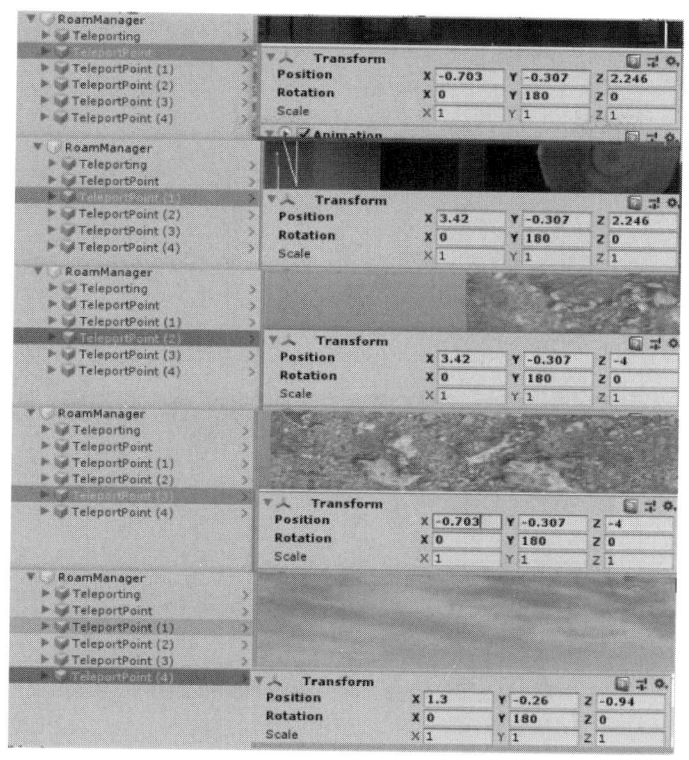

图 10-40　调整复制对象的位置信息

10.3.3　实现击鼓效果

实现击鼓效果、使用 Cloth 组件实现风吹旗帜效果

【步骤 1】创建棒槌。在 Hierarchy 面板中右击并选择 Create Empty 选项创建一个 Sphere 对象，然后创建其子物体 Cube，参考尺寸如图 10-41 所示。调整完成后将棒槌放到鼓的附近。

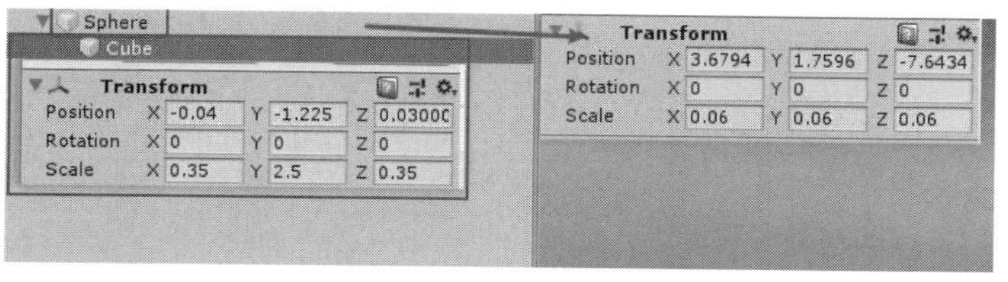

图 10-41　棒槌的参考尺寸

【步骤 2】获取棒槌。选择 Sphere 对象，在 Inspector 面板中单击 Add Component 按钮，通过关键词搜索添加 Throwable 和 Interactable 预制体，在对象 Sphere 和 Cube 的 Inspector 面板中取消勾选 Rigidbody 组件下的 Use Gravity 复选项，同时勾选 Constrains 组件下的 Freeze Position 和 Freeze Rotation 中的 X、Y、Z 复选项。复重上述步骤，为子物体 Cube 添加相同内容，如图 10-42 所示。调整完成后，在 Project 面板中搜索 Wooden，为棒槌添加材质，如图 10-43 所示。

【步骤 3】为鼓面添加碰撞体。在 Hierarchy 面板中选择 BiWuChang→dgS06 选项，找到鼓的位置，在 Inspector 面板中添加 Box Collider 组件，如图 10-44 所示。

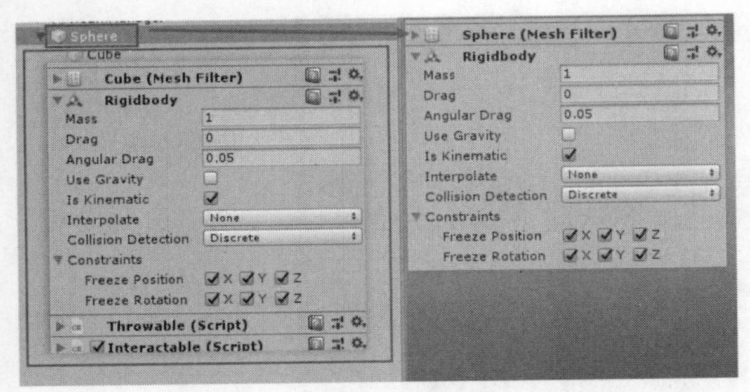

图 10-42 设置对象的相关属性

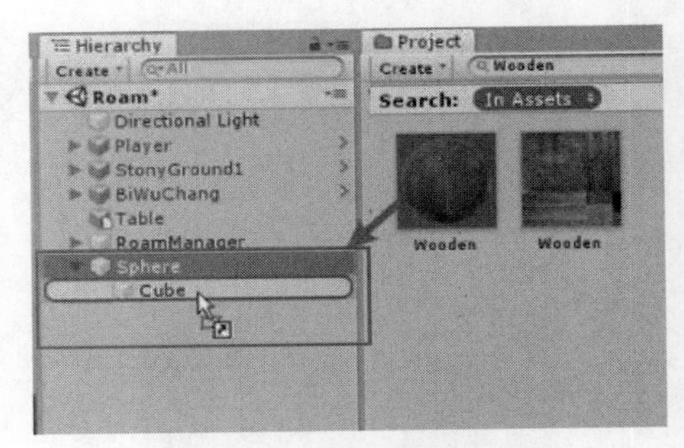

图 10-43 为棒槌添加材质

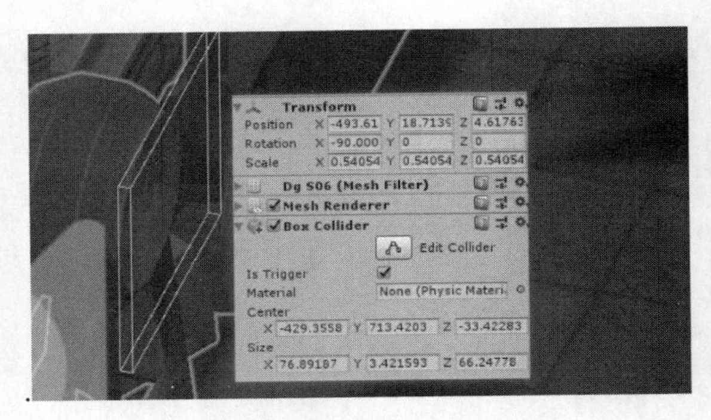

图 10-44 为鼓面添加碰撞体

【步骤 4】为棒槌添加碰撞体。在 Inspector 面板中选择 Sphere 对象，为其添加 Box Collider 组件和 Rigidbody 组件，调整其碰撞体的大小。用同样的方法为其子物体 Cube 添加 Box Collider 组件和 Rigidbody 组件，完成后的效果如图 10-45 所示。

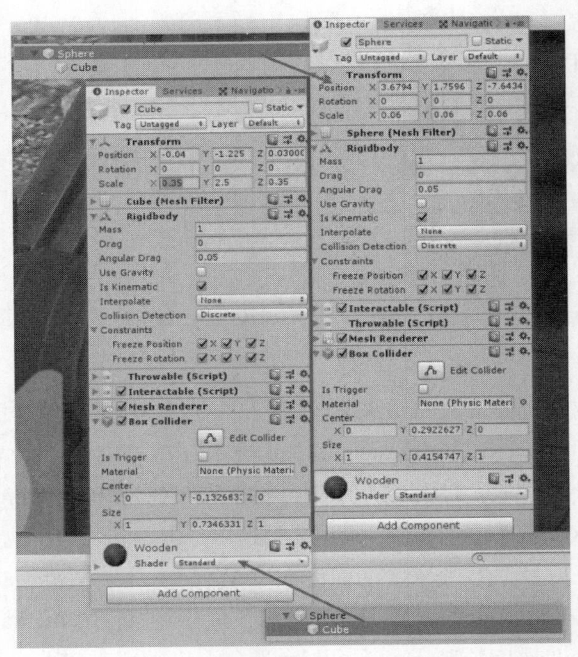

图 10-45 为棒槌添加碰撞体

【步骤 5】添加击鼓音效。将音频文件“鼓声”拖曳到场景中。在文件夹 Scripts 中创建新的脚本 Sources。在 Visual Studio 中对脚本进行以下编辑：

```
using System.Collections;
using System.Collections.Generic;
using UnityEngine;
public class Sources : MonoBehaviour
{
    private void OnTriggerEnter(Collider other)
    {
        if (other.tag == "Bangbang")
        {
            this.GetComponents<AudioSource>()[0].Play();
        }
    }
}
```

完成 Sources 脚本后，将其拖曳到 Sphere 对象的 Inspector 面板中，单击 Add Component 按钮，通过搜索 Audio Source 添加音频文件，选择“鼓声”文件，将其添加到项目中，并取消勾选 Play On Awake 复选项，如图 10-46 所示。

【步骤 6】为鼓面添加新的标签 Bangbang。选择 Hierarchy 面板中的 BiWuChang→dgS06 选项，在 Inspector 面板中的 Tag 下拉列表中选择 Add Tag 选项，如图 10-47 所示。单击 List is Empty 右下角的“+”按钮，创建新标签 Bangbang，单击 Save 按钮保存，如图 10-48 所示。在 dgS06 的下拉列表中选择标签 Bangbang 即可更换标签，如图 10-49 所示。

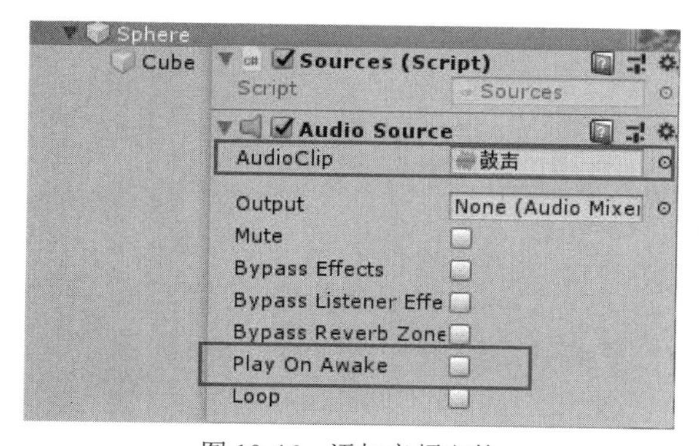

图 10-46　添加音频文件

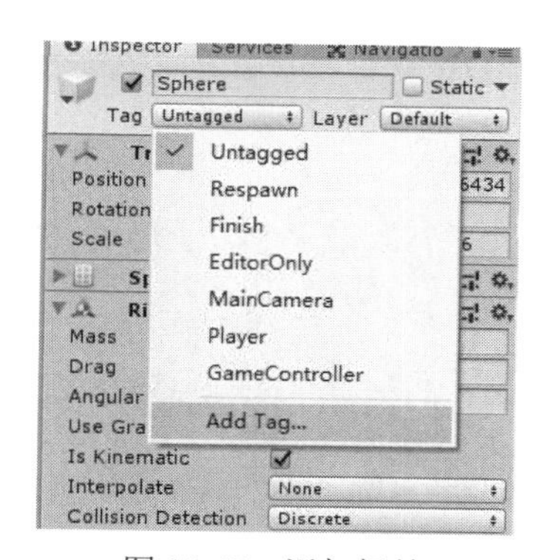

图 10-47　添加标签

图 10-48　创建新标签

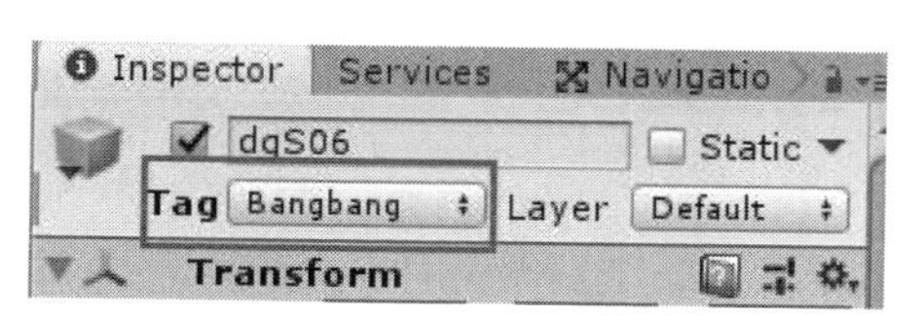

图 10-49　更换标签

10.3.4 使用 Cloth 组件实现风吹旗帜效果

【步骤 1】添加 Cloth 组件。选择 BiWuChang 的子物体 dgS05，在 Inspector 面板中单击 Add Component 按钮，搜索并添加 Cloth 组件，如图 10-50 所示。

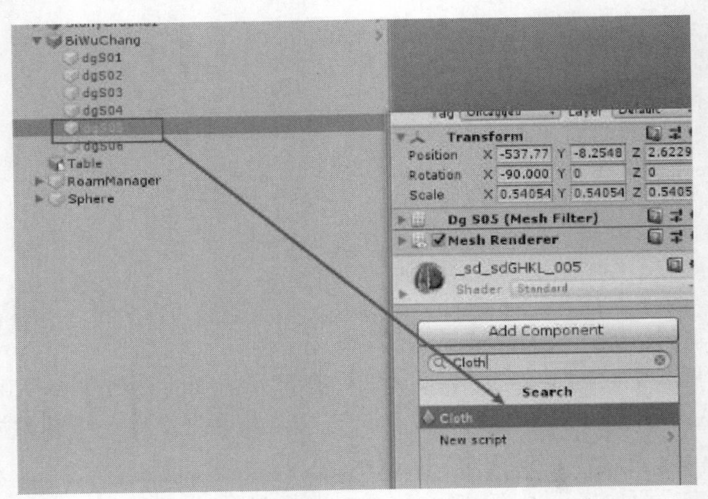

图 10-50 添加 Cloth 组件

【步骤 2】绘制布料顶点。单击 Cloth 组件的绘制按钮，在场景中选择 Select 选项后框选场景，如果场面觉得不够清晰可以隐藏无关内容。选择 S05 对象后，单击 Inspector 面板中 Cloth 组件中的绘制按钮，勾选 Use Tethers 和 Use Gravity 复选项，框选调整不同节点的数值，以获得不同的飘动效果，如图 10-51 所示。选中的点在完成设置后会以不同的颜色显示。在本案例中，控制点的数量较少，读者如果感兴趣，可另外练习。

图 10-51 绘制布料顶点

【步骤 3】修改相关设置。选择 S05 对象，为其添加 Rigidbody 组件，取消勾选 Use Gravity 复选项，勾选 Is Kinematic 复选项，如图 10-52 所示。修改完成后测试旗帜的飘动效果。

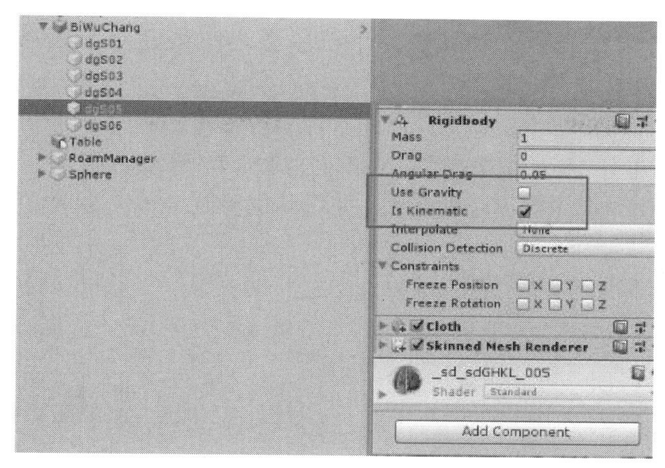

图 10-52 修改相关设置

设置提示 UI

10.3.5 设置提示 UI

【步骤 1】添加 Image 组件。在 Hierarchy 面板中右击并选择 UI→Canvas 选项新建一个画布，并将其命名为 Introduce。选择该对象后右击并选择 UI→Image 选项，为其添加 Image 组件，并将其重命名为 InfoImage，如图 10-53 所示。

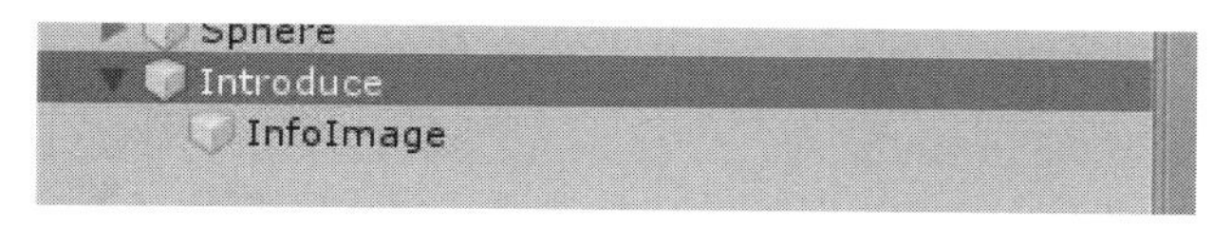

图 10-53 添加 Image 组件

【步骤 2】修改 Introduce 设置。选择 Introduce 对象，在 Inspector 面板中将其渲染模式 Render Mode 修改为 World Space，并将场景中的相机 VRCamera 拖曳到 Event Camera 中，并对其 Transform 值进行调整，如图 10-54 所示。

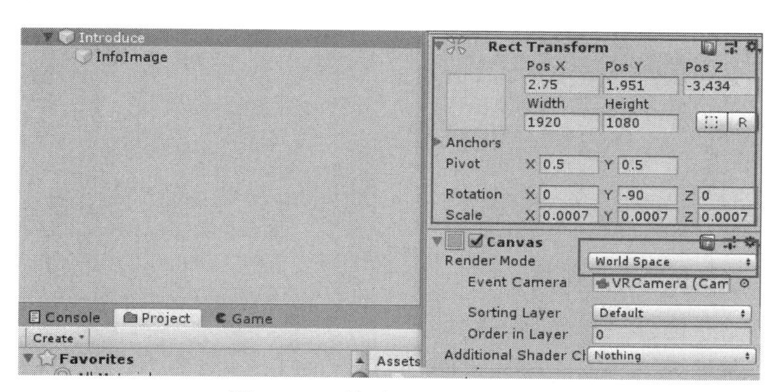

图 10-54 修改 Introduce 设置

【步骤 3】修改 InfoImage 设置。选择 InfoImage 对象，按住 Ctrl+Alt 组合键，在 Inspector 面板中将该对象的锚点修改为右下角的模式，并把 Source Image 设置为 GameRoam_Intro，如图 10-55 所示。

【步骤 4】添加场景切换按钮。按照上述步骤再次创建一个画布，并将其重命名为 Roam_Load，调整其位置大小，如图 10-56 所示。调整完成后，选择 Roam_Load 对象，右击并选择 UI→Image 选项为其添加 Image 组件，并将其重命名为 Choice，调整相关设置，如图 10-57 所示。创建完成后选择 Roam_Load 对象，右击并选择 UI→Button 选项创建两个按钮，分别将其重命名为 Day 和 Night，如图 10-58 所示，并将其调整到合适大小和位置。

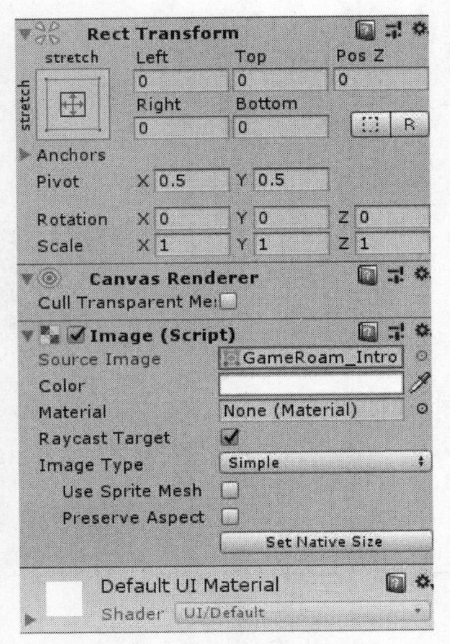

图 10-55 修改 InfoImage 设置

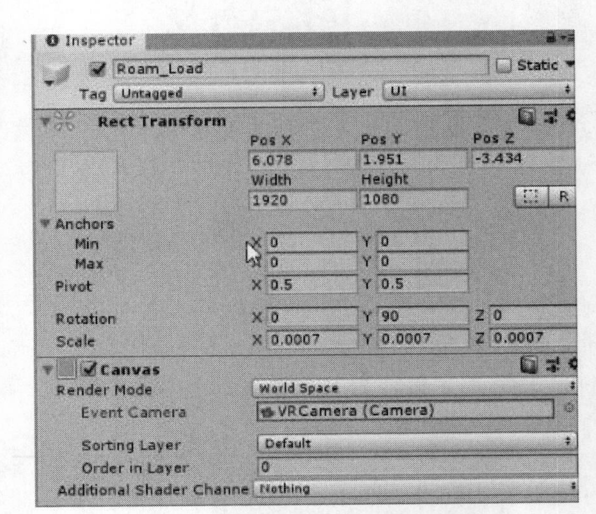

图 10-56 调整 Roam_Load 设置

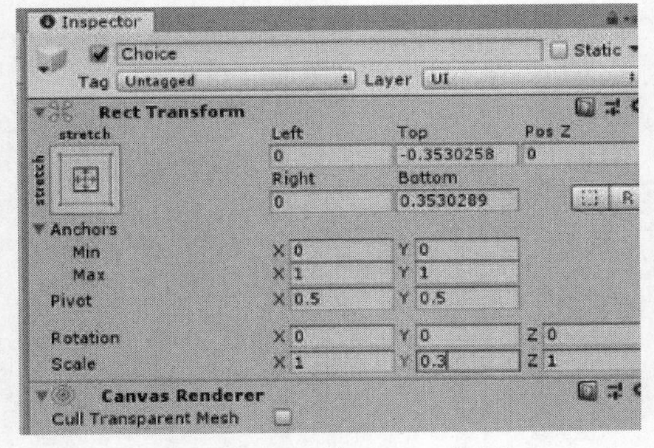

图 10-57 调整 Choice 设置

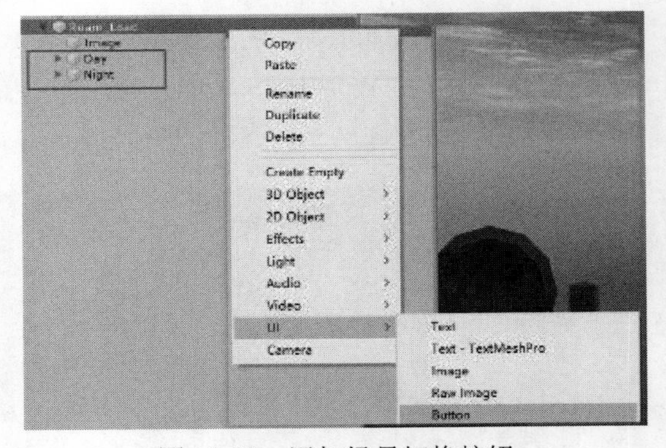

图 10-58 添加场景切换按钮

【步骤 5】将场景选择文件夹导入到场景中。在 Project 面板中找到之前导入的场景选择文件夹，在 Inspector 面板中分别将 3 张图片的 Texture Type 修改为 Sprite（2D and UI）模式，完成后单击 Apply 按钮，如图 10-59 所示。在 Hierarchy 面板中选择 Image 对象，将 Project 面板中的“场景选择”拖曳到 Choice 的 Image 组件中的 Source Image 上，如图 10-60 所示。使用同样的方法分别在 Day 和 Night 按钮中挂载“夜晚”和“白天”图片，调整其位置并删除按钮中的 Text 组件，完成后的场景效果如图 10-61 所示。

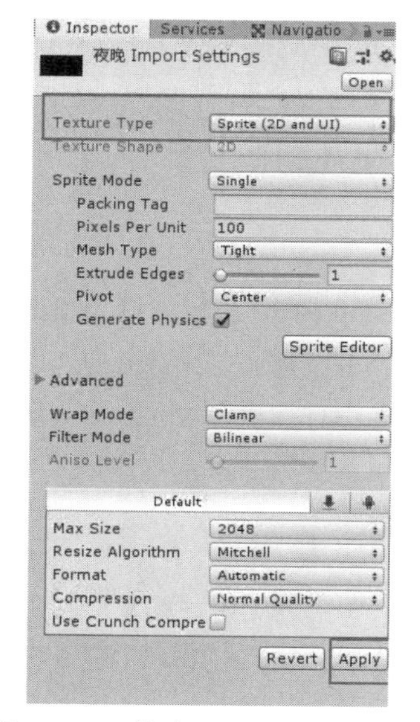

图 10-59 修改 Texture Type 模式

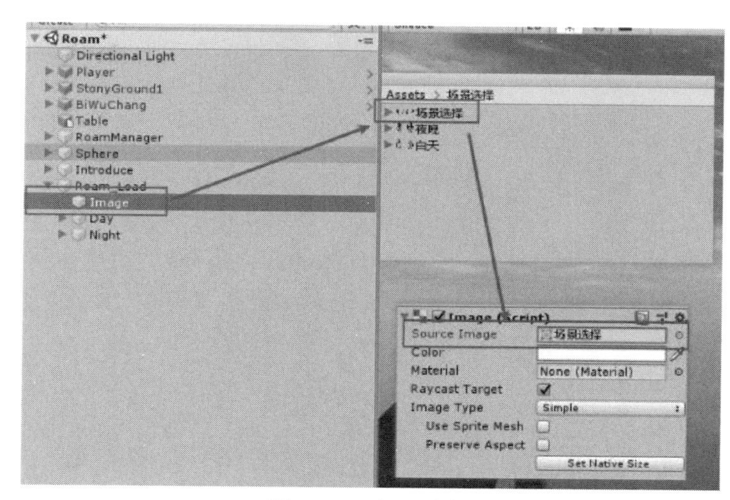

图 10-60 场景选择

图 10-61 完成后的场景效果

10.3.6 实现弓箭抓取及碰撞检测

实现弓箭抓取及碰撞检测、UI 交互设置

【步骤 1】放置弓箭并调整。在 Project 面板中搜索 Elven Long Bow，将该预制体拖曳到场景中，并为其赋予名为 Elven Long Bow 的材质球，如图 10-62 所示。调整其位置，将其放置在桌面上，坐标位置如图 10-63 所示。

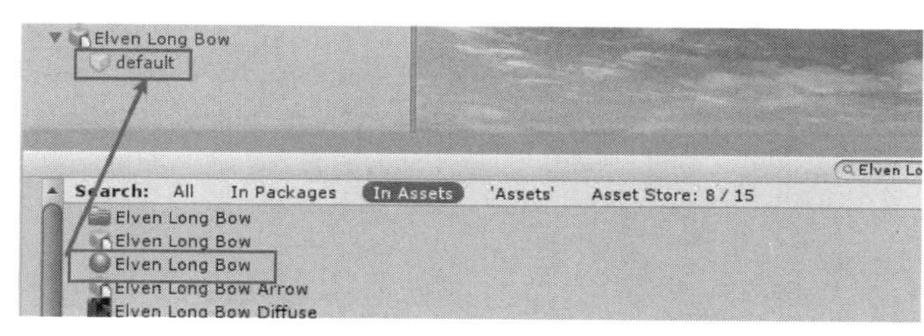

图 10-62 添加弓箭及其材质

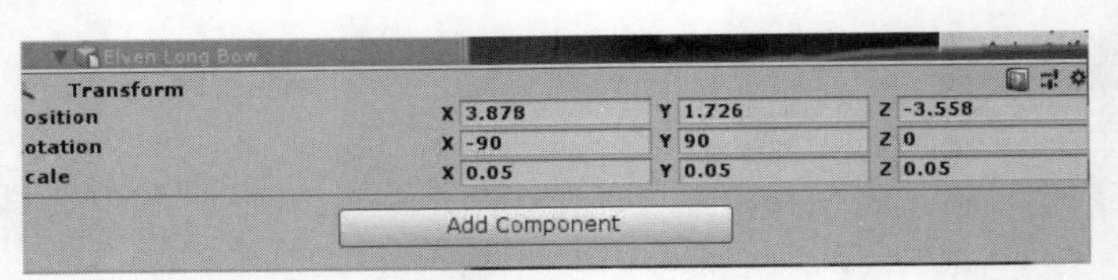

图 10-63　调整弓箭坐标位置

【步骤 2】为 Elven Long Bow 对象添加物理组件。选择 Elven Long Bow 对象，在 Inspector 面板中为其添加 Rigidbody 和 Box Collider 组件并进行图 10-64 所示的设置，勾选 Box Collider 中的 Is Trigger 复选项，按 Ctrl+S 组合键保存。为子物体 default 添加 Box Collider 和 Throwable.cs 组件，子物体 default 的组件及相关设置如图 10-65 所示。

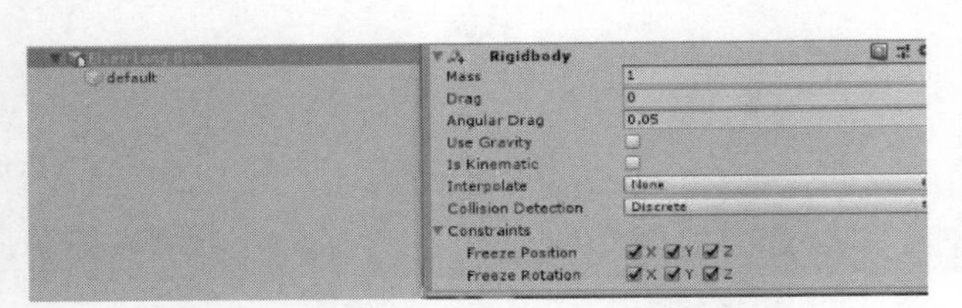

图 10-64　Elven Low Bow 的组件设置

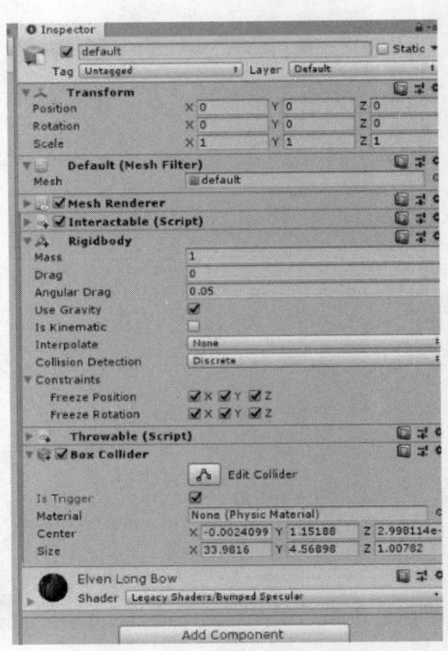

图 10-65　default 的组件设置

【步骤 3】在 Hierarchy 面板中创建一个 Cube 对象，并将其重命名为 LoadManager，将其放在弓箭的正上方。取消勾选 Inspector 面板中的 Mesh Renderer 复选项，如图 10-66 所示。

图 10-66　LoadManager 设置

10.3.7　UI 交互设置

【步骤 1】拿到弓箭后选择场景的菜单栏出现。在 LoadManager 对象的 Inspector 面板中单击 Add Component 按钮新建脚本，将其重命名为 RoamLoad，在 Visual Studio 中对脚本进行以下编辑：

```
using System.Collections;
using System.Collections.Generic;
using UnityEngine;
using UnityEngine.UI;
using UnityEngine.SceneManagement;
public class RoamLoad : MonoBehaviour
{
    public GameObject Roam_Load;
    private void Start()
    {
        Roam_Load.SetActive(false);
    }
    private void OnTriggerEnter(Collider other)
    {
        if (other.tag == "GongJian")
        {
            Roam_Load.SetActive(true);
        }
    }
}
```

回到 Unity3D 中，选择 Default 对象，在其 Inspector 面板中单击 Tag 按钮添加新的标签 GongJian，并为子物体 default 添加此标签，如图 10-67 所示。将 Hierarchy 面板中的 Roam_Load 对象拖曳到 LoadManager 对象的 Inspector 面板的相应位置，如图 10-68 所示。

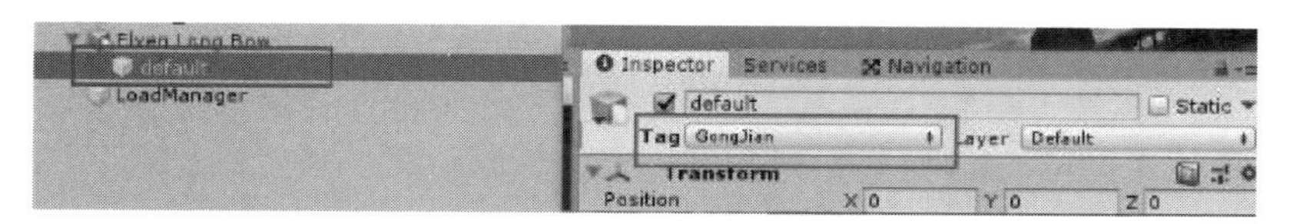

图 10-67　添加 GongJian 标签

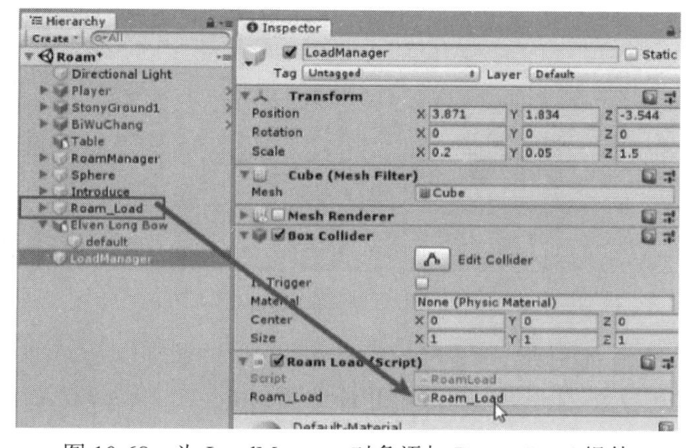

图 10-68　为 LoadManager 对象添加 Roam_Load 组件

【步骤 2】白天夜晚场景的选择。创建新的脚本 ScenesSelect，在 Visual Studio 中对脚本进行编辑。为 Day 按钮和 Night 按钮挂载此脚本，并在 Inspector 面板中为两者添加 Box Collider 组件，调整到合适大小和位置。为 Day 和 Night 按钮添加监听事件。单击 Inspector 面板中 Button 组件的 On Click()右下角的“+”按钮，将 Day 和 Night 分别拖曳到自己的 None（Object）中。单击 No Function 按钮打开下拉列表，在 Day 按钮中选择 ScenesSelect→RoamScenesSelection.gotoPlayDay 选项，如图 10-69 所示。在 Night 按钮中选择 ScenesSelect→RoamScenesSelection.gotoPlayNight 选项。

```
using System.Collections;
using System.Collections.Generic;
using UnityEngine;
using UnityEngine.UI;
using UnityEngine.SceneManagement;
public class ScenesSelect : MonoBehaviour
{
    public void gotoPlayDay()
    {
        SceneManager.LoadScene("PlayDay");
    }
    public void gotoPlayNight()
    {
        SceneManager.LoadScene("PlayNight");
    }
}
```

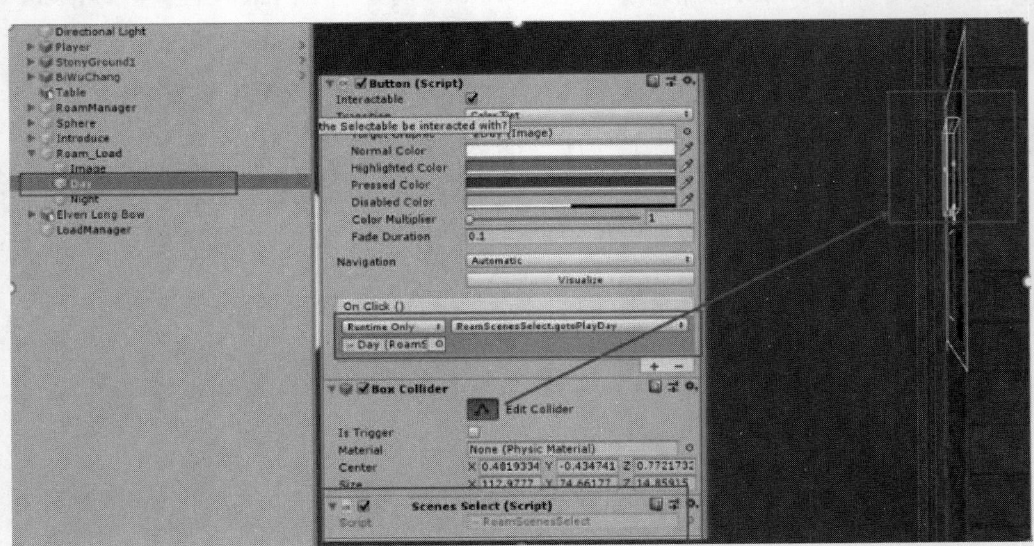

图 10-69　Day 按钮的设置（Night 按钮同理）

【步骤 3】为手柄添加射线。在 Hierarchy 面板中选择 Player 下 SteamVRObjects 中的 LeftHand 和 RightHand 对象，为其添加 Laser Pointer Interact UI 和 Steam VR_Laser Pointer 组件，如图 10-70 所示，完成后即可实现场景跳转。

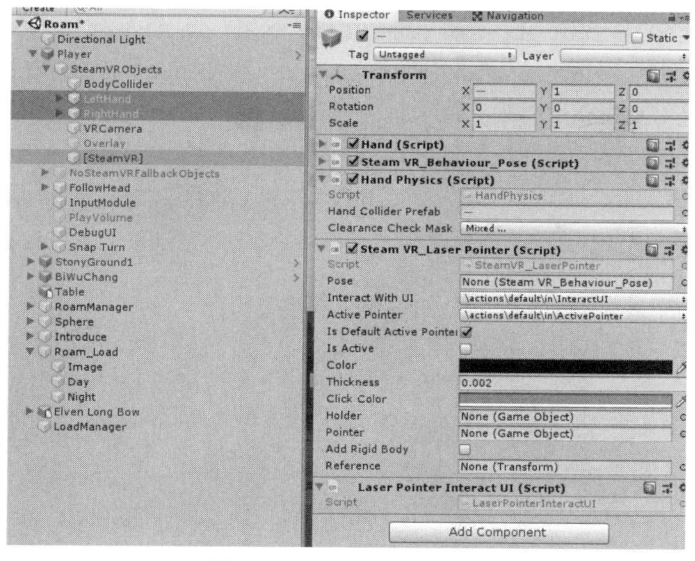

图 10-70　为手柄添加射线

10.4　搭建游戏场景并实现交互

搭建游戏场景、初始化拿取弓箭

10.4.1　搭建游戏场景

【步骤 1】设置场景天空盒。打开 PlayDay 场景文件，单击 Window→Rendering→Lighting Settings→Sybox Material 选项，将场景名称修改为 Cold Sunset，如图 10-71 所示。

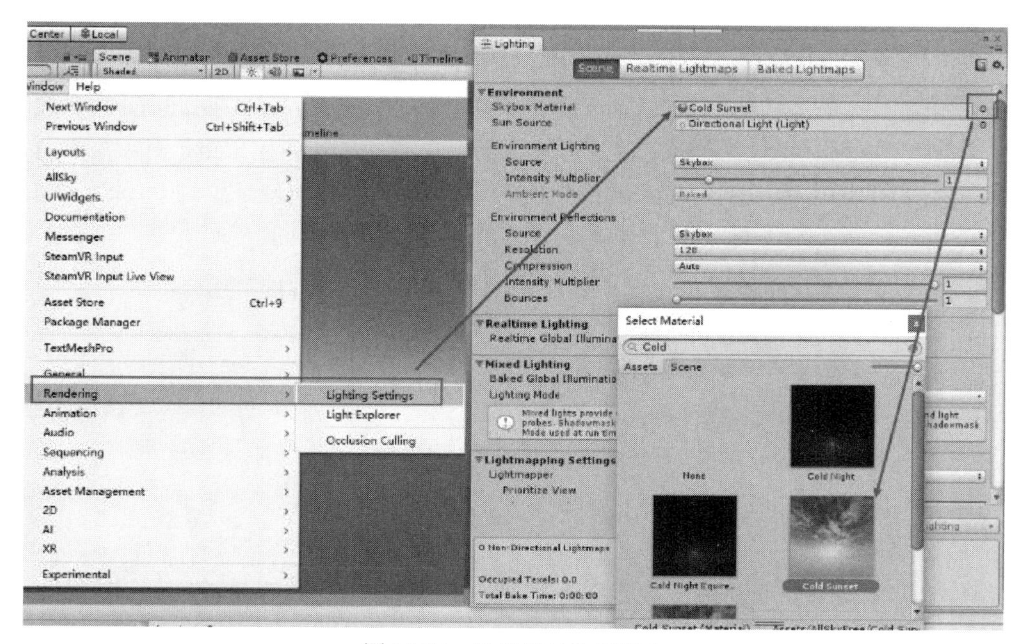

图 10-71　设置场景的天空盒

【步骤 2】删除[CameraRig]对象并添加 Player 对象。按 Delete 键将 Hierarchy 面板中的[CameraRig]对象删除，在 Project 面板中搜索 Player，将 Steam VR 的 Player 预制体拖曳到场景中，并调整其设置，如图 10-72 至图 10-74 所示，取消勾选其子物体[SteamVR]的 Do Not Destory 复选项，按 Ctrl+S 组合键进行保存。

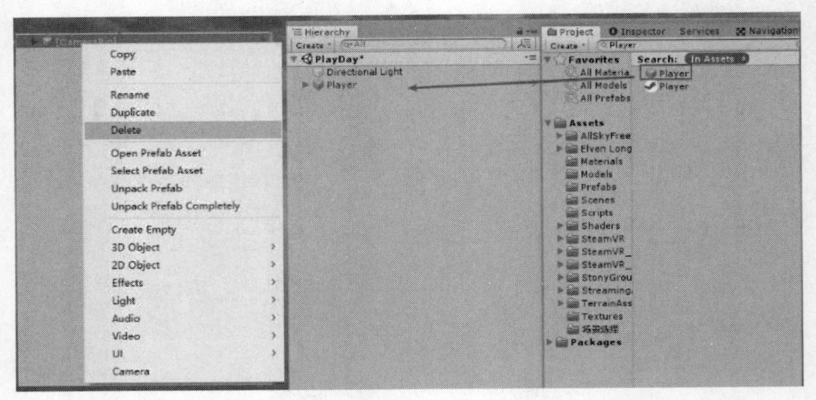

图 10-72 删除 CameraRig 对象并添加 Player 对象

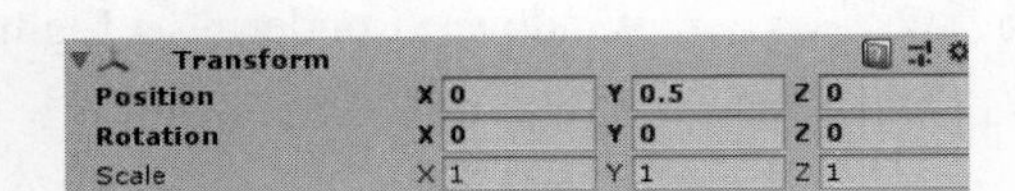

图 10-73 调整 Player 设置

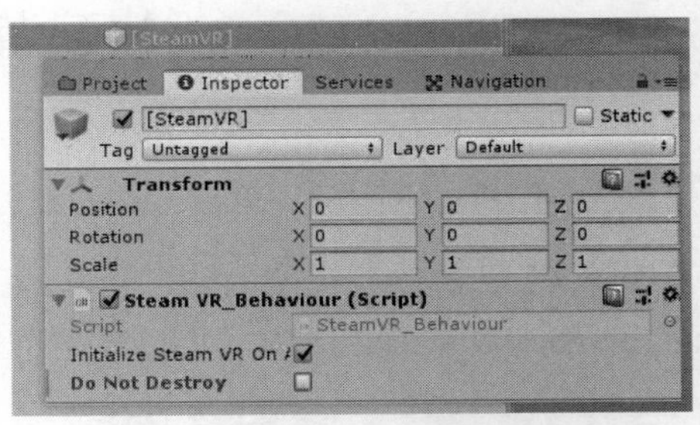

图 10-74 调整 SteamVR 设置

【步骤 3】具体场景搭建。在 Project 面板中分别搜索 StonyGround3 和 Frame 将对应预制体拖曳到场景中，如图 10-75 所示，并将其调整到合适位置和大小。为 Frame 对象添加材质，选择 Frame 中全部的子物体，在 Project 面板中搜索 Wooden，将材质球拖曳到 Inspector 面板中，如图 10-76 所示，按 Ctrl+S 组合键进行保存。

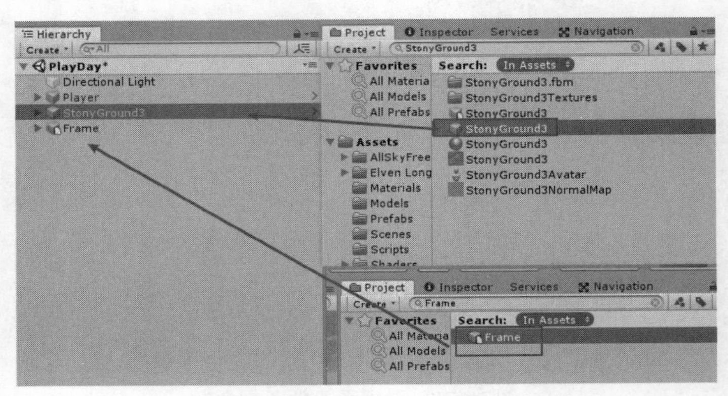

图 10-75 将对应预制体拖曳到场景中

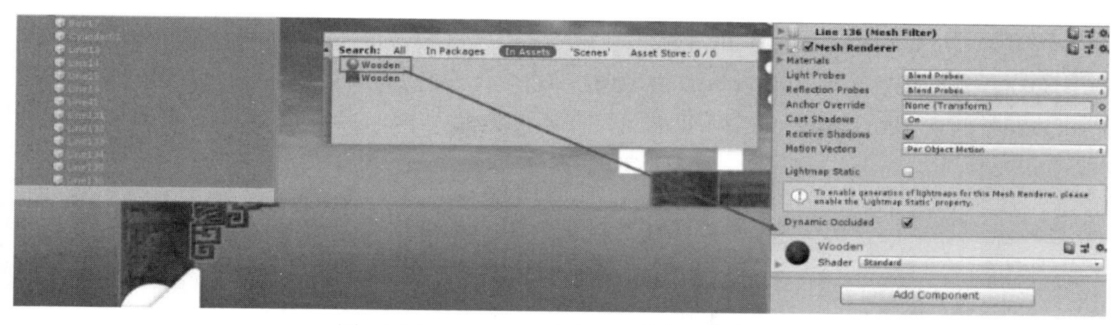

图 10-76 为 Frame 对象的子物体添加材质

10.4.2 初始化拿取弓箭

【步骤 1】创建弓箭。在 Project 面板中搜索 Interactions_Example，打开 Steam VR 示例场景 Interactions_Example，选择场景中 Longbow 的子物体 BowPickup，按 Ctrl+C 组合键复制预制体，如图 10-77 所示。打开 Play 场景，按 Ctrl+V 组合键粘贴预制体，调整其设置如图 10-78 所示。

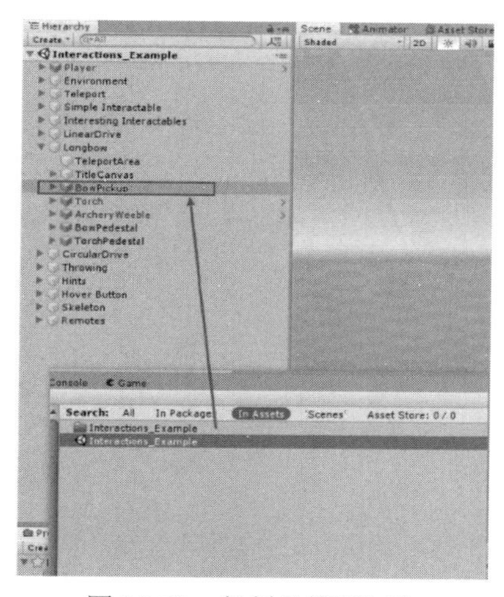

图 10-77 复制弓箭预制体

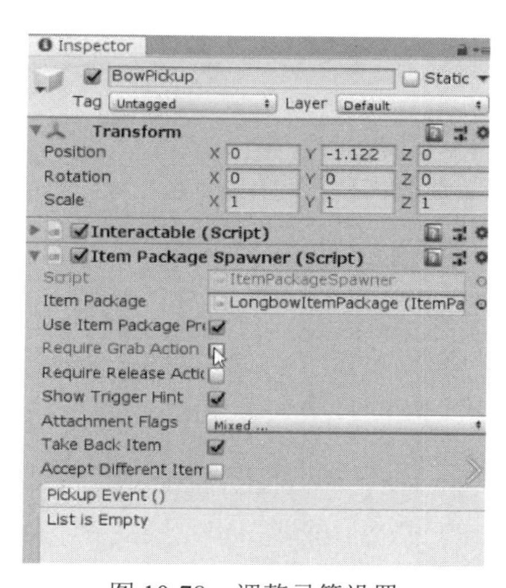

图 10-78 调整弓箭设置

【步骤 2】在 Project 面板的 Assets 文件夹中选择 vr_glove_left_model_slim 和 vr_glove_right_model_slim 预制体，修改 SteamVR_Behaviour_Skeleton 组件的 Range Of Motion 为 With Controller，如图 10-79 所示。

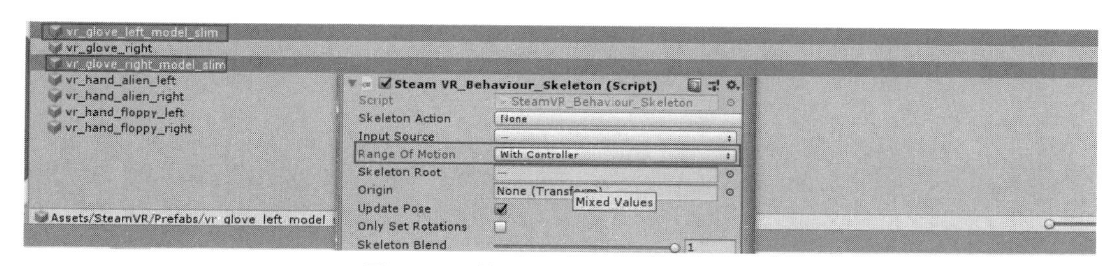

图 10-79 修改 Range Of Motion 设置

【步骤 3】脚本调整。选择 BowPickup 对象，打开其绑定的 ItemPackageSpawner.cs 脚本。将第 160 行开头的方法修改为 public，如图 10-80 所示。回到 Unity3D 中，打开 Scripts 文件夹，单击 Create→C# Script 选项创建新脚本，并将其重命名为 Play_SceneInit，在 Visual Studio 中对脚本进行编辑。

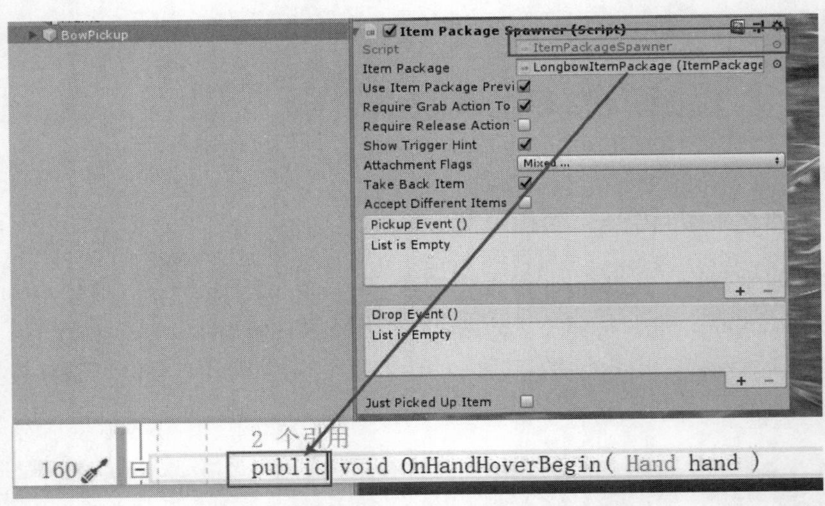

图 10-80 修改 ItemPackageSpawner.cs 脚本

```
using System.Collections;
using System.Collections.Generic;
using UnityEngine;
using Valve.VR.InteractionSystem;
public class Play_SceneInit : MonoBehaviour
{
    public Hand leftHand, rightHand;
    public bool isLeftAttach = true;
    private bool isAttach = false;
    private void Awake()
    {
        leftHand = GameObject.Find("LeftHand").GetComponent<Hand>();
        rightHand = GameObject.Find("RightHand").GetComponent<Hand>();
    }
    private void LateUpdate()
    {
        if (isLeftAttach)
        {
            if (leftHand.isPoseValid && leftHand.otherHand.isPoseValid && !isAttach)
            {
                isAttach = true;
                GetComponent<ItemPackageSpawner>().OnHandHoverBegin(leftHand);
            }
        }
        else
```

```
        {
            if (rightHand.isPoseValid && rightHand.otherHand.isPoseValid && !isAttach)
            {
                rightHand.ShowController(false);
                rightHand.otherHand.ShowController(false);
                isAttach = true;
                GetComponent<ItemPackageSpawner>().OnHandHoverBegin(rightHand);
            }
        }
    }
}
```

将 Play_SceneInit 脚本挂载在 BowPickup 对象上，并将 LeftHand 和 RightHand 对象进行挂载，取消勾选 ItemPackageSpawner 脚本上的 Require Grab Action To 复选项，按 Ctrl+S 组合键保存，如图 10-81 所示。

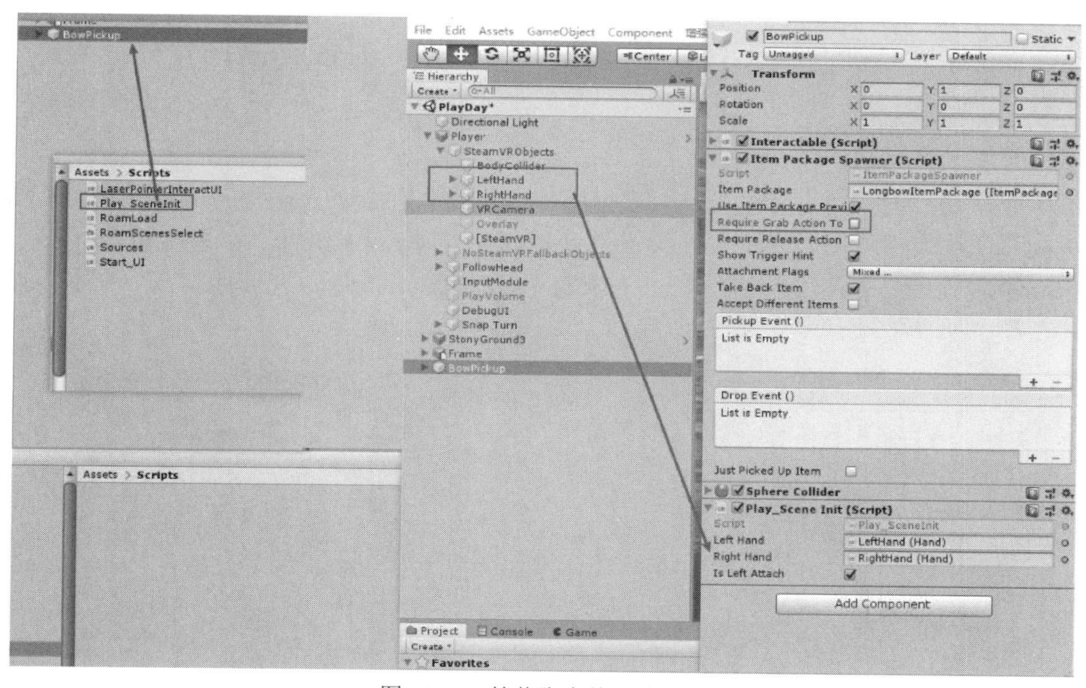

图 10-81　挂载脚本并调整设置

10.4.3　使用关节组件实现柳枝浮动效果

使用关节组件实现柳枝浮动效果、游戏界面与交互实现

【步骤 1】放置柳条。在 Project 面板中搜索 Wicker，将该预制体拖曳到场景中，并将 Wicker 材质球赋予它，将其调整到合适位置，如图 10-82 所示。

【步骤 2】添加组件并设置效果。选择 Wicker 对象，在其 Inspector 面板中单击 Add Component 按钮添加 Rigidbody 组件，将 Mass 设置为 2。继续添加 Hinge Joint 组件，并调整设置。在本案例中，调整参数如图 10-83 所示。

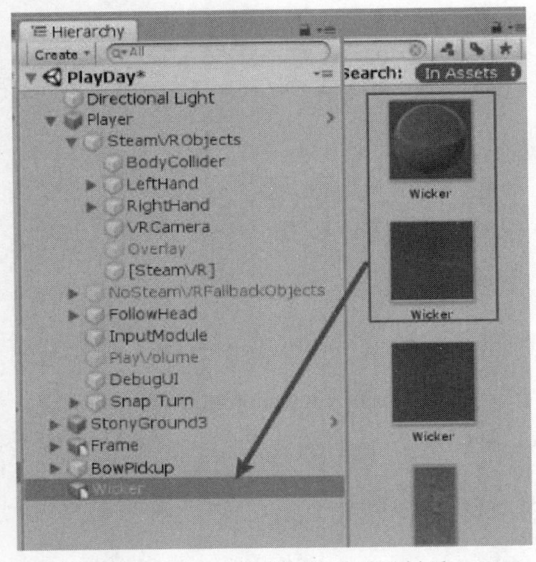

图 10-82 导入预制体并赋予材质

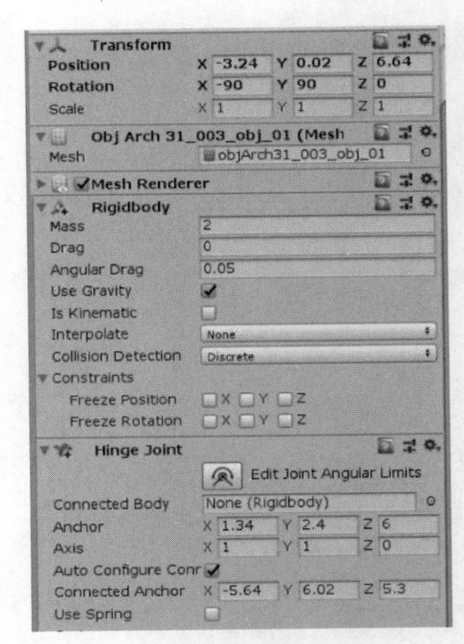

图 10-83 调整参数

10.4.4 游戏界面与交互实现

【步骤 1】创建 Canvas 组件。在 Hierarchy 面板中选择 Player→SteamVR Objects→VR Camera 选项，右击并选择 UI→Canvas 选项创建一个 Canvas 组件，如图 10-84 所示。在 Inspector 面板的 Canvas 组件中将 Render Mode 修改为 World Space，调整其位置，在本案例中相关设置如图 10-85 所示。

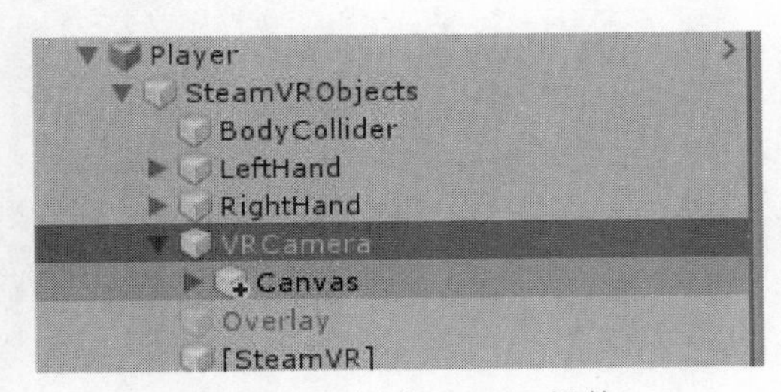

图 10-84 创建 Canvas 组件

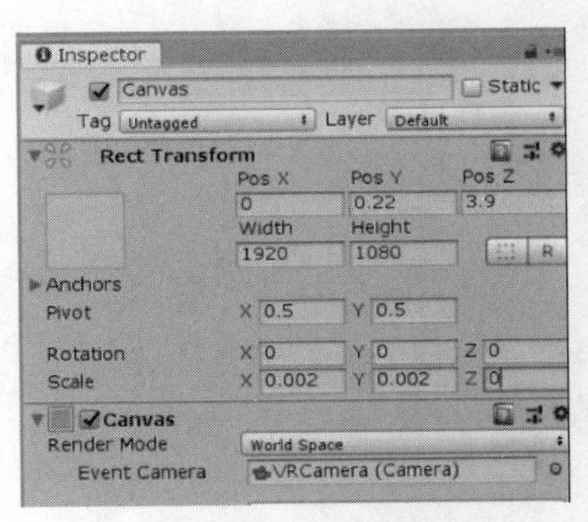

图 10-85 Canvas 组件相关设置

【步骤 2】创建并设置提示文字。选择 Canvas，右击并选择 UI→Text 选项创建一个名为 Txt_Time 的文本，将其锚点修改为图 10-86 所示的样式，修改 Transform 值，将字号修改为 100，文本上下左右居中，将颜色值修改为 957104，如图 10-86 所示。

【步骤 3】创建游戏结束面板。选择 Canvas，右击并选择 UI→Image 选项创建一个名为 LossPanel 的 Image 组件。将其 Source Image 修改为 GP_GOPanel，如图 10-87 所示。按 Ctrl+D 组合键复制该组件，并将名字修改为 WinPanel，将其 Source Image 修改为 GP_GVPanel。重复上述步骤，调整 WinPanel 面板设置。

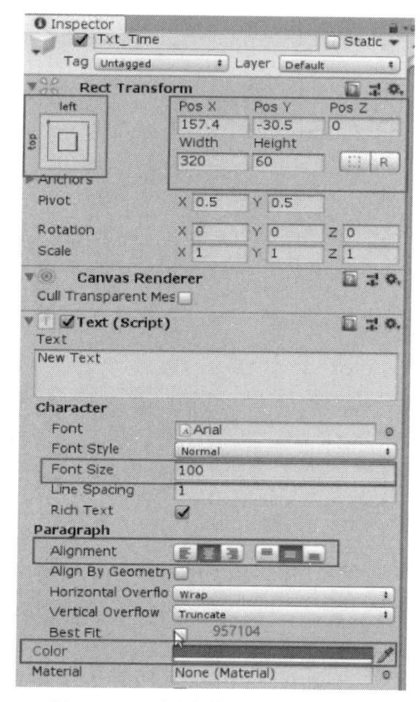

图 10-86　创建并设置提示文字

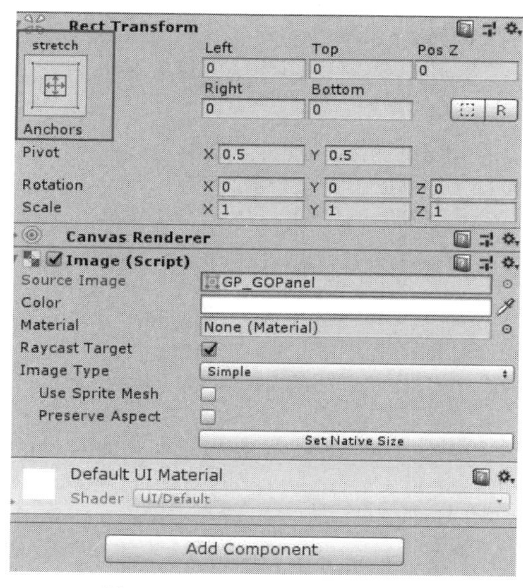

图 10-87　LossPanel 面板设置

【步骤 4】创建界面跳转按钮。选择 Canvas，右击并选择 UI→Button 选项创建一个名为 BackBtn 的 Button 组件，删除 BackBtn 的子物体 Text 组件。调整 Transform 组件设置，把 Image Source 设置为 Btn_BackMenu，并设置高亮和按压时的颜色，如图 10-88 所示。按钮的尺寸按照图片的尺寸调整即可。选择 BackBtn，按 Ctrl+D 组合键复制一个名为 RestartBtn 的按钮组件，修改其 Transform 设置，把 Image Source 设置为 Btn_ReStart，调整其位置。

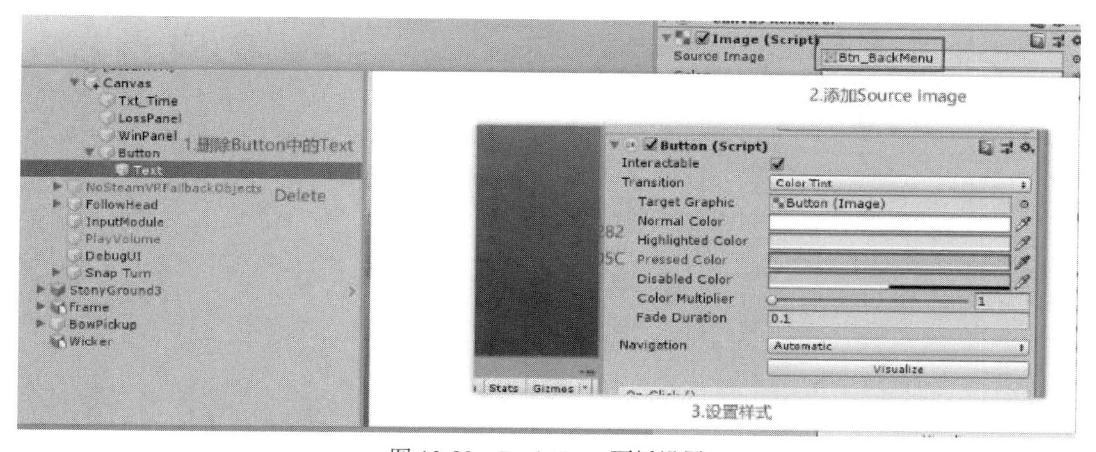

图 10-88　BackMenu 面板设置

【步骤 5】初始化 UI。在 Scripts 文件夹下右击并选择 Create→C# Script 选项创建一个名为 Play_UIInit.cs 的 C#脚本，在 Visual Studio 中对脚本进行编辑，完成后将脚本 Play_UIInit.cs 挂载到 Canvas 对象上。

```
using System.Collections;
using System.Collections.Generic;
using UnityEngine;
using UnityEngine.UI;
using UnityEngine.SceneManagement;
public class Play_UIInit : MonoBehaviour
{
    public GameObject LossPanel;
    public GameObject WinPanel;
    private void Start()
    {
        LossPanel.SetActive(false);
        WinPanel.SetActive(false);
    }
    private void OnTriggerExit(Collider collider)
    {
        GameObject.Find("Canvas").GetComponent<Play_UIMG>().GameVictory();
    }
}
```

【步骤 6】实现 UI 功能。在 Scripts 文件夹下右击并选择 Create→C# Script 选项创建一个名为 Play_UIMG.cs 的 C#脚本，在 Visual Studio 中对脚本进行编辑，完成后将脚本挂载到 Canvas 对象上，调整其位置，坐标设置如图 10-89 所示。然后将对应的物体挂载到指定位置，如图 10-90 所示。

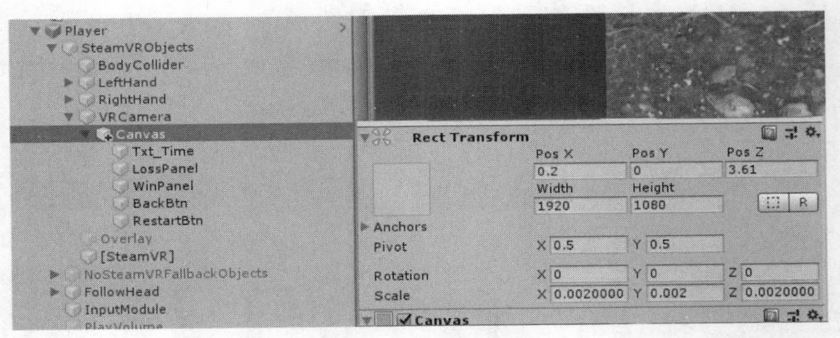

图 10-89 坐标设置

Play_UI Init (Script)	
Script	Play_UIInit
Loss Panel	LossPanel
Win Panel	WinPanel

Play_UIMG (Script)	
Script	Play_UIMG
Is Fail	✓
Loss Panel	LossPanel
Win Panel	WinPanel
Back Btn	BackBtn (Button)
Restart Btn	RestartBtn (Button)
Time	60

Add Component

图 10-90 Canvas 脚本挂载

```
using System.Collections;
using System.Collections.Generic;
using UnityEngine;
using UnityEngine.UI;
using Valve.VR.Extras;
using Valve.VR.InteractionSystem;
using UnityEngine.SceneManagement;
public class Play_UIMG : MonoBehaviour
{
    public bool isFail;
    public GameObject lossPanel;
    public GameObject winPanel;
    public Button backBtn;
    public Button restartBtn;
    private Text txt_Time;
    public int time = 60;
    private float timer = 0;
    private bool gameover = false;
    private bool gamevictory = false;
    void Awake()
    {
        lossPanel.SetActive(false);
        winPanel.SetActive(false);
        backBtn.gameObject.SetActive(false);
        restartBtn.gameObject.SetActive(false);
        txt_Time = transform.Find("Txt_Time").GetComponent<Text>();
        txt_Time.text = "挑战还剩"+time+"秒";
        backBtn.onClick.AddListener(() =>
        {
            SceneManager.LoadScene("Roam");
        });
        restartBtn.onClick.AddListener(() =>
        {
            SceneManager.LoadScene("Start");
        });
    }
    private void Update()
    {
        if (time <= 0)
        {
            GameOver();
        }
        timer += Time.deltaTime;
        if (timer >= 1)
        {
            timer = 0;
            time--;
```

```
            txt_Time.text = "挑战还剩"+time+"秒";
        }
    }
    private void GameOver()
    {
        if (gameover) return;
        gameover = true;
        txt_Time.gameObject.SetActive(false);
        lossPanel.SetActive(true);
        backBtn.gameObject.SetActive(true);
        restartBtn.gameObject.SetActive(true);
        foreach (var item in GameObject.FindObjectsOfType<SteamVR_LaserPointer>())
        {
            item.isDefaultActivePointer = true;
        }
    }
    public void GameVictory()
    {
        if (gamevictory) return;
        gamevictory = true;
        txt_Time.gameObject.SetActive(false);
        winPanel.SetActive(true);
        backBtn.gameObject.SetActive(true);
        restartBtn.gameObject.SetActive(true);
        foreach (var item in GameObject.FindObjectsOfType<SteamVR_LaserPointer>())
        {
            item.isDefaultActivePointer = true;
        }
    }
}
```

给 Player 下的 LeftHand 和 RightHand 组件添加 Laser Pointer Interact UI.cs 脚本，打开随之自动添加的 Steam VR_Laser Pointer.csC#脚本，为其新增一个 Bool 值判断，并在 Update()函数中添加图 10-91 所示的内容。

```
public void DetachAllObject()
{
    foreach (var item in FindObjectsOfType<Hand>())
    {
        //代表手柄未启用，设置控制器
        if (item.isPoseValid == false)
        {
            item.renderModelPrefab.GetComponent<RenderModel>().displayControllerByDefault = true;
        }
        DetachObject(item);
    }
}
```

图 10-91　在 Update()函数中添加的内容

【步骤 7】添加胜利脚本。创建一个新的脚本，将其命名为 Play_Win，在 Visual Studio 中对脚本进行编辑。将脚本挂载到预制体 Wicker 上。挂载完成后在 Wicker 对象的 Inspector 面板中添加 Sphere Collider 组件，将其调整到合适的位置，如图 10-92 所示。

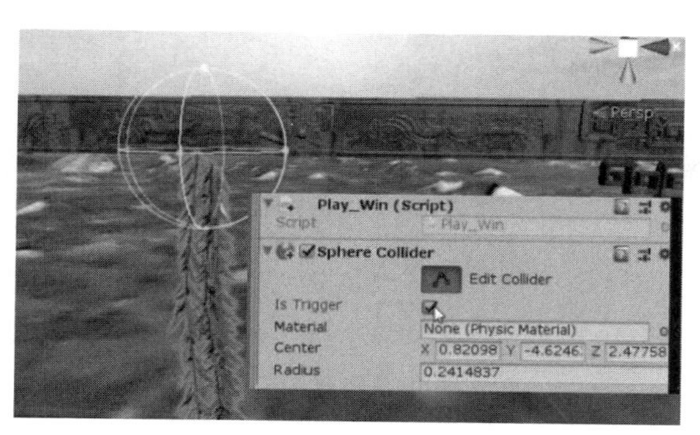

图 10-92 添加 Sphere Collider 组件

```
using System.Collections;
using System.Collections.Generic;
using UnityEngine;
public class Play_Win : MonoBehaviour
{
    private void OnTriggerExit(Collider collider)
    {
        GameObject.Find("Canvas").GetComponent<Play_UIMG>().GameVictory();
    }
}
```

【步骤 8】实现场景的切换。分别选择 BackBtn 和 RestartBtn 对象，在 Inspector 面板中搜索 Box，添加 Box Collider 组件，调整其大小和位置，如图 10-93 所示。

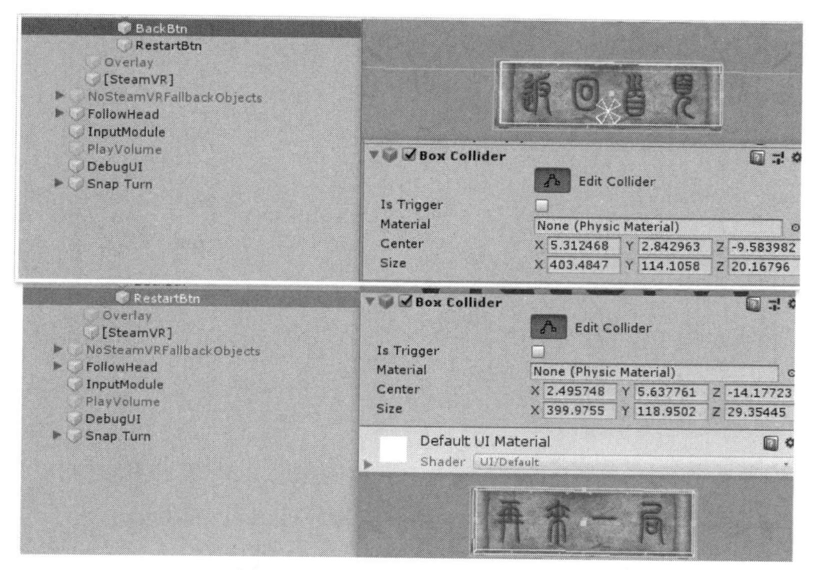

图 10-93 Box Collider 组件设置

【步骤 9】添加脚本实现转换。在 Visual Studio 中对脚本 SceneSelect 进行编辑，并将其挂载到两个按钮上，然后在 Inspector 面板中为按钮 BackBtn 和 RestartBtn 添加监听事件，如图 10-94 所示。

图 10-94　添加监听事件

```
using System.Collections;
using System.Collections.Generic;
using UnityEngine;
using UnityEngine.UI;
using UnityEngine.SceneManagement;
public class ScenesSelect : MonoBehaviour
{
    public void gotoPlayDay()
    {
        SceneManager.LoadScene("PlayDay");
    }
    public void gotoPlayNight()
    {
        SceneManager.LoadScene("PlayNight");
    }
    public void gotoStart()
    {
        SceneManager.LoadScene("start");
    }
    public void gotoRoam()
    {
        SceneManager.LoadScene("Roam");
    }
}
```

10.4.5　添加夜晚场景

添加夜晚场景

【步骤 1】创建夜晚场景。在 Project 面板中选择 PlayDay 对象，按 Ctrl+D 组合键复制场景，并将其重命名为 PlayNight。选择 Window→Rendering→Lighting Settings→Sybox Material 选项，修改其天空盒为 Cold Night，如图 10-95 所示。

【步骤 2】制作火堆效果。在 Hierarchy 面板中创建一个空物体，将其重命名为 Fire，单击其 Inspector 面板中 Transform 组件中的按钮，单击 Reset 按钮重置设置，如图 10-96 所示。将预制体 muchaidui 导入作为 Fire 对象的子物体，并将其调整到合适的位置。勾选木柴堆的 Inspector 面板中的 Static 复选项，确认修改，如图 10-97 所示。

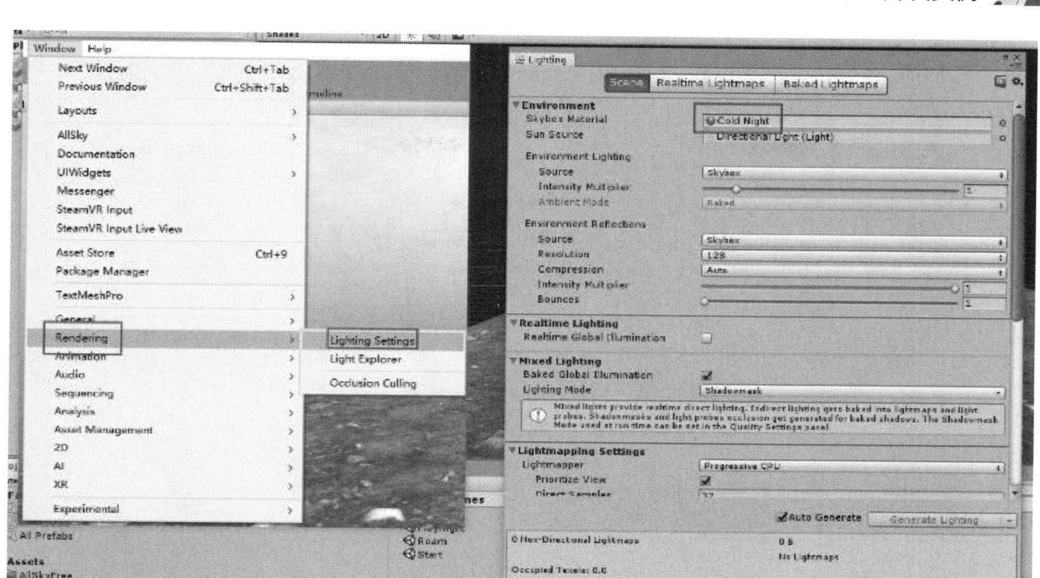

图 10-95　创建夜晚场景

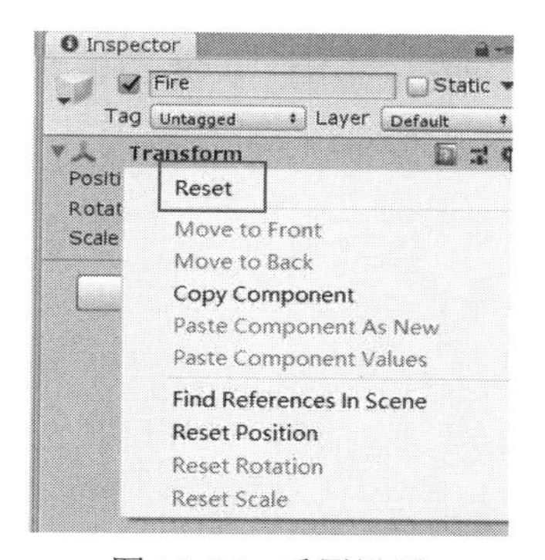

图 10-96　重置设置

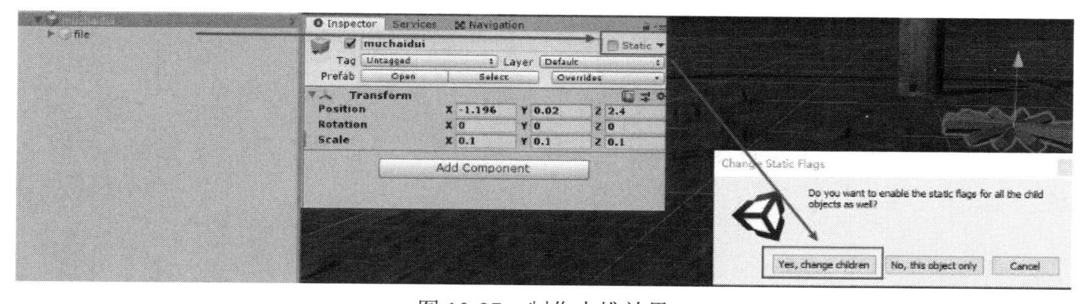

图 10-97　制作火堆效果

【步骤 3】在 Fire 组件中创建一个 Point Light 组件。在 Hierarchy 面板中右击并选择 Light→Point Light 选项创建一个 Point Light 组件，调整其设置，如图 10-98 所示。创建 Particle System 对象，如图 10-99 所示。创建完成后，在 Project 面板中搜索 fire_soft，并将材质赋予 Particle System 对象，如图 10-100 所示。

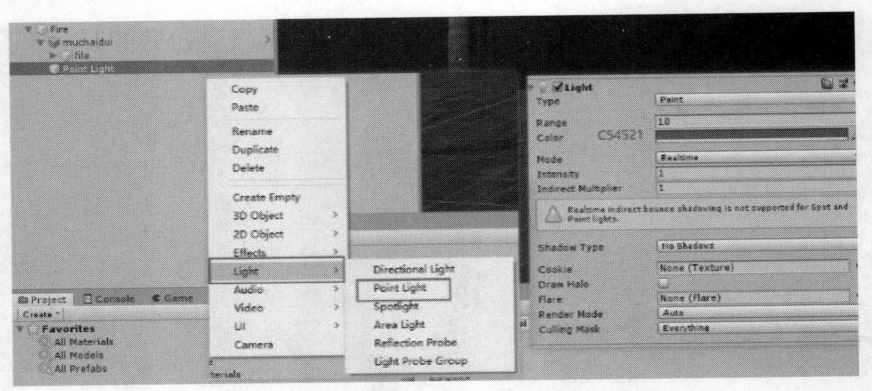

图 10-98　创建 Point Light 组件

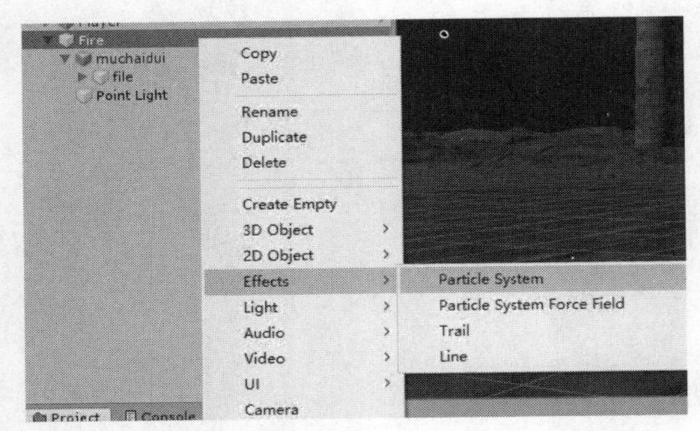

图 10-99　创建 Particle System 对象

图 10-100　将材质赋予粒子系统

【步骤 4】对 Particle System 对象进行调整。在本案例中，调整参数如下：

（1）选择 Particle System 对象，在 Inspector 面板中调整 Rotation 下的 X 为值−90°，保证火苗向上飞舞，并对基本参数进行调整，如图 10-101 所示。

（2）调整 Shape 组件设置，如图 10-102 所示。

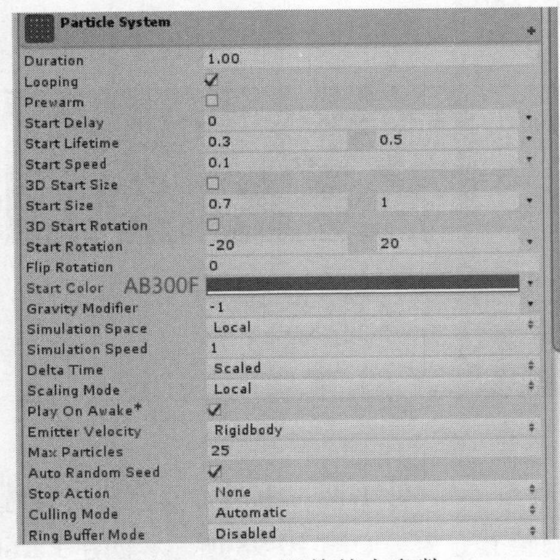

图 10-101　调整基本参数

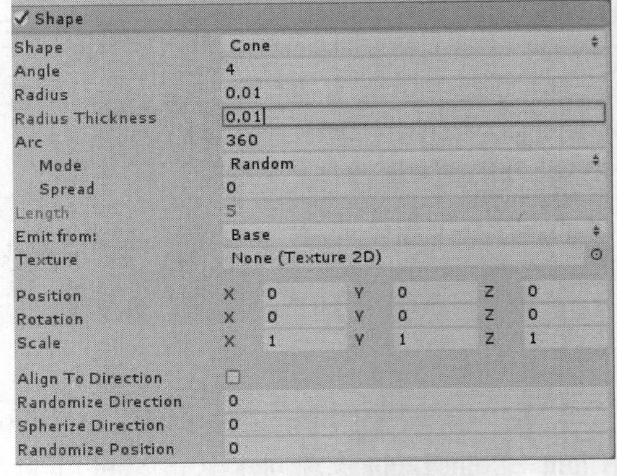

图 10-102　调整 Shape 组件设置

（3）调整 Texture Sheet Animation 组件设置，如图 10-103 所示。

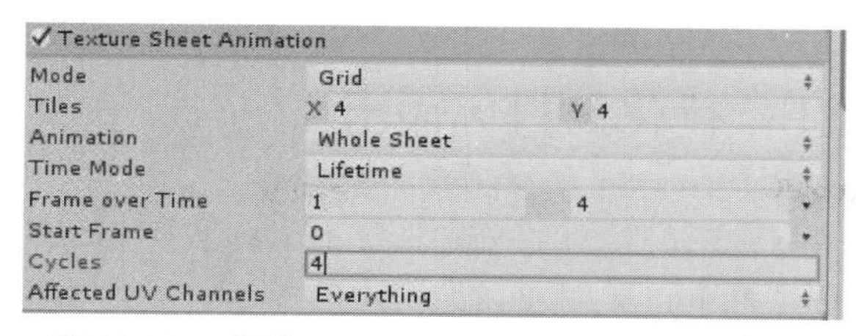

图 10-103 调整 Texture Sheet Animation 组件设置

（4）调整 Renderer 组件设置，如图 10-104 所示。

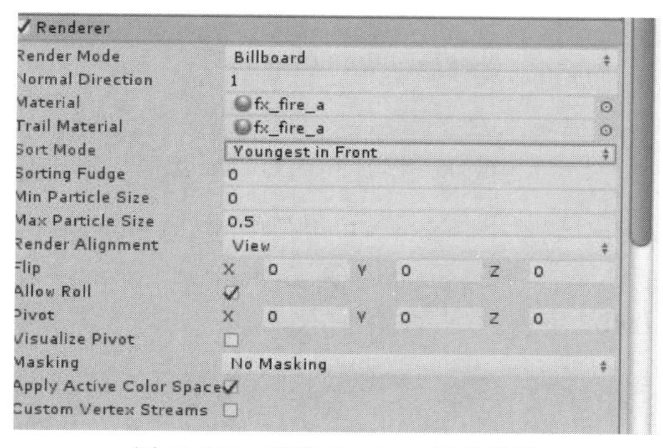

图 10-104 调整 Renderer 组件设置

【步骤 5】为火把添加火星效果。在 Fire 中再创建一个 Particle System 对象，将其重命名为 Spark。对其进行调整，在本案例中调整参数如图 10-105 所示，将其位置调整到和 Particle System 对象相同即可，按 Ctrl+S 组合键保存。

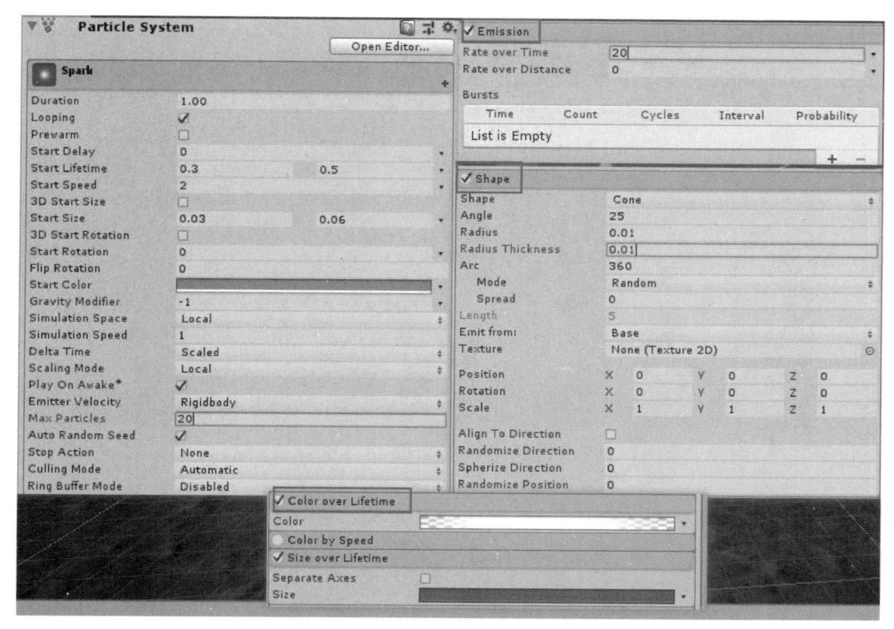

图 10-105 为火把添加火星效果

10.5　优化及打包输出

【步骤 1】添加 Mesh Collider 组件。分别选择 PlayDay 和 PlayNight 场景文件中的 StonyGround3 和 Frame 对象，为其添加 Mesh Collider 组件，如图 10-106 所示。

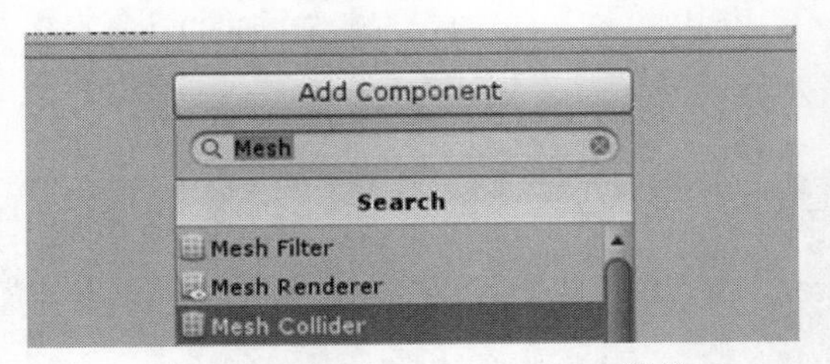

图 10-106　添加 Mesh Collider 组件

【步骤 2】取消勾选所有场景中 Steam VR 组件中的 Do Not Destory 复选项。选择 Player 的子物体 SteamVRObjects，在其下的 Steam VR_Behaviour（Script）组件中取消勾选 Do Not Destory 复选项，如图 10-107 所示。

图 10-107　取消勾选 Do Not Destory 复选项

【步骤 3】为 Start 场景中添加[Steam VR]组件并设置有关脚本。打开 Start 场景，搜索[Steam VR]，将其拖曳到场景中，并为其添加 Steam VR_Behaviour 和 Steam VR_Activate Action Set On Load 脚本，进行图 10-108 所示的设置。

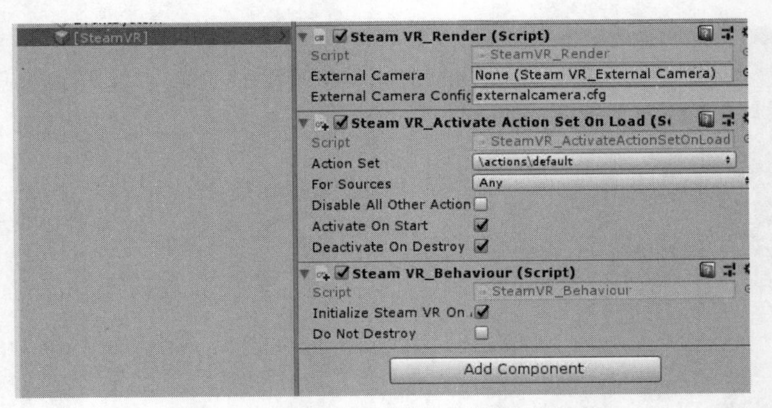

图 10-108　为场景添加组件并设置有关脚本

【步骤 4】在 Project 面板中搜索 AllSkyFree 脚本并打开，将脚本中的[MenuItem ("Window/AllSky/AllSky 200+ Skybox Set")]语句注释掉，如图 10-109 所示。

```
//[MenuItem("Window/AllSky/AllSky 200+ Skybox Set")]
```

图 10-109　注释掉语句

【步骤 5】打包输出。右击并选择 File→Build Settings 选项，在弹出的对话框中添加制作的所有场景，单击 Player Settings 按钮，进行简单的设置，然后单击 Build 按钮，在弹出的对话框中选择合适的输出和保存路径并运行测试，如图 10-110 所示。注意，在导出过程中场景应该按顺序排列。

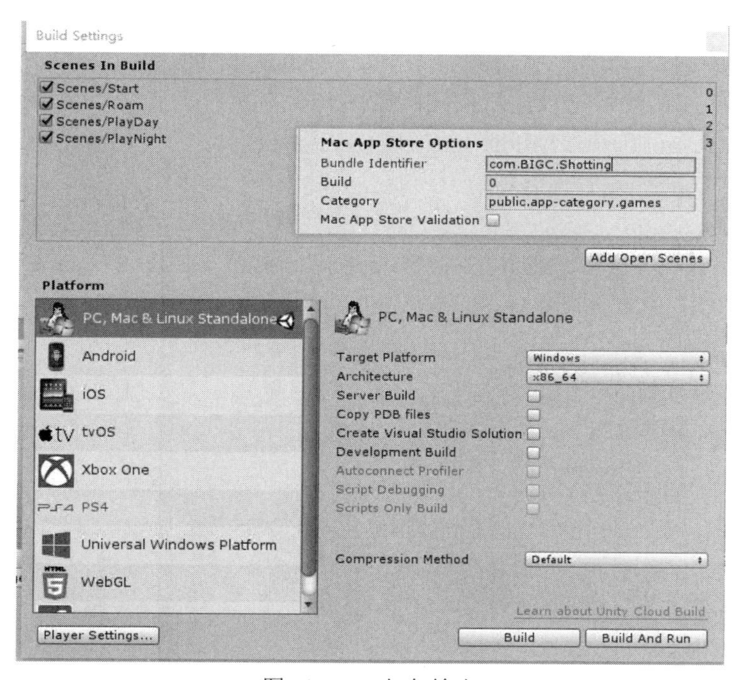

图 10-110　打包输出

本章小结

本章主要介绍了如何创建《射柳》的项目场景，并详细介绍了如何应用 SteamVR Plugin 插件和 Unity3D 物理系统完成《射柳》项目中多种交互功能，包括瞬移功能、弓箭抓取、柳枝浮动效果、游戏界面 UI 跳转等。最后还介绍了项目优化及打包输出的方法。通过对本章的学习，学生能够了解并掌握一个虚拟现实项目的开发全流程。

课后习题

课后习题解答

1．在自定义 Steam VR 操作按键的时候要设置只有两个状态的动作，应该选择（　　）。

A．Bool 类型　　B．Vector2 类型

C．Pose 类型　　D．Skeleton 类型

2．如果想让场景中的游戏对象不受到重力作用，应该调整的是（　　）。

A．Mesh Renderer 组件　　B．Rigidbody 组件

C．Box Collider 组件　　D．其他内容

3．在 Unity3D 中，如果想使用图片来作为 UI，应该将图片的格式修改为（　　）。

A．Cursor　　B．Normal map

C．Editor GUI and Legacy GUI　　D．Sprite(2D and UI)

4．想要调整粒子效果中的粒子大小，应该调整（　　）。

A．Emissions　　B．Shape

C．Color over Lifetime　　D．Renderer

5．以下代码中（　　）可以用于实现场景跳转。

A．this.GetComponents<AudioSource>()[0].Play();

B．Roam_Load.SetActive(false);

C．SceneManager.LoadScene("PlayDay");

D．GameObject.Find("Canvas").GetComponent<Play_UIMG>().GameVictory();

附　　录

第 4 章脚本

1. ChooseItem 脚本

```
using System.Collections;
using System.Collections.Generic;
using UnityEngine;

public class ChooseItem : MonoBehaviour
{
    public void ItemOneClick()                          // 编写单击关卡一的方法
    {
        Debug.Log("单击了关卡一");                      // 当单击关卡一后在控制台提示用户
    }
    public void ItemTwoClick()                          // 编写单击关卡二的方法
    {
        Debug.Log("单击了关卡二");                      // 当单击关卡二后在控制台提示用户
    }
    public void ItemThreeClick()                        // 编写单击关卡三的方法
    {
        Debug.Log("单击了关卡三");                      // 当单击关卡三后在控制台提示用户
    }
    public void ItemFourClick()                         // 编写单击关卡四的方法
    {
        Debug.Log("单击了关卡四");                      // 当单击关卡四后在控制台提示用户
    }
}
```

2. AnimUIController 脚本

```
using System.Collections;
using System.Collections.Generic;
using UnityEngine;
using UnityEngine.UI;

public class AnimUIController : MonoBehaviour
{
    public Sprite[] spriteList;                         // 定义存放 UI 序列的数组
    public Image showImage;                             // 显示图片
    public float rateTime = 0.05f;                      // 播放时间间隔
    public int loop = 0;                                // 判断是否循环
```

```
    private float startTime = 0;                        // UI 动画的开始时间
    private int spriteCount;                            // UI 序列图片数量
    private int index = 0;                              // 数组的索引

    void Start()
    {
        InitAnimation();                                // 调用初始化动画的方法
    }

    public void InitAnimation()                         // 编写初始化动画的方法
    {
        spriteCount = spriteList.Length;                // spriteCount 的值等于存放UI序列的数组的长度
        index = 0;
        if (spriteCount > 0)
        {
            showImage.sprite = spriteList[index];       // 初始化图片，显示 spriteList 数组中的第一张图
        }
    }

    void Update()
    {
        // 该条件语句用来实现：每隔固定时间，依次显示数组中的图片，图片循环次数由 loop 来控制
        // 如果开始时间和每帧时间间隔之和小于游戏运行的时间，并且循环次数不为 0
        if (startTime+rateTime < Time.time && loop != 0)
        {
            startTime = Time.time;                      // 开始时间等于游戏运行时间
            index++;                                    // 索引号加 1
            // 如果索引号超过了数组的长度，则重置索引号为 0
            if (index >= spriteCount)
            {
                index = 0;
                // 如果设置了特定循环次数，即 loop>0 时，则 UI 序列帧循环 loop 次
                // 如果 loop =0，UI 不播放序列帧动画
                // 如果 loop <0，则无限循环播放 UI 序列帧动画
                if (loop > 0)
                {
                    loop--;
                }
            }
            showImage.sprite = spriteList[index];       // 显示数组中索引为 index 的图片
        }
    }
}
```

3. UIChange 脚本

```
using System.Collections;
using System.Collections.Generic;
```

```
using UnityEngine;

public class UIChange : MonoBehaviour
{
    // 下面这 3 个变量要在 Unity3D 编辑器中分别添加对应界面
    public GameObject login;                          // 登录界面
    public GameObject choose;                         // 关卡选择界面
    public GameObject detail;                         // 关卡详情界面

    void Start()
    {
        login.SetActive(true);                        // 初始化显示登录界面
        choose.SetActive(false);                      // 初始化隐藏关卡选择界面
        detail.SetActive(false);                      // 初始化隐藏关卡详情界面
    }

    // 当按下登录按钮时跳转到关卡选择界面
    public void OnLoginClick()
    {
        login.SetActive(false);                       // 显示登录界面
        choose.SetActive(true);                       // 隐藏关卡选择界面
    }

    // 当选择任一关卡时，跳转到关卡详情界面
    public void OnItemClick()
    {
        choose.SetActive(false);                      // 隐藏关卡选择界面
        detail.SetActive(true);                       // 显示关卡详情界面
    }

    // 当点击 UI 序列帧动画时，返回关卡选择界面
    public void OnAnimClick()
    {
        detail.SetActive(false);                      // 隐藏关卡详情界面
        choose.SetActive(true);                       // 显示关卡选择界面
    }
}
```

第 6 章脚本

1. TeddyControl 脚本

```
using System.Collections;
using System.Collections.Generic;
using UnityEngine;
public class TeddyControl : MonoBehaviour
{
```

```
    private Animator anim;
    void Start()
    {
        anim = GetComponent<Animator>();            // 获取角色的 Animator 组件
    }
    void Update()
    {
        if(Input.GetKey(KeyCode.W))
        {
            anim.SetBool("walk", true);             // 按住 W 键，角色向前走
        }
        else
        {
            anim.SetBool("walk", false);            // 松开 W 键，角色停下保持默认状态
        }
        if(Input.GetKeyDown(KeyCode.Space))
        {
            anim.SetTrigger("jump");                // 按下空格键，角色跳跃一次
        }
        if(Input.GetKeyDown(KeyCode.Z))
        {
            anim.SetTrigger("slide");               //按下 Z 键，角色下蹲一次
        }
    }
}
```

2. NewTeddy 脚本

```
using System.Collections;
using System.Collections.Generic;
using UnityEngine;
public class NewTeddy : MonoBehaviour
{
    private Animator anim;
    private bool run;                               // 判断角色是否是跑步状态
    void Start()
    {
        anim = GetComponent<Animator>();            // 获取角色的 Animator 组件
        run = false;                                // 初始值设置为 false
    }
    void Update()
    {
        if(Input.GetKey(KeyCode.LeftShift))
        {
            run = true;                             // 当按下左 Shift 键时，run 的值为 true
        }
        else
        {
```

```
            run = false;                                // 否则 run 的值为 false
        }
        if (Input.GetKey(KeyCode.W))
        {
            transform.forward = new Vector3(0, 0, 1);          // 按下 W 键，角色向前走
            // Mathf.Lerp()函数可以让 Blend 的值慢慢变化
            // run ? 2 : 1 三元表达式，当 run 的值为 true 时，该表达式结果为 2，否则结果为 1
            anim.SetFloat("Blend", Mathf.Lerp(anim.GetFloat("Blend"), run ? 2 : 1, 0.25f));
        }
        else if (Input.GetKey(KeyCode.S))
        {
            transform.forward = new Vector3(0, 0, -1);         // 按下 S 键，角色向后运动
            anim.SetFloat("Blend", Mathf.Lerp(anim.GetFloat("Blend"), run ? 2 : 1, 0.25f));
        }
        else if (Input.GetKey(KeyCode.A))
        {
            transform.forward = new Vector3(-1, 0, 0);         // 按下 A 键，角色向左运动
            anim.SetFloat("Blend", Mathf.Lerp(anim.GetFloat("Blend"), run ? 2 : 1, 0.25f));
        }
        else if (Input.GetKey(KeyCode.D))
        {
            transform.forward = new Vector3(1, 0, 0);          // 按下 D 键，角色向右运动
            anim.SetFloat("Blend", Mathf.Lerp(anim.GetFloat("Blend"), run ? 2 : 1, 0.25f));
        }
        else
        {
            // 不做任何操作的时候角色停下，Blend 值为 0
            anim.SetFloat("Blend", Mathf.Lerp(anim.GetFloat("Blend"), 0, 0.25f));
        }

        if(Input.GetKeyDown(KeyCode.Z))
        {
            anim.SetTrigger("slide");
        }
    }
}
```

参 考 文 献

[1] UNITY TECHNOLOGIES．Unity5.x 从入门到精通[M]．北京：中国铁道出版社，2016．

[2] JONATHAN LINOWES．Unity 虚拟现实开发实战（原书第 2 版）[M]．易宗超，林薇，苏晓航，等译．北京：机械工业出版社，2020．

[3] JEFF W.MURRAY．基于 Unity 与 SteamVR 构建虚拟世界[M]．吴彬，陈寿，张雅玲，等译．北京：机械工业出版社，2019．

[4] 李婷婷．Unity 3D 虚拟现实游戏开发[M]．北京：清华大学出版社，2018．

[5] 程明智，陈春铁．Unity 应用开发实战案例[M]．北京：电子工业出版社，2019．

[6] 吕云，王海泉，孙伟．虚拟现实：理论、技术、开发与应用[M]．北京：清华大学出版社，2019．

[7] 刘明，牟向宇．虚拟现实（VR）模型制作项目案例教程[M]．北京：中国水利水电出版社，2018．

[8] UNITY 公司，邵伟．Unity 2017 虚拟现实开发标准教程[M]．北京：人民邮电出版社，2019．